Frank Uekötter

Atomare Demokratie

Frank Uekötter

Atomare Demokratie

Eine Geschichte der Kernenergie
in Deutschland

Bibliografische Information der Deutschen Nationalbibliothek
Die Deutsche Nationalbibliothek verzeichnet diese
Publikation in der Deutschen Nationalbibliografie;
detaillierte bibliografische Daten sind im Internet über
<http://dnb.d-nb.de> abrufbar.

Einbandgestaltung: deblik, Berlin
Lektorat: Maike Specht, Berlin
Satz: Dörlemann Satz, Lemförde
Layout und Herstellung durch den Verlag
Gedruckt auf säurefreiem, alterungsbeständigem Papier
Druck: Beltz Grafische Betriebe, Bad Langensalza
Printed in Germany

ISBN 978-3-515-13257-2 (Print)
ISBN 978-3-515-13260-2 (E-Book)

Inhalt

Für Joachim Radkau

Vorwort

Am Anfang dieses Projekts stand ein Plakat, das vor vier Jahrzehnten im Schaukasten der Abteilung Physik eines westfälischen Gymnasiums hing. Es zeigte in übersichtlicher Form, wie vorteilhaft und sicher die Atomenergie sei. Wer als Bundesbürger um 1970 geboren wurde, kam um die Beschäftigung mit der Kernkraft nicht herum, und das Plakat blieb glücklicherweise nicht das Ende meiner Lernkurve. Irgendwann lernte ich auch, meine anfängliche Faszination als naturwissenschaftlich verengte Perspektive zu verorten. Physiker waren besonders anfällig für die Magie der nuklearen Technologie, weil sie meist von der Theorie her dachten. Es ging bei der Atomkraft jedoch nicht nur um physikalische Prinzipien, sondern auch um Energie und wirtschaftliche Macht, um Rechtsstaatlichkeit und demokratische Kontrolle, um den Status von Experten und um die grundsätzliche Frage, was eine so folgenreiche Entscheidung wie der Einstieg in die atomare Stromerzeugung mit der Seele einer offenen Gesellschaft anstellt. Die Geschichte der Atomkraft dreht sich um weitaus mehr als die Frage, woher der Strom in der Steckdose kommt.

Dieses Buch basiert auf Recherchen in deutschen Archiven und Bibliotheken, wurde jedoch größtenteils im englischen Birmingham geschrieben. Das ist nicht bloß von persönlichem Interesse, weil man als Deutscher in Großbritannien kaum ohne gewisse Neidgefühle auf die bundesdeutsche Atomgeschichte schauen kann. In meiner neuen Heimat gibt es keinen Atomausstieg, sondern ein atomares Bauprojekt in Somerset, das bereits für seine Verzögerungen und Kostenüberschreitungen notorisch ist und dank Garantiepreisen sündhaft teuren Strom produzieren wird. Hinkley Point C ist nicht das erste Debakel der britischen Atomgeschichte. Davor gab es die Pleite von British Energy 2002, eine Menge Atombomben, 20 ausgemusterte U-Boote mit Atomantrieb, die auf die Entsorgung warten, reparaturanfällige Magnox-Reaktoren, die die Briten in den fünfziger Jahren als Exportschlager konzipierten und dann genau zweimal ins Ausland verkauften, sowie 1957 einen Brand in einem Reaktor in Windscale, der im Wissen um das Explosionsrisiko mit Wasser gelöscht wurde. Wenn das schiefgegangen wäre, gäbe es heute im Norden Englands eine unbewohnbare Sperrzone.

Vor diesem Hintergrund wirkt der bundesdeutsche Atomausstieg wie eine ziemlich gute Idee – und zwar auch dann, wenn man keine Angst vor Radioaktivität und strahlenden Altlasten hat und einfach auf die ökonomische Bilanz schaut. Wenn man den Weg zum Atomkonsens analysiert, wird das Bild noch freundlicher. Es sei hiermit offen ausgesprochen: Dieses Buch analysiert letztlich eine Erfolgsgeschichte der bundesdeutschen Verhandlungsdemokratie. Es ist durchaus ein Beleg für die Leistungsfähigkeit einer Demokratie, wenn sie in der Lage ist, nach jahrzehntelangem Streit einen breiten Konsens zu finden, und das war nur der letzte Schritt in einer langwierigen Auseinandersetzung, in der die Bundesrepublik in mehr als einer Hinsicht am Abgrund balancierte. Die Geschichte der bundesdeutschen Atomkraft ist die Geschichte einer verhinderten Eskalation bei Protesten, nuklearen Risiken, Forschungsprojekten und Bauprogrammen. Der entscheidende Trumpf waren die Mikroprozesse der bundesdeutschen Demokratie, die sich in zahllosen Verhandlungen und Gesprächen dokumentierten und die in ihrer Gesamtheit dazu führten, dass politische Lösungen in Reichweite kamen. Es gab die couragierten Entscheidungen verantwortlicher Politiker – Merkels Kehrtwende nach Fukushima war keineswegs die erste –, aber diese Entscheidungen basierten auf

Voraussetzungen, die erst einmal durch das Mühlwerk der bundesdeutschen Diskursgemeinschaft geschaffen werden mussten.

Erfolgsgeschichten sind gewöhnlich nicht das, womit sich eine kritische Zeitgeschichte zu profilieren sucht. Aber wäre historiographisch wie politisch irgendetwas gewonnen, wenn man den Begriff zum Tabu erklärte? Inzwischen dürfte deutlich geworden sein, dass eine rein ethisch-moralische Begründung der Demokratie nicht mehr ausreicht. Im 21. Jahrhundert haben demokratische Regime nur dann eine Chance, wenn sie immer wieder ihre Leistungsfähigkeit unter Beweis stellen. Im Übrigen kann ich umso leichter von einer Erfolgsgeschichte sprechen, als ich an gleicher Stelle vor zwei Jahren ein Buch veröffentlicht habe, in dem die bundesdeutsche Verhandlungsdemokratie spektakulär Schiffbruch erlitt. *Der deutsche Kanal* ist die Komplementärmonographie zu diesem Buch, und es ist durchaus mehr als Eigenwerbung, wenn ich beide Bände zur parallelen Lektüre empfehle. Es geht hier nicht um ein Erfolgsmodell, sondern um eine ziemlich anspruchsvolle Art, die Idee der Demokratie mit Leben zu füllen. Im Moment ist es die einzige Möglichkeit demokratischen Regierens, die den Menschen in der Bundesrepublik Deutschland zur Verfügung steht. Deshalb möchte dieses Buch am Beispiel der Atomenergie aufzeigen, wie das funktionieren kann, welche Voraussetzungen und Folgen das hat und was dabei alles schiefgehen kann.

Die Idee zu dieser Monographie geht auf eine Tagung am Deutschen Technikmuseum Berlin im Oktober 2017 zurück. Die Recherchen begannen 2019 mit Unterstützung eines Scholar-in-Residence-Fellowships am Forschungsinstitut des Deutschen Museums in München. Danach entwickelte sich die Archivarbeit zu einem pandemischen Hindernislauf. Deshalb gilt mein besonderer Dank den Mitarbeitern der Archive in München, Hamburg, Schleswig, Koblenz, Berlin, Freiburg, Gummersbach, Essen, Hannover, Lüchow und Bonn, die ihre Bestände unter teilweise schwierigen Bedingungen zugänglich gemacht haben. Wertvolle Hinweise verdanke ich Kolloquien in Bielefeld, Potsdam, Aachen, Marburg und Münster. Michael Eckert, Astrid Mignon Kirchhof, Knut Kübler, Anne Sudrow und Ursula von Thadden haben das Manuskript ganz oder teilweise gelesen und kommentiert. Thomas Schaber vom Steiner Verlag danke ich für die gute Zusammenarbeit, Maike Specht für das gründliche Lektorat des Manuskripts.

Jenseits der Worte ist mein Dank an Johanna und Simona, die jeweils unterschiedliche Zugänge zu diesem Buch hatten. Meine Tochter Johanna wünschte, dass ich einen Drachen erwähne. Das ließ sich machen. Ihre Mutter Simona hat im Studium errechnet, dass Atomkraftwerke günstigeren Strom produzieren als Kohlekraftwerke. Das warf größere Probleme auf als die Sache mit dem Drachen. Sie errechnete das glücklicherweise nicht aus Überzeugung, sondern weil sie sonst ihre Elektrotechnik-Klausur nicht bestanden hätte. So war das, wenn man um 1970 geboren wurde. Man kam um die Atomkraft nicht herum.

Wie aber danke ich dem Mann, der weithin als Doyen der bundesdeutschen Atomgeschichte anerkannt ist? Inzwischen sind drei Jahrzehnte vergangen, seit ich im Wintersemester 1991/92 den Kurs »Technikkritik und Umweltbewusstsein« bei Joachim Radkau an der Universität Bielefeld besuchte. Daraus entstanden ein Auslandsstudium, zwei Qualifikationsschriften, diverse Drittmittelanträge, zahllose Diskussionen und eine anhaltende Freundschaft, die weit über akademische Dinge hinausgeht. Radkau war Schüler von Fritz Fischer und widmete ihm eines seiner Bücher zum 90. Geburtstag. Er selbst ist jetzt ein paar Jahre früher dran. Danke für alles, Jochen!

1. Showdown in Brokdorf. Perspektiven einer neuen Demokratiegeschichte

Es dämmerte in der Wilstermarsch, als Polizeihauptkommissar Michaelis den Sanitätskoffer auspackte. Demonstranten hatten den Maschendrahtzaun um den Bauplatz des Kernkraftwerks Brokdorf auf 50 Meter Länge heruntergerissen, ein paar hundert Menschen waren durch das Loch geströmt und schlugen auf dem Bauplatz ihre Zelte auf. Polizei und Werkschutz hatten diesen Bauplatz vier Tage zuvor notdürftig gesichert und schauten nun ohnmächtig zu. Michaelis war Führer einer Einsatzhundertschaft aus Hamburg, und einer der Züge unter seinem Kommando hatte vor dem Zaun Stellung bezogen. Das Loch war ganz in der Nähe, aber sein Zug wurde von aggressiven Demonstranten umzingelt, und der Einsatz von »Hilfsmitteln der körperlichen Gewalt« verbat sich für Michaelis, weil »die Störergruppen von Frauen mit Kindern unterschiedlichen Alters durchsetzt waren«. So griff der Kommissar zum Verbandsmaterial. »Um die Aggression gegen die eingeschlossenen Polizeikräfte abzubauen, bot ich mich den Störern als Erste-Hilfe-Station an«, schrieb er in seinem Bericht über den Einsatz am 30. Oktober 1976. Es war ein Angebot, das nicht unbeachtet blieb. »Einige verletzte Personen wurden dann auch von uns verbunden. Diese Maßnahme war äußerst wirkungsvoll und wurde ergänzt durch ständige Diskussionen zum Thema ›Atomkraftwerke ja oder nein‹.«[1]

Es war kein Damaskuserlebnis, das dem Polizeihauptkommissar in der Wilstermarsch widerfuhr. Drei Stunden später befahl Michaelis die Räumung des besetzten Geländes, und zwar auf eigene Faust. Zuvor hatte er mit anderen Einsatzleitern gesprochen, bekam jedoch keine klaren Anweisungen. Etwa 1500 Menschen befanden sich zu diesem Zeitpunkt auf dem Bauplatz, es gab fünf Lagerfeuer und noch mehr Zelte, aber als die Demonstranten durch einen Polizeieinsatz außerhalb des umzäunten Geländes abgelenkt waren, ergriff Michaelis die Initiative. Er setzte Tränengas ein, Polizisten und Werkschutz rückten vor, und einige Beamte griffen zu Schlagstock und Reizgas. Ein Anführer der Besetzer appellierte unterdessen an seine Mitstreiter, sie sollten »sich hinsetzen und von der ›Mörderpolizei‹ verprügeln lassen«. Michaelis ging vor der Räumkette und durchsuchte persönlich die Zelte, als ein Sprecher der Demonstranten behauptete, dass dort verletzte Personen lägen. Er fand in den Zelten jedoch keine Verletzten, sondern nur Schlafsäcke, Plastikplanen, Konserven und »eine mit Milch gefüllte Milchkanne (ca. 25 Liter)«.[2]

Die Bürgerinitiative Umweltschutz Unterelbe (BUU) schilderte die Ereignisse etwas anders. Ihre Presseerklärung sprach von einem »Polizeieinsatz von unvorstellbarer Brutalität« und forderte Zuchthaus für den Einsatzleiter und den Innenminister des Landes Schleswig-Holstein. Die Räumungsaktion schilderte die BUU als Einbruch in eine friedliche Idylle: »Ein Zeltdorf wurde aufgebaut und die Bevölkerung begann, die Platzbesetzer mit warmem Tee, Milch und Eßwaren zu versorgen.«[3] Auch über das, was nach der Räumung geschah, gab es unterschiedliche Darstellungen. »Das Zeltdorf wurde zusammen mit allen zurückgebliebenen Sachen, darunter auch Kleidungsstücke mit Ausweisen, von der Polizei zusammengetragen und sofort verbrannt«, behauptete die BUU.[4] Entsprechende Bemerkungen kursierten auch in der Presse, obwohl die Polizei anderes berichtete: »Über 700 Asservate sind in Itzehoe bei der Kriminalpolizeidirektion West sichergestellt worden.«[5]

Das Verhalten der Polizei war freilich nicht das einzige Thema, das die Demonstranten in den folgenden Tagen umtrieb. Ein Teil der Demonstranten kam aus der linksextremen Szene Hamburgs, und deren interne Rivalitäten spiegelten sich nach der gescheiterten Platzbesetzung in wechselseitigen Vorwürfen. Das Regionalkomitee Wasserkante der KPD-Rote Hilfe veröffentlichte zum Beispiel im Dezember 1976 ein 42-seitiges Heft über Brokdorf, in dem unter der Überschrift »Den Feind in den eigenen Reihen bekämpfen!« in alle Richtungen ausgeteilt wurde. Vertreter von CDU und SPD wollten die Kundgebung nicht direkt am Bauplatz durchführen, sondern auf einer abgelegenen Wiese, Mitglieder von KB-Nord und DKP »forderten die BUU ständig auf, jeden Versuch der Besetzung zu unterlassen«, und dann kam der finale Dolchstoß: Als der Zaun überwunden und die Polizeikräfte zersplittert waren »und mit entschlossenen [sic] Vorgehen der breiten Massen die Besetzung gelungen wäre – in diesem Augenblick begann die D'K'P [sic] und ihnen nacheifernd besonders ›eifrig‹ der KBW und auch der KB-Nord zum Abmarsch zu blasen«.[6]

Es ist verlockend, all dies mit dem Abstand von viereinhalb Jahrzehnten in ein gnädiges Licht zu rücken. Die Bilder des Atomprotests gehören zum mentalen Inventar der Bundesrepublik: Demonstranten mit Transparenten, Sitzblockaden gegen Atomtransporte, Wasserwerfer und Hubschrauber im Einsatz gegen mündige Bürger. Nicht selten waren es verstörende Szenen, aber inzwischen betrachtet man sie mit dem Wissen um ein versöhnliches Ende. Die »Schlacht um Brokdorf« haben die Demonstranten verloren, aber der Ausstieg aus der Atomkraft ist beschlossene Sache, und das letzte deutsche Atomkraftwerk soll nach aktueller Planung Ende 2022 vom Netz gehen. Da könnte man es sich einfach machen, einen Toast auf die geglückte Demokratie ausbringen, vielleicht ein paar versöhnliche Worte über die Hitze der Schlacht anfügen und das Thema dann den Kuratoren des kollektiven Gedächtnisses zur weiteren Veranlassung übereignen. Längst hat die Atomkraft einen festen Platz in der bundesdeutschen Meistererzählung der geglückten Demokratie. Heinrich August Winkler erwähnte die Schlacht um Brokdorf bereits vor zwei Jahrzehnten in *Der lange Weg nach Westen*.[7]

Das vorliegende Buch bietet einen Überblick über die wechselvolle Geschichte der Kernenergie in Deutschland. Dabei sollen auch die weniger augenfälligen Aspekte der bundesdeutschen nuklearen

Odyssee angemessen Berücksichtigung finden. Die Atomkraft ist auch ein gutes Stück bundesdeutscher Wirtschaftsgeschichte, sie bietet Einblicke in den Wandel populärer Visionen von Wissenschaft und Technik, sie war Teil des Umgangs mit dem Erbe des Nationalsozialismus und auch ein wenig Kulturgeschichte der Bundesrepublik. Darüber hinaus gibt es jedoch einen Aspekt, der vor dem Hintergrund der Erfahrungen der vergangenen Jahre besondere Beachtung verdient. Die Geschichte der Kernenergie ist auch ein Lehrstück über Demokratie in Deutschland.

Ein Mikrokosmos der bundesdeutschen Demokratie

Das Reden über Demokratie gehört seit ihren Anfängen zur Bundesrepublik. Das konnte nach der Katastrophe des Nationalsozialismus vielleicht kaum anders sein, und die Erfahrung des Totalitarismus wurde zu einem Leitmotiv der einschlägigen Debatten, das längst auch historiographisch seinen Niederschlag gefunden hat. Mit einem Buchtitel Karl Poppers ging es bei dem politischen Experiment Bundesrepublik um eine »offene Gesellschaft und ihre Feinde«.[8] Bedrohungen der Demokratie kamen nach dieser Lesart stets von außen: von unheilvollen NS-Traditionen, von rebellischen Studenten und seit den siebziger Jahren eben auch von Demonstranten gegen Atomkraftwerke. Stets entstanden aus solchen Provokationen lange Konflikte, und für deren Verlauf gab es zwei prototypische Szenarien. Entweder wurde die Bedrohung in mühevollen Auseinandersetzungen niedergerungen, so etwa durch eine selbstkritische Erinnerungskultur, die über mentale und institutionelle Restbestände des Nationalsozialismus triumphierte.[9] Oder es gelang, die Provokation in abgeschwächter Form in den Organismus der Demokratie zu inkorporieren wie beispielsweise bei der Jugendrevolte von 1968.[10] In beiden Fällen zählte die Demokratie am Ende aller Schlachten zu den Gewinnern: entweder durch die Stärkung ihrer Abwehrkräfte oder durch einen Impuls für die Fortentwicklung der offenen Gesellschaft.

Dieses Interpretationsmuster hatte nicht nur den Vorteil, dass sich jede historiographische Beschäftigung mit diesen Konflikten automatisch als Verdienst an der demokratischen Kultur verbuchen ließ. Es sorgte auch für Überschaubarkeit, nicht zuletzt bei den Akteuren: Der Feind stand rechts, auf der Straße oder am Bauzaun. Beim Atomkonflikt lief diese Lesart darauf hinaus, dass sich die wuselige Vielfalt der Akteure in zwei große Lager einsortierte, die sich dann im Zuge der historischen Analyse weiter ausdifferenzieren ließen. Da standen in der einen Ecke die Exponenten des Atomstaats, bestehend aus Großkonzernen, Experten und Politikern, die noch fest an den Fortschritt von Wissenschaft und Technik glaubten. In der anderen Ecke stand eine kritische, umweltbewegte Gegenöffentlichkeit in ihrer ganzen Vielfalt. Meist wusste man in historischen Darstellungen schon nach wenigen Seiten, wo die Sympathien der Verfasser lagen, und bisweilen wurden die Gefühle übermächtig. Bei Dolores Augustine liest man beispielsweise von friedlichen Demonstranten, die Löcher in den Bauzaun von Brokdorf schnitten, als hätte es ein Recht auf Platzbesetzung gegeben.[11]

Aber ging es im Atomkonflikt tatsächlich nur um den Kampf zwischen Demonstranten und dem nuklearen Komplex? Wer sich näher mit den Akteuren, Argumenten und Interessen beschäftigt, bekommt Zweifel an der Eindimensionalität gängiger demokratiehistorischer Schablonen. Hinter der Frage, ob man für oder gegen Atomkraft sei, verbargen sich weitere Themen. Es ging um Visionen des wissenschaftlich-technischen Fortschritts, um legitime und andere Wege des zivilgesellschaftlichen Protests, um politische Macht und die Macht der Großunternehmen, und in den ersten Jahren schwang in marxistischen Kreisen auch die Hoffnung mit, das Großkapital auf diesem Schlachtfeld zum finalen Kampf zu stellen. Es ging um Gerechtigkeit und Rechtsstaatlichkeit, um Planungssicherheit und wirtschaftliche Macht, und nicht zuletzt ging es auch um die billige Energie, die für moderne Industriegesellschaften unverzichtbar schien. Es gab im Streit um die Atomkraft mehr als eine Konfliktlinie, und diese liefen keineswegs zwangsläufig parallel. Es brauchte auch Entscheidungen in ganz unterschiedlichen Formen: in Gerichtsurteilen, Wahlen, Regierungserklärungen, Verhandlungen und den alltäglichen Entscheidungen der Konsumenten.

Inzwischen erscheint es müßig, den Atomkonflikt entlang der tradierten Linien zu analysieren. Am 30. Juni 2011 beschloss der Bundestag mit breiter Mehrheit das Ende der nuklearen Stromerzeugung in Deutschland, und das ist nur auf den ersten Blick eine deutsche Besonderheit. In allen Ländern des Westens ist die Atomkraft im Niedergang. Weniger eindeutig ist die Zukunft der Demokratie: Sie ist keine Selbstverständlichkeit mehr. Die Ursachen sind seit einiger Zeit Gegenstand einer lebhaften Debatte, in der die Geschichtswissenschaft eine wesentliche Rolle spielt, und dabei agiert sie nicht selten mit einem robusten Selbstbewusstsein. Augenscheinlich ist es manchen Autoren überhaupt nicht unangenehm, Farbe zu bekennen. Wenn es um die Demokratie geht, will man gerne Gewissheit.[12]

Es gibt in der historischen Forschung jedoch auch einen anderen Trend, der freilich in der öffentlichen Debatte weniger Wahrnehmung erfährt. Ein buntes Spektrum von Autoren hat in den vergangenen Jahren herausgearbeitet, dass Demokratie in der modernen Geschichte tatsächlich ein ausgesprochen heterogenes und spannungsvolles Projekt war. An die Stelle einer klaren Vision rückt eine kompliziertere Geschichte ständiger Veränderungen und Konflikte, in der sich lokale, nationale und transnationale Entwicklungen miteinander verflechten. Medienkompatible Narrative über Schurken und Helden werden in solchen Büchern rasch unscharf, und das scheinen die Autoren nicht sonderlich zu bedauern. Ute Daniel hat ihr Projekt sogar ausdrücklich als »postheroische Demokratiegeschichte« tituliert.[13] Dafür versteht man mit solchen Arbeiten besser, wie vielschichtig eine lebendige Demokratie ist. Es geht dabei um sehr viel mehr als um den Willen des Volkes, den auch Diktatoren und Möchtegern-Autokraten gerne im Munde führen. Nicht zuletzt haben solche Arbeiten das Bewusstsein geschärft, dass jede Demokratie im Schatten der Geschichte operiert, und dieser Schatten wurde im Laufe der modernen Geschichte beständig größer.[14]

Auch die bundesdeutsche Demokratie war kein Projekt »aus einem Guss«. Es ging im Alltag der bundesdeutschen Politik auch um Rechtsstaatlichkeit und effiziente Verwaltung, um Wahlkampf und Mehrheitsbeschaffung, um Öffentlichkeit und solide Informationen, um institutionelle und konstitutionelle Regeln und die verschiedenen Quellen politischer Legitimation. Diese Einzelprojekte hatten jeweils eigene Voraussetzungen und Folgen, sie forderten unterschiedliche Menschen und unterschiedliche Verhaltensweisen, und es gab keinerlei Garantie, dass alles tatsächlich zusammenpasste.

Mit anderen Worten: Demokratie ist komplizierter, vielschichtiger und fragiler, als sie in eindimensionalen Erzählungen des Erfolgsmodells Bundesrepublik erscheint.

Die Geschichte des Atomkonflikts ist eine gute Gelegenheit, das Leben einer Demokratie in seiner ganzen Komplexität zu studieren. Das »friedliche Atom« warf Grundfragen des demokratischen Zusammenlebens auf, und es tangierte alle Institutionen, auf denen die offene Gesellschaft basierte: Regierungen und Parteien, Medien und Zivilgesellschaft, Gerichte und Verbände, Wissenschaft und Wirtschaft. Es ging um Visionen und Ängste, um Meinungshoheiten und Protest, um politische und wirtschaftliche Macht, um Konsumgewohnheiten und nicht zuletzt um ziemlich viel Geld. Demokratie lebt vom Gespräch, vom Austausch über Gräben hinweg, sie braucht die Rechtsstaatlichkeit und den Ausgleich der Interessen, die Freiheit des Individuums und die Verlässlichkeit geregelter Verfahren, die Autonomie der Experten und den Wettbewerb auf dem Markt für Ideen und Güter, und nicht zuletzt braucht sie die Gewissheit, dass sich die Menschen bei allen Gegensätzen weiterhin als Mitglieder einer Gesamtgesellschaft verstehen. All dies stand zur Debatte, seit die Kernenergie in den siebziger Jahren zu einem Fixpunkt des politischen Gesprächs wurde. Der Atomkonflikt war ein Mikrokosmos der bundesdeutschen Demokratie.

Die Vielfalt der Meinungen war freilich nur der eine Teil der atomaren Demokratie. Der andere Teil war buchstäblich in Beton gegossen: Die nukleare Kontroverse war auch ein brutaler Zusammenprall zwischen menschlichem Wünschen und Wollen und einer atomaren Technologie mit einem enormen Trägheitsmoment. Nukleare Stromerzeugung brauchte spaltbares Material und eine aufwendige technologische Infrastruktur, und am Ende blieben strahlende Hinterlassenschaften übrig, die sich nicht einfach per Mehrheitsbeschluss aus der Welt schaffen ließen. Der Atomkonflikt vermittelt eine Vorstellung, welche Zumutung die Eigenlogik und Eigendynamik des Materiellen für offene Gesellschaften darstellen.

All dies bedeutet wohlgemerkt nicht, dass man aus der Erfahrung zweier Diktaturen für die demokratische Kultur nichts lernen könnte. Die bundesdeutsche Erinnerungskultur ist eine demokratische Errungenschaft ersten Ranges, die man noch einmal etwas mehr zu schätzen weiß, wenn man sich zum Beispiel in seiner Heimat mit den spätimperialen Hinterlassenschaften des britischen Rumpfstaates herumschlagen muss. Aber mit den Lehren aus einer üblen Geschichte kommt man nur bis zu einem gewissen Punkt: Demokratie braucht rote Linien, aber es reicht nicht aus, wenn man sich vor allem auf die Grenzen und die neuralgischen Zonen eines Spielfelds kapriziert. Demokratie wird täglich neu gelebt und dabei immer wieder neu erfunden, und das passiert meist nicht mit der intellektuellen Sauberkeit eines Universitätsseminars, sondern im schmutzigen Alltag an allen möglichen Orten: in der verrauchten WG-Küche, im Polizeiwagen, im Schlamm der Wilstermarsch. Man sollte sich Demokratie nicht zu majestätisch vorstellen, und erst recht sollte man nicht der Illusion erliegen, dass Demokratie irgendwann tatsächlich fertig ist. In einer Zeit, in der viele Menschen ratlos auf die Wut an den Rändern der Gesellschaft starren, könnte der Blick auf die siebziger Jahre helfen, als der Atomprotest weite Teile der politischen Klasse ähnlich ratlos zurückließ.

Die klassische Interpretation des Atomkonflikts führte meist ins südbadische Wyhl. Die Gemeinde am Kaiserstuhl wurde zum Inbegriff des Bürgerprotests und zum Studienobjekt zahlreicher Bewegungsforscher, und später wurde Wyhl in den »Deutschen Erinnerungsorten« als Fixpunkt des kollektiven Gedächtnisses kanonisiert.[15] Diese Einleitung kehrt wiederholt nach Brokdorf zurück, das damit zugleich als komplementärer Erinnerungsort einer neuen bundesdeutschen Demokratiegeschichte vorgeschlagen werden soll. Brokdorf fehlte die moralische Eindeutigkeit, die Wyhl zum gefeierten Ursprung der nuklearen Kontroverse avancieren ließ. Während der Protest in Wyhl friedlich blieb, eskalierte in Brokdorf wiederholt die Gewalt, die Wilstermarsch wurde nicht zu einer Hochburg der Alternativkultur wie das Wendland um Gorleben, der Reaktor wurde allem Widerstand zum Trotz tatsächlich gebaut, und wenn man ehrlich ist, konnte der Norden den Atomstrom auch ganz gut gebrauchen. In Brokdorf verbinden sich die unterschiedlichen Dimensionen des Konflikts: die Auseinandersetzungen am Bauplatz, der Kampf vor Gericht, die atomare Technologie und die Energiefrage, der Dauerstreit unter Gegnern und Befürwortern um die richtige Strategie, der Staat in seinen verschiedenen Inkarnationen und nicht zuletzt die Frage, wer eigentlich Entscheidungen treffen sollte. Michaelis sollte nicht der Letzte bleiben, der bei der Kernenergie vergeblich nach jemandem suchte, der Verantwortung übernehmen wollte.

Protest

Brokdorf war nach Wyhl der zweite Ort, an dem Zehntausende von Menschen gegen den Bau eines Atomkraftwerks auf die Straße gingen. Es folgten weitere Demonstrationen in Gorleben, Grohnde, Kalkar, Bonn, Wackersdorf und anderen Orten. Es ging gegen verschiedene Projekte, es gab den Massenprotest und Mahnwachen mit einer Handvoll Teilnehmern, es gab lokale Bezüge und transnationale Vernetzungen, und auf jede Aktion folgte eine Kette von Kommentaren. Der Atomkonflikt war auch ein gigantisches Diskursprojekt, das von den Gefahren der nuklearen Technologie über die Gewalt bis hin zu der Frage reichte, wen man eigentlich bekämpfen wollte. Man musste nicht unbedingt Teil des nuklearen Komplexes sein, um ins Visier der Anti-Atomkraft-Bewegung zu geraten. Es reichte schon, wenn man nicht hinreichend engagiert wirkte wie etwa der SPD-Politiker Jo Leinen, der am 10. März 1985 zum Opfer eines Tortenattentats wurde. Das Bild ist heute bei Getty Images verfügbar.

Der Protest gegen die Atomenergie war zu keinem Zeitpunkt eine homogene Bewegung. In Brokdorf kam es bei einer Großdemonstration am 19. Februar 1977 sogar zu zwei getrennten Veranstaltungen an verschiedenen Orten. Der Kampf wurde nicht nur am Bauzaun geführt, sondern vor Gericht, in Veranstaltungen der Evangelischen Akademien und am häuslichen Schreibtisch, wenn zum Beispiel die nächste Ausgabe von *X-tausendmal quer* getippt werden wollte. Es gab die Aktiven, die über Jahrzehnte kämpften, und viele andere, die hier und da mal vorbeischauten. Unter den Demonstranten von Brokdorf befanden sich belesene Marxisten, die im Atomstaat eine Manifestation des staatsmonopolistischen Kapitalismus erkannten, gewaltbereite Chaoten, die für ein paar Stunden Bürgerkrieg spielen wollten, aber auch bußfertige Christen und viele Menschen aus der Region, die Angst vor radioaktiven Strahlen hatten. In Brokdorf meldete sich auch eine maoistische K-Gruppe zu Wort, die den Monopolkapitalisten »die wirklich sozialistischen Länder, voran die Volksrepublik China« gegenüberstellte: »Unter der Diktatur des Proletariats ist dort der Bau auch nur eines Kraftwerkes, einer Eisenhütte oder einer Chemieanlage verboten, wenn nicht die Frage der nützlichen und umweltfreundlichen Weiterverwertung des Abfalls oder der Abgase gelöst ist.«[16]

Die Vielfalt des Protests ist eine Herausforderung für Historiker, zumal es nicht wenigen Aktiven ein Bedürfnis war, das eigene Handeln und die eigenen Motive wortreich zu erläutern. Selbst zum Tortenanschlag auf Jo Leinen gab es ein Flugblatt, in dem das »Kommando ›Oliver Hardy‹« ebenso hämisch wie weitschweifig die eigenen Beweggründe darlegte.[17] Zum Atomprotest gehörten flatternde Nerven und fliegende Schlagstöcke, zahllose Flugblätter und Postillen, denen man die Genese in endlosen Gruppensitzungen anmerkte, es gab die Verbissenheit des langjährigen Kampfes und die Resignation, wenn es irgendwann nicht mehr ging, und jede Auswahl steht unvermeidlich im Ruch der Willkür. Die Vielstimmigkeit der Bewegung ist nicht nur ein Darstellungsproblem. Bei selektiver Lektüre lässt sich auch für steile Thesen passendes Belegmaterial finden.

Wer die Vielfalt der Bewegung erfahren will, muss heute nicht mehr ins Archiv fahren. Es gibt eine florierende atomare Erinnerungskultur, häufig von Veteranen des Protests getragen, und oft spricht daraus der Stolz auf den eigenen Beitrag zu einer lebendigen Demokratie. Es gibt Ausstellungen und Zeitzeugengespräche, nicht wenige Veröffentlichungen erreichen wissenschaftliches Niveau, und manchmal gibt es sogar einen Schuss Selbstironie. »Erinnerungen alternder Linker an ihre vermeintliche Glanzzeit sind generell mit Vorsicht zu genießen«, heißt es im Vorwort einer fünfbändigen Selbstdokumentation, die in der »Bibliothek des Widerstands« des Laika-Verlags erschien. »Oft erscheint ihnen Jahrzehnte später manches harmonischer, als es wirklich war.«[18]

Der Atomprotest war bunt, und das war nicht der unwichtigste Grund, warum ihm nicht irgendwann die Luft ausging. Es war schließlich nicht von vornherein ausgemacht, dass der Protest über Jahrzehnte lebendig bleiben, und erst recht nicht, dass er am Ende sein Ziel erreichen würde. Es gab in der bundesdeutschen Geschichte mehr als ein Thema, das für einige Zeit die Massen bewegte, aber dann ohne große Folgen verläpperte. Manche dieser Themen brachten deutlich mehr Menschen auf die Straße als die Angst vor dem nuklearen GAU: so etwa der Protest gegen den NATO-Doppelbeschluss Anfang der achtziger Jahre oder die Hartz-IV-Demonstrationen. Es war ein langer Weg vom Bauzaun in Brokdorf zum Bundestagsbeschluss von 2011, und es gab Momente, in denen die Dinge einen anderen Lauf hätten nehmen können. Der Atomprotest hätte sich auch in dumpfen Ressentiments und larmoyanten Klagen über die Ungerechtigkeit der Welt erschöpfen können, so wie dies heute bei rechtspopulistischen Bewegungen zu beobachten ist.

Wenn man vom Atomprotest der siebziger Jahre auf frühere Jahrzehnte schaut, fällt eine emphatische Bewertung leicht. Die Bürgerinitiativen gegen Atomkraftwerke waren gewissermaßen die finale Ratifikation einer Fundamentalliberalisierung, die nach gängiger Lesart in »die Zeit zwischen etwa 1959 und 1973/4 als Kernphase« fiel und seither der demokratischen Kultur der Bundesrepublik zugrunde liegt.[19] Kompliziert wird es, wenn man den Blick von Wyhl und Brokdorf in Richtung Gegenwart richtet. Verklärende Protestromantik wirkt unzeitgemäß in einer Gesellschaft, der im Zeichen von Pegida und Corona-Protesten das Rohe, Ungehobelte, Verstörende einer Protestbewegung lebhaft vor Augen steht. Demonstrationen bringen Dinge in Bewegung, ohne dass zwangsläufig ein klares Ziel zu erkennen wäre. Protest ist immer eine Provokation, ein Bündel aus Wünschen und Emotionen, das den Mächtigen entgegengeschleudert wird, und es ist vollkommen offen, ob der Organismus der Demokratie das zu verdauen vermag. Am Zaun von Brokdorf regierten die Wut und die Angst, Gewalt lag in der Luft, und es waren nicht nur Polizisten, die am 30. Oktober 1976 handgreiflich wurden. Kurz bevor Michaelis zum Sanitätskoffer griff, hatten Demonstranten versucht, »durch heftiges Schaukeln ein Gruppenfahrzeug umzuwerfen«, und das scheiterte nur deshalb, weil der Wagen dicht an einer Leitplanke stand. Michaelis blieb ruhig und befahl seinen Beamten über Funk, »aufzusitzen und keine Maßnahmen ohne meine Anweisung durchzuführen«, aber das machte ihn noch längst nicht zum Samariter. Seine Erste-Hilfe-Aktion hatte auch »zur Folge, daß der Hundertschafts-Trupp und der

IV. Zug sich allmählich etappenweise in Richtung B 431 entfernen konnten«.[20]

Im Wissen um das Folgende kann man die Aktion deshalb auch als erfolgreiches Täuschungsmanöver bewerten. Aber ob das auch die Absicht des Polizeiführers war, als er das Verbandsmaterial hervorholte? Michaelis hat das keineswegs behauptet – er wollte nach eigenem Bekunden nur eine angespannte Situation entschärfen –, und auch bei der Gegenseite sollte man sich vor nachträglichen Rationalisierungen hüten. Im Vorfeld der Demonstrationen wurde diskutiert und geplant, aber das bedeutet nicht, dass sich hinter jeder Aktion ein klares Kalkül verbarg. Protest entwickelte sich stets auch spontan, Aktive reagierten auf die Polizei, Medienvertreter und das ständige Gespräch mit vielfältigen Mitstreitern, und das verleiht dem Protest eine inhärente Unschärfe, die leicht hinter fein ziselierten Analysen von Leitmotiven und Kerngruppen verschwindet. Das macht es auch unbefriedigend, den Atomprotest auf ein Grundgefühl zu reduzieren, wie das Frank Biess in *Republik der Angst* versucht hat. Es gab am Bauzaun auch noch ein paar andere Gefühle – Hass, Trotz, Frust, Solidarität, um nur einige zu nennen –, und leicht werden Akteure bei einer solchen Analyse zu gesichtslosen Trägern emotionaler Regungen, die jenseits von Raum und Zeit zu schweben scheinen.[21] In Brokdorf und anderswo handelten Menschen mit Erfahrungen, Wissen und Interessen, und sie dachten nicht nur an ihren Gefühlshaushalt, sondern zum Beispiel auch an ihre Karrieren. Man kann die Langlebigkeit nuklearer Zukunftsträume wohl nur dann verstehen, wenn man bedenkt, dass da Menschen um ihren Arbeitsplatz fürchteten, und das sollte man schon deshalb nicht für illegitim erklären, weil es auf der Gegenseite nicht anders aussah. Auch leidenschaftliche Kämpfer gegen die Atomkraft dachten ab und zu an das eigene Vorstrafenregister und den Radikalenerlass für Bewerber im öffentlichen Dienst.

Der 30. Oktober 1976 war ein ungemütlicher Herbsttag, die Wetterstation am Hamburger Flughafen Fuhlsbüttel verzeichnete bedeckten Himmel, leichten Regen und eine Durchschnittstemperatur von 5,8 Grad Celsius. Es war kein Vergnügen, bei solchen Bedingungen in der Wilstermarsch zu marschieren, und das ist nicht der einzige Grund, warum die Demonstranten Respekt verdienen. Eine

Demokratiegeschichte, die vom Respekt vor dem zivilgesellschaftlichen Engagement zehrt, ist ja keineswegs grundfalsch, sondern nur ziemlich unvollständig. Der Atomprotest der siebziger Jahre markierte eine Zäsur in den Debatten, die sich seit den fünfziger Jahren um die zivile Nutzung der Atomkraft entwickelt hatten, aber daraus waren ganz unterschiedliche Entwicklungen vorstellbar, darunter auch einige, die der bundesdeutschen Demokratie nicht gut bekommen wären. In jedem Fall mahnt der Respekt vor dem Protest auch zur Zurückhaltung mit simplen Zuschreibungen von Weltanschauungen, teleologischen Verortungen oder psychologischen Interpretationen, die politische und mentale Ordnung suggerieren, wo sie nicht war. Der Atomprotest der siebziger Jahre war divers und dynamisch, und jeder Versuch, ihn in ein klares Interpretationsschema zu pressen, sagt letztlich mehr über die Autoren als über die Sache.

Protest stiftet Unruhe, und das nicht nur unter Historikern und Sozialwissenschaftlern, die nach Modellen für eine komplizierte Wirklichkeit suchen. Michaelis war einer von zahlreichen Polizeiführern, Politikern und Managern, die nach Antworten auf den Unmut suchten, und das keineswegs aus eigenem Antrieb, sondern weil es sein musste: Man steckte da halt drin. So lief der Atomprotest zunächst vor allem darauf hinaus, in der politischen Sphäre einen neuen Möglichkeitsrahmen zu schaffen. Die Demonstranten navigierten in diesem Rahmen jedoch zu keinem Zeitpunkt autonom, und in diesem Möglichkeitsrahmen kam man mit Demonstrationen und Platzbesetzungen nicht allzu weit. Man brauchte auch Argumente und Zuhörer, die für diese Argumente empfänglich waren.

Meinungskampf

Als die Menschen in Wyhl und Brokdorf protestierten, wurde in der Bundesrepublik bereits seit zwei Jahrzehnten über Atomenergie diskutiert, und diese Debatten waren wiederum Teil eines internationalen Austausches von Ideen, Plänen und Technologien. Die wesentlichen Debatten fanden zunächst vor allem innerhalb einer schmalen Funktionselite statt. Seit Hiroshima und Nagasaki gab es populäre Ängste vor der Urgewalt des Atoms, wenig später ergänzt durch ebenso populäre Hoffnungen auf das »friedliche Atom«, aber Entscheidungen wurden meist jenseits des Scheinwerferlichts in einem engen Zirkel von Politikern, Spitzenbeamten, Forschern und Managern getroffen. In der Bundesrepublik war zunächst nur die militärische Dimension der Kernenergie kontrovers, während die zivile Nutzung auf einem breiten politischen Konsens beruhte. Die Kernenergie galt in der Nachkriegszeit als Schlüsseltechnologie und ultimativer Beweis wissenschaftlich-technologischer Kompetenz, und da musste ein modernes Industrieland wie die Bundesrepublik selbstverständlich bestrebt sein, in der Weltliga mitzuspielen. Diskussionsbedarf gab es lediglich über Prioritäten und Wege, und das war eher ein Thema für Funktionseliten. Im Wissenschaftsteil der *Frankfurter Allgemeinen* wurde zum Beispiel ein langjähriger Streit zwischen den Verfechtern von Natrium- und Dampfbrüter ausgefochten.[22]

Das änderte sich mit den Protesten von Wyhl und Brokdorf. Die beiden Reaktorprojekte waren nicht die ersten, die kritische Fragen aus der Nachbarschaft provozierten und die Gerichte auf den Plan riefen. Ein erster Meilenstein der nuklearen Kontroverse war ein Urteil des Bundesverwaltungsgerichts vom 16. März 1972, das auf die Klage einer frühen Bürgerinitiative gegen das Kernkraftwerk Würgassen an der Oberweser zurückging. Das Würgassen-Urteil räumte dem Schutz vor den Gefahren der Kerntechnik Vorrang vor der Nutzung ein und forcierte damit die Sicherheitsdebatte.[23] Aber erst als Menschen zu Tausenden auf die Straße gingen, wurde aus diesen Anfängen eine breite gesellschaftliche Debatte, in der alle Träger der öffentlichen Meinung von den Parteien bis zu protestantischen Pfarrern Farbe bekennen mussten.

In der historischen Literatur werden Protest und Meinungsstreit oft miteinander vermischt, als handele es sich um zwei Seiten derselben Medaille. Es lohnt sich jedoch, beides als unterschiedliche Aktivitäten mit jeweils eigener Handlungslogik zu diskutieren. Es war eine Sache, mit Protestaktionen und Platzbesetzungen öffentliche Aufmerksamkeit zu erlangen, aber eine ganz andere, Sympathie und Unterstützung aus weiten Teilen der Bevölkerung zu gewinnen. Es gab nicht viele Bürger, die sich mit einem Reaktorprojekt in der unmittelbaren Nachbarschaft konfrontiert sahen. Es ist auch durchaus offen, ob die Bürger, die in den siebziger Jahren an einer Demonstration gegen ein Atomprojekt teilnahmen, mehr als ein Prozent der bundesdeutschen Bevölkerung ausmachten.[24]

Durch die Vermengung von Protest und Meinungsstreit erschien die zivilgesellschaftliche Bewegung größer, als sie realhistorisch war. Zehntausende Demonstranten waren ein respekterheischender Anblick, wie Polizeihauptkommissar Michaelis am 30. Oktober 1976 aus eigener Anschauung erfuhr, aber das war noch lange keine politische Mehrheit. Es war ja auch keineswegs so, dass an jedem Wochenende die Massen strömten. Selbst in den Hochburgen des Atomkonflikts gab es erhebliche Schwankungen im Protestniveau. Hinzu kamen die regionalen Unterschiede. Es gab den legendären Gorleben-Treck im Frühjahr 1979, für den die Bäuerliche Notgemeinschaft etwa 400 Traktoren auf den Weg nach Hannover schickte, und später im Jahr versammelten sich etwa 150 000 Demonstranten im Bonner Hofgarten.[25] Ute Hasenöhrl hat jedoch darauf hingewiesen, dass die Proteste in Bayern vor Wackersdorf wesentlich kleiner waren. Der Höhepunkt waren 10 000 Menschen, die im April 1975 in Schweinfurt gegen das Atomkraftwerk Grafenrheinfeld demonstrierten.[26]

Der Widerstand der Straße wirkte zu keinem Zeitpunkt unüberwindbar. Das Gebaren des nuklearen Komplexes spricht in dieser Hinsicht eine deutliche Sprache. Es ist kein Zufall, dass an den meisten Schlüsselorten des Widerstands tatsächlich gebaut wurde: Brokdorf, Grohnde, Kalkar, Gorleben, Wackersdorf. Aber war es auch eine gute Idee zu bauen? Im öffentlichen Meinungsstreit waren nicht politischer Wille und polizeitaktische Finesse gefragt, sondern gute Argumente. Man brauchte Orte des Gesprächs, eine Kultur des Zuhörens und eine gewisse Ruhe. Nicht zuletzt brauchte man auch Persönlichkeiten und Institutionen, die das Vertrauen der breiten Öffentlichkeit genossen.

So war der Meinungsstreit geradezu eine Gegenwelt zum Universum des Protests. Das gilt nicht zuletzt in visueller Hinsicht. Eine Demonstration lieferte spektakuläre Bilder, und Aufnahmen der gewalttätigen Auseinandersetzungen fehlen in keinem der einschlägigen Filme. Die endlosen Debatten über Notkühlsysteme, Entsorgungsfragen und andere Themen waren hingegen für die mediale Aufbereitung vollkommen ungeeignet, und das ist kein triviales Problem in einer Zeit, in der sich das kollektive Gedächtnis in einem visuellen Gedächtnis aufzulösen scheint. Zu den Urszenen der nuklearen Kontroverse gehören auch hitzige stundenlange Gespräche bei dichtem Zigarettenrauch, nur wird es darüber wohl nie einen packenden Film geben. Hinter den Papiermassen, die in den Archiven lagern, verbergen sich zahllose Diskussionen bis tief in die Nacht, und das waren nicht immer Gespräche unter Gleichgesinnten. Zur Geschichte der atomaren Demokratie gehören auch goldene Momente des Dialogs.

Gespräche gehören zum Leben einer Demokratie, und die alte Bundesrepublik entwickelte in dieser Disziplin eine gewisse Meisterschaft. Deshalb verdient es Beachtung, dass sich seit den achtziger Jahren eine zunehmende Verarmung des Gesprächs abzeichnete: Energiefragen wurden zu Identitätsfragen. Es ging in der nuklearen Debatte immer weniger um Entscheidungen, die man gemeinsam treffen musste, und immer mehr um Überzeugungen, die nicht mehr verhandelbar waren, weil sie Teil des eigenen Selbstverständnisses waren – ein Umbruch, der für die gegenwärtige Krise der Demokratie von kaum zu überschätzender Bedeutung ist. In den siebziger Jahren war der Gesprächsbedarf hingegen noch so groß, dass sich selbst ein Polizeibeamter mit Sanitätskoffer die einschlägigen Argumente anhören musste. Die alte Bundesrepublik war auch eine Diskursgemeinschaft, und doch gab es auch in dieser Zeit Dinge, über die man nicht einfach reden konnte. In der nuklearen Kontroverse wurden auch die Grenzen des Sagbaren verhandelt.

Energie

Die Platzbesetzung vom 30. Oktober 1976 blieb in Brokdorf ein singuläres Ereignis. Das lag an der Lernfähigkeit der Polizei. Als am 13. November die nächste Großdemonstration stattfand, hatte sich die Zahl der Einsatzkräfte mehr als verdoppelt, und deshalb blieb der Zaun im zweiten Versuch unüberwindbar.[27] Polizeihauptkommissar Michaelis verfügte über sieben Wasserwerfer und eine zusätzliche Hundertschaft aus Rheinland-Pfalz mit dem schönen Rufnamen »Weintraube«, und diesmal parkten die Polizeiwagen hinter dem Zaun.[28] Bei den folgenden Protesten vom 19. Februar 1977 richtete die Polizei einen Kontrollpunkt zwischen dem Bauplatz und der nahe gelegenen Stadt Wilster ein, sodass die Demonstranten gar nicht erst in die Nähe des Zauns gelangten.[29] Als vier Jahre später die

Großdemonstration vom 28. Februar 1981 anstand, die später durch den Brokdorf-Beschluss zum Versammlungsrecht in die bundesdeutsche Rechtsgeschichte eingehen sollte, bemühte sich die Polizei im Vorfeld auch um zusätzliche Personenzüge für die Rückreise. Es wurde ein Triumph für die Ordnungshüter. »Die durchfroren und teilweise auch durchnäßt zurückkehrenden Demonstranten stürmten förmlich die vorgewärmten Eisenbahnabteile und gaben den einmal gewonnenen Platz nicht wieder auf«, hieß es im Bericht der Polizeidirektion Schleswig-Holstein West. Die geplante Abschlusskundgebung, die per Megafon beworben wurde, musste deshalb ausfallen. So »bildeten die rückflutenden Demonstranten für die Polizei lediglich noch ein Verkehrsproblem«.[30]

Ob die unterkühlten Demonstranten darüber nachdachten, woher die Energie für die vorgewärmten Abteile stammte? Die unsichtbare, jederzeit verfügbare Energie ist eine Errungenschaft der Moderne, die in den siebziger Jahren längst zur zweiten Natur der bundesdeutschen Konsumbürger geworden war. Die Elektrizität gehörte seit dem Kaiserreich zum Großstadtleben, und in der Zeit zwischen den Weltkriegen entstand das Rückgrat der großen Verbundnetzwerke. Die Stromproduktion wurde in Großkraftwerken konzentriert, und das machte Projekte wie das Kernkraftwerk Brokdorf, das auf eine Nettoleistung von 1410 Megawatt ausgelegt war, überhaupt erst möglich. Zugleich expandierte die Erdölproduktion, die nach dem Zweiten Weltkrieg für eine Flut von billigem Benzin und Diesel sorgte und sich auch hinter den vorgewärmten Abteilen in der Wilstermarsch verbarg. Die Strecke nach Hamburg war nicht elektrifiziert, und deshalb waren es dieselbetriebene Züge, die dort auf müde Demonstranten warteten. So blieb den Aktivisten immerhin der Gedanke erspart, ob sie vielleicht mit Atomstrom aus den nahe gelegenen Kernkraftwerken Stade und Brunsbüttel nach Hause fuhren.

In der Energiegeschichte der westlichen Welt waren die fünfziger und sechziger Jahre die Zeit der großen Sorglosigkeit. Es gab Ölkrisen, aber sie spielten in fernen Ländern, und nie bestand eine reelle Gefahr, dass der Boom der Wirtschaftswunderjahre von einem Mangel an elektrischem Strom ausgebremst werden würde. Es ist nicht unbedingt ein Widerspruch, dass der Einstieg in die

Abb. 1: Brokdorf, 28. Februar 1981: Wasserwerfer im Einsatz gegen Demonstranten. Foto: Guenay Ulutuncok/Bundesarchiv.

Atomkraft in diese Zeit fiel. Man kann sogar die Vermutung wagen, dass die Investitionen in die nukleare Technologie nicht nur in der Bundesrepublik weitaus weniger enthusiastisch ausgefallen wären, wenn es kurzfristige Krisen gegeben hätte, die die Aufmerksamkeit von Stromkonzernen, Politikern und Ingenieuren erforderten. Kernkraftwerke brauchte man nur dann, wenn man auf lange Sicht plante. Die Wirtschaft wuchs, und deshalb lag der Gedanke nahe, dass damit auch die Nachfrage nach Elektrizität steigen würde.

Hamburg war dabei im bundesweiten Vergleich in einer besonders prekären Lage. Es gab in der Nähe weder alpine Wasserkräfte noch Kohle- oder Ölvorkommen, die den Atommeilern eine Konkurrenz bereiten konnten. Nach dem Ersten Weltkrieg hatte Hamburg sogar auf eine Kanalverbindung zum Ruhrgebiet gehofft, um die Versorgung mit Steinkohle sicherzustellen.[31] In der frühen Bundesrepublik entspannte sich die Lage auf dem Energiemarkt, aber das änderte sich in den siebziger Jahren, und jeder verantwortliche Politiker wusste, dass man mit Stromsperren oder explodierenden Preisen ziemlich rasch in den roten Bereich kam. Die Bundesrepublik war auch eine Demokratie von Konsumenten, die nicht nur mit dem Wahlzettel, sondern auch mit dem Lichtschalter und dem Gaspedal abstimmte. Vielleicht war sie sogar *in erster Linie* eine Demokratie von Konsumenten?

Die billige, allzeit verfügbare Energie war ein wesentlicher Beitrag zum bundesdeutschen Wirtschaftswunder. Sie ermöglichte das Häuschen im Grünen, die Fernreise im Sommer, die wachsende Zahl elektrischer Geräte und vieles mehr, und mit den Segnungen des Massenkonsums kam die Akzeptanz der parlamentarischen Demokratie: Die sorglose Energie war ein Garant politischer Stabilität erster Güte. Sie war auch etwas, was alle Menschen miteinander verband. Bei allen Trennlinien zwischen Arbeits-, Lebens- und Sinnwelten hingen alle Bundesbürger am gleichen Stromnetz, und das war keine Banalität. Infrastrukturen eignen sich auch deshalb besonders gut als Themen der Demokratiegeschichte, weil sie stets die Frage nach dem gesellschaftlichen Zusammenhalt aufwerfen.

Die energetische Sorglosigkeit der Wirtschaftswunderjahre hat sich inzwischen erledigt. Wir wissen heute nur zu gut, dass Energie ihren Preis hat, aber immer noch fällt es uns schwer, über Energie ein ehrliches Gespräch zu führen. Es gibt eine lange Tradition der energetischen Sprachlosigkeit, die sich in den vorgewärmten Abteilen im Bahnhof Wilster ebenso dokumentierte wie heute in der Stromarmut und den Windparks in abstürzenden ländlichen Räumen. Die stille Macht des Verbrauchers ist ein Teil des politischen Spiels, und diese Macht entfaltet auch dadurch ihre Wirkung, dass sie kaum verbalisiert und formal organisiert und deshalb nur sehr begrenzt politisch verhandelbar ist. Auch das ist ein Teil der bundesdeutschen Demokratie.

Der nukleare Komplex

In der Bundesrepublik entstammte die billige Energie einem komplizierten Geflecht von Staat und Privatwirtschaft. Die Stromproduktion lag in den Händen von unternehmerisch agierenden Großkonzernen, die häufig im Besitz der öffentlichen Hand waren und als Gebietsmonopolisten einer gesetzlichen Kontrolle unterlagen. Bei der Atomkraft war der Staat zudem durch Mittel für Forschungseinrichtungen und Versuchsreaktoren in Vorleistung getreten. Der Bau von Kernkraftwerken wurde unterdessen von einem weltweiten Oligopol von Privatunternehmen dominiert, unter denen in der Bundesrepublik die Kraftwerk Union, seit 1977 eine hundertprozentige Tochter von Siemens, das weitaus wichtigste war. Auch der Reaktor von Brokdorf wurde von der Kraftwerk Union gebaut. Von außen wirkte der nukleare Komplex nicht selten wie eine Phalanx unbeugsamer Befürworter, wenn nicht gar wie eine tödliche Bedrohung der freiheitlichen Gesellschaft. Auf der Brokdorf-Demonstration vom 19. Februar 1977 sprach Robert Jungk erstmals vom »Atomstaat« – später im Jahr erschien unter diesem Titel ein atomkritischer Bestseller –, und das evozierte nicht zufällig den Gedanken an den NS-Staat.[32] Wenn man am Bauzaun stand, wirkte der nukleare Komplex wie ein totalitärer Behemoth. Aber das war stets mehr Mythos als Realität.

In Großbritannien war die Stromwirtschaft nach dem Zweiten Weltkrieg verstaatlicht worden, und in Frankreich gab es osmotische Beziehungen zwischen der Bürokratie und dem Staatskonzern Électricité de France. In der Bundesrepublik mussten sich die Regierenden hingegen mit einer Handvoll selbstbewusster Großkonzerne herumschlagen, und das war nicht der einzige Grund, warum Verhandlungen in der bundesdeutschen Atomgeschichte eine zentrale Rolle spielten. Die föderale Struktur der Bundesrepublik erforderte eine enge Zusammenarbeit zwischen Bund und Ländern, hinzu kam ein ungewöhnlich breites Spektrum von Einzelprojekten von der Urananreicherung bis zur Wiederaufarbeitung. Neben den Leichtwasserreaktoren, die heute die Welt der Atomkraft dominieren, wurden in der Bundesrepublik auch andere Reaktortypen gebaut: der Schwerwasserreaktor, der Hochtemperaturreaktor und der Schnelle Brüter. Seit Joachim Radkaus bahnbrechender Habilitationsschrift ist bekannt, wie kurvenreich der bundesdeutsche Weg ins Atomzeitalter war.[33]

Mit dem Wachstum des nuklearen Komplexes stellte sich mit zunehmender Dringlichkeit die Frage nach der Kontrolle. Wie konnten Organe und Verfahrensweisen aussehen, die für Sicherheit und Kosteneffizienz sorgten? Alle Atomnationen der Welt sahen sich hier mit enormen Herausforderungen konfrontiert, und es wirkt nicht so, als ob es hier überhaupt ein Erfolgsmodell gibt. Im bundesdeutschen Fall kam noch hinzu, dass die Sozial- und Wirtschaftsordnung eigentlich auf das exakte Gegenteil einer unabhängigen

Kontrolle ausgerichtet war. Das politische System der Bundesrepublik basierte auf einer kollektiven Bereitschaft zur immerwährenden Zusammenarbeit. Vom Wiederaufbau bis zur Sozialpartnerschaft – es gab Interessengegensätze, über die man reden musste, aber zugleich bauten Wirtschaft und Politik darauf, dass letztlich alle am gleichen Strang zogen. Für Demonstranten war der Super-GAU das ultimative Horrorszenario, aber für die bundesdeutsche Politik gab es noch einen anderen Größten Anzunehmenden Unfall: den Kollaps eines Großkonzerns.

Für die Anti-Atomkraft-Bewegung war die Verfilzung des nuklearen Komplexes ein gefundenes Fressen. Zugleich war sie für die Arbeitsfähigkeit der deutschen Atomwirtschaft praktisch unverzichtbar. Der Tribalismus der staatlichen und privatwirtschaftlichen Akteure hätte auf Dauer leicht zu einer wechselseitigen Blockade führen können, wenn es nicht ein hohes Maß wechselseitiger Verständigung gegeben hätte sowie eine gemeinsame Überzeugung, dass der Atomkraft die Zukunft gehöre. Wenn man von der Rivalität zwischen den Reaktortypen absieht, die fast schon in der Manier von Glaubenskonflikten ausgefochten wurde, gab es im nuklearen Komplex stets ein Bewusstsein, dass letztlich alle im gleichen Boot saßen. Die wechselseitigen Verflechtungen waren eng. Das Atomkraftwerk Brokdorf war zum Beispiel ein Gemeinschaftsprojekt der Hamburgischen Electricitäts-Werke (HEW) und der Nordwestdeutschen Kraftwerke (NWK), die 1985 in der PreussenElektra aufging, die wiederum zur VEBA gehörte, die 2000 mit der VIAG zur E.ON fusionierte. Den Anteil der HEW übernahm unterdessen der schwedische Energiekonzern Vattenfall. So entstand ein dichtes Netz von Verträgen und Vereinbarungen, das den politischen Akteuren enge Grenzen setzte. »Eine Kündigung der zwischen HEW und NWK geschlossenen Verträge ist erst 1988 mit Wirkung zum Jahr 1993 möglich«, hieß es zum Beispiel in einem Vermerk der Hamburger Wirtschaftsbehörde vom April 1980. »Etwaige Schadensersatzansprüche an HEW bei einem einseitigen Aussteigen der HEW sind [...] nicht quantifizierbar.«[34]

Der Vermerk wurde nicht ohne Grund geschrieben. Mehrheitsaktionär der HEW war die Freie und Hansestadt Hamburg, in der seit Jahrzehnten die SPD regierte, und unter den Sozialdemokraten tobte seinerzeit der Streit um die Atomkraft. Nur drei Tage nach der Schlacht am Bauzaun forderte der SPD-Kreis Hamburg-Nord den Hamburger Innensenator auf, künftig keine Hamburger Polizeikräfte mehr für Einsätze in Brokdorf zur Verfügung zu stellen.[35] Die Auseinandersetzungen kamen erst ein knappes Jahrzehnt später an ihr Ende, als die SPD nach Tschernobyl auf ihrem Nürnberger Parteitag für den Atomausstieg votierte. Die Wankelmütigkeit der Politiker war freilich nicht das Einzige, was die Macht des nuklearen Komplexes unterminierte. Das Lager der Atomkraftgegner profitierte auch von Insidern wie Klaus Traube, die irgendwann die Seiten wechselten, und dann gab es da noch eine ganz einfache Frage, die Atommanager in den späten siebziger Jahren ins Schwitzen brachte: Wie viele Atomkraftwerke brauchte man eigentlich?

Im November 1976 zitierte ein Vermerk der Hamburger Behörde für Wirtschaft, Verkehr und Landwirtschaft die offizielle Energieprognose der Bundesregierung, die von einer jährlichen Steigerung des Stromverbrauchs von sieben Prozent ausging. Mit einer solchen Wachstumsrate hätte sich der Verbrauch bis zur Jahrtausendwende etwa verfünffacht, aber das kam den Hamburger Beamten dann doch ein wenig überzogen vor. Sie rechneten mit einem Wachstum von 5,5 Prozent pro Jahr, was mit Blick auf das Kernkraftwerk Brokdorf keinen wesentlichen Unterschied machte: »Kann Brokdorf Anfang der 80er Jahre keinen Strom liefern, wird es einen Engpaß geben, sofern Elektrizität zu wirtschaftlich vertretbaren Kosten hergestellt werden soll.«[36] Vier Jahre später rechnete dieselbe Behörde nur noch mit zweieinhalb Prozent, und da brauchte man das neue Großkraftwerk erst 1987.[37] Das Spiel mit den Zahlen ging weiter, und stets ging es dabei um fließende Übergänge von begründeten Annahmen und Eigeninteressen. Nach Angaben von Insidern wurden Zielvorgaben bewusst so definiert, dass sich ein Zwang zu neuen nuklearen Projekten ergab, aber solche Zahlenspiele blieben letztlich folgenlos.[38] 1982 wurden in der Bundesrepublik die letzten Kernkraftwerke in Auftrag gegeben, und die Lichter gingen trotzdem nicht aus.

Seit Mitte der siebziger Jahre rutschte der nukleare Komplex in eine Krise, von der wir heute wissen, dass sie der Anfang vom Ende war. Nie wieder entstand in der Bundesrepublik ein Bündnis von Akteuren, mit dem der Bau neuer Kernkraftwerke in greifbare Nähe gerückt wäre. Aber diese Krise war nicht nur ein Ergebnis des lebhaften Protests. Die Atomwirtschaft hätte sich über den Widerstand einer skeptischen Gesellschaft zweifellos hinwegsetzen können, wenn es denn dafür zwingende Gründe gegeben hätte. Tatsächlich traf sich der Druck von außen mit internen Zweifeln, und wenn Kernkraftwerke wie Brokdorf am Ende allen Bedenken zum Trotz gebaut wurden, dann lag das eher am Trägheitsmoment der Atomwirtschaft. Ein wenig wirkt das Kernkraftwerk Brokdorf wie ein altersschwacher Schwerlaster, der gerade noch so über den Berg kam, und zwar nicht aus eigener Kraft, sondern weil es noch etwas Schwung aus besseren Zeiten gab.

Der Weg zum fertigen Reaktor war in Brokdorf eine lange Hängepartie, aber danach lief es ziemlich gut. Brokdorf ging 1986 ans Netz, und die Anlage entpuppte sich als Leistungsschau der deutschen Atomwirtschaft – was übrigens für die letzten Kraftwerksbauten der Bundesrepublik durchaus typisch war. Ohne große Probleme produzierte die Anlage mit gut 300 Mitarbeitern etwa elf Milliarden Kilowattstunden Strom pro Jahr. Als die Anlage Ende 2021 im Zuge des Atomausstiegs vom Netz ging, hatte sie es in 35 Betriebsjahren 21-mal unter die zehn erzeugungsstärksten Kernkraftwerke der Welt geschafft.[39]

Seit den siebziger Jahren war die deutsche Atomwirtschaft in der Defensive, aber sie hatte ihre Erfolge. Der vielleicht größte lag freilich nicht in Kennzahlen à la Brokdorf, sondern darin, dass dem nuklearen Komplex ein spektakulärer Bankrott erspart geblieben ist. Kein deutscher Großkonzern ist an der Atomkraft zugrunde gegangen, und das ist im internationalen Vergleich keine geringe Leistung. So fehlt es an einem ökonomischen Debakel, wie es die britische Regierung bei der Privatisierung ihrer Atomkraftwerke erlebte. Eine Firma namens British Energy übernahm den Betrieb der laufenden Meiler, ging 1996 an die Börse und war bereits 2002 pleite.[40] 2016 trat der Finanzchef des französischen Energiegiganten EDF zurück, weil er das betriebswirtschaftliche Risiko des britischen Atomkraftprojekts Hinkley Point C nicht mittragen wollte.[41] Ein Jahr später rutschte die Westinghouse Electric Company in die Insolvenz, ein amerikanischer Hersteller von Kernkraftwerken, den Toshiba ein

Abb. 2: Das Atomkraftwerk Brokdorf im Juni 2016. Foto: Bernhard Ludewig.

Jahrzehnt zuvor für 5,4 Milliarden US-Dollar gekauft hatte, um bis 2030 weltweit 45 neue Reaktoren zu bauen.[42] Viele Menschen hatten Angst vor einer nuklearen Katastrophe, aber man konnte mit Kernenergie auch nach rein betriebswirtschaftlichen Kriterien Schiffbruch erleiden.

Auch in Deutschland gab es Kernkraftwerke, die weit vor dem geplanten Betriebsende abgeschrieben werden mussten: Niederaichbach, Gundremmingen A, Lingen, Mülheim-Kärlich sowie die DDR-Reaktoren bei Greifswald. Ihr größtes Debakel erlebte die deutsche Atomwirtschaft jedoch im Exportgeschäft. In den siebziger Jahren wurden lukrative Verträge mit Brasilien und dem Iran ausgehandelt, aber die Realität blieb hinter dem vereinbarten Gesamtvolumen von 26 Milliarden DM weit zurück.[43] Die iranischen Projekte endeten mit der Islamischen Revolution, und von den acht Reaktoren, die in Brasilien gebaut werden sollten, ist bislang nur einer in Betrieb. Der Bau eines zweiten Kernkraftwerks begann 1984, wurde 1986 unterbrochen und 2010 wieder aufgenommen, und 2017 wurde das Projekt nach einem Korruptionsskandal erneut suspendiert.[44] Das Design der Anlage entspricht dem Kernkraftwerk, das die Kraftwerk Union in Brokdorf errichtete.

Rechtsstaat

Nach der Großdemonstration vom 19. Februar 1977 fanden zwei Jahre lang nur noch kleinere Aktionen statt. Die größte war ein Autokorso von K-Gruppen am 15. Oktober 1977, an dem nach Angaben der Polizei 1000 Menschen teilnahmen.[45] Das lag an den Entscheidungen der Verwaltungsgerichte. Am 9. Februar 1977 verhängte das Verwaltungsgericht Schleswig einen vorläufigen Baustopp, der am 17. Oktober 1977 vom Oberverwaltungsgericht Lüneburg bestätigt wurde.[46] Vier Jahre lang ruhten die Bauarbeiten, bis das Oberverwaltungsgericht Lüneburg am 21. Januar 1981 entschied, »daß die von ihm geforderten Voraussetzungen für die sofortige Vollziehung der 1. Teilerrichtungsgenehmigung nunmehr vorliegen und der Bau auf der Grundlage der 1. Teilerrichtungsgenehmigung fortgesetzt werden kann«.[47] Der Protest ließ nicht lange auf sich warten. Am 6. Februar wurden die Bauarbeiten wieder aufgenommen, am 28. Februar gab es die nächste Großdemonstration.[48]

Ganz offenkundig hatten die Verwaltungsgerichte dem nuklearen Komplex eine Atempause verschafft. Man wird allerdings schwerlich einen Richter finden, der dies als ein handlungsleitendes Motiv eingestehen würde. Es waren juristische Probleme, insbesondere der fehlende Entsorgungsnachweis, die als Begründung des Urteils fungierten, und so gehörte es sich ja auch vor Gericht. Seit die Verwaltungsgerichte im späten 19. Jahrhundert geschaffen wurden, um die Bürokratie des preußisch-deutschen Machtstaats zu zähmen, urteilten die Richter mit dem Anspruch, streng nach Rechtslage zu entscheiden, ohne Ansicht der Person und Rücksichten auf politische Wünsche. Der Rechtsstaat folgte ostentativ seinen eigenen Regeln, auch wenn er damit jenseits der juristischen Sphäre auf Verständnisprobleme stieß.

Der Arbeitskreis Politische Ökologie der Bürgerinitiative Umweltschutz Unterelbe, in der der lokale Widerstand organisiert war, zeigte sich jedenfalls unbeeindruckt. Die Urteile hätten die Funktion, »von der politischen Auseinandersetzung abzulenken – die Politiker aus dem Schußfeld zu nehmen – die Auseinandersetzung auf scheinbar neutrale Gerichte zu verlagern und dadurch vom praktischen Widerstand abzulenken«, schrieb der Arbeitskreis im September 1978.[49] Von Anfang an zeigte sich in der Zivilgesellschaft aber auch ein enormer Respekt vor dem Rechtsstaat, der seinen vielleicht markantesten Ausdruck in einer spezifisch bundesdeutschen Gandhi-Rezeption fand. Anders als der Mahatma zeigten sich die Kämpfer gegen die Atomkraft ausgesprochen unwillig, für ihre Überzeugungen ins Gefängnis zu gehen.[50] Die kühle Logik der Juristen zeigte kurzfristig Wirkung, indem sie die Temperatur der Auseinandersetzung ein wenig herunterdimmte und gewisse Grenzen des Akzeptablen definierte, und auf lange Sicht konnte die Bewegung auch vereinzelte Erfolge erzielen. Nur mithilfe der Verwaltungsgerichte konnte das Kernkraftwerk in Wyhl verhindert werden. Die Klagen gegen die erste Teilerrichtungsgenehmigung zogen sich bis 1982 hin, und in der Zwischenzeit war dem Betreiber die Lust auf das Projekt vergangen. Beim Kernkraftwerk Mülheim-Kärlich gelang nach 13 Jahren gerichtlicher Auseinandersetzungen sogar ein juristischer Coup. 1988 musste der Reaktor nach einem Urteil des Bundesverwaltungsgerichts vom Netz gehen, weil der Bau kurzerhand aufgrund einer Erdbebenspalte um 70 Meter nach Norden verlegt worden war, ohne die Genehmigungsunterlagen juristisch wasserdicht anzupassen.[51] Danach wurde vor den Gerichten langwierig über eine neue Betriebsgenehmigung gefeilscht, bis Mülheim-Kärlich im Zuge des rot-grünen Atomkonsenses von 2000 schließlich aufgegeben wurde.[52]

Wer in der bundesdeutschen Atomgeschichte nach den Gewinnern sucht, sollte sich unter den Rechtsanwälten umschauen. Vermutlich haben in bundesdeutschen Anwaltskanzleien gelegentlich die Augen geglänzt, wenn RWE oder VEBA mal wieder um Rechtsbeistand ersuchten. Auf der Gegenseite sah es weniger golden aus. Im Verfahren gegen Mülheim-Kärlich triumphierte der 78-jährige Walter Thal aus Lahnstein am Rhein, der dabei einen Teil seiner Rente verlor. Per Pfändungsbeschluss trieb RWE Gerichtskosten von mehr als 12000 DM ein.[53] Im Kampf vor Gericht schenkten sich beide Seiten nichts, denn es ging um milliardenschwere Investitionen. Für den nuklearen Komplex war Rechtssicherheit unverzichtbar, und so mussten immer wieder Juristen ran. Auch beim rot-grünen Atomkonsens ging es am Ende um die Frage, wie weit sich die Laufzeit der Reaktoren begrenzen ließ, ohne dass einer der Stromkonzerne vor Gericht zog.

Juristen sicherten den Rechtsfrieden und sorgten für mehr Besonnenheit auf allen Seiten, und das war es dann auch. Die Akzeptanz der Öffentlichkeit konnte man vor Gericht nicht erstreiten. Als in der Causa Wyhl der Rechtsweg erschöpft war, versprach der baden-württembergische Ministerpräsident Lothar Späth in einer Regierungserklärung, dass es keinen Baubeginn ohne ausführliche Debatte im Landtag geben werde. Er ging sogar noch weiter: Ausdrücklich erklärte er seine Absicht, »die Gesamtproblematik nochmals in intensiven Gesprächen mit der Bevölkerung vor Ort, den kommunalen Vertretern, den berührten Verbänden und auch den Bürgerinitiativen zu erörtern«.[54] Die Juristen fällten Urteile, die unvermeidlich politisch waren, aber das war letztlich eine Verlegenheitslösung. Während Politiker Verhandlungen abbrechen und Entscheidungen aufschieben konnten, mussten Gerichte ein Urteil sprechen, wenn es anders nicht ging. Es kam ziemlich oft vor, dass es nicht anders ging.

Der Atomkonflikt kostete Richter und Anwälte eine Menge Lebenszeit, aber der Rechtsstaat blieb intakt. Das lag vor allem an der Besonnenheit der Akteure. In den USA wurde das konservative Projekt, Rechtswege mit »freiheitsliebenden« Richtern bis hin zum Obersten Gerichtshof zu verstopfen, auch von verschmutzungsintensiven Industriezweigen vorangetrieben. Ähnliche Überlegungen sind für die Bundesrepublik nicht dokumentiert, und deshalb wäre der Streit um die Atomkraft für die Rechtsentwicklung ohne große Bedeutung geblieben, wenn nicht Brokdorfer Aktivisten gegen das Verbot der Großdemonstration vom 28. Februar 1981 geklagt hätten. Das führte zum Brokdorf-Beschluss des Bundesverfassungsgerichts von 1985, der »die Leitentscheidung zu neuen Formen des Bürgerprotestes und zur Integration der Anti-Atom- und der Friedensbewegung in die Gesellschaft« wurde. Seither waren Demonstrationen auch aus juristischer Sicht kein illegitimer Eingriff in die öffentliche Ordnung mehr, sondern gelebte Demokratie.[55] So hat sich der Atomkonflikt am Ende auch für das Grundgesetz gelohnt.

Staatskunst und Improvisationskünste

Als der Konflikt um Brokdorf eskalierte, gab es bei der SPD Schleswig-Holsteins bereits eine Arbeitsgruppe aus Politikern und Wissenschaftlern. Seit Monaten war dort über die einschlägigen Themen vom künftigen Energiebedarf über die Umweltbelastung und die Sicherheits- und Entspannungspolitik bis zur globalen Verteilung des Reichtums diskutiert worden, ohne dass sich klare Empfehlungen abzeichneten. Als der SPD-Landesvorsitzende Günther Jansen in der Woche nach der Schlacht um Brokdorf an die Öffentlichkeit ging, dokumentierte seine Erklärung deshalb vor allem die Unsicherheit der Sozialdemokraten. »Wir sind der Meinung, daß es vor allen weiteren Entscheidungen einer politischen Grundsatzdiskussion und Grundsatzentscheidung über den zukünftigen Energiebedarf und die damit verbundene Perspektive für das weitere Wachstum unserer Wirtschaft bedarf«, hieß es in der Mitteilung des SPD-Pressedienstes vom 4. November 1976. Man sollte vorerst keine neuen Kernkraftwerke bauen, sondern erst einmal nachdenken und reden: »Wir fordern eine Denkpause.«[56]

Die siebziger Jahre waren keine gute Zeit, um Politiker zu sein. Der Boom der Wirtschaftswunderjahre war vorüber und damit die Zeit der vollen Kassen, und überall lauerten Krisen. Auch im Haushalt der Ideen sah es finster aus. Für Tony Judt waren »die siebziger Jahre das deprimierendste Jahrzehnt des 20. Jahrhunderts«.[57] Wer die Innenwelt der Atompolitik kannte, sah seit Mitte der siebziger Jahre nur noch Probleme. Überall stiegen die Kosten, Genehmigungsverfahren zogen sich in die Länge, Proteste eskalierten, Journalisten recherchierten, und niemand kannte den Energiebedarf in zwei Jahrzehnten. Selbst die Uranversorgung wirkte plötzlich unsicher. Der Atomprotest mobilisierte eine Menge Bürger, aber auf der Gegenseite ging seit den späten siebziger Jahren wohl kein vernünftiger Mensch mehr in die Politik, um für Atomkraftwerke zu kämpfen.

So verbarg sich hinter den politischen Entscheidungen der Zeit eine tiefe Lustlosigkeit. Es war kein Vergnügen, eine Politik zu machen, die vor allem von Pfadabhängigkeiten geprägt war. Selbst ein Franz Josef Strauß, der im Kampf um Wackersdorf wie die Verkörperung des nuklearen Fanatismus wirkte, engagierte sich eigentlich nur dann mit Begeisterung, wenn es um den Kulturkampf gegen Linke und Chaoten ging. Die Magie des friedlichen Atoms war um 1980 nur noch eine verblassende Erinnerung. »Der Reiz des Atoms für die Politiker ist heute auch nicht mehr leicht zu verstehen«, schrieb seinerzeit der Physiker Heinz Maier-Leibnitz, der Vater des Forschungsreaktors Garching – und das ausgerechnet in einer Festschrift für Franz Josef Strauß.[58]

Man konnte die Krisenjahre natürlich auch anders interpretieren. Vielleicht kam es in erster Linie darauf an, die Handlungsfähigkeit des Staates unter Beweis zu stellen? War Staatskunst nicht auch die Fähigkeit, in schwierigen Zeiten mit ruhiger Hand zu regieren? Musste man in einer Krise nicht unbedingt Haltung bewahren, so wie es sich für einen Offizier in der Hitze der Schlacht gehörte? So ähnlich wird man sich die Motive des ehemaligen Wehrmachtsoffiziers Helmut Schmidt vorstellen müssen, der als Bundeskanzler hartnäckig für die Atomkraft eintrat und daran für den Rest seines Lebens festhielt. Es gab jedoch auch Entscheidungsträger, die nicht in erster Linie recht behalten wollten, sondern nüchtern die verfügbaren Optionen und deren Kosten taxierten. Das Ergebnis waren mutige Entscheidungen, die nicht selten auch einsame Entscheidungen waren. Dazu zählen die Regierungserklärung des niedersächsischen Ministerpräsident Ernst Albrecht vom Mai 1979, in der Albrecht den Rückzug aus dem Nuklearen Entsorgungszentrum im Landkreis Lüchow-Dannenberg erklärte, und der Vertrag des VEBA-Chefs Rudolf von Bennigsen-Foerder mit dem französischen Atomkonzern Cogema, der das Ende der Wiederaufarbeitungsanlage Wackersdorf bedeutete. Später praktizierten auch Bundeskanzler staatsmännische Verantwortung: Gerhard Schröder mit einem langen Anlauf, der zum Atomkonsens von 2000 führte, Angela Merkel in Form der Kehrtwende nach Fukushima.

Als die ersten Bürgerinitiativen ihre Muskeln spielen ließen, kamen aus den Regierungszentralen Warnungen vor einer drohenden »Unregierbarkeit«. Dahinter steckte aus Sicht der neuen sozialen Bewegungen lediglich die Arroganz der Macht, aber inzwischen haben sich die Maßstäbe verschoben. Es ist deutlich geworden, dass Demokratie nicht nur durch einen starken Staat bedroht wird, sondern auch durch einen schwachen Souverän, der Probleme nicht mehr angehen kann oder will.[59] Nur fehlt es im 21. Jahrhundert an einer Sprache, mit der man eine ernsthafte Debatte über die Entscheidungsschwäche demokratischer Gesellschaften führen könnte, und das nicht nur in einer Öffentlichkeit, die sich gottlob ein gewisses Maß an Gendersensibilität angewöhnt hat, sondern auch in der Wissenschaft. Wer in einem historischen Seminar den Eindruck erweckt, dass Männer Geschichte machen, kann gleich einpacken.

Man kann die Atomgeschichte der Bundesrepublik jedoch nicht verstehen, wenn man sich nicht traut, über mächtige Männer zu reden. Die nuklearen Großprojekte hingen an Legionen hoch qualifizierter Experten, aber immer wieder waren es einzelne Männer, bei denen die Fäden zusammenliefen. Das war keine Besonderheit der Atomenergie. Seit dem späten 19. Jahrhundert bestand eine klassische Lösung für das Verantwortungsproblem großer Infrastrukturprojekte in der Individualisierung: An der Spitze standen fähige Männer mit dem Anspruch, auf Treu und Glauben zu handeln. Sie agierten nicht nur als fachlich versierte Experten, sondern zugleich als Ehrenmänner wie aus einer Wagner-Oper, die sich für die jeweiligen Projekte in die Bresche warfen, weil sie nicht anders konnten. Solche Männer ziehen sich auch durch die Geschichte der bundesdeutschen Atomkraftentwicklung: von Leo Brandt, rühriger Staatssekretär in Nordrhein-Westfalen und Vater der Kernforschungsanlage Jülich, bis zum RWE-Atompapst Heinrich Mandel.

Solche Männer waren zweifellos eine demokratische Zumutung. Mandel saß im Vorstand des RWE, war Honorarprofessor an der RWTH Aachen, Präsident des Deutschen Atomforums und Vorsitzender des Internationalen Exekutivrats der Weltenergiekonferenz.[60] Kurz vor seinem Tod im Januar 1979 erklärte er in einem langen *Spiegel*-Gespräch, er »überlasse nicht gern Politikern allein die Urteilsfindung auf Gebieten, von denen sie nicht genug verstehen«.[61] Zur Demokratie gehört jedoch auch die Transparenz über Ziele und Verantwortlichkeiten, und in dieser Disziplin waren solche Männer über jede Kritik erhaben. Sie standen zu ihren Überzeugungen und verteidigten sie ohne Wenn und Aber im öffentlichen Diskurs, und es lag auch an ihrer energischen Leitung, wenn die Dinge einen Zug in eine bestimmte Richtung bekamen. Man musste sie nicht bewundern und muss das im Rückblick erst recht nicht, aber man wusste, woran man bei ihnen war. Mit der Krise der Atomwirtschaft sank jedoch der Stern der nuklearen Macher, und wer mag, darf eine Parallele zur Welt der Wagner-Opern ziehen. Auch im *Ring des Nibelungen* verheddern sich ja die Protagonisten immer mehr in einem Netz aus Ehrgefühlen und Obligationen, bis irgendwann nichts mehr geht.

Mandels Nachfolger als Präsident des Atomforums, Rudolf W. Guck, hatte zum Zeitpunkt der Drucklegung dieses Buches noch nicht einmal einen Eintrag auf Wikipedia.[62] Das spiegelt treffend die Lücke, die die Macher der Atomwirtschaft hinterließen. Im politischen Diskurs der Bundesrepublik waren die großen Männer, die den nuklearen Komplex verkörperten, seit den späten siebziger Jahren toxisch. Sie symbolisierten die Arroganz der Macht, einen überholten Glauben an Wissenschaft und Technik, sie legitimierten eine unverantwortliche Großtechnik, ohne sich je demokratischen Wahlen zu stellen, und ihr breitbeiniges Auftreten war natürlich auch viel zu männlich. An ihre Stelle traten Menschen, die niemand mehr kannte, und das war der nächsten Generation auch nicht wirklich unangenehm. Sie wollten nicht unbedingt etwas bewegen, sondern in erster Linie ihren Job machen und ansonsten unauffällig bleiben. In aller Regel waren es immer noch Männer, aber es war ein anderer Menschenschlag. Es waren Männer wie Polizeihauptkommissar Michaelis.

Demokratischer Fünfkampf

Der Kampf der Demonstranten gegen den Atomstaat lieferte spektakuläre Bilder, aber das war nur eine der Herausforderungen für politische Entscheidungsträger. Wer seit den siebziger Jahren in einer der Regierungszentralen auf Bundes- oder Landesebene saß, sah sich gewissermaßen mit dem politischen Äquivalent eines Modernen Fünfkampfs konfrontiert. Es gab den Protest auf der Straße und am Bauzaun, der sich einer bloßen polizeitaktischen Einhegung entzog. Es gab den Meinungskampf in den Medien, den Parteien und auf zahllosen Veranstaltungen von den Evangelischen Akademien bis zur Familienfeier. Es gab die Großunternehmen, die im Rheinischen Kapitalismus eigentlich unter besonderem Schutz standen, aber zugleich im Zaum gehalten werden mussten. Es gab die günstige und jederzeit verfügbare Energie, auf die Industriemanager und Wohlstandsbürger besonderen Wert legten. Und all dies musste schließlich im Rahmen der Rechtsstaatlichkeit verhandelt und in einer Weise besiegelt werden, die vor unabhängigen Gerichten Bestand haben würde.

Im Modernen Fünfkampf werden die objektiv messbaren Teilergebnisse addiert, und die einzelnen Wettkämpfe stehen nacheinander an. Die atomare Demokratie musste sich hingegen in allen Disziplinen gleichzeitig bewähren, und anstelle klarer Punktwertungen gab es ein komplexes Wechselspiel mit der ständigen Möglichkeit eines Crashs. Beim Scheitern in nur einem Einzelwettbewerb drohte die bundesdeutsche Politik in eine Totalblockade zu schlittern, und dann bestand die Gefahr nicht nur in steigenden Energiepreisen und Stromausfällen. Wenn das politische System der Bundesrepublik versagte, stand schnell das Wort »Weimar« an der Wand. So war die atomare Demokratie tatsächlich das, was das Atom vom griechischen Ursprung des Wortes her sein sollte: unteilbar.

Seit 1938 ist das Wort eigentlich anachronistisch, weil sich gezeigt hat, dass Atome sehr wohl geteilt werden können. Auch die Bedeutung von Demokratie veränderte sich, und dahinter steckten nicht bloß die neuesten Erkenntnisse der Kernphysik. Parallel zur Atomkraft entwickelte sich in der Bundesrepublik auch die politisch-soziale Praxis der Demokratie weiter. Es gab neue Partizipationsmuster, neue rechtliche Bedingungen, neue Ansprüche von Konzernen und Zivilgesellschaft, neue soziale Milieus, neue Erwartungshaltungen und nicht zuletzt einen wachsenden Erfahrungsschatz mit den Spielregeln der Politik. Die Demokratie, die in den fünfziger Jahren glückte, war etwas anderes als die krisengeschüttelte Demokratie der siebziger Jahre, die wiederum anders dachte und funktionierte als der identitätspolitische Modus, der seit den achtziger Jahren spürbar wurde.

Am Anfang war Atomkraft noch kein Problem der Demokratie. Die ersten Entscheidungen traf eine demokratisch gewählte Bundesregierung, und der Bundestag verabschiedete ein Atomgesetz und Haushalte mit den erforderlichen Mitteln. Dabei handelte es sich freilich nur um die Ratifikation eines Wegs, der gesellschaftlich weitgehend unumstritten war. Das zweite und dritte Kapitel zeigen, wie tief der bundesdeutsche Weg ins Atomzeitalter in der Welt der Wirtschaftswunderjahre verankert war. Von der billigen Energie bis zur Wissenschaftsförderung, von der nivellierten Mittelstandsgesellschaft bis zur Bewältigung der nationalsozialistischen Vergangenheit – es gab zahlreiche Kalküle, die bei den Entscheidungen der fünfziger Jahre eine Rolle spielten, und sie deuteten alle in die gleiche Richtung. Es ging in der atomaren Demokratie der Wirtschaftswunderjahre nicht um Grundsatzfragen, sondern vielmehr darum, wie man diese Zukunftstechnologie auf den Weg brachte.

Zum Stresstest der bundesdeutschen Demokratie wurde die Atomkraft in den siebziger Jahren, als sich überall die Probleme auftürmten. Das Spektrum der Herausforderungen wird in den Kapiteln vier und fünf diskutiert und reichte von diversen Energieproblemen bis hin zu irritierenden Pirouetten der amerikanischen Atompolitik. Es gab den plötzlich erwachenden zivilgesellschaftlichen Protest, aber auch eine ziemlich große Zahl von internen Problemen: Die nukleare Technologie war deutlich komplizierter und risikoreicher als erwartet. Der Kampf um die öffentliche Meinung und die Schlachten am Bauzaun waren nur die augenfälligsten Manifestationen einer allgemeinen Krise des nuklearen Komplexes, und es war die Verbindung von internen und äußeren Problemen, die dem Protest seine eigentliche Durchschlagskraft verlieh. Wenn sich Atomstrom als billig und unproblematisch entpuppt hätte, so wie es in den fünfziger Jahren erhofft worden war, würden wir den Atomkonflikt wohl heute in die umfängliche Galerie erfolgloser linker Proteste seit den späten sechziger Jahren einreihen.

Der Atomkonflikt lief auch auf eine Ausweitung des Personenkreises hinaus. Von Anfang an hatte es in der bundesdeutschen Atomszene eine ungewöhnlich große Zahl von Akteuren gegeben. In Frankreich und Großbritannien war die politische Szenerie zum Beispiel deutlich übersichtlicher. In der Bundesrepublik gab es hingegen von Anfang an einen nuklearen Tribalismus, und mit dem Atomkonflikt drängten neue Gruppen auf die Bühne der Politik: Verwaltungsrichter und kritische Experten, empörte Bauern und kommunistische Splittergruppen, die Morgenluft witterten. Das machte es noch schwieriger, in der nuklearen Debatte den Überblick zu behalten. Alle Parameter, die in den fünfziger und sechziger Jahren die Atompolitik definiert hatten, waren plötzlich in der Luft, und das brachte Politiker in eine denkbar unbequeme Lage. Der Ruf nach einer »Denkpause« spiegelte auch eine verbreitete Einsicht, dass man Entscheidungen in den späten siebziger Jahren nur noch mit Bauchschmerzen treffen konnte.

Man kann die Konstellation der späten siebziger Jahre aber auch aus einem anderen Blickwinkel betrachten. Durch den Protest und die kritische Öffentlichkeit eröffneten sich Handlungsspielräume, die in autoritären Gesellschaften fehlten. Die deutsche Atomgeschichte bietet in diesem Zusammenhang besonders reizvolle Möglichkeiten, weil sie auch die Entwicklung in der DDR umfasst, die deshalb im Mittelpunkt des sechsten Kapitels steht. Die ostdeutsche Atomgeschichte unterschied sich seit ihren Anfängen markant von der Bundesrepublik, nicht zuletzt durch eine zentrale Rolle des Uranbergbaus, die dem Westen wohl nur durch eine gnädige Geologie erspart geblieben ist. In den achtziger Jahren präsentierte sich die DDR geradezu als Gegenwelt zur Bundesrepublik, weil im Staatssozialismus weiterhin emsig am Aufbau der Kernenergie gearbeitet wurde – jedenfalls soweit es die Bedingungen der sozialistischen Mangelwirtschaft erlaubten. Die Hoffnungen auf die Atomkraft im Sozialismus wirken auf den ersten Blick seltsam in einer DDR, die sonst in ihrem sklerotischen Endstadium kaum noch so etwas wie Begeisterung hervorzubringen vermochte, aber vielleicht handelte es sich eigentlich um ein Zeichen politischer Schwäche? Seit Mitte der siebziger Jahre war der nukleare Komplex in Ostdeutschland etabliert und erschien immer mehr als einzig realistische Alternative zur Braunkohle, und weil seine Entwicklung weder durch eine kritische Öffentlichkeit noch durch marktwirtschaftliche Mechanismen gebremst wurde, konnte sich das Trägheitsmoment von Investitionen und Expertensystemen mit voller Wucht entfalten. Politikern blieb dann kaum etwas anderes übrig, als das Monster weiter zu füttern. Ohne Gegenkräfte machte der nukleare Komplex einfach weiter, weil er wusste, dass die Politik keinen Atomausstieg riskieren würde.

In der Bundesrepublik herrschte in den achtziger Jahren hingegen eine Art qualifizierter Stillstand, der in Kapitel sieben diskutiert wird. Er ging schleichend in einen langen Abschied über, der im Mittelpunkt des achten und letzten Kapitels steht. Damit soll keineswegs suggeriert werden, der 2011 vereinbarte Atomausstieg sei letztlich ein zwangsläufiges Ende der Geschichte gewesen.

Ein Niedergang war wohl unvermeidlich in einer Zeit, in der in den Demokratien des Westens überall das Interesse an der Atomkraft schwand, aber auf längere Sicht waren ganz unterschiedliche Entwicklungen denkbar. Der Abstieg hätte auch in einen kostspieligen Wiedereinstieg in die Atomkraft münden können, wie er sich derzeit in Großbritannien vollzieht.

Den Weg in die Atomkraft hatte die Bundesrepublik ohne große Kontroversen gefunden, aber den Ausgang musste die politische Klasse im Scheinwerferlicht einer kritischen Öffentlichkeit finden. Die meisten Politiker sahen sich hineingeworfen in eine Konstellation, die aus den Entscheidungen einer früheren Generation von Entscheidungsträgern hervorgegangen war, und dabei gab es noch nicht einmal ein Skript für die ordentliche Abwicklung dieses Erbes. Man kann sich unschwer eine stille Wut unter den Politikern vorstellen, die sich seit den siebziger Jahren mit den Hinterlassenschaften der einstigen Utopien herumschlagen mussten, aber mit Wut kommt man in Demokratien in aller Regel nicht weit. Man musste handeln und tat das tatsächlich auch. Und manchmal hatte man dabei einen Sanitätskoffer in der Hand.

Die Hilfsaktion des Polizeihauptkommissars Michaelis vom 30. Oktober 1976 war rasch vergessen. Niemand redete darüber, als nach der Schlacht auf beiden Seiten das Nachdenken begann. Andere Themen waren wichtiger, und weder Polizei noch Demonstranten glaubten, dass sie aus der Episode etwas lernen konnten. Letztlich war die Aktion aus dem Moment geboren, eine Eingebung des Augenblicks ohne langfristiges Kalkül oder Anspruch auf humanitäre Meriten, aber gerade deshalb verdient sie einen Platz im kollektiven Gedächtnis des Atomkonflikts. Mustergültig passte die Aktion in die Szenerie eines Atomkonflikts, in dem die große Ratlosigkeit ausgebrochen war. Seit der Mitte der siebziger Jahre dominierten auf allen Seiten die Taktik, das Krisenmanagement, die spontane Aktion, das Reagieren auf unerwartete Ereignisse, während strategische Visionen zerstoben. Die großen Pläne der Atommanager blieben auf dem Papier, aber das galt auch für die Hoffnung auf einen sofortigen Ausstieg und den radikalen Umbau auf der Grundlage erneuerbarer Energiequellen. Die Energiewende war kein Kind des Atomkonflikts, sondern eher eine Enkelin oder eine Großnichte.

Im Godesberger Programm der SPD stand die »Urkraft des Atoms« im ersten Satz. Von dieser utopischen Kraft blieb nichts übrig, und die reale Atomgeschichte wurde auch weniger von Visionen befeuert als von den Pfadabhängigkeiten, die sich aus früheren Ereignissen und Entscheidungen ergaben. Es gab die großen politischen Momente – Albrechts Gorleben-Votum von 1979, das Ende von Wackersdorf, die Ausstiegsvereinbarungen von 2000 und 2011 –, aber vor allem war die bundesdeutsche Atomgeschichte eine Geschichte des Durchwurstelns. Viele Menschen handelten nach dem Prinzip, an dem sich auch Michaelis orientierte: Schauen wir mal, wie wir mit Anstand und begrenzten Mitteln irgendwie durchkommen. Das kann man intellektuell unbefriedigend finden, und für eine fetzige multimediale Aufbereitung ist das ständige Lavieren ohnehin denkbar ungeeignet. Aber hier werden Tugenden sichtbar, die zum Lebenselixier der bundesdeutschen Demokratie gehörten: Verhältnismäßigkeit, Respekt vor den Mitmenschen, Bereitschaft zum Gespräch, Pragmatismus und die Fähigkeit, sich selbst und die Würde des eigenen Amtes nicht zu wichtig zu nehmen. Aus dieser Haltung entsprangen zahllose Mikroentscheidungen, die sich zu einem wesentlichen Beitrag zur bundesdeutschen Atomgeschichte aufaddierten. Letztlich zeigte sich in der Fähigkeit, die Dinge nicht aus dem Ruder gleiten zu lassen, sondern vielmehr geordnet und ohne große Katastrophen zu einem Ende zu bringen, die Kraft der bundesdeutschen Demokratie.

Was immer man über die Aktion mit dem Sanitätskoffer denken mag: Sie hatte nichts Heroisches. Auch hier gilt freilich der Satz aus Bertolt Brechts *Leben des Galilei*: »Unglücklich das Land, das Helden nötig hat.«[63] Demokratie ist selten spektakulär, sondern in aller Regel stinklangweilig, sie lebt vom Kompromiss und vom wechselseitigen Respekt, und sie hat eine wunderbar disziplinierende Wirkung auf Hitzköpfe aller Art. Es gab im Atomkonflikt auf allen Seiten Menschen, die mit dem Kopf durch die Wand wollten. Aber diese Kräfte gewannen nie die Oberhand, und das lag nicht an einer heroischen Einzelaktion, sondern an den Mikroprozessen des demokratischen Rechtsstaats, die wie ein gigantisches Abklingbecken fungierten und die großen Emotionen auf ein Maß herunterkühlten, das sich sozialverträglich verarbeiten ließ.

Hinzu kam das Glück, das die Bundesrepublik nicht nur bei der Atomkraft hatte. Sofern in den letzten Monaten nicht noch etwas Schreckliches passiert, gab es in der bundesdeutschen Atomgeschichte keinen katastrophalen Unfall, und das war keine Selbstverständlichkeit. Es gab aber auch keine explodierenden Energiepreise und keine Stromsperren nach einem überhasteten Atomausstieg, und wer mag schon sagen, wie die deutschen Konsumbürger auf solche Zumutungen reagiert hätten. Die Atomkraft hat die Bundesrepublik eine Menge Geld gekostet und jede Menge Nerven, aber immerhin blieb dem Land eine lange Hängepartie erspart, die den anderen Atomnationen der industriellen Welt in den kommenden Jahrzehnten ins Haus steht: Großbritannien, Frankreich, Japan, den Vereinigten Staaten. In Deutschland ist die Atomkraft am Ende, aber die Demokratie lebt. Auch so kann eine Erfolgsgeschichte aussehen.

2. Am Schwanz des Drachens

2.1 Physiker

Im Frühjahr 1945 planten die Physiker im Forschungszentrum von Los Alamos ein riskantes Experiment. Das Manhattan-Projekt zum Bau der Atombombe war auf der Zielgeraden, es gab mehrere Kilogramm spaltbares Uran und theoretische Berechnungen der kritischen Masse, die für eine atomare Explosion erforderlich sein würde. Es fehlte jedoch der experimentelle Nachweis, dass die Berechnungen tatsächlich stimmten. Deshalb bastelten die Forscher in einem abgelegenen Canyon an einem Versuchsaufbau, den sie »Guillotine« nannten. Er bestand aus einem senkrechten Rohr aus Aluminium, das durch einen Stapel von spaltbarem Uran führte. Das Gewicht dieses Stapels war so berechnet, dass es die kritische Masse knapp unterschritt. Dann sollte oben ein Bolzen aus Uran in das Rohr gesteckt werden und durch die Schwerkraft zu Boden fallen. In dem Moment, in dem der Bolzen die Blöcke passierte, sollte für Sekundenbruchteile eine kritische Masse entstehen, und auf diesem Wege hoffte man, die erforderlichen Messungen vornehmen zu können, ohne dass es tatsächlich zu einer Explosion kam. Das Unterfangen war Gegenstand lebhafter Debatten unter den Physikern von Los Alamos, und Richard Feynman gab dem Experiment seinen ikonischen Namen. Auf Feynman wirkte der

Versuch, »als würde man einen schlafenden Drachen am Schwanz kitzeln«.[1]

Wie unter einem Brennglas bündelte sich in diesem Experiment die Situation ganz am Anfang des Atomzeitalters, die im Mittelpunkt dieses Kapitels steht. Es zeigte zum Ersten die neue Zusammenarbeit in wissenschaftlichen Großprojekten, wo Experimente nicht mehr einsam im Labor ersonnen, sondern von einem Team geplant und durchgeführt wurden. Zweitens warf der Versuch ein Schlaglicht auf die militärischen Ursprünge der nuklearen Technologie und ihren Preis. Der Versuch mit der »Guillotine« war offenkundig riskant, aber jedem war klar, dass Verzögerungen beim Bau einer kriegswichtigen Waffe noch viel größere Gefahren bargen. Drittens zeigte sich, wie wichtig der Ressourcenreichtum der Vereinigten Staaten für den Erfolg der Atomforschung war. Das spaltbare Uran für den Versuch war mit riesigem Aufwand produziert worden, in der Nachkriegszeit wurde die generöse Förderung der Atomkraft zu einer Selbstverständlichkeit jeder Regierung, die etwas auf sich hielt, und diese Großzügigkeit war eine Rahmenbedingung von kaum zu überschätzender Bedeutung. Ohne den Nachkriegsboom hätte die Entwicklung der Kernenergie nicht nur in der Bundesrepublik ganz anders ausgesehen. Viertens ließ Feynmans Zitat ein Bewusstsein erkennen, dass die Physiker mit Naturkräften hantierten, die das menschliche Vorstellungsvermögen auf die Probe stellten. Aber die Bemerkung beleuchtet noch etwas anderes. In Los Alamos arbeiteten Menschen aus Fleisch und Blut.

In der Geschichte der Atomenergie stehen meist Technologien, Regierungen und Konzerne im Mittelpunkt, und da wirken die Menschen, die den Atomstaat bauten, leicht wie eine abgeleitete Größe. So wurden sie schließlich in der Nachkriegszeit behandelt: Unter den zahlreichen kniffligen Fragen, die sich Politiker, Bürokraten und Konzernchefs in den fünfziger und sechziger Jahren stellten, spielten Personalfragen eine untergeordnete Rolle. Man vertraute einfach darauf, dass eine Zukunftstechnologie schon einige der besten Köpfe einer Generation anziehen würde. Inzwischen bietet sich eine andere Sicht an. Es war nicht zuletzt die Sicherheitsdebatte, die für die Bedeutung des Faktors Mensch sensibilisierte. Die Gefahren der nuklearen Technologie verlangten nach klugen und verantwortungsbewussten Fachleuten, die in kritischen Situationen Rückgrat bewiesen. Die Arbeit im nuklearen Komplex war intellektuell anspruchsvoll, und das Wissen und die Fähigkeiten, die man im Laufe einer Ausbildung erwarb, ließen sich in anderen Bereichen nur sehr begrenzt nutzen. Da brauchte es gute Gründe, um Menschen für eine Karriere in der Kernenergie zu gewinnen.

Beim Manhattan-Projekt spielten Karrierefragen noch eine untergeordnete Rolle. Dafür entwickelten sich die Dinge einfach viel zu schnell. 1938 hatten Otto Hahn, Lise Meitner und Fritz Straßmann am Kaiser-Wilhelm-Institut für Chemie in Berlin den Versuch durchgeführt, der zur Entdeckung der Kernspaltung führte. Zwei Jahre später schrieben Otto Frisch und Rudolf Peierls an der Universität Birmingham eine Denkschrift, die erstmals die Möglichkeit einer atomaren »Superbombe« diskutierte und eine wichtige Rolle auf dem Weg zum Manhattan-Projekt spielte. Dann bauten die Vereinigten Staaten in einem gigantischen Kraftakt die erste Atombombe der Weltgeschichte, die am 16. Juli 1945 in der Wüste von New Mexico explodierte. Drei Wochen später fielen die Bomben auf Hiroshima und Nagasaki. Die Wissenschaftler, die sich für das Manhattan-Projekt in Los Alamos versammelten, waren eine bunte Truppe, die neben der Angst vor einer deutschen Atombombe und der fachlichen Kompetenz noch etwas anderes verband. Keiner von ihnen war in die Kernphysik gegangen, um eine Waffe zu bauen.[2]

Die Kernphysik war bis zum Manhattan-Projekt vor allem ein Spielfeld für brillante Geister gewesen, die mit experimentellem Geschick und mathematischer Finesse in die Welt der kleinsten Teilchen hineinschauten. In der Zeit um 1900 entstand ein neues Atommodell, und die Namen der beteiligten Forscher – Ernest Rutherford, Marie Curie, Henri Becquerel, Niels Bohr, um nur einige zu nennen – gingen in die Heldengeschichte der modernen Naturwissenschaften ein. Der Gedanke an praktische Konsequenzen war von Anfang an Teil der wissenschaftlichen Debatten. Ernest Rutherford erging sich gar in kaustischen Bemerkungen, dass ein Versuch in irgendeinem Labor versehentlich die Welt in die Luft jagen könnte.[3] Im Kern ging es jedoch um ein Projekt der reinen Wissenschaft, das Verständnis einer Welt, über die Menschen seit

Jahrtausenden nachgedacht hatten und die nun mit Experimenten, Modellierungen und komplexen Kalkulationen Schritt für Schritt enträtselt wurde.

Das transnationale Unterfangen, das Forscher von Cambridge bis Japan vereinte, war zugleich ein öffentliches Faszinosum. Es ging um die Frage, was die Welt im Innersten zusammenhält, und das produzierte vielfältige Reaktionen von philosophischen Etüden bis zur Massenkultur. Niemand spürte die Weiterungen intensiver als Albert Einstein. Nachdem theoretische Vorhersagen seiner Relativitätstheorie 1919 durch eine Sonnenfinsternis experimentell bestätigt worden waren, »begann eine Welle von Popularität über den Physiker hereinzubrechen, die nur mit der modernen Begeisterung für Popstars oder Filmschauspieler zu vergleichen ist«.[4] Aber das fröhliche Spiel mit der Kernphysik gewann einen anderen Charakter, als die Kernspaltung und ihre möglichen Folgen ins Bewusstsein rückten. Die Menschheit konnte sich die Welt der kleinsten Teilchen tatsächlich dienstbar machen. Aber zu welchem Zweck?

Für die Forscher in Los Alamos war die Antwort noch einfach: Es ging darum, den Vereinigten Staaten zum Sieg im Zweiten Weltkrieg zu verhelfen. Deutschland hatte Kernphysiker von Weltrang, und die Vorstellung einer Atombombe in Hitlers Händen machte jede weitere Debatte obsolet. Aber diese Begründung bröckelte schon in den letzten Monaten des Weltkriegs, als sich die bescheidenen Erträge der NS-deutschen Atomforschung abzeichneten,[5] und viele amerikanische Physiker wollten seither von militärischen und sonstigen Anwendungen nichts mehr wissen. Rudolf Peierls wurde zum Beispiel zu einem Befürworter der atomaren Abrüstung und engagierte sich in der Pugwash-Bewegung.[6] Richard Feynman entwickelte hingegen aus Gesprächen mit dem Mathematiker John von Neumann »ein starkes Gefühl der Verantwortungslosigkeit gegenüber der Gesellschaft«, was ihn nach eigenem Eingeständnis »zu einem sehr glücklichen Menschen gemacht« hat.[7] Nur wenige entwickelten sich zu unbeirrbaren Befürwortern der Aufrüstung wie Edward Teller, der maßgeblich am Bau der Wasserstoffbombe mitwirkte und in den achtziger Jahren zu den führenden Apologeten von Ronald Reagans *Strategic Defense Initiative* zur Abwehr atomarer Interkontinentalraketen zählte. Teller wurde zu einem der

Vorbilder für Dr. Seltsam in Stanley Kubricks gleichnamigem Film von 1964.[8]

Die Physiker von Los Alamos waren die letzte Generation, die sich auf die Kernphysik einlassen konnte, ohne dass es einer moralischen Begründung bedurfte. Es gab mehr als einen Grund, sich nach Hiroshima und Nagasaki mit der Kernspaltung zu beschäftigen, aber Geld und Interesse reichten nicht mehr aus: Seit 1945 hatte jeder, der sich für eine Karriere im nuklearen Komplex entschied, eine Antwort auf die Frage nach der Bombe. Das war freilich nicht der einzige Unterschied zwischen den Forschungswelten vor und nach dem Zweiten Weltkrieg. Das Manhattan-Projekt zeigte einen neuen Arbeitsstil in Forschung und Entwicklung. Mit Eigenbrötlern vom Schlage eines Albert Einstein, die im Studierzimmer an bahnbrechenden Studien schrieben, konnte man seither immer weniger anfangen. Die Zukunft gehörte der Arbeit im Team.

2.2 *Großforschung*

Otto Hahn war der Leiter der bundesdeutschen Delegation, als die führenden Atomforscher der Welt im August 1955 zur ersten Genfer Atomkonferenz reisten. Das war nicht nur mit Blick auf den folgenreichen Versuch von 1938 eine naheliegende Wahl. Hahn war für seinen freundlichen Umgang mit anderen Forschern bekannt und galt seinerzeit als Gegner des Nationalsozialismus (später stellte sich heraus, dass er in durchaus erheblichem Umfang mit dem NS-Regime zusammengearbeitet hatte, allerdings widerwillig und ohne Enthusiasmus – womit er sich immerhin von opportunistischeren Kollegen abhob).[9] 1945 erhielt Hahn den Nobelpreis für Chemie, ein Jahr später wurde er Präsident der Kaiser-Wilhelm-Gesellschaft, aus der wenig später die heutige Max-Planck-Gesellschaft hervorging, und damit schien er der ideale Vertreter für ein Land zu sein, das sich nach der Katastrophe des Nationalsozialismus intensiv um Anschluss an internationale wissenschaftliche Zirkel bemühte.[10] In Genf zeigte sich freilich ein unerwartetes Problem. Hahn musste in den Gesprächen während der Atomkonferenz immer wieder feststellen, dass »die neuen Spezialisten von ihm, dem Entdecker der Kernspaltung, noch nie gehört hatten«.[11]

Darin spiegelte sich nicht nur ein schwaches Geschichtsbewusstsein, das sich zu einer bemerkenswerten transnationalen Konstante im nuklearen Komplex entwickeln sollte. Hahn hatte die Kernspaltung als Direktor des Kaiser-Wilhelm-Instituts für Chemie entdeckt, und das war eine andere Welt als die Großforschung, die sich in der Nachkriegszeit für nukleare Projekte aller Art konsolidierte. Die Kaiser-Wilhelm-Gesellschaft wurde von ihrem Gründervater Adolf von Harnack als Ort für herausragende Wissenschaftler geschaffen, damit diese eigenverantwortlich und ohne lästige Lehrveranstaltungen ihren Interessen folgen konnten, und dieses Harnack-Prinzip lief in der Praxis darauf hinaus, dass Hahn an seinem Institut mit einer Handvoll Mitarbeitern in Einsamkeit und Freiheit forschte. In Los Alamos versammelten sich hingegen Forscher in großer Zahl, und die »Guillotine« war nur eines von zahlreichen Projekten, über die emsig diskutiert und gemeinsam entschieden wurde.

Gewiss hatte die Kernphysik seit ihren Anfängen einen kooperativen Arbeitsstil gepflegt. Vor Los Alamos hatte die Kooperation jedoch vor allem aus einem intensiven Briefverkehr sowie pilgerartigen Reisen zu den Zentren der Forschung bestanden. Otto Hahn verdankte sein experimentelles Geschick nicht zuletzt einem Aufenthalt in Ernest Rutherfords Labor im kanadischen Montreal. In den zwanziger Jahren wurde Göttingen zum Mekka der Kernforschung, das unter anderem einen jungen Doktoranden namens Robert Oppenheimer anzog, der dann zum wissenschaftlichen Leiter des Manhattan-Projekts aufsteigen sollte.[12] Atomphysik war durch und durch transnational, und sie entwickelte sich in einem fluiden Netzwerk des Wissens. Forscher mit Ambitionen strebten an die Orte, wo gerade etwas Aufregendes geschah.

Die neue Großforschung war da vergleichsweise immobil. Es gab zwar weiterhin einen lebhaften Austausch über Grenzen hinweg, der in den Genfer Atomkonferenzen nur seinen augenfälligsten Ausdruck fand. Die mentalen Landkarten der Forschung wurden jedoch nicht mehr allein von der Strahlkraft brillanter Forscherpersönlichkeiten geprägt, sondern auch von der technologischen Infrastruktur. Als Wilhelm Conrad Röntgen an einem Freitagabend im November 1895 die nach ihm benannten Strahlen entdeckte, verbreitete sich die Erkenntnis auch deshalb wie ein Lauffeuer, weil das entscheidende Gerät, eine Kathodenstrahlröhre, seinerzeit in jedem anständigen Physiklabor stand, und Otto Hahns Apparaturen passten noch bequem auf einen Holztisch, der heute hinter Glas im Deutschen Museum in München steht.[13] In der Nachkriegszeit brauchten die Forscher hingegen Versuchsreaktoren und ähnliche Großgeräte, die es schon aus Kostengründen nur an ausgewählten Orten geben konnte.

Kernforschung besaß deshalb eine enorme Beharrungskraft. In der Bundesrepublik reichte sie sogar weit über die Laufzeit der Versuchsreaktoren hinaus. Die Forschungszentren in Karlsruhe, Jülich und Geesthacht bei Hamburg, die in den fünfziger Jahren für unterschiedliche Felder der atomaren Forschung geschaffen wurden, gibt es immer noch, auch wenn (oder weil) sich das Augenmerk längst auf andere Themen verlagert hat. Auch Los Alamos ist bis heute ein Zentrum der amerikanischen Atomforschung, obwohl die Stadt in der Wüste einst wegen ihrer Abgeschiedenheit ausgewählt wurde. Nur so glaubte man seinerzeit, die für ein kriegswichtiges Projekt wichtige Geheimhaltung sichern zu können.

Schon in den fünfziger Jahren war klar, dass die Ansiedlung eines solchen Forschungszentrums eine langfristige Weichenstellung bedeutete. Die Kernforschungsanlage Karlsruhe, inzwischen mit der lokalen Universität zum Karlsruher Institut für Technologie fusioniert, entstand nach einer heftigen Standortkonkurrenz mit München, für das sich unter anderem Werner Heisenberg starkgemacht hatte, eine Schlüsselfigur in den Anfangsjahren der bundesdeutschen Atomkraftentwicklung. Heisenberg zog sich nach der Entscheidung aus der Reaktorforschung zurück, was ihm womöglich eine menschliche Enttäuschung ersparte. Am Münchner Max-Planck-Institut für Physik war er vermutlich besser aufgehoben als in der Maschinerie einer Großforschungseinrichtung. Heisenberg war nicht nur ein herausragender Wissenschaftler, sondern auch eine Primadonna der Forschung, der 1932 im Alter von 31 Jahren den Nobelpreis für Physik erhalten hatte. Die neuen Forschungszentren brauchten in erster Linie umsichtige Manager, die damit leben konnten, dass nicht alles von ihrem eigenen Wünschen und Wollen abhing. Jahrzehnte später spottete Franz Josef Strauß in seinen Erinnerungen: »Hätte man Bildung und Aufbau des Atomministeriums dem Nobelpreisträger Heisenberg überlassen, wäre das Ergebnis ein perfektes Chaos gewesen.«[14]

Von außen ähnelten die neuen Forschungszentren den vertikal integrierten Großunternehmen, die seit dem späten 19. Jahrhundert die Welt des globalen Kapitalismus prägten. Diese Konzerne waren sorgfältig organisierte Körperschaften, in denen zahlreiche Angestellte wie Rädchen im Getriebe zusammenarbeiteten. Es war eine Männerwelt – Frauen waren Sekretärinnen oder Exoten –, eine rigide Arbeitsteilung und klare Anforderungsprofile sorgten für Ordnung, und wer seiner Aufgabe nicht gewachsen war, wurde durch andere Männer mit gleicher Ausbildung ersetzt.[15] Für akademische Tugenden wie Kreativität und individuelles Geschick gab es in einem solchen Organismus nicht allzu viel Raum, und das war nicht das Einzige, was der Großforschung eine ganz eigene Labilität verlieh. Es gab bei einem wissenschaftlichen Großprojekt keinerlei Garantie, dass sich alle Probleme mit gleicher Geschwindigkeit lösen lassen würden.

Was solche wechselseitigen Abhängigkeiten in der Praxis bedeuteten, zeigte sich bereits beim Manhattan-Projekt. Die Forscher von Los Alamos verdankten ihren Erfolg auch der Plutoniumproduktion in Hanford im Bundesstaat Washington und der Urananreicherung in Oak Ridge in Tennessee. Dabei war die Bombe im Vergleich mit den späteren Leistungsreaktoren noch vergleichsweise unkompliziert. Sie hatte weder Kontrollstäbe noch Notkühlvorrichtungen und all die anderen Dinge, die den Ingenieuren später Kopfschmerzen bereiteten, und über den Brennstoffkreislauf musste man sich beim Bombenbau auch keine Gedanken machen. So waren Spannungen und Zielkonflikte bei der Reaktorentwicklung vorprogrammiert, und den Umgang mit solchen Komplikationen musste man erst mühsam erlernen. Leicht konnten aus dem Zusammenspiel der Einzelprojekte Zwänge entstehen, die zu fahrlässigen oder riskanten Verfahren ermunterten, die Wissenschaftler unter normalen Umständen niemals akzeptiert hätten.

Das zeigte sich etwa beim Brand eines britischen Atomreaktors in Windscale im Oktober 1957. Der Reaktor diente der Plutoniumproduktion für britische Atomwaffen – die bei der Kernspaltung anfallende Wärme wurde einfach über einen Schornstein abgeleitet –, und dadurch kamen systemische Zwänge ins Spiel. Ohne die Anlage standen das Atomtestprogramm, die britische Wasserstoffbombe und die strategische Bomberflotte der Luftwaffe auf dem Spiel, und daran hing wiederum der Rang des Vereinigten Königreichs in der Weltpolitik. Die Möglichkeit eines Unfalls schien unter diesen Umständen das geringere Risiko zu sein, und so kam es zu einer Katastrophe, die selbst Lorna Arnold, ihres Zeichens *official historian* des britischen Atomwaffenprogramms, rückblickend als »praktisch unvermeidlich« bezeichnet hat.[16] Nur improvisiertes Löschen mit Wasser, bei dem der Reaktor hätte explodieren können, verhinderte eine noch größere Katastrophe.

Es sollte nicht der letzte Fall bleiben, in dem Sicherheitsprobleme heruntergespielt wurden, weil sie der Gesamtentwicklung eines großtechnisch-wissenschaftlichen Systems entgegenstanden. Als sich Mitte der sechziger Jahre herausstellte, dass eine Kernschmelze bei Leichtwasserreaktoren nicht nur eine theoretische Gefahr darstellte, verweigerten sich die Entwickler einer Grundsatzdebatte über den Reaktortyp und setzten vielmehr auf Notkühlsysteme, die seither die Achillesferse der Leichtwassertechnologie darstellen.[17] Großforschung hatte ihre eigenen Regeln und ein enormes Trägheitsmoment, sie ließ sich politisch nur schwer kontrollieren und steuern, und die Einmütigkeit, mit der die Physiker von Los Alamos an der Bombe arbeiteten, löste sich in der Nachkriegszeit rasch auf. Es gab verschiedene Reaktortypen und konkurrierende Firmen, bei Problemen standen stets Investitionen und Karrieren auf dem Spiel, und der Einsatz nahm mit dem Wachstum des nuklearen Komplexes unvermeidlich zu. Für die Entscheider in Regierungen und Konzernzentralen lief es auf ein klassisches Dilemma hinaus. Wenn man sich auf Großforschung einließ, bekam man ein gewaltiges Steuerungsproblem. Aber ohne Großforschung bekam man keine Atomenergie.

2.3 *Die Bombe*

Dem Anfang wohnte kein Zauber inne. Das Manhattan-Projekt war eine Demonstration technologischer Macht, in dem sich politischer Wille, wissenschaftliche Kompetenz und die Ressourcen der größten Volkswirtschaft der Welt vereinigten. Aber in den Stolz der Forscher mischte sich das Wissen, dass das Ergebnis aller Mühen eine Waffe war, deren Zerstörungskraft das menschliche Vorstellungsvermögen sprengte. Der nukleare Horror von Hiroshima und Nagasaki war das Urtrauma des Atomzeitalters: ein Ereignis, das sich auf vielfältige Weise diskutieren ließ und dennoch so verstörend blieb, dass jeder Versuch einer Bewältigung ins Leere lief. Richard Feynman wunderte sich nach seiner Rückkehr aus Los Alamos zunächst, dass Menschen weiter Brücken bauten, als wäre nichts passiert. Wussten sie nicht, dass eine Atombombe das Werk ihrer Mühen innerhalb von Millisekunden pulverisieren könnte?[18]

Die militärischen Ursprünge der Atomkraft belasteten nicht nur das Gewissen der Forscher. Die Katastrophe von Windscale warf auch ein Schlaglicht auf die Sicherheitskultur beim Bombenbau. Bei militärischen Projekten galten andere Regeln als bei zivilen Anlagen, die zuverlässig über Jahrzehnte laufen sollten. Kosten wurden in der Rüstungsindustrie anders kalkuliert als in der Energiewirtschaft, wo sich die Atomkraft in Konkurrenz mit anderen Methoden der Stromproduktion bewähren musste. Es war nicht billig, eine Atombombe zu bauen, und es hing letztlich vom außen- und sicherheitspolitischen Kalkül einer Regierung ab, ob sie nach der Bombe griff. Außerdem unterlagen Atomwaffenprogramme einem Grad der Geheimhaltung, der weit über das in militärischen Kreisen übliche Maß hinausreichte. Mit Transparenz und externer Kontrolle, wichtigen Voraussetzungen für den Erfolg eines zivilen Atomprogramms, brauchte man es da gar nicht erst zu versuchen.

Auch in technologischer Hinsicht präsentierten militärische und zivile Nutzungen unterschiedliche Herausforderungen. Für die Bombe brauchte man vor allem waffenfähiges Uran oder Plutonium, während die Stromerzeugung in erster Linie von Bau und Betrieb leistungsfähiger Reaktoren abhing. Die Divergenzen relativierten sich jedoch in Alltag der Atomwirtschaft. Jeder Leichtwasserreaktor produzierte in gewissem Umfang Plutonium – es entstand als Nebenprodukt der Kernspaltung, wenn sich das Uranisotop 238 ein Neutron einfing –, und ob es aus den abgebrannten Brennelementen herausgelöst wurde und damit für militärische Zwecke zur Verfügung stand, war eine Frage des politischen Willens; Insider sprachen von der »Dual-Use-Problematik«. Nukleare Kompetenzen ließen sich nicht immer eindeutig militärischen und zivilen Zwecken zuordnen, und deshalb brauchte es regelmäßige Inspektionen von unabhängigen Stellen, um Klarheit über die wahren Absichten eines Atomprogramms zu gewinnen. Der Atomwaffensperrvertrag von 1968 übertrug diese Aufgabe der Internationalen Atomenergie-Organisation (IAEO), die dafür 2005 mit dem Friedensnobelpreis ausgezeichnet wurde.[19]

Die Bundesrepublik unterzeichnete den Atomwaffensperrvertrag im November 1969 und ratifizierte ihn fünf Jahre später. 1990 bekräftigte die Bundesregierung ihre Haltung im Zwei-plus-Vier-Vertrag und akzeptierte den Verzicht auf Atomwaffen als Voraussetzung für die Wiedervereinigung, und damit konnte das Land bestens leben. In den Diskussionen über den Atomausstieg spielten militärische Kalküle keine Rolle mehr, während zum Beispiel Japan auch deshalb an der Atomkraft festhält, weil sich das Land mit Blick auf die Atomwaffen in Nordkorea und China die nukleare Option offenhalten will. Da könnte man versucht sein, den militärischen Teil der bundesdeutschen Atomgeschichte von ihrem Ende her zu schreiben. Deutschland hat nie eine Atombombe gebaut, und das war auch nie ein Problem.

Nach den Erfahrungen der vergangenen drei Jahrzehnte erscheint der bloße Gedanke an ein deutsches Atomwaffenprogramm wie der helle Wahnsinn. Das beweist allerdings vor allem, wie fremd uns die Welt des Kalten Krieges geworden ist. Schon das Vokabular wirkt aus heutiger Sicht wie ein Auszug aus dem Wörterbuch der Unmenschlichkeit: Abschreckung, Vergeltung, Zweitschlagfähigkeit – wer vor 1989 über Sicherheitspolitik diskutierte, musste unvermeidlich mit solchen Begriffen hantieren. Hinzu kam ein Souveränitätsdenken, das im Zeitalter der globalen Interdependenz archaisch wirkt, aber vor dem Hintergrund der Erfahrungen in der ersten Hälfte des 20. Jahrhunderts seine ganz eigene Plausibilität besaß. Kurz vor seinem Tod titulierte Konrad Adenauer den Atomwaffensperrvertrag auf einer Pressekonferenz als »Morgenthau-Plan im Quadrat« und »Todesurteil« für die Bundesrepublik. Es war kein Zufall, dass die Unterzeichnung des Vertrags einer der ersten außenpolitischen Schritte der sozialliberalen Koalition unter Willy Brandt war. Als der Bundestag im Februar 1974 die Ratifikation des Atomwaffensperrvertrags beschloss, stimmten 97 von 210 Abgeordneten der CDU/CSU-Fraktion dagegen.[20]

Für die Siegermächte des Zweiten Weltkriegs war der Aufbau eines Atomwaffenarsenals eine Selbstverständlichkeit. Die Atomprogramme in den USA, der Sowjetunion, Großbritannien und Frankreich waren zunächst ganz auf militärische Ziele ausgerichtet. In der Bundesrepublik war die Ausgangssituation völlig anders. Die Pariser Verträge, die 1955 zur Aufhebung des Besatzungsstatuts führten, verboten der Bundesregierung ein eigenständiges Programm zur Herstellung von Atomwaffen. Die Beteiligung an einem multilateralen Atomwaffenprogramm war nach den Buchstaben der Verträge jedoch durchaus möglich, und tatsächlich dauerte es nur zwei Jahre, bis eine der Siegermächte mit einer solchen Offerte in Bonn vorstellig wurde. Am 16. November 1957 kam Maurice Faure, Staatssekretär im französischen Außenministerium, zu einer Besprechung mit Konrad Adenauer nach Rhöndorf, um den Bundeskanzler zu fragen, ob sein Land zusammen mit Italien und Frankreich eine europäische Atombombe bauen wolle. Adenauer nahm die Einladung an, und die drei Länder zimmerten hurtig eine Vereinbarung, die die Finanzierung einer Urananreicherungsanlage in südfranzösischen Pierrelatte regelte – die Bundesrepublik sollte 45 Prozent der Kosten tragen –, aber das Projekt ging wenig später sang- und klanglos unter und Frankreichs Vierte Republik gleich mit. Der neue Staatspräsident hieß Charles de Gaulle, und für diesen war die französische Atombombe ein Prestigeprojekt, das die Grande Nation aus eigener Kraft stemmen sollte.[21]

In der bundesdeutschen Öffentlichkeit trat vor allem Franz Josef Strauß für eine atomare Aufrüstung der Bundeswehr ein. Adenauer hielt sich eher bedeckt, obwohl seine Meinung keineswegs erst in seiner brachialen Kritik am Atomwaffensperrvertrag erkennbar wurde. Auf einer Pressekonferenz am 4. April 1957 bekundete der Bundeskanzler seine Ansicht, taktische Atomwaffen seien »nichts weiter als die Weiterentwicklung der Artillerie«, aber das nährte – so sein Biograf Hans-Peter Schwarz – vor allem den verbreiteten Eindruck, »dem alten Herrn fehle in bezug auf Kernwaffentechnologie, Nuklearstrategie und Verteidigungspolitik einfach der Durchblick«.[22] Strauß und Adenauer wussten freilich, dass Massenvernichtungswaffen komplizierte bündnispolitische Fragen aufwarfen, und sie waren besonnen genug, dem System der kollektiven Sicherheit, das sich in der Nachkriegszeit konsolidierte, Vorrang vor nuklearen Abenteuern einzuräumen. Anders als Frankreich war die Bundesrepublik kein Land, das eine Atombombe einfach bauen konnte, weil ihm danach war.[23]

Die Bundesrepublik musste jedoch keine förmlichen Entscheidungen treffen, um mit der Bombe Politik zu machen. Man konnte auf dem diplomatischen Parkett einfach besser verhandeln, wenn man die Dinge ein wenig in der Schwebe hielt, und einiges spricht für Peter Fischers These, »daß das Offenhalten der sogenannten nuklearen Option insgeheim von Anfang an mit zu den obersten Zielen der deutschen Atompolitik gehörte«.[24] Außerdem spielte die Zeit für die Bundesrepublik, denn mit der Entwicklung eines nuklearen Komplexes gewann das Land die erforderliche nukleare Kompetenz. Spätestens in den siebziger Jahren verfügte die Bundesrepublik über die Mittel, eine Atombombe zu bauen, und das keineswegs nur in einem abstrakten Sinne. Das Plutonium, das die Bundesrepublik für die Brennelemente des Schnellen Brüters hortete, konnte man schließlich auch anderweitig verwenden. Am Ende gab sich die Bundesrepublik jedoch mit dem zufrieden, was im Vokabular des Kalten Kriegs »nukleare Teilhabe« hieß. Die Bundeswehr kaufte Trägersysteme, die sich mit amerikanischen Atombomben bestücken ließen, sodass die Bundesregierung vor einem Atomschlag ihr Plazet geben musste. Seit den sechziger Jahren verbrachten Piloten der Luftwaffe ihre Nächte neben startklaren Jagdbombern mit Atombomben unter dem Rumpf, den Flugplan zum Ziel im Kopf.[25]

Es waren freilich nicht nur Außen- und Sicherheitspolitiker, die über solche Fragen diskutierten. Adenauers haarsträubende Bemerkung über die »Weiterentwicklung der Artillerie« beantworteten 18 deutsche Kernforscher mit der Göttinger Erklärung vom 18. April 1957, die gegen die atomare Aufrüstung der Bundeswehr protestierte und einen Impuls für die »Kampf dem Atomtod«Kampagne lieferte, die im folgenden Kapitel noch näher erläutert wird: Es war der erste Massenprotest der bundesdeutschen Atomgeschichte.[26] In den siebziger Jahren wurde der zivilgesellschaftliche Protest auch von

Abb. 3: Kundgebung gegen Atomwaffen auf dem Hamburger Rathausmarkt am 17. April 1958. Foto: Erich Andres/bpk.

pazifistischen Motiven und der Angst vor dem Atomkrieg beflügelt. Robert Jungk dachte in seinem Bestseller *Der Atomstaat* noch einen Schritt weiter und warnte, »daß auch innergesellschaftliche Konflikte die gefürchtete ›nukleare Schwelle‹ einmal überschreiten könnten: Atomsabotage und Atomterror können nicht mehr ausgeschlossen werden, sobald die Menge der bei der Kernkraftproduktion anfallenden Spaltstoffe immer größer wird.«[27] Immer wieder erklärten Befürworter der Kernenergie, warum ein Reaktor etwas ganz anderes sei als eine Atombombe, aber das erwies sich in der Zeit des Kalten Kriegs als Kampf gegen Windmühlen. Technologisch ließ sich die Grenze nicht klar ziehen und metaphorisch erst recht nicht.

Der Streit um die bundesdeutsche Atombombe hatte seine Konjunkturen. Das Interesse schwand im Gefolge der Entspannungspolitik, und die nukleare Teilhabe verlor an Bedeutung, als die NATO ihre Nuklearstrategie von der massiven Vergeltung – jeder Angriff sollte einen nuklearen Gegenschlag auslösen – auf *flexible response* umstellte. Dafür wurde gegen die Pilotanlage zur Wiederaufarbeitung von Kernbrennstoffen am Kernforschungszentrum Karlsruhe »seit 1965 öffentlich der Vorwurf bombentechnischer Absichten erhoben«.[28] Später formierte sich die Friedensbewegung gegen den NATO-Doppelbeschluss, als der Kalte Krieg um 1980 einen letzten Höhepunkt erreichte,[29] und im Streit um die Wiederaufarbeitungsanlage Wackersdorf waren Mutmaßungen über militärische Motive ein stehender Topos.[30] Konnte es denn Zufall sein, dass Strauß, der als Bundesverteidigungsminister so vehement für die nukleare Bundeswehr gekämpft hatte, nun mit ähnlichem Eifer für Wackersdorf eintrat? Jahrzehntelang stand die bundesdeutsche Atompolitik im Schatten der Bombe, und das änderte sich erst, als der nukleare Komplex seine Zukunft bereits hinter sich hatte.

2.4 Goldenes Zeitalter

Die Genfer Atomkonferenz vom August 1955 war eigentlich ein Feuerwerk der Spekulationen. Die Sowjetunion präsentierte das erste kommerzielle Kernkraftwerk der Welt, das am 27. Juni 1954 in Obninsk südwestlich von Moskau ans Netz gegangen war, die USA hatten das Atom-U-Boot *Nautilus* auf die Weltmeere geschickt, aber ansonsten bestand die Welt der atomaren Technik neben den Bomben vor allem aus Plänen. Emphatisch sprachen die nuklearen Experten von kommenden Leistungsreaktoren, die freilich noch nicht einmal als Prototypen existierten, besonders enthusiastische

Geister schwärmten von den atomgetriebenen Lokomotiven und Flugzeugen, die heute jeden noch so langweiligen Vortrag über die Geschichte der Atomkraft würzen, aber im Grunde genommen wusste niemand, wie das heraufziehende Atomzeitalter aussehen würde. Nur in einem Punkt herrschte schon früh Gewissheit: Die Sache würde teuer werden.

Es war nicht billig, Heerscharen von Kernphysikern und andere Experten auszubilden und in den neuen Großforschungseinrichtungen zu beschäftigen. Die Urananreicherung hatte sich bereits im Manhattan-Projekt als ungemein kostenträchtig erwiesen, und es ging weiter. Je nach Reaktortyp brauchte man als Moderator hochfeines Graphit oder schweres Wasser. Brennelemente benötigten eine Hülle aus Zirkonium, einem Metall, für das es zunächst noch nicht einmal einen industriellen Herstellungsprozess gab.[31] Selbst Rohre und Druckbehälter, an sich Standardprodukte des Industriezeitalters, waren bei Atomkraftwerken ungewöhnlich teuer, weil sie aus Sicherheitsgründen neuartigen Qualitätsanforderungen gerecht werden mussten. Außerdem brauchte man für den Einstieg in die nukleare Technologie jede Menge Energie. Der Stromverbrauch der US-amerikanischen Atomic Energy Commission summierte sich bis zum Jahresende 1970 auf 805 Millionen Megawattstunden, und das war mehr als das Neunfache der Strommenge, die alle amerikanischen Atomkraftwerke bis dahin produziert hatten.[32]

In der Bundesrepublik floss so viel Geld in die Atomforschung, dass sogar der Bundesrechnungshof kapitulierte. Bis Mitte der sechziger Jahre wurden die Ausgaben noch penibel kontrolliert, aber als sich die Investitionen auf die Milliardenschwelle zubewegten, »glitt dem Rechnungshof die Entwicklung sichtlich aus den Händen«.[33] Auch die historische Forschung diskutiert die Riesensummen meist relativ arglos, obwohl sich Investitionen in ganz unterschiedlichen Größenordnungen vorstellen ließen. In schwierigen Zeiten hätten die Regierungen vielleicht erst einmal in einzelne Versuchsanlagen investiert und dann die Ergebnisse abgewartet, so wie es bei der Kernfusion seit Jahrzehnten üblich ist. Tatsächlich überschlugen sich die nuklearen Projekte, und das war keine bundesdeutsche Besonderheit: In den USA, Frankreich, Großbritannien und der Sowjetunion sah es ähnlich aus. Offenkundig gab es eine transnationale

Überzeugung, dass man sich beim Einstieg in die nukleare Technologie nicht lumpen lassen sollte.

Gerne wird in diesem Zusammenhang auf die Atomeuphorie verwiesen. Zweifellos gab es vor allem in den fünfziger Jahren überschwängliche Hoffnungen auf ein heraufziehendes Atomzeitalter, die sich in vielfältigen Formen dokumentierten: vom Disney-Film *Unser Freund das Atom* zu großen Visionen in der akademischen Literatur.[34] Es war ja auch faszinierend, dass »aus einem Kilogramm Uran 235 […] tatsächlich dreimillionenmal mehr Energie herausgeholt werden [kann] als aus einem Kilogramm Kohle«.[35] Außerdem verkörperte die zivile Atomtechnik die alttestamentarische Hoffnung, dass Schwerter zu Pflugscharen werden mögen. Bei näherer Betrachtung erweist sich die Atomeuphorie jedoch als ziemlich flüchtig. Es blieb durchaus nicht unbemerkt, dass die Versprechungen der frühen Jahre nicht eingelöst wurden, Hoffnungen standen stets neben dem Wissen um die verheerende Kraft der Atombombe, und außerdem kam man mit Wunschdenken unter Physikern und Ingenieuren nicht weit. Im nuklearen Komplex sprach man über die Atomeuphorie schon bald wie über eine Jugendsünde, die man mit fachlicher Kompetenz und den gewonnenen Erfahrungen glücklicherweise hinter sich gelassen habe.[36]

Der Topos der Atomeuphorie ist wohl auch deshalb so populär, weil er auf eine radikale Vereinfachung der Analyse hinausläuft. So erspart man sich nicht nur die Mühen einer intensiven Quellen- und Literaturanalyse, es bleiben auch die sozialen, ökonomischen und politischen Zusammenhänge außerhalb des Blicks, die nicht nur einen gewissen Komplexitätsgrad aufweisen, sondern auch moralische Gewissheiten diffundieren lassen. Man kann die Geschichte der Atomenergie nur verstehen, wenn man sie als Produkt einer Welt betrachtet, die uns heute in weiten Teilen fremd geworden ist. Der nukleare Komplex war das Kind einer Epoche, die Hans-Ulrich Wehler als das »›Goldene Zeitalter‹ des westlichen Kapitalismus« bezeichnet hat.[37]

Man kann die Art und Weise, wie die Zeit des Wirtschaftswunders die bundesdeutsche Atomwirtschaft prägte, in sechs Stichwörtern zusammenfassen: Bedarf, Konsum, Energiewirtschaft, gesellschaftliche Kompatibilität, politische Polyvalenz, Konkurrenz und

Interdependenz der industriellen Welt. Der erste Punkt bedarf keiner ausführlichen Begründung. Es leuchtet unmittelbar ein, dass eine brummende Wirtschaft auf einen wachsenden Hunger nach Energie hinauslief. Langfristig war auf dem Energiemarkt eine exponentiell steigende Nachfrage zu erwarten, und das Spektrum der Optionen war durchaus überschaubar. Vor allem in kohlefernen Regionen richteten sich die Hoffnungen schon früh auf die nukleare Stromerzeugung. Bereits im Januar 1956 konstatierte eine gemeinsame Studie des Bayernwerks und des Bayerischen Staatsministeriums des Innern, es sei »nahezu aussichtslos, den Bedarfszuwachs, der sich bis zum Jahre 1970 auf etwa 2,5 Millionen Kilowatt belaufen wird, noch allein mit den klassischen Methoden der Stromerzeugung, d.h. durch Wasser- und Kohlenkraftwerke [sic] zu decken«. In dieser Situation schien es geboten, »die Errichtung von Atomkraftwerken […] mit allem Nachdruck zu fördern«.[38]

Ein Ausbau der Kraftwerkskapazitäten schien nicht nur aus ökonomischen Gründen vernünftig. Nach den Erfahrungen der Zwischenkriegszeit war offenkundig, dass Wirtschaftswachstum ein wichtiger Garant der politischen Stabilität war. Nach der Katastrophe des Nationalsozialismus wurden die Bundesbürger auch deshalb zu Demokraten, weil sich das Leben in einer freiheitlichen Gesellschaft ziemlich bequem anfühlte, und das war den Entscheidungsträgern sehr bewusst: »Nullwachstum zerstört unsere Demokratie«, erklärte Bundeswirtschaftsminister Hans Friderichs 1977.[39] Billige Energie war eine Grundvoraussetzung für industrielle Produktion, und die Möglichkeit eines Mangels wirkte da wie eine Horrorvision. Auf keinen Fall durfte in der Bundesrepublik eine Situation entstehen, in der durch Versäumnisse im Kraftwerksbau die Konjunktur abgewürgt würde. Man konnte über ein solches Szenario noch nicht einmal eine sinnvolle Debatte führen. Der Konsumbürger war ein sensibles Wesen, und niemand wusste, wie er reagieren würde, wenn plötzlich die Lichter ausgingen. Man wusste nur, dass man es besser nicht auf einen Versuch ankommen lassen sollte.

Die Konsumgesellschaft hatte keine Adresse, und das war nicht die unwichtigste Rahmenbedingung für die Entscheidungen der Wirtschaftswunderjahre. Bei der Energiewirtschaft sah das anders aus: Da wusste man genau, an wen man sich zu wenden hatte. Die deutsche Stromwirtschaft war seit den zwanziger Jahren von Verbundnetzwerken mit großen Kohlekraftwerken und Wasserkraft geprägt, und die Konzentration in wenigen Großunternehmen mit wettbewerbsfreien Gebietsmonopolen wurde mit dem Energiewirtschaftsgesetz von 1935 zementiert.[40] Entscheidungen fielen somit in einem begrenzten und relativ stabilen Netzwerk von Akteuren, das kein strategisches Leitungsorgan besaß, aber dafür einen kategorischen Imperativ. Sie mussten liefern.

Inwiefern Atomkraft in dieses Netzwerk hineinpasste, musste sich erst noch erweisen. Bis um 1970 wurde die Entwicklung der Atomkraft in der Bundesrepublik vor allem vom Zögern der Stromkonzerne gebremst, und das war auch nicht weiter verwunderlich: Sie mussten die teuren Reaktoren schließlich bezahlen. Dafür passte Atomkraft ziemlich gut zu einer Gesellschaft, die sich am liebsten als nivellierte Mittelstandsgesellschaft imaginierte. Während der Steinkohlenbergbau im Industriezeitalter ein zentrales Schlachtfeld des Klassenkampfs geboten hatte, lockten im nuklearen Komplex gut bezahlte Angestelltenjobs, die bei entsprechender Ausbildung jedem offenstanden. Mit einer generösen Förderung des wissenschaftlich-technischen Fortschritts bot sich außerdem eine Chance, den fatalen akademischen Aderlass der NS-Zeit zu revidieren. Der Schatten des Nationalsozialismus wirkte bei der Atomkraft zunächst nicht allzu dramatisch, auch weil es noch Jahrzehnte dauern sollte, bis die historische Forschung die Mythenbildung der deutschen Atomforscher demontierte.[41] Die geschichtspolitischen Bedürfnisse der fünfziger Jahre befriedigte Robert Jungks melodramatischer Beststeller über »das Schicksal der Atomforscher«.[42] Außerdem war das Wirken der NS-Atomforscher für den Kriegsverlauf folgenlos geblieben, während der nukleare Sündenfall aufs Konto der Amerikaner ging. Den Rest erledigte die Göttinger Erklärung von 1957, die auch ein geschickter vergangenheitspolitischer Schachzug war. Atomkraft war auch eine Integrationsideologie.

Auch unter den Politikern der Nachkriegszeit erwies sich das friedliche Atom als ausgesprochen anschlussfähig. Das Bundesministerium für Atomfragen wurde 1955 unter Adenauer gegründet, die SPD konterte ein Jahr später mit einem Parteitag im Zeichen der Kernenergie, auf dem Leo Brandt eine umjubelte Rede über

»die zweite industrielle Revolution« hielt – für Ulrich Herbert »ein Grundtext über die Relation zwischen wirtschaftlichem und sozialem Fortschritt«.[43] Drei Jahre später schrieb die SPD die Hoffnung auf ein sorgenfreies Leben »im atomaren Zeitalter« in ihr Godesberger Programm: Wohlstand für alle war möglich, wenn der Mensch »seine täglich wachsende Macht über die Naturkräfte nur für friedliche Zwecke einsetzt«.[44] Zur parteipolitischen Profilierung eignete sich das Thema nicht, und seit den späten fünfziger Jahren übernahmen Manager und Fachbeamten das Ruder, während sich ambitionierte Politiker auf andere Themen konzentrierten. Der Konsens der Parteisoldaten bröckelte erst in den siebziger Jahren.

All diese Dinge wurden schließlich in einer westlichen Welt verhandelt, die von einem komplizierten Miteinander von nationaler Konkurrenz und multilateraler Interdependenz geprägt war. Im Prinzip hätte die Bundesrepublik auch auf den Einstieg in die Atomkraft verzichten können, aber das war in der Nachkriegszeit eine ziemlich theoretische Option. Das Land konnte kaum wegschauen, wenn der Rest der industriellen Welt voller Begeisterung in die Energie der Zukunft investierte. Supranationale Organe blieben bei der Atomkraft notorisch schwach, während die entscheidenden Weichenstellungen im nationalstaatlichen Rahmen getroffen wurden, aber zugleich gab es eine intensive technologische Vernetzung und eine Kultur der ständigen wechselseitigen Beobachtung. Atomkraft war ein Gemeinschaftsprojekt der modernen Welt und zugleich eine nationale Kraftanstrengung, bei der die Bundesrepublik aufpassen musste, dass sie gegenüber den Nachbarn nicht ins Hintertreffen geriet.

Wenn Atomkraft deshalb in den fünfziger und sechziger Jahren als Zukunftstechnologie galt, dann war das weit mehr als eine populäre Gefühlsaufwallung, die man kulturkritisch demontieren oder mit Bildern des Ford Nucleon der Lächerlichkeit preisgeben kann. Dahinter stand ein ganzes Bündel von Entwicklungen, die tief in den sozioökonomischen und politischen Bedingungen der frühen Bundesrepublik wurzelten. Es ging um sehr viel mehr als intellektuelle Schwärmereien, wie sie zum Beispiel ein Ernst Bloch in die Welt setzte mit der viel zitierten Behauptung, »einige hundert Pfund Uranium und Thorium würden ausreichen, die Sahara und die Wüste Gobi verschwinden zu lassen, Sibirien und Nordkanada,

Grönland und die Antarktis zur Riviera zu verwandeln«.[45] Atomkraft war grenzenlose Energie, visionäre Planung, Zukunft aus Amerika, Spitzentechnologie, wissenschaftlich-technischer Fortschritt, Vergangenheitsbewältigung, Mittelstandsgesellschaft und das Ende des Klassenkampfs. Sie war das Produkt eines Goldenen Zeitalters und zugleich das Versprechen, dass es nie enden würde.

Nur so lässt sich die geradezu magische Anziehungskraft des nuklearen Projekts erklären, die auf ganz unterschiedliche Menschen ausstrahlte: Politiker auf Bundes- und Länderebene, Wissenschaftsmanager und Konzernlenker und nicht zuletzt eine ganze Generation ambitionierter junger Menschen, die in der Nachkriegszeit in die einschlägigen Studiengänge strömten. Die enormen Kosten, die Zumutungen der Großforschung, die militärischen Implikationen, der umständehalber verspätete Start Mitte der fünfziger Jahre – all diese Probleme der bundesdeutschen Atomentwicklung relativierten sich vor diesem Hintergrund und erschienen eher als Herausforderungen eines männlichen Tatendrangs. Die Leistungsideologie der Nachkriegsjahrzehnte ließ grüßen.

Die Atomenergie wurde umso leichter zum Fluchtpunkt all dieser Entwicklungen, als sie in den fünfziger Jahren vor allem als Vision existierte. Es gab den Respekt vor der Urkraft des Atoms, wie er auch in Feynmans Bonmot zu erkennen war, aber mit einer Extradosis Testosteron konnte man es auch als Abenteuer begreifen, den Drachen am Schwanz zu kitzeln. Wenn die Zukunft weit und offen war und Katastrophen und Kosten-Nutzen-Rechnungen noch in der Zukunft lagen, war es eher die Zurückhaltung, die einer Begründung bedurfte. Mit Klugheit und etwas Geduld würde man den Drachen schon zähmen können.

Wenn man im Wissen um die späteren Auseinandersetzungen auf die Entscheidungen der fünfziger und sechziger Jahre schaut, kommt man kaum umhin, ein demokratisches Defizit zu konstatieren. Die bundesdeutschen Parlamente waren lediglich Ratifikationsinstanzen für längst getroffene Entscheidungen, und die breite gesellschaftliche Debatte, die Grundsatzentscheidungen in lebendigen Demokratien vorausgehen sollten, sucht man erst recht vergeblich. Die frühe Bundesrepublik hatte jedoch noch einen anderen Weg der demokratischen Legitimation, der nach der Fundamentalliberalisierung der sechziger Jahre nicht mehr leicht verständlich ist. Wenn ein Mann in den Wirtschaftswunderjahren ein Projekt verfolgte, das ökonomisch sinnvoll schien und geltenden Gesetzen und Moralvorstellungen nicht offenkundig widersprach, dann hatte er das Recht des Tüchtigen auf seiner Seite. Man musste bauen, forschen, entwickeln, im persönlichen Interesse und dem des Landes (und war das nicht auch irgendwie dasselbe?), und wer eine vielversprechende Idee hatte, dem sollten möglichst keine Steine in den Weg gelegt werden. Die Zukunft war offen, und da brauchte es Männer, die anpacken konnten. Kritik war da keine demokratische Tugend, sondern Mäkelei von Menschen, die es halt nicht konnten.

Ein Selbstläufer war die Atomenergie weder in Deutschland noch in anderen Ländern. Dafür waren die Kosten zu hoch und die Komplikationen zu früh und zu zahlreich. Aber sie passte zur frühen Bundesrepublik schon ziemlich gut: zu Wirtschaft und Gesellschaft, zu Wissenschaft und Politik, zu Männern und Mentalitäten. Es war tatsächlich ein Generationenprojekt, das sich in den fünfziger Jahren auf den Weg machte. Später sollte sich herausstellen, dass es auch ein Projekt für eine einzige Generation sein würde.

3. Planen, Verhandeln, Bauen

3.1 Gründerzeit

Die bundesdeutschen Kernkraftwerke waren das kumulative Produkt ganz unterschiedlicher Ereignisse und Entwicklungen. Das wirft in einer chronologischen Erzählung ein nicht unerhebliches Entscheidungsproblem auf. Wenn man nicht aufpasst, ergibt sich aus der Wahl eines bestimmten Anfangspunkts eine gewisse Grundmelodie, die sich dann aus der Narration nicht mehr tilgen lässt. Wer mit den Physikern des Kaiserreichs einsetzt, verfällt leicht in eine Geschichte der verlorenen Unschuld. Wenn die Atombombe am Anfang steht, läuft es auf eine Erzählung von der mühseligen Zähmung einer militärischen Technologie hinaus. Wer mit der Atomeuphorie beginnt, verfällt in eine Geschichte der Desillusionierung und der gebrochenen Versprechen, und der Auftakt mit »Atoms for Peace« führt mit einer gewissen Zwangsläufigkeit zu einem Narrativ über säkulare Heilsversprechen *made in America*. Historische Entwicklungen kommen bekanntlich nie ganz von ihren Anfängen weg, und Gleiches gilt für historische Erzählungen.

Ähnlich wie bei der Atomenergie sind Risiken auch beim Handwerk der Geschichtswissenschaft prinzipiell unvermeidbar, aber das ist kein Freibrief für narrative Fahrlässigkeit. Verantwortlicher Umgang mit Risiken setzt eine klare Beschreibung des Problems voraus, und es lohnt die Mühe, mit einer solchen Vorrede auf die Ereignisse des Jahres 1955 zu schauen. Nach dem Zweiten Weltkrieg hatten die Besatzungsmächte jede Beschäftigung mit kerntechnischen Themen untersagt, aber dieses Verbot fiel am 5. Mai 1955, als die Pariser Verträge in Kraft traten. Seither durfte die Bundesrepublik ein ziviles Atomprogramm verfolgen, und deshalb wurde später im Jahr ein neues Bundesministerium für Atomfragen gegründet. Aus regierungsamtlicher Perspektive könnte man von einer »Stunde null« reden, aber das verbietet sich nicht nur wegen der grundsätzlichen Aversion jedes deutschen Zeithistorikers gegen diesen Begriff. Es gab 1955 einen gewissen Kreis von Traditionen und Aktivitäten, die unterschiedlich weit zurückreichten und in den folgenden Jahren auf verschiedenen Ebenen ihre Wirkung entfalteten. So markiert das Jahr eher den historischen Punkt, an dem sich die Dinge zu vernetzen begannen.

Tatsächlich hatte die Bundesrepublik die Vorgabe der Alliierten eher leger interpretiert. Es gab zwar kein Atomprogramm, aber es konnte ja nicht schaden, hier und da schon mal ein paar Vorbereitungen zu treffen für den Tag, an dem das Verbot fallen würde. Seit 1952 wurde im Bundesministerium für Wirtschaft eine Gruppe aufgebaut, die für Kernenergie zuständig war und dann den Grundstock des Atomministeriums bildete. Im gleichen Jahr berief die Deutsche Forschungsgemeinschaft eine Kommission für Atomphysik unter dem Vorsitz von Werner Heisenberg, und die oberpfälzische Maxhütte suchte schon seit 1950 im Fichtelgebirge nach Uranerzvorkommen.[1] Hinzu kamen die intellektuellen und personellen Hinterlassenschaften der deutschen Kernforschung vor 1945, die zwar keine Atombombe hervorgebracht hatte, aber immerhin ein lose koordiniertes Sammelsurium von Projekten, in denen jedoch nie mehr als 70 Wissenschaftler beschäftigt waren. Das finale Experiment war ein improvisierter Versuchsreaktor in einem Felsenkeller im südwestdeutschen Haigerloch. Wenn man einem Telegramm Werner Heisenbergs vom 1. März 1945 trauen mag, hätte der Reaktor kritisch werden können, wenn die Forschergruppe an mehr Uran und schweres Wasser gekommen wäre.[2]

Nicht minder wichtig waren die Vorgänge auf der internationalen Bühne. Das Bundesministerium für Atomfragen entstand fast zwei Jahre nach der berühmten »Atoms for Peace«-Rede des US-Präsidenten Dwight D. Eisenhower vor der Generalversammlung der Vereinten Nationen, mit der die Debatte über den zivilen Nutzen der Atomenergie, die bis dahin vor allem unter Experten geführt worden war, ins Scheinwerferlicht der Weltöffentlichkeit katapultiert worden war.[3] Im folgenden Jahr erklärten sich die USA bereit, nukleare Projekte in befreundeten Ländern auf der Grundlage bilateraler Verträge zu unterstützen, und deshalb tourte 1955 eine Wanderausstellung der United States Information Agency durch die Bundesrepublik, um die Bevölkerung für die »segenspendende Atomenergie« zu begeistern.[4] Neben den USA verdiente vor allem Großbritannien Beachtung, das seinerzeit ein ambitioniertes Atomprogramm verfolgte.[5] Hinzu kamen Gespräche über eine europäische Zusammenarbeit, und 1957 wurde mit den Römischen Verträgen die Europäische Atomgemeinschaft gegründet, die unter ihrem Kürzel EURATOM bekannt wurde.[6]

Für das Bundesministerium für Atomfragen fehlte es an Vorbildern, und das war nicht das Einzige, was ihm das Odium einer improvisierten Lösung verlieh. Zum ersten Atomminister wurde Franz Josef Strauß ernannt, der dem Bundeskabinett schon seit 1953 als Bundesminister für besondere Aufgaben angehört hatte und in den Jahren zuvor für verschiedene Ressorts im Gespräch gewesen war. Strauß war kein Mensch, dem mangelnder Tatendrang unterstellt wurde, aber seine Amtszeit blieb nicht nur wegen ihrer kurzen Dauer – nach einem Jahr wechselte er ins Verteidigungsministerium – ohne klares Profil. Der studierte Altphilologe musste sich in die komplizierte Materie erst einlesen, und gegenüber der zivilen Kerntechnik verfolgte er nach dem Urteil Joachim Radkaus »eine auffallend zurückhaltende und abwartende Strategie«.[7] In seinen Äußerungen zeigte sich ein waches Bewusstsein, dass die Kraft des Atoms »mit einem schrecklichen Schlage in das menschliche Bewusstsein eingetreten« war. »Wir haben der Menschheit durch unsere Arbeit heute zu beweisen, daß die Spaltung des Atoms nicht nur ein Fluch, sondern auch ein Segen sein kann, je nach der freien Entscheidung des Menschen«, erklärte Strauß in einer Rede.[8] Es sprach ein Minister, der bei allen Verhandlungen nie vergaß, dass dies nicht sein letztes politisches Amt bleiben sollte.[9]

Das Atomministerium war Teil einer institutionellen Landschaft, die erst nach mehr als einem Jahrzehnt die festen Strukturen aufwies, die dann in der nuklearen Kontroverse wie eine undurchdringliche Phalanx wirkten. Noch unter Strauß entstand die Deutsche Atomkommission, die die Bundesregierung mit einem Netz aus Fachkommissionen, Arbeitskreisen und Ad-hoc-Ausschüssen beriet. Vier verschiedene Initiativen zur Förderung der Kerntechnik vereinten sich 1959 im Deutschen Atomforum, das seither als Taktgeber der Öffentlichkeitsarbeit fungierte. Hinzu kam ein unübersichtliches Gewirr von Firmen, die sich in dem neuen Geschäftsfeld zu positionieren suchten: Elektrizitätsgiganten wie Siemens und AEG, Montankonzerne wie Krupp und die Gutehoffnungshütte, Anlagenbauer wie die Deutsche Babcock, Chemiefirmen und Stromerzeuger auf allen Ebenen. Später wurde die Atomwirtschaft zur Domäne einer Handvoll Großkonzerne, aber in der Anfangszeit gab es auch Stadtwerke, die mit dem Kauf eines eigenen Atomkraftwerks liebäugelten. Es konnte ja zunächst niemand wissen, was aus der ganzen Sache werden würde.

So entstand Atomenergie als lupenreines Elitenprojekt, und damit hatten die Insider auch zunächst kein Problem. Die Materie war kompliziert, die einzelnen Akteure mussten sich erst einmal kennenlernen und über ihre eigenen Absichten und Möglichkeiten klar werden, und die grundsätzliche Richtung schien ohnehin unstrittig: Es gab einen breiten Konsens, dass die Bundesrepublik bei der Atomkraft den Anschluss halten musste. Die Göttinger Erklärung der Atomforscher markierte vor diesem Hintergrund den Einbruch der Öffentlichkeit. Dabei war das Anliegen der Göttinger Erklärung für den nuklearen Komplex nicht zwangsläufig hinderlich. Dieselben Wissenschaftler, die sich militärischen Ambitionen kategorisch verweigerten, betonten im gleichen Atemzug, dass »die friedliche Verwendung der Atomenergie mit allen Mitteln zu fördern« sei.[10] Es ist mit Blick auf die Erfahrungen in anderen Ländern eine durchaus offene Frage, ob ein Atomprogramm unter militärischer Ägide die Entwicklung der bundesdeutschen Atomwirtschaft gefördert oder gehemmt hätte, und ganz sicher hätte es für viele Akteure empfindliche Einschränkungen mit sich gebracht. Man musste nur an Admiral Hyman Rickover denken, den Vater der amerikanischen

U-Boot-Flotte, der als eiserner Zuchtmeister für Menschen und Material agierte. Noch Jahrzehnte später erinnerte sich US-Präsident Jimmy Carter, wie ihm als Marineoffizier beim Bewerbungsgespräch mit Rickover der kalte Schweiß über den Rücken lief.[11] So etwas war nicht jedermanns Sache.

In den Monaten nach der Göttinger Erklärung entstand eine populäre »Kampf dem Atomtod«-Kampagne, die Teil einer internationalen Protestbewegung war. Diese war die Antwort auf einen amerikanischen Atomtest auf dem Bikini-Atoll im März 1954, der die Mannschaft eines japanischen Fischerboots kontaminierte. Die Proteste zielten auf den Rüstungswettlauf der Supermächte und den radioaktiven Fallout, der durch oberirdische Atomtests freigesetzt wurde und sich durch die Atmosphäre weltweit verbreitete.[12] Für einige Zeit entfaltete die Kampagne eine enorme Resonanz, auch weil sie von SPD und DGB unterstützt wurde. Sie erwies sich zugleich als kontrovers, und das nicht nur, weil die Kritik im Kalten Krieg reflexhaft als Angriff auf die Wehrhaftigkeit des westlichen Bündnisses verbucht wurde. Der außerparlamentarische Widerstand warf grundsätzliche Fragen über legitime und andere Formen des politischen Verhaltens auf, die später im Streit um die Studentenbewegung der sechziger Jahre erneut auftauchten. Die junge bundesdeutsche Demokratie musste sich erst einmal daran gewöhnen, dass man für ein kontroverses Anliegen tatsächlich auf die Straße gehen durfte.[13]

Nach mehreren Wahlniederlagen zog sich die SPD im Laufe des Jahres 1958 aus der »Kampf dem Atomtod«-Kampagne zurück, auch die Gewerkschaften verloren die Lust auf das Thema, und so verlief sich die hitzige öffentliche Kontroverse. Der Protest verstetigte sich in Form der Ostermärsche, die jedoch vorerst eher bekenntnishaftes Ritual als Massenbewegung blieben. Atomkraft war damit wieder ein Thema für Experten und Interessenten, und daran sollte sich in den sechziger Jahren grundsätzlich nichts ändern. Man möchte geradezu von einer atompolitischen Debatte im »Treibhaus« reden, wenn die Metapher durch Wolfgang Koeppens gleichnamigen Roman nicht bereits anderweitig konnotiert wäre. Es wurde intensiv diskutiert und verhandelt, aber doch meist unter seinesgleichen, und jenseits des Treibhauses gab es nichts, was Beachtung verdient hätte. Wenn es um Forschung und Entwicklung im Energiesektor ging, gab es in der Bundesrepublik keine Konkurrenz auf Augenhöhe. Kohleverstromung und Wasserkraft waren etablierte Felder der Ingenieurwissenschaften, in denen es nur noch um die Optimierung von Wirkungsgraden ging, um das Erdöl kümmerten sich andere Länder, und bei Sonne und Wind dachte man allenfalls an Spielereien für Tüftler. Wenn es um die Zukunft der Energie ging, stand die Atomkraft an erster Stelle, und danach kam eine ganze Weile nichts.

Das Schwergewicht der Verhandlungen verlagerte sich rasch von der politischen Ebene nach unten. Joachim Radkau hat darauf hingewiesen, dass der Arbeitskreis Kernenergie »rasch das aktivste und einflußreichste Gremium« der Deutschen Atomkommission wurde, obwohl er formal zwei Fachkommissionen unterstand, die wiederum einem Plenum zuarbeiten sollten, das sich jedoch seit 1958 auf eine einzige Sitzung pro Jahr beschränkte.[14] Im Atomministerium verhandelten die niederen Chargen über Kraftwerksprojekte, während Siegfried Balke, der im Herbst 1956 Nachfolger von Strauß geworden war, eher auf Forschung und Entwicklung setzte. Anfang 1962 erklärte Balke vor einem Ausschuss des Bundestags, ein Bedürfnis nach Kernenergie möge es allenfalls »in der Arktis, in der Antarktis oder auf den ozeanischen Inseln« geben. Später im Jahr gaben RWE und Bayernwerk das Kernkraftwerk Gundremmingen in Auftrag, das mit einer Bruttoleistung von 250 Megawatt erstmals in die Riege der kommenden Großkraftwerke vorstieß. Süffisant bemerkte Radkau, »daß Balke sich mittlerweile erheblich von den tatsächlichen Vorgängen in seinem Ministerium entfernt hatte«.[15]

Die entscheidenden Verhandlungen geschahen weiterhin auf der bundesdeutschen Ebene. Euratom blieb hinter den Hoffnungen auf eine supranationale Instanz weit zurück und wurde faktisch »eine Clearingstelle für den Informationsaustausch«, sehr zur Überraschung des Gründervaters der Montanunion Jean Monnet, für den Euratom im Vorfeld der Römischen Verträge wichtiger war als die Europäische Wirtschaftsgemeinschaft.[16] Der deutsche Föderalismus verlangte nach einer Einbeziehung der Bundesländer, aber diese erwiesen sich zunächst als pflegeleichte Akteure. Nur Nordrhein-Westfalen strebte nach einer eigenständigen Rolle, was sich erst in der Gründung des Forschungszentrums Jülich und später in der Protektion des Hochtemperaturreaktors niederschlug.[17] Am wenigsten kümmerte man sich um die Rolle der Gemeinden. Es gab zwar von Anfang an lokalen Widerstand, wenn kerntechnische Anlagen geplant wurden, aber das war bei großen Industrieprojekten nicht ungewöhnlich. Oft steckte dahinter auch taktisches Kalkül von Landwirten und anderen Grundbesitzern, die den Preis für die erforderlichen Flächen in die Höhe treiben wollten, oder von Gemeindevertretern, die mehr herausholen konnten, wenn sie nicht gleich alles unterschrieben. Ein Trumpf war stets die Gewerbesteuer, die nach der Ansiedlung eines Atomkraftwerks verlässlich sprudelte. Es gab im ersten Jahrzehnt der bundesdeutschen Atomgeschichte kein einziges Ereignis, das den nuklearen Komplex dafür sensibilisierte, dass Widerstand vor Ort ein relevantes Problem sein könnte.

Es zeigte sich jedoch bald, dass der Schritt von Verhandlungen und Plänen zu gebauten Projekten seine eigenen Herausforderungen mit sich brachte. Das wurde vor allem im Schicksal des Eltviller Programms vom Januar 1957 deutlich, das aus einer Klausurtagung des Arbeitskreises Kernreaktoren im Gästehaus der Farbwerke Hoechst in Eltville hervorging und später in der offiziösen Zählung als erstes deutsches Atomprogramm firmierte. Es sah fünf Kraftwerke in einer Größenordnung von 100 Megawatt vor, die von verschiedenen Firmen mit jeweils unterschiedlichen Reaktortypen errichtet werden sollten. Am Ende wurde nur eines der Projekte tatsächlich gebaut, der Schwerwasserreaktor Niederaichbach, der nach allerlei Verzögerungen 1972 im Probebetrieb nur ein Viertel der vorgesehenen Leistung erreichte und von Siemens stillgelegt wurde, »ohne dass eine Abnahme durch die staatlichen und privaten Auftraggeber erfolgt wäre«.[18]

Mit Plänen und Ambitionen kam man noch nicht zu realen Kernkraftwerken. Man brauchte auch einen klaren Auftrag, eine Finanzierung und nicht zuletzt eine geregelte Zusammenarbeit von Herstellern und Betreibern: Atomkraftwerke wurden schlüsselfertig erbaut und dann einem Stromkonzern übergeben. Über staatliche Zuschüsse wurde intensiv gefeilscht, aber am Ende flossen sie in immer gewaltigerem Umfang. Das merkten allerdings nur die Insider, zumal Großkonzerne die Subventionen gerne verschleierten.

Grimmig monierten Bonner Beamte in einem Vermerk, dass ein Siemens-Film den Karlsruher Mehrzweck-Forschungsreaktor als Leistung des Unternehmens herausstellte, obwohl er tatsächlich vom Bund finanziert worden war.[19] So waren die Jahre nach 1955 in der bundesdeutschen Atomgeschichte eine echte Gründerzeit, so wie sie Deutschland im 19. Jahrhundert nach der Reichsgründung erlebt hatte. Es gab große Hoffnungen, viel unternehmerische Energie und jede Menge Spekulationen, und man wusste oft nicht, was in welche Kategorie gehörte. Nur ein spektakulärer Crash, wie ihn das kaiserliche Deutschland 1873 erlebte, blieb der nuklearen Community fürs Erste erspart. Das war eben der Vorteil, wenn man mit dem Geld der Steuerzahler zockte.

Um 1960 konnte der nukleare Komplex bereits auf eine Vielzahl von Aktivitäten verweisen. Es gab Forschungszentren in Karlsruhe, Jülich und Geesthacht, ein Versuchskraftwerk in Kahl am Main und jede Menge Ideen, aber eine klare Richtung des Gesamtprojekts war noch nicht zu erkennen. Zugleich war jedoch die Schwelle überschritten, an der man die Sache noch ohne großes Aufheben hätte abblasen können. Es gab Institute und Gremien, Firmen hatten in Blaupausen und Arbeitsgruppen investiert, und junge Menschen planten eine Karriere in der Atomwirtschaft. Deshalb gab es bei aller Unsicherheit auch einen diffusen Druck, dass aus der Sache doch irgendetwas werden musste. Eine zentrale Debatte kreiste in den folgenden Jahren um die unterschiedlichen Reaktortypen. Welche Art von Atomkraftwerk sollte es denn sein?

3.2 Versuchsreaktoren, Leistungskraftwerke, Brüter

In den Anfangsjahren konnte man Kernkraftwerke noch im Hauruckverfahren bauen. Am 13. Juni 1958 ging der Auftrag für das Versuchskraftwerk Kahl an ein Konsortium von AEG, General Electric und Hochtief, am 13. November 1960 wurde der Reaktor um kurz nach zehn Uhr abends erstmals kritisch, und am 17. Juni 1961 speiste erstmals in der bundesdeutschen Geschichte ein Atomkraftwerk Strom ins Netz. Schwieriger war es, die Entscheidung für einen solchen Reaktor zu treffen. RWE hatte früh Kontakt mit englischen und amerikanischen Herstellern aufgenommen und forderte im Februar 1956 zehn Hersteller zu Angeboten auf. Als daraufhin sieben Vorschläge eingingen, brach bei RWE die große Ratlosigkeit aus. Das lag zum einen an den Zahlen. Die Endpreise variierten zwischen 20 und 50 Millionen DM und die Erzeugungskosten zwischen 12 und 17 Pfennig pro Kilowattstunde, was übrigens die damaligen Kosten des Kohlestroms um mehr als das Dreifache überstieg. Aber konnte man solchen Zahlen trauen, wenn es noch kein Referenzprojekt gab? Zum anderen lagen da ganz unterschiedliche Reaktorkonzepte auf dem Tisch: drei Druckwasserreaktoren, zwei Siedewasserreaktoren, ein Natriumgraphitreaktor und ein homogener Lösungsreaktor, bei dem das spaltbare Material zusammen mit dem Moderator zirkulierte. Wie sollte sich man da für das richtige Modell entscheiden? Am Ende dauerte der Entscheidungsprozess bei RWE länger als der Bau.[20]

Die Geschichte wirft ein Schlaglicht auf die Unsicherheit, die in den Anfangsjahren nicht nur bei RWE grassierte. Wer ein Atomkraftwerk bauen wollte, hatte eine Menge Entscheidungen zu treffen. Das begann schon bei den Grundlagen. Man konnte einen Reaktor mit Uran, Plutonium oder Thorium bestücken, und als Moderatoren standen normales Wasser, schweres Wasser, Graphit oder organische Substanzen zur Wahl. Als Kühlmittel kamen Wasser, Natrium, Kohlendioxid und Helium in Betracht oder auch ein Experiment mit einer Salzschmelze, die gleichzeitig den Brennstoff enthielt. Wenn die Entscheidung für Wasser fiel, konnte man den Dampf direkt auf die Turbine leiten oder durch einen Wärmetauscher schicken.[21] Auch bei der weiteren ingenieurtechnischen Ausführung gab es allerlei Möglichkeiten, und die Parameter wurden auch durch Dinge definiert, die jenseits von Werkhallen und Kraftzentralen lagen. Sowjetische Entwickler mussten zum Beispiel das Lichtraumprofil der russischen Eisenbahn berücksichtigen, weil diese einen Reaktordruckbehälter nur dann transportieren konnte, wenn er nicht breiter als 4,6 Meter war.[22] Außerdem konnte man sich Reaktoren und Kraftwerke in ganz verschiedenen Größen vorstellen. Für Kahl hatte RWE ursprünglich eine Nettoleistung von 10 Megawatt angepeilt, aber im Prozess der Entscheidungsfindung wurde auch über ein Kraftwerk mit 100 Megawatt nachgedacht, und ab 1970 mussten Projekte schon jenseits der 1000-Megawatt-

Abb. 4: Als man Atomanlagen noch ohne Sicherheitszaun bauen konnte. Das Kernkraftwerk Kahl 1960. Foto: Süddeutsche Zeitung Photo.

Schwelle liegen, um eine reelle Chance zu haben. Gebaut wurde Kahl dann mit 15 Megawatt.[23]

Es war noch nicht einmal klar, nach welchen Kriterien Reaktorkonzepte zu bewerten waren. RWE war ein Stromkonzern, der mit den Baukosten sowie den Ausgaben für Brennstoff und Personal rechnete. Unter diesem Gesichtspunkt war Atomkraft zunächst ausgesprochen unattraktiv, denn der teure Strom aus Kahl war bei den ersten Kernkraftwerken völlig normal. Ein französischer Autor bemerkte zur zweiten Genfer Atomkonferenz 1958, bislang hätten die Reaktoren nur »Kaviar-Elektrizität« zu extravaganten Preisen geliefert.[24] Bei einer Zukunftstechnologie investierte man jedoch langfristig, und die betriebswirtschaftliche Sicht eines Stromkonzerns war nur eine mögliche Perspektive.

Wer die Kosten der Atomkraft kalkulieren wollte, hatte die Wahl zwischen verschiedenen Ansatzpunkten. Aus heutiger Sicht drängen sich die Entsorgungskosten als wichtiger Gesichtspunkt auf. Das hätte einen Reaktortyp favorisiert, der möglichst wenig strahlende Abfälle zurückließ. Das Müllproblem rangierte in den Forschungszentren jedoch zunächst weit unten – noch gab es ja kaum strahlenden Abfall –, und wenn der Druck, marktfähige Produkte zu entwickeln, relativ gering war, konzentrierte sich der Eifer der Entwickler gerne auf andere Parameter. Sollte man nicht am besten für eine ferne Zukunft planen, in der die fossilen Brennstoffe erschöpft sein würden und alles auf die Effizienz des gesamten Brennstoffzyklus ankäme? Das Lieblingsobjekt der Physiker war zunächst der Schnelle Brüter, der mehr Kernbrennstoff produzieren als verbrauchen konnte und damit Anklänge an das Perpetuum mobile besaß: ein Menschheitstraum, nun realisierbar durch Spitzenleistungen von Wissenschaft und Technik. Es wurde freilich rasch klar, dass ein Schneller Brüter nicht nur extrem kompliziert sein würde, sondern auch extrem teuer. Aber vielleicht waren das ja nur Einwände von Krämerseelen, die noch nicht erkannt hatten, was bei der Zukunft der Energie tatsächlich auf dem Spiel stand?

Antworten hingen auch von der Frage ab, wer eigentlich Entscheidungen treffen sollte. Ein Stromkonzern musste in erster Linie auf den Profit achten, während staatliche Atomprogramme auch anders kalkulieren konnten. Militärmächte hatten auch deshalb eine Vorliebe für angereicherte Brennelemente, weil sie damit die Kosten für die sündhaft teure Anreicherungstechnologie abschreiben konnten. Oder sollte man auf Anwendungen außerhalb der etablierten Verbundnetzwerke setzen? Balkes Bemerkung über Atomkraftwerke in der Arktis war nicht unbedingt ironisch zu verstehen, denn zunächst ließ sich für die Kernenergie auch eine Zukunft als Nischentechnologie vorstellen. Seit den siebziger Jahren dominieren international Großkraftwerke, die meist das Rückgrat der Stromversorgung für ganze Regionen bilden, aber die Überlegungen aus der Frühzeit sind keineswegs vergessen. Der russische Staatskonzern Rosatom schickte 2019 ein schwimmendes Atomkraftwerk mit zwei 35-Megawatt-Reaktoren in die sibirische Arktis.[25]

In Los Alamos hatte man noch mit theoretischen Berechnungen und simplen Versuchen gearbeitet, aber damit kam man bei komplizierten Reaktoren nicht weit. Die intellektuelle Hegemonie der Physiker, in Los Alamos noch weitgehend unangefochten, relativierte sich im Reaktorbau, wo eher ingenieurtechnisches Praxiswissen gefragt war. Unter Ingenieuren und Managern wurde der »Physikerreaktor« geradezu zum Schimpfwort: So hießen Anlagen, die »Ökonomie mit Neutronenökonomie« verwechselten.[26] Erfahrene Kraftwerksbauer wussten, dass man Atomkraftwerke nicht einfach am Reißbrett entwerfen konnte, sondern behutsam im mühsamen Wechselspiel von Theorie und Praxis entwickeln musste. Der deutsche Ingenieur Friedrich Münzinger, ein Veteran der Großkraftwerkstechnik, warnte 1957 in seinem Buch *Atomkraft*, »wieviel Lehrgeld man zahlen muß, bis für eine neue Idee eine betriebssichere und wettbewerbsfähige Konstruktion gefunden worden ist und welch großen Verdruß für Lieferer und Besteller gleichermaßen die nicht immer vermeidbaren Kinderkrankheiten einer neuartigen Maschine verursachen können«.[27]

Der Ansatz des Eltviller Programms wirkte vor diesem Hintergrund durchaus plausibel. Solange man noch nicht viel Erfahrungen mit realen Reaktoren hatte, konnte es sinnvoll sein, zunächst mehrere Reaktorkonzepte parallel zu realisieren und dann zu schauen, wie die verschiedenen Bauweisen in der Praxis aussahen. Das blieb freilich eine theoretische Vision. »Ein ernsthaftes breitangelegtes Experimentierprogramm hat es in der deutschen Reaktorentwicklung nie gegeben«, schrieb Joachim Radkau.[28] Selbst beim Schnellen Brüter, dem technologisch anspruchsvollsten Projekt der bundesdeutschen Atomgeschichte, fehlte die Muße für ein schrittweises Vorgehen. Die Bauten am Demonstrationsreaktor in Kalkar begannen, bevor die Ergebnisse eines Prototyps in Karlsruhe vorlagen, was zu technischen Problemen, aufwendigen Nachbesserungen und kostspieligen Experimenten im Ausland führte.[29] Dahinter steckte nicht nur die Angst, hinter anderen Länder zurückzubleiben, die seit den fünfziger Jahren zu den fixen Ideen der bundesdeutschen Atomwirtschaft gehörte. International gesehen, war es völlig normal, dass es keine reale Konkurrenz gab.

Eine offene Rivalität zwischen zwei Reaktortypen gab es am ehesten in Frankreich, wo von 1966 bis 1969 der *guerre des filières* tobte: ein Krieg zwischen graphitmoderierten Reaktoren und Leichtwasserreaktoren. Dieser drehte sich freilich eher um politische Kalküle als um Fragen der Technologie, und die Auseinandersetzung eskalierte auch erst, als sich um beide Reaktortypen mächtige Bündnisse formiert hatten.[30] Von einem fairen Wettbewerb konnte mithin keine Rede sein, aber den vermochte selbst die sowjetische

Planwirtschaft nicht zu organisieren. Sonja Schmid hat die Reaktorentwicklung in der Sowjetunion als »überraschend unkoordiniertes Unterfangen« bezeichnet, und am Ende gab es nicht einmal einen klaren Gewinner. In der Sowjetunion blieb der Weg der Atomwirtschaft länger in der Schwebe als in vielen westlichen Ländern, und als das Projekt in den frühen siebziger Jahren endlich in Schwung kam, gab es zwei Bauarten: einen Druckwasserreaktor mit leichtem Wasser als Kühlmittel, der auch an sozialistische Bruderländer verkauft wurde, und den graphitmoderierten RBMK, dessen Probleme zur Reaktorkatastrophe von Tschernobyl beitrugen.[31]

Ein Wettbewerb der Konzepte war eine schöne Idee, die jedoch an der Realität der Großforschung scheiterte. Mit jedem Reaktortyp verband sich eine eigene Gemeinschaft von Firmen und Forschern, die über unterschiedliche Ressourcen verfügten und ihre jeweiligen Vorteile auszuspielen suchten. Wer da einen Vorsprung hatte, verspürte wenig Neigung, wie bei einem Pferderennen geduldig abzuwarten, bis es auch die übrigen Teams zur Startlinie geschafft hatten. Wenn es um Karrieren, gigantische Investitionen und nicht zuletzt den Ruf von Weltkonzernen ging, waren Projektleiter und Entwickler nicht zimperlich. Bei anderen Reaktorkonzepten fand sich immer ein Problem, das sich mit guten Kontakten zu Medien und Entscheidungsträgern grell ausmalen ließ, während die Tücken der eigenen Projekte heruntergespielt wurden. Dem organischen Reaktor wurde zum Beispiel zum Verhängnis, dass sich die Polyphenylene, die als Kühlmittel dienen sollten, unter der Einwirkung von Wärme und Strahlung langsam zersetzten. Das Problem war im Prinzip durchaus lösbar – auch in Leichtwasserreaktoren wird das Kühlwasser gereinigt –, und der organische Reaktor lockte mit niedrigen Investitionskosten und hoher inhärenter Sicherheit, aber die Konkurrenz sprach lieber von seinem Makel, und dann war es auch noch Euratom, die das Projekt unter ihre Fittiche nahm und in Konkurrenz zur Privatwirtschaft entwickelte. Deshalb wurde am organischen Reaktor »ein Exempel statuiert, was an kritischer Analyse möglich war, wenn ein Projekt keine durch einflußreiche Förderer gesicherte Reputation genoß«.[32]

Diese beinharte Konkurrenz hatte auch die Folge, dass sich die Zahl der Anbieter rasch reduzierte. Zunächst hatte unter den

Herstellern von Reaktor- und Kraftwerksanlagen Goldgräberstimmung geherrscht, aber als die Kosten für Forschung und Entwicklung in die Höhe gingen und zugleich der große Boom auf sich warten ließ, wuchs das unternehmerische Risiko. In der Bundesrepublik zogen sich auch reiche Großunternehmen wie Krupp nach und nach aus der Reaktorentwicklung zurück, sodass Anfang der siebziger Jahre nur noch die Kraftwerk Union (KWU) übrig blieb, eine Fusion der Turbinen- und Kraftwerksabteilungen von Siemens und AEG. Den letzten Anstoß zum Zusammenschluss gab pikanterweise RWE, das für das 1200-Megawatt-Kraftwerk Biblis A auf einem einzigen Turbosatz bestand. Einen Turbosatz dieser Größe konnten weder Siemens noch AEG-Telefunken in vorhandenen Anlagen produzieren, eine neue Fabrik musste her, und die baute am besten eine gemeinsame Tochtergesellschaft, die am 1. April 1969 ihre Tätigkeit aufnahm.[33] In den folgenden Jahren drängte die KWU aggressiv ins Exportgeschäft, um die Auslagen wieder hereinzuholen.[34]

Die Atomwirtschaft war keine Interessengemeinschaft, bei der alle gemeinsam im Boot saßen. Reaktorhersteller und Stromkonzerne feilschten um Aufträge, und zunächst waren es die Anbieter, die hoch pokern mussten. Beim Atomkraftwerk Oyster Creek im Bundesstaat New Jersey platzierte General Electric 1963 ein Lockvogelangebot, indem es den Bau zum Festpreis versprach und auf sinkende Herstellungskosten setzte. General Electric bekam den Auftrag, der den Durchbruch auf dem amerikanischen Reaktormarkt markierte, aber tatsächlich stiegen die Kosten, und das Festpreisgeschäft führte zu Verlusten in Milliardenhöhe.[35] Eine andere Strategie probierte ein Firmenkonsortium um die American Machine and Foundry, nachdem es im März 1957 den Auftrag für das Versuchskraftwerk Kahl ergattert hatte. Es wollte nachverhandeln, den Liefertermin um zwei Jahre verschieben und einen höheren Kaufpreis durchsetzen. Daraufhin stornierte RWE den Vertrag und wandte sich an AEG.[36]

In der internationalen Konkurrenz der Reaktortypen hatten Leichtwasserreaktoren und graphitmoderierte Reaktoren einen deutlichen Startvorteil. Hier zeigten sich die praktischen Konsequenzen der militärischen Wurzeln, denn beide Bauweisen waren zunächst für militärische Zwecke entwickelt worden. Die Graphittechnologie diente der Plutoniumproduktion, und den Leichtwasserreaktor hatte die amerikanische Marine zunächst für das Atom-U-Boot *Nautilus* gebaut. Von der Sache her waren das eher zweifelhafte Referenzen. Plutonium brauchte man vor allem für Atombomben, und in einem U-Boot gab es ein Platzproblem, das bei Kraftwerken belanglos war. Zudem lieferten Schiffsreaktoren viel weniger Energie als die späteren Großkraftwerke, und je größer der Reaktorkern wurde, desto mehr präsentierte sich die Nachzerfallswärme als Problem. Auch wenn die Kernspaltung durch das Einfahren der Steuerstäbe unterbunden wurde, fiel weiterhin Wärme an, und wenn diese nicht durch Notkühlsysteme abgeführt wurde, drohte eine Kernschmelze – ein Szenario, das 1975 im Kernkraftwerk Lubmin bei Greifswald knapp verhindert werden konnte und dann bei der Katastrophe von Fukushima Realität wurde. Aber mit den militärischen Ursprüngen gewannen Leichtwasserreaktoren einen Startvorteil, den sie nicht mehr abgeben sollten. Admiral Rickover baute nach der *Nautilus* Amerikas erstes ziviles Atomkraftwerk, das Ende 1957 in Shippingport in der Nähe von Pittsburgh erstmals kritisch wurde. Der Druckbehälter war ursprünglich für einen Flugzeugträger der US-Marine entworfen worden.[37]

In der Bundesrepublik wurde viel Geld in den Hochtemperaturreaktor investiert, der eine höhere inhärente Sicherheit versprach und zudem nicht nur Strom zu liefern vermochte, sondern auch Prozesswärme, die man zur Kohleveredelung hätte nutzen können. Er wurde zunächst als Versuchsreaktor in Jülich und dann in Hamm-Uentrop als kommerzieller Prototyp gebaut, dort jedoch nach kurzer Laufzeit stillgelegt.[38] Es ist durchaus umstritten, ob der Hochtemperaturreaktor tatsächlich sicherer war als der Leichtwasserreaktor, nicht zuletzt nach den Enthüllungen des Whistleblowers Rainer Moormann über den Reaktor in Jülich, aber diese Diskussion ist heute nur noch spekulativer Natur.[39] Als der Hochtemperaturreaktor Hamm-Uentrop nach einer selbst nach atomwirtschaftlichen Maßstäben langen Bauzeit 1985 ans Netz ging, hatte sich die Leichtwassertechnologie längst weltweit durchgesetzt. Selbst Großbritannien, das lange mit landestypischer Sturheit auf gasgekühlte graphitmoderierte Reaktoren aus eigener Entwicklung gesetzt hatte, schwenkte 1987 um und gab den Druckwasserreaktor Sizewell B in Auftrag.[40]

Wer heute ein Atomkraftwerk plant, kommt an der Leichtwassertechnologie nicht mehr vorbei. Alternativen gibt es nur als Designstudien, um die freilich viel Wind gemacht wird, sodass sie bisweilen wie genehmigungsfähige Projekte wirken – ein Trick, der schon in den fünfziger Jahren beliebt war. Für Stromkonzerne waren Leichtwasserreaktoren in mehrfacher Beziehung attraktiv. Ihr Strom war vergleichsweise günstig, das Kühlmittel Wasser war in der Kraftwerkstechnik altbekannt, und mit der raschen Verbreitung sank das Risiko, beim Bau unliebsame Überraschungen zu erleben. Wenn sich die Bundesrepublik letztlich für die Leichtwassertechnologie entschied, dann standen dahinter dieselben Gründe wie in anderen Ländern, aber es gab einen markanten Unterschied auf dem Weg zu dieser Entscheidung. In der Bundesrepublik war nämlich durchaus unklar, wer bei nuklearen Themen eigentlich was zu entscheiden hatte.

3.3 Nuklearer Tribalismus

Es ist das große Paradoxon der Atomgeschichte, dass Reaktoren nie wieder so begeistert bestellt wurden wie zu der Zeit, als es sie noch gar nicht gab. Großbritannien verkündete Mitte der fünfziger Jahre ein Atomprogramm, das den Bau von 16 Reaktoren innerhalb eines Jahrzehnts vorsah.[41] In den USA gab es einen fieberhaften »great bandwagon market«, als amerikanische Energieversorger 1966 nicht weniger als 20 Atomkraftwerke bestellten und im folgenden Jahr noch einmal 31.[42] In der Bundesrepublik ging es zu diesem Zeitpunkt noch eher gemächlich voran. 1965 begannen die Bauarbeiten am Atomkraftwerk Obrigheim, es folgten 1967 Stade und 1968 Würgassen, aber das Atomkraftwerk Biblis A, das als Durchbruch der Kernenergie in der Bundesrepublik gilt, war wiederum ein Sprung ins Ungewisse. Es war das erste Kernkraftwerk der Welt mit einer Nennleistung über 1000 Megawatt und wurde zum Modell, noch bevor es in der Realität in Betrieb ging. Alle Leistungskraftwerke, die seit 1973 in der Bundesrepublik in Auftrag gegeben wurden, waren Anlagen dieser Kategorie, die Spitze markierten Brokdorf mit 1480 Megawatt und Isar 2 mit 1485 Megawatt.[43]

Ein Zyklus von Boom und Ernüchterung sollte sich als charakteristisches Muster der Atomgeschichte erweisen, aber dahinter verbargen sich durchaus unterschiedliche Wege der Entscheidungsfindung. In Großbritannien war die Elektrizitätswirtschaft nach dem Zweiten Weltkrieg verstaatlicht worden, und deshalb hing der Bau von Reaktoren am Votum eines bürokratischen Apparats. »Eines der frappierenden Kennzeichen des gesamten Kraftwerksprogramms war, wie wenig Politiker damit zu tun hatten«, heißt es in einer Geschichte der britischen Atomwirtschaft.[44] Auch in Frankreich gab die Regierung den Ton an, allerdings mit einem Akzent auf den Wünschen von ganz oben. Der Messmer-Plan, der das Land zur europäischen Atomnation par excellence machte, war nicht zufällig nach Pierre Messmer benannt, der unter Staatspräsident Georges Pompidou als Premierminister amtierte.[45] Der Boom in den USA war hingegen eine klassische Spekulationsblase, wie sie der amerikanische Kapitalismus so gerne produziert. Ein paar Jahre lang wollten Stromkonzerne beim Rennen um die neue Kraftquelle nicht ins Hintertreffen geraten. Die Bundesrepublik lag an einem unbestimmten Ort zwischen diesen Polen, und diese Unschärfe hat sich auch durch die lebhafte historische Forschung der vergangenen Jahrzehnte nicht auflösen lassen. Mehr als andere westliche Länder war die Bundesrepublik eine Verhandlungsdemokratie, in der viele verschiedene Akteure zu einer Art immerwährendem Gespräch verdammt waren: der Bund mit den Ländern, Parteien mit dem Koalitionspartner, Stromkonzerne mit Regierungen und Reaktorherstellern, und dazu gesellte sich der erwähnte Wildwuchs der Gremien und Kontrolleure bis hin zum TÜV, der sich um die Sicherheits- und Qualitätsstandards kümmern musste. Während bei der Atomkraft in Frankreich und Großbritannien die Staatswirtschaft dominierte und in den USA die Großkonzerne den Takt angaben, regierte in der Bundesrepublik ein nuklearer Tribalismus.

Gewiss war die Atomwirtschaft auch in anderen Ländern kein homogener Block. Man darf sich die erwähnten Großforschungseinrichtungen nicht als Expertenarmeen im Gleichschritt vorstellen. In großen Bürokratien gab es stets Rivalitäten, Interessenkonflikte,

Egos mit Überbreite und dysfunktionale Gewohnheiten, die die Zusammenarbeit zu einem permanenten Hindernislauf machten, und Geld gibt es in hierarchischen Systemen ohnehin nie genug. Aber in der Bundesrepublik hatte der Tribalismus System. Damit hier Atomkraftwerke entstanden, mussten sich Reaktorhersteller, Stromkonzerne, Experten und Regierungen auf Landes- und Bundesebene auf eine gemeinsame Linie verständigen, und dabei gab es weder eine akute Krise noch marktwirtschaftliche Korrekturmechanismen, die auf eine Einigung drängten. Das politische System der Bundesrepublik hatte eine gut entwickelte Fähigkeit, Projekte durch ewige Verhandlungen in einem permanenten Schwebezustand zu halten, und wenn es am Ende aller Mühen tatsächlich einen Beschluss gab, war das nicht zwangsläufig der bestmögliche Kompromiss, sondern manchmal auch einfach Murks.[46]

Nach einem Jahrzehnt bundesdeutscher Atomgeschichte war im nuklearen Komplex kaum etwas so gut entwickelt wie die gruppendynamischen Prozesse. Es gab Mitte der sechziger Jahre verschiedene Machtzentren und Netzwerke, aber noch war völlig unklar, ob hier tatsächlich ein großer nuklearer Komplex entstand oder eher ein Mischmasch unterschiedlicher Projekte, die zu einer Nischenexistenz auf dem bundesdeutschen Strommarkt verdammt waren. Es war noch nicht einmal klar, ob die kommenden Reaktoren tatsächlich von Stromkonzernen betrieben werden würden. Die in Deutschland traditionell starke Chemieindustrie hatte zunächst ein reges Interesse an der Nukleartechnologie gezeigt – Siegfried Balke kam als Direktor der Wacker-Chemie und Vorsitzender des Vereins der Bayerischen Chemischen Industrie ins Bundeskabinett –, und die BASF investierte am Standort Ludwigshafen seit Mitte der sechziger Jahre 36 Millionen DM in ein Reaktorprojekt, das neben elektrischem Strom auch Prozessdampf zu liefern versprach und nach komplizierten Verhandlungen erst 1976 endgültig begraben wurde.[47]

Die größten Bremser waren bis Ende der sechziger Jahre die Energiekonzerne. Diese mussten die neuen Kraftwerke schließlich bezahlen und rentabel betreiben, und bei RWE, damals der weitaus größte Stromerzeuger der Republik, gab es eine mächtige Lobby für die rheinische Braunkohle.[48] Die Bundesregierung konnte Forschungszentren schaffen und die Konzerne mit Fördergeldern und günstigen Genehmigungsbedingungen locken, aber letztlich hing alles an einem Plazet gewinnorientierter Unternehmen, das keine Regierung erzwingen konnte. Die Atomprogramme der Bundesregierung waren deshalb keine *Bau*programme, und sie waren für die reale Entwicklung nicht sonderlich wichtig; im Kern waren sie Pflichtübungen für das Parlament. Der nukleare Tribalismus war in der Bundesrepublik unvermeidbar, aber es gab einen Ausweg, der für tribalistische Gesellschaften nicht ganz untypisch ist. Wer einen Platz im nuklearen Komplex besaß und nicht nur verwalten, sondern tatsächlich bauen wollte, der scharte sich am besten um einen starken Häuptling.

Der Durchbruch der bundesdeutschen Atomwirtschaft fiel chronologisch mit dem Anfang der krisenhaften siebziger Jahre zusammen und verschränkte sich mit den multiplen Energieproblemen der Zeit. Deshalb wird das Bündel der Faktoren, das bis in das Libyen des Muammar al-Gaddafi führte, im folgenden Kapitel näher erläutert. Es griffe jedoch zu kurz, den Umschwung nur mit der Verbindung von relativ kurzfristigen Ereignissen und dem Trägheitsmoment früherer Weichenstellungen zu erklären. Es ist bemerkenswert, wie ein nuklearer Komplex mit allerlei internen Spannungen und Blockaden plötzlich die Fähigkeit gewann, einmal begonnene Bauprojekte tatsächlich durchzuziehen. Selbst dort, wo politische und juristische Auseinandersetzungen tobten und die Kosten explodierten, bewies die Atomwirtschaft einen langen Atem. Im Umgang mit der zivilen Atomenergie präsentierte sich die bundesdeutsche Demokratie als Dschungel, aber es zeigte sich auch ein gar nicht so untypischer Weg, wie man unter solchen Bedingungen Politik machen konnte. Das System immerwährender Verhandlungen wuchs sich wohl nur deshalb nicht zu einer Totalblockade der bundesdeutschen Demokratie aus, weil es im Dschungel immer wieder Männer gab, die eine Vorstellung davon hatten, wo es langgehen könnte.

Wer über die Geschichte der Atomenergie reden will, darf deshalb von maskuliner Führung nicht schweigen. Die Reaktoren waren auch das Werk von Männern, die die Zukunft bauen wollten und anderen den Weg wiesen. Dazu waren sie nur selten durch Wahlen legitimiert. Beim Einstieg in die Atomwirtschaft spielten bundesdeutsche Politiker eine eher marginale Rolle. Siegfried Balke verlor in seinen sechs Jahren als bundesdeutscher Atomminister zunehmend das Interesse an Reaktorprojekten, kümmerte sich lieber um die naturwissenschaftliche Ausbildung an Gymnasien und Universitäten und bereitete damit den Weg für die Ausweitung seines Ressorts zum Bundesministerium für wissenschaftliche Forschung, die formell dann mit seinem Nachfolger vollzogen wurde.[49] Strauß spielte eine Schlüsselrolle beim Kauf des Forschungsreaktors der Technischen Hochschule München in Garching, aber das war eine reine Neutronenquelle für wissenschaftliche Zwecke, die keinen Strom produzierte und damit von der Entwicklung der Leistungsreaktoren für die bundesdeutsche Energiewirtschaft abgekoppelt war.[50] Auch im internationalen Rahmen finden sich in der Nachkriegszeit kaum Spitzenpolitiker, die der Entwicklung der atomaren Technologie ihren Stempel aufdrückten. Am ehesten spielte noch Charles de Gaulle eine Rolle, der als Präsident der Fünften Republik unbeirrt und mit viel patriotischem Getöse auf graphitmoderierte Reaktoren setzte. Ein paar Monate nach seinem Rücktritt reiste dann der Chef des Stromkonzerns EDF Marcel Boiteux zur Einweihung des graphitmoderierten Atomkraftwerks Saint-Laurent und verkündete einer perplexen Belegschaft, dass die Firma in Zukunft auf Leichtwasserreaktoren amerikanischer Bauart setzen würde.[51]

Wenn man unter den bundesdeutschen Politikern der Nachkriegszeit nach rührigen Vorkämpfern der Atomkraft sucht, ragt vor allem der nordrhein-westfälische Wissenschaftspolitiker Leo Brandt hervor. Der bekennende Sozialdemokrat, der in Aachen Elektrotechnik studiert und in der NS-Zeit als Ingenieur bei Telefunken Karriere gemacht hatte, stieg jedoch bezeichnenderweise nicht als Parteisoldat auf, sondern als Macher im Ministerium. Der christdemokratische Ministerpräsident Karl Arnold beförderte ihn trotz falschen Parteibuchs 1949 zum Ministerialdirektor und 1954 zum Staatssekretär, und in dieser Funktion wurde er zum Gründervater der Kernforschungsanlage Jülich. Auf dem Münchner SPD-Parteitag von 1956 erklärte er die Kerntechnik zum Motor einer zweiten industriellen Revolution, die Frieden und Massenwohlstand sichern würde. Danach stolperte er jedoch bald über haushaltsrechtliche Ungereimtheiten und wurde politisch kaltgestellt. Brandt war ein Einzelkämpfer, der Gremienarbeit verabscheute und Querschüsse

Abb. 5: Der erste bundesdeutsche Reaktor war auch gleich der schönste. Das Garchinger »Atom-Ei« – hier noch im Bau – steht seit 1997 unter Denkmalschutz. Der zweite Forschungsreaktor der Technischen Universität München (offizieller Name: Forschungs-Neutronenquelle Heinz Maier-Leibnitz) ist nebenan in einem Zweckbau im Betrieb. Foto: Bundesbildstelle.

von Juristen erst recht, und damit überlebte man in der bundesdeutschen Politik nicht lange.[52]

Die Kernforschungsanlage Jülich wurde zum Karrieresprungbrett für Rudolf Schulten, der dort seinen ersten Hochtemperaturreaktor bauen konnte. Schulten hatte im Alter von 32 Jahren an der ersten Genfer Atomkonferenz teilgenommen und war seit 1957 für Planung und Realisierung des Jülicher Reaktors zuständig, lernte jedoch rasch, dass nukleare Experten in der Rivalität mit mächtigen Interessenten keinen leichten Stand hatten. Schon beim Design seines Versuchsreaktor musste Schulten erhebliche Konzessionen machen, und letztlich wurde der Hochtemperaturreaktor »ein Musterbeispiel einer chaotischen, durch strukturelle Divergenzen determinierten, aber nicht effektiv gesteuerten und intentional bestimmten Entwicklung«.[53] Ähnlich bitter endete das Lebensprojekt Wolf Häfeles, der als theoretischer Physiker promoviert hatte und dann am Kernforschungszentrum Karlsruhe über mehr als ein Jahrzehnt Leiter des Brüterprojekts war. Der »Brüterpapst« musste miterleben, wie der Schnelle Brüter in Kalkar trotz massiver Proteste und Kostenüberschreitungen fertig gebaut wurde und dann aufgrund des hinhaltenden Widerstands der nordrhein-westfälischen Landesregierung nie in Betrieb ging.[54]

Das letztliche Scheitern darf freilich nicht davon ablenken, wie wichtig Schulten und Häfele für die Entwicklung ihrer jeweiligen Reaktortypen waren. Im Laufe der Zeit entwickelte sich geradezu eine Kongruenz von Männern und Reaktoren: Schulten und Häfele verkörperten ihre Geschöpfe im technologischen und im öffentlichen Diskurs. Beide gelangten schon früh in leitende Positionen, waren bestens vernetzt und hatten neben der Fachkompetenz auch eine geradezu messianische Haltung. Häfele reiste 1963 zur 800-Jahr-Feier des Klosters Loccum, sprach dort über den Schnellen Brüter, den er auf eine Stufe mit den Kathedralen des Mittelalters stellte, und prahlte nach seiner Rückkehr, wie ihm der Klerus zu Füßen gelegen habe.[55] Das mag man aus heutiger Sicht lächerlich finden oder auch ziemlich selbstbewusst. Damals sah man einen Mann, der nicht anders konnte und seine Sache durchzog, und solche Leute brauchte das Land nach der Katastrophe von 1945.

Auch Heinrich Mandel hatte eine Mission, und anders als Schulten und Häfele konnte er auf eine stattliche Zahl gebauter Reaktoren verweisen. Als das RWE 1955 eine kerntechnische Abteilung schuf, übernahm Mandel die Leitung, und er blieb bis zu seinem Tod 1979 der entscheidende Vorkämpfer der Atomkraft im größten deutschen Stromkonzern. Er baute das Versuchskernkraftwerk Kahl, stritt sich firmenintern mit den Freunden der Braunkohle und trug entscheidend zur Durchsetzung der Leichtwassertechnologie in der Bundesrepublik bei. Seit 1967 war Mandel ordentliches Vorstandsmitglied und damit pro forma dem Wohl des Unternehmens verpflichtet, aber er kämpfte für mehr als Profit. Ihm ging es um das große

Ganze. Es gab eine steigende Nachfrage nach Energie, Kernkraft war die Technologie der Zukunft, und Leichtwasserreaktoren waren für die Stromkonzerne der billigste Weg, ihre Mission zu erfüllen. Auf lange Sicht setzte er jedoch auf die Brütertechnologie und unterstützte deshalb trotz der enormen Kosten den Schnellen Brüter in Kalkar und die Wiederaufarbeitung.[56]

Diesen Männern ging es nicht nur um eine eng umrissene Aufgabe, und sie mussten ihre Projekte auch nicht unbedingt selbst in die Hand nehmen. Den Bau des Schnellen Brüters in Kalkar überließ Häfele dem Spitzenmanager Klaus Traube, bis dieser im Zuge einer Abhöraffäre seinen Job verlor und zu einem frühen Vorkämpfer der Energiewende wurde.[57] Häfele leitete unterdessen das Energieprogramm am Internationalen Institut für Angewandte Systemanalyse in Laxenburg bei Wien und wurde 1980 Vorstandsvorsitzender der Kernforschungsanlage Jülich.[58] Mehr als durch formale Kompetenzen wirkten diese Männer durch ihre Netzwerke, und so landeten auch Fragen auf ihrem Schreibtisch, für die sie formal gar nicht zuständig waren. Als das Badenwerk 1978 erwog, gemeinsam mit dem französischen Stromkonzern EDF einen Reaktorblock »auf dem linken Rheinufer etwa gegenüber Wyhl« zu errichten, meldete sich die KWU bei Mandels RWE und fragte nach dessen Einschätzung, da KWU »nicht ohne Abstimmung mit dem RWE in Richtung Badenwerk/EdF Vorentscheidungen treffen möchte«.[59]

Die Arbeit dieser Männer war in erster Linie nach innen gerichtet, aber sie beschränkten sich nicht auf Diskussionen in Unternehmen, Fachorganen und einschlägigen Institutionen. Sie vertraten die Sache der Atomkraft auch im öffentlichen Diskurs, und das keineswegs nur als Pflichtübung, sondern mit Leidenschaft und einer Souveränität, die auf fachlicher Kompetenz basierte. Wenn zum Beispiel im Trickfilm »die Explosion eines Kernkraftwerkes nach Art einer Atombombe« gezeigt wurde, wie dies Mandel im November 1977 in einer Sendung des ZDF erleben musste, gab das im Nachgang ein mahnendes Schreiben, dass derlei »naturgesetzlich unmöglich« war.[60] Diese Männer pflegten den Habitus von Menschen, die ihrer Sache vollkommen sicher waren, und sie wurden auch deshalb zu Vorbildern einer ganzen Generation, weil sie ein Lebensgefühl verkörperten. Als Häfele 1990 in Jülich seine Abschiedsrede hielt, beschrieb er die Gemütslage der fünfziger Jahre so: »Es war ein Lebensgefühl der großen Offenheit, ein Gefühl für Zukünftiges mit allen unbekannten Möglichkeiten und vor allem eine Aufforderung, etwas zu leisten.«[61]

Es führt also keineswegs in die intellektuelle Wüste eines »Männer machen Geschichte«, wenn man den Aufbruch ins Atomzeitalter auch als ein Produkt maskuliner Führung interpretiert. Die nuklearen Macher waren schließlich nur dann erfolgreich, wenn sie als Teil und Verkörperung eines Teams agierten – Brandts kurze Karriere ist in dieser Hinsicht ein wichtiger Fingerzeig. Sie sahen sich als Mitglieder einer Elite, wenn auch nicht unbedingt im Sinne jener nuklearen »Priesterschaft«, die der Atomphysiker Alvin Weinberg in einer berühmten Formulierung beschwor.[62] Dafür waren sie wohl schon zu unsentimental. »Meine Worte fallen oft in einen Sumpf von Emotionen«, klagte Heinrich Mandel kurz vor seinem Tod.[63] Diese Männer waren auch Zahlenmenschen, die eine naturwissenschaftliche oder ingenieurwissenschaftliche Ausbildung durchlaufen hatten und dadurch auf eine gewisse Nüchternheit konditioniert waren. Sie waren nicht unbedingt charismatische Menschen, die ihre Zuhörer durch strahlende Auftritte auf großer Bühne in den Bann schlugen. Dafür hatten sie eine Vision und zugleich eine stupende Kenntnis aller wichtigen Informationen, und die brauchten sie auch. Schludrigkeit konnten sich diese Männer nicht leisten. Ein kleiner Fehler konnte in der Kerntechnik fatale Folgen haben, und jeder Störfall kratzte am Mandat der Männer. Sie durften nur dann die Zukunft bauen, wenn sie lieferten.

Letztlich wurden diese Männer zu Menschen mit einer Mission, weil das System so etwas brauchte. Wenn überall Unsicherheiten und Ungewissheiten lauerten und unterschiedliche Gruppen unterschiedliche Interessen verfolgten, dann waren Menschen gefragt, die eine Ahnung davon vermitteln konnten, in welche Richtung es gehen musste. Wer sein Leben der Atomkraft widmen wollte, der brauchte nicht nur eine abstrakte Idee, sondern ein konkretes Projekt: einen bestimmten Reaktor mit klaren Parametern und den nötigen Ressourcen. Im nuklearen Tribalismus der Bundesrepublik brauchte es Männer, die auf dem Weg in das Atomzeitalter vorangingen, die ihren Mitstreitern Wege eröffneten und zugleich Rückendeckung boten, solange sie ordentlich ihre Arbeit machten. Dann war es gar nicht mehr so wichtig, wo man in welcher Position arbeitete und was die Menschen draußen im Lande darüber so dachten. Wichtig war, dass man seinen Beitrag leistete zu einem Weg, der von diesen Männern – und ja, es waren alles Männer – in so eindrucksvoller Weise verkörpert wurde.

Diese Männer hatten internationale Erfahrung. Mandel war in Prag geboren und aufgewachsen, und Häfele arbeitete auch ein paar Jahre außerhalb der Bundesrepublik. Ihre Karrieren machten sie jedoch in der Bundesrepublik, und sie verkörperten einen spezifischen Typus der Nachkriegszeit. Sie lebten das Leistungsethos der Wirtschaftswunderjahre, verbunden mit der Überzeugung, dass es für die Wiederauferstehung aus Trümmern einer besonderen Kraftanstrengung bedurfte. Leo Brandt plagte die Angst vor einer deutschen Rückständigkeit, seit er 1942 als Radartechniker die Navigationseinrichtung eines abgeschossenen britischen Bombers untersucht und weit überlegen gefunden hatte.[64] »Wehe aber der Nation unter den bisher führenden, die jetzt den technisch-wissenschaftlichen Anschluß verpaßt«, rief Brandt in seiner Rede auf dem SPD-Parteitag 1956.[65] All dies beförderte jene Unbeirrbarkeit und Unerbittlichkeit, die die Macher in der nuklearen Kontroverse der siebziger Jahre an den Tag legten. Wenn es darum ging, ein Land wieder an die Spitze zu bringen, durfte man nicht zimperlich sein. Ihr Engagement für die Sache war zugleich Dienst am Vaterland, und sie waren in diesem Kampf ja auch nicht allein. Sie waren zugleich Anführer und Mannschaftsspieler und nahmen damit den Akteur-Netzwerk-Dualismus, mit dem Bruno Latour später eine ziemlich flotte Karriere machen sollte, quasi handelnd vorweg.

Man muss diese Männer nicht feiern. Das braucht man auch nicht, weil die nuklearen Macher von der Herrenriege, die in der Nachkriegszeit den Ton angab, schon zu Lebzeiten hinreichend glorifiziert wurden. Man muss sie auch nicht entzaubern, denn das haben seit den siebziger Jahren bereits die Zeitläufte erledigt. Selbst Mandel, der das Debakel des Brüterprojekts und der Wiederaufarbeitung nicht mehr selbst miterleben musste, ging vermutlich mit dem Gefühl ins Grab, irgendwie gescheitert zu sein. Man muss diese Männer jedoch ernst nehmen und ihren historischen Ort in der

Genese der bundesdeutschen Atomwirtschaft verstehen. Im Vergleich mit anderen europäischen Ländern war der nukleare Komplex in der Bundesrepublik ungewöhnlich stark zerklüftet, ganz verschiedene Gruppen mit jeweils eigenen Interessen mussten an einem Strang ziehen, damit aus der ganzen Sache etwas wurde, und deshalb wäre das nukleare Wagnis womöglich in einem dysfunktionalen Tribalismus stecken geblieben, wenn das Großprojekt nicht durch bestimmte Männer einen bestimmten Zug in eine bestimmte Richtung bekommen hätte. Es dauerte eine Weile, bis die Dinge liefen, aber dann liefen sie für die Männer und ihre Leute ziemlich gut. Probleme bekamen sie erst, als sich der Boden unter ihren Füßen zu bewegen begann.

4. Krisenjahre

In den fünfziger Jahren galt Atomkraft als Spitzentechnologie, die jedes Industrieland von Rang würde beherrschen müssen. Von diesem Nimbus blieb in den folgenden Jahrzehnten nicht viel übrig. Anders als bei den Computern und der Gentechnik wurde der Kreis der zivilen Verwendungszwecke immer kleiner, bis die Kerntechnik nur noch ein komplizierter Weg zum Erhitzen von Wasser in Großkraftwerken war. Es gab auch nie große Effizienzsprünge, wie sie etwa für die Entwicklung der Mikrochips charakteristisch waren. Bei der nuklearen Technologie lief es im Großen und Ganzen in der entgegengesetzten Richtung. Nukleare Bauprojekte erwiesen sich mit stupender Regelmäßigkeit als komplizierter, teurer und langsamer als ursprünglich geplant, und deshalb gab es in marktwirtschaftlichen Demokratien bei allen Unterschieden im Detail einen ziemlich einheitlichen Gesamttrend. Regelmäßig folgte auf den Boom ein unerbittlicher Niedergang – mal als dramatischer Absturz wie in den USA, wo die Public Service Company of New Hampshire gegen heftigen Widerstand den Bau des Kernkraftwerks Seabrook vorantrieb und dann an dem Projekt bankrottging, mal langfristig wie im Frankreich des Messmer-Plans, wo der rasante Takt des Reaktorbaus immer mehr nachließ und schleichend in eine lange

Agonie überging, von der sich die französische Atomindustrie bis heute nicht befreit hat.[1]

In keinem westlichen Land ging der Boom der Atomkraft in ein selbst tragendes Wachstum über. Das bedeutet nicht, dass ein Ausstieg aus der nuklearen Stromerzeugung auf Dauer unvermeidlich war. Es gibt derzeit aktive Bauprojekte in Finnland, Frankreich und Großbritannien, die zwar alle die vertrauten Komplikationen und Kostenüberschreitungen aufweisen, aber zugleich dafür sorgen, dass die Atomkraft als Nischentechnologie auf absehbare Zeit zu Europa gehören wird. Man kann jedoch rückblickend davon ausgehen, dass sich auch in der Bundesrepublik auf kurz oder lang ein Niedergang abzeichnen musste. Für eine Erfolgsgeschichte war die nukleare Technologie auf Dauer schlicht zu aufwendig, zu kostspielig und zu beschränkt in ihrem Anwendungsfeld. Sie taugte lediglich zur Stromproduktion in Großkraftwerken, und da gab es andere Optionen, bei denen die Anfangsinvestitionen niedriger und die Pfadabhängigkeiten geringer waren.

Um 1970 waren diese Probleme erst in Umrissen zu erahnen. Die Zahl der laufenden Reaktoren war noch überschaubar, und weltweit gab es kein einziges Atomkraftwerk mit einer Kapazität über 1000 Megawatt, wie sie dann prägend für die bundesdeutsche Kernenergie wurden. Die ersten Erfahrungen im Dauerbetrieb waren gemischt, aber noch konnte man von der optimistischen Erwartung ausgehen, dass es sich bei den Komplikationen lediglich um die unvermeidlichen Kinderkrankheiten einer neuen Technologie handeln würde. Die Kernkraftwerke, die in der Bundesrepublik in den siebziger Jahren geplant und gebaut wurden, waren, technologisch gesehen, ein Sprung ins Ungewisse, und im Laufe einer langen Flugphase wuchs die Gewissheit, dass die reale Atomenergie sehr viel komplizierter war als die Träumereien der fünfziger Jahre.

So standen die siebziger Jahre im Zeichen von drei unterschiedlichen Entwicklungen, die realhistorisch aufs Engste miteinander verflochten waren. Erstens wurde endlich gebaut: Nach einer langen Phase des Planens und Forschen entstand eine Batterie nuklearer Leistungskraftwerke, sodass auf dem Höhepunkt Ende der achtziger Jahre bundesweit 22 Reaktoren am Netz waren.[2] Zweitens vollzog sich mit dem Baufortschritt jedoch auch eine Lernkurve. Die nuklearen Großkraftwerke waren teurer und komplizierter als erwartet. Drittens entstand eine neuartige zivilgesellschaftliche Bewegung, mit der die Atomenergie zum Thema einer öffentlichen Kontroverse avancierte. Hinter dem Protest stand wiederum ein Wandel des politischen Systems, der Züge einer inneren Neugründung trug. In der Politikgeschichte der Bundesrepublik waren die siebziger Jahre eine Wasserscheide, und der Atomkonflikt war gleichermaßen Ursache, Produkt und Plattform für den Umbruch des Politischen. Es war das Zusammenspiel von Investitionen, Innovationen und Interventionen, das dem bundesdeutschen Atomkonflikt seine besondere Dynamik verlieh. Seit den siebziger Jahren kämpfte der nukleare Komplex nicht mehr nur mit den Problemen einer anspruchsvollen Technologie – er musste diese Herausforderungen nun auch auf offener Bühne und unter dem Eindruck milliardenschwerer Investitionen stemmen.

Diese Entwicklung steht im Mittelpunkt der beiden folgenden Kapitel. Zunächst wird umrissen, wie Energiefragen Anfang der siebziger Jahre zum Politikum wurden und wie seinerzeit langfristige Weichenstellungen auf unsicherer Grundlage getroffen wurden. Zugleich geht es in Kapitel vier um Entstehung und Aufstieg einer vielgestaltigen Protestbewegung und die Frage nach der Legitimität unterschiedlicher Protestformen, die die Bundesrepublik seit der Fundamentalliberalisierung in den sechziger Jahren umtrieb. In Kapitel fünf geht es dann um das Krisenmanagement von Politik und nuklearem Komplex, die Reaktionen des Rechtsstaats, die man auch als eine Art justizförmiges Krisenmanagement betrachten kann, und schließlich die Bemühungen um ein Gespräch zwischen den verschiedenen Lagern. In der Hitze der Auseinandersetzung war schon früh der Ruf nach einer Denkpause zu vernehmen, und diese Denkpause hat es in gewissem Umfang auch gegeben.

Die Folgen dieser Denkpause waren auf den ersten Blick überschaubar. Es gelang ein Ausstieg aus einer Spirale der Eskalation bei Protesten und Bauprogrammen, ohne dass es klare Sieger und Besiegte gab, aber das lief letztlich auf einen angespannten Schwebezustand hinaus. Es wurde weiter gebaut, wenn auch in abgespecktem Umfang, und was aus der nuklearen Infrastruktur und dem Widerspruch aus der Gesellschaft werden würde, konnte um

1980 niemand wissen. Es gab keinen Weg zu einer Lösung des Konflikts und auch keine Vorstellung von einer Lösung, die sich in den folgenden Jahren als tragfähig erweisen sollte. Aber wenn man von den Entscheidungen von 2000 und 2011 zurückblickt und fragt, wo eigentlich der Weg zum Atomausstieg begann, dann führt ein wesentlicher Strang zu der Kultur des Gesprächs, die sich in den siebziger Jahren etablierte. Mehr als in anderen westlichen Demokratien wurde die nukleare Kontroverse in der Bundesrepublik zu einem Diskursprojekt, in dem Menschen mit unterschiedlichen Meinungen miteinander redeten und damit einen mühsamen gesamtgesellschaftlichen Lernprozess initiierten. Dieser Lernprozess war alles andere als eingleisig und verlief durchaus nicht immer in dieselbe Richtung, aber letztlich schuf er die Grundlage für einen Weg, mit dem eine breite Mehrheit leben konnte. Der Anfang vom Ende war das Wort.

4.1 Energiefragen

Wenn es in der Geschichte der Nachkriegszeit einen Rorschachtest gibt, dann ist es die Ölkrise von 1973. Sie war ein Knotenpunkt ganz unterschiedlicher Entwicklungen, aus dem sich nur mit erheblichem intellektuellem Aufwand klare Erzählstränge entwickeln lassen. Es ging um Energie und Weltpolitik, um den Nahen Osten und große Konzerne, um Planung und Keynesianismus, um Wirtschaftswachstum und ökologische Probleme und die schwindende Hegemonie des Westens. Das Faszinosum der Ölkrise hat die zeithistorische Forschung zweifellos beflügelt, aber inzwischen scheint es ähnlich wie beim Rorschachtest ratsam, die Frage nach der richtigen Lesart ad acta zu legen und stattdessen über die Verführungskraft des Visuellen nachzudenken. Es sind vor allem die Bilder, die sich ins kollektive Gedächtnis eingebrannt haben – die leeren Autobahnen in der Bundesrepublik und die Schlangen vor den Tankstellen in den USA –, obwohl materieller Mangel 1973 eigentlich das geringste aller Probleme war. Erdöl war auch auf dem Höhepunkt der Krise in keinem westlichen Land tatsächlich knapp.[3]

Letztlich war die erste Ölkrise weniger wichtig als die Zeit, in die sie fiel. Unter Zeithistorikern gilt 1970 inzwischen als welthistorischer Wendepunkt, der den Vergleich mit 1914, 1945 und 1990 nicht zu scheuen braucht. In den westlichen Industriegesellschaften lief der Nachkriegsboom aus und damit die Zeit der vollen Kassen, an die Stelle der offenen Zukunft trat ein hektisches Krisenmanagement, und innergesellschaftlich wie international drängten neue Akteure auf die Bühne von Gesellschaft und Politik: Frauen, Homosexuelle, marginalisierte Ethnien, Bürgerinitiativen, internationale Organisationen, Länder des globalen Südens. Es gab jede Menge Veränderungen und zugleich eine nagende Ungewissheit, in welche Richtung man sich eigentlich bewegte, denn auch neue Utopien waren Mangelware.

In der Geschichte der siebziger Jahre ging es deshalb in aller Regel um halbwegs geordnete Zustände, die ins Wanken gerieten. Das sah bei der bundesdeutschen Atomkraft anders aus: Die war auch so mächtig in Bewegung. Bis Mitte der sechziger Jahre hatte sich die bundesdeutsche Atomgeschichte vor allem um Forschung und Entwicklung und allerlei Pläne gedreht, und wenn man von ein paar Versuchs- und Demonstrationskraftwerken absah, war dabei kaum etwas Greifbares herausgekommen. Aber dann kamen die Bestellungen für die Atomkraftwerke in Stade, Würgassen und Biblis, und das war – so der langjährige Chefredakteur der *atomwirtschaft* Wolfgang D. Müller – »der endgültige Durchbruch der Kernenergie zu einer konkurrenzfähigen Energiequelle für die Elektrizitätserzeugung«.[4] Nach langer Latenzzeit gab es nun eine Menge Geld und Stellen, große Entscheidungen standen ins Haus, und all das lief auf den größten Umbruch seit der Gründerzeit in den fünfziger Jahren hinaus. Der nukleare Komplex war in der Bundesrepublik kein Tanker, der plötzlich in schwere See geriet. Er war eher – um im Bilde zu bleiben – ein Schiff unter Dampf, das noch eine Baustelle war und dessen Besatzung noch nicht einmal sicher war, ob es ein Schlachtschiff oder doch eher eine Fregatte werden sollte.

Besonders dramatisch war der Umbruch bei RWE, das nach dem Zweiten Weltkrieg zunächst auf Braunkohle gesetzt hatte. Seit den fünfziger Jahren investierte das Essener Unternehmen im großen Stil in den Tieftagebau im Rheinland, und das lief auf eine direkte Konkurrenz für die Kernenergie hinaus. Die Riesenlöcher und die dazugehörige Infrastruktur banden nicht nur eine Menge Kapital, die Braunkohlekraftwerke waren auch ganz auf die Grundlast ausgerichtet: Ähnlich wie Atomkraftwerke sollten sie rund um die Uhr Strom produzieren. Die Macht der Braunkohle war tief in den konzerninternen Hierarchien verankert. Sechs Jahre lang blockierte der für die Stromwirtschaft verantwortliche RWE-Vorstand Helmut Meysenburg den Aufstieg des schon erwähnten Heinrich Mandel, seit 1955 Leiter der Kerntechnischen Abteilung im RWE, der deshalb erst 1967 zum ordentlichen Vorstandsmitglied aufrückte.[5]

In den folgenden Jahren entwickelte sich RWE vom größten Bremser der Kernkraftentwicklung zu einem zentralen Akteur im nuklearen Komplex. Dahinter standen mehrere Ereignisketten auf ganz unterschiedlichen Ebenen. RWE drohte bundesweit und international den Anschluss an die Atomkraftentwicklung zu verlieren, und das war für den größten Stromkonzern der Republik keine angenehme Aussicht. Hinzu kamen die Reaktorpläne der BASF, die den Essener Stromkonzern in seinem Gebietsmonopol herausforderten. Es war kein Zufall, dass Biblis – der Reaktor, der für RWE den Durchbruch markierte – unweit von Ludwigshafen auf der anderen Rheinseite gebaut wurde. Im Ruhrgebiet wollten drei ausländische Unternehmen Aluminiumhütten errichten, die sich mit teurem Strom aus Steinkohle nicht rentabel hätten beliefern lassen, und dann gab es da noch einen spektakulär gescheiterten Einstieg ins Ölgeschäft. Im Januar 1969 kaufte RWE 43 Prozent der Gelsenberg AG, die als einzige deutsche Firma Zugriff auf große Ölfelder in Libyen hatte, das seinerzeit der wichtigste Öllieferant der Bundesrepublik war. Ein paar Monate später putschte in Libyen Muammar al-Gaddafi, und der Aktienkurs der Gelsenberg AG stürzte ab. Schlagartig merkte man bei RWE, dass in der Welt des Erdöls ein harscherer Wind wehte als in der bundesdeutschen Stromwirtschaft, und so verhandelte der Konzern seit Mai 1973 mit der VEBA über den Verkauf der Gelsenberg AG. Diesmal profitierte RWE von den Wechselfällen der Weltpolitik, denn nach dem Jom-Kippur-Krieg im Oktober 1973 zeigte die Bundesregierung ein lebhaftes Interesse an Ölaktien. Im November kaufte der Bund das Gelsenberg-Paket, um einen Energiekonzern unter staatlicher Ägide aufzubauen.[6]

Nach dem Auftrag für Biblis A überschlugen sich die Ereignisse. 1970 war Baubeginn für die Reaktoren in Brunsbüttel und Philippsburg 1, es folgten 1971 Hamm-Uentrop, 1972 Biblis B, Isar 1, Neckarwestheim 1 und Unterweser, 1974 Krümmel, 1975 Grafenrheinfeld und Mülheim-Kärlich, 1976 Gundremmingen B und C, Brokdorf und Grohnde, 1977 Philippsburg 2.[7] Schon 1971 schwärmte Robert Gerwin, »wie in der Bundesrepublik Deutschland gegenwärtig die großen Kernkraftwerke – Pilzen nach dem Regen vergleichbar – aus dem Boden schießen«.[8] Für Gerwin war das freilich auch »ein Erfolg der Einfachheit«, und das war bei einer Zukunftstechnologie eine ambivalente Feststellung: »Eine einfache technische Lösung muß nicht immer die genialste sein, sie kann auch Hand in Hand mit einer gewissen Primitivität gehen.«[9] Als kenntnisreicher Sachbuchautor wusste Gerwin, dass der Boom der Leichtwassertechnologie ein fatales Manko besaß. Eigentlich wurden da gerade die falschen Reaktoren gebaut.

Leichtwasserreaktoren verwandeln das Uranisotop 235 in thermische Energie, und damit unterschieden sie sich nicht grundsätzlich von Kraftwerken, die mit Kohle, Öl oder Gas befeuert wurden: In allen Fällen handelte es sich um die irreversible Nutzung begrenzter fossiler Rohstoffe. Die bekannten Vorkommen wirkten beim Uranerz auch nicht besser als die Erdölvorräte, deren Verknappung nach der Ölkrise in aller Munde war. Der Entwurf des vierten bundesdeutschen Atomprogramms rechnete 1972 vor, dass bis zum Jahr 2000 etwa fünf Millionen Tonnen metallisches Uran benötigt würden, die damals bekannten Erzlager jedoch nur zwei Millionen Tonnen zu wirtschaftlich vertretbaren Bedingungen böten. Damit entsprachen die bekannten Reserven »etwa dem Bedarf bis 1990«.[10] Die Bundesregierung ging zwar von weiteren Erzfunden aus, aber die Sorge um die verfügbaren Uranreserven trieb damals Atommanager in allen westlichen Ländern um. Das lag nicht nur an den Mysterien der Geologie, sondern auch an den Interessen der Militärs im Kalten Krieg. Selbst bei der ersten Genfer Atomkonferenz 1955, die ansonsten im Zeichen eines freimütigen Austauschs stand, waren Informationen über die bekannten Uranvorkommen ein wohlgehütetes Geheimnis.[11]

In der nuklearen Community galt es deshalb Anfang der siebziger Jahre als ausgemacht, dass die Hegemonie der Leichtwasserreaktoren nur ein Zwischenstadium der Atomkraftentwicklung sein würde. Die Zukunft der Kernenergie hing an den Brutreaktoren, die neben dem Strom auch spaltbares Material produzieren konnten und damit Unabhängigkeit von Uranimporten versprachen, und die Entwicklung der Brütertechnologie wurde deshalb in rosigen Farben ausgemalt. »Kernkraftwerke mit schnellen Brutreaktoren werden voraussichtlich bereits nach 1990 in größerem Maße zur Stromversorgung beitragen«, ließ die Bundesregierung 1972 verlauten. Man erwartete, dass Brüter »in den 90er Jahren gleiche Stromerzeugungskosten erreichen wie die LWR-Kraftwerke und damit die Gefahr einer teureren Energieerzeugung durch einen Kosten- und Preisanstieg von Natururan abgewendet wird«.[12] In den USA äußerte sich Alvin Weinberg, Direktor des Oak Ridge National Laboratory und viel zitierter Vordenker der Atomkraftentwicklung, noch optimistischer. Er rechnete für das Jahr 2000 mit einer weltweit installierten Reaktorkapazität von einer Million Megawatt, und davon würden zwei Drittel auf Schnelle Brüter entfallen.[13] Um dieses Ziel zu erreichen, hätte man innerhalb von drei Jahrzehnten etwa 2200 Anlagen von der Größe des Schnellen Brüters in Kalkar bauen müssen.

Tatsächlich entwickelte sich der Reaktor von Kalkar, der ebenfalls in den frühen siebziger Jahren auf den Weg gebracht wurde, zum kostspieligsten Fiasko der bundesdeutschen Atomgeschichte. Als die Anlage nach endlosen Querelen 1985 endlich betriebsbereit war, verweigerte die SPD-geführte Landesregierung die Betriebsgenehmigung, und das war nur der politische Schlussstrich unter ein Projekt, das selbst nach den Maßstäben der Atomwirtschaft als ausgesprochen verkorkst bezeichnet werden muss. Der sündhaft teure Reaktor hätte noch nicht einmal das Ziel erreicht, mehr spaltbares Material zu produzieren als zu verbrauchen, weil die Brutrate aus Kostengründen unter den Wert von 1 gedrückt worden war. Der Schnelle Brüter von Kalkar, so Otto Keck, »stellte somit einen Brutreaktor dar, der nicht brütet«.[14] In anderen Ländern sah die Entwicklung der Brütertechnologie nicht viel besser aus. Die Reaktoren waren störanfällig bis hin zu gefährlichen Unfällen, sie produzierten Strom zu exorbitanten Preisen, und mit den Brütern entstand eine Plutoniumökonomie, die innen- wie außenpolitisch gravierende Risiken barg.[15]

Diese Entwicklung war noch nicht absehbar, als Gerwin den Brüter als »Verwirklichung des alten Traums der Alchimisten« bejubelte: »Es ist heute so offenkundig, daß die Brüter auf längere Sicht die absolut notwendige Ergänzung zur heutigen Generation der Leichtwasser-Kernkraftwerke sind, daß man auf sie einfach nicht verzichten kann«, schrieb er in seinem Buch zur vierten Genfer Atomkonferenz im September 1971.[16] Aber solche Zukunftsvisionen hatten zugleich den unbeabsichtigten Nebeneffekt, dass sie den realen Projekten der siebziger Jahre das Odium des Provisorischen verliehen. In einem Vermerk über »Probleme der Kernenergie«, den der Planungsstab der Hamburger Staatskanzlei Ende 1976 nach den ersten Protesten in Brokdorf produzierte, findet sich der Satz: »Der heute übliche Leichtwasserreaktor ist nach übereinstimmender Ansicht der Fachleute wegen seines hohen Uranverbrauchs und geringen Wirkungsgrades nur eine Übergangslösung.«[17] Da drängte sich die Frage auf, warum sich Politiker für einen Leichtwasserreaktor ins Zeug legen sollten, wenn die Zukunft der Kernenergie ganz anders aussehen würde.

So gab es in dem boomenden nuklearen Projekt eine Menge Punkte, an denen Zweifel ansetzen konnten, und zwar auch dann, wenn man der Kernenergie grundsätzlich aufgeschlossen gegenüberstand. In seinen Erinnerungen sinnierte Weinberg sogar, ob der Sprung zu Großkraftwerken – der Schlüsselinnovation der sechziger Jahre, mit der Atomstrom überhaupt erst konkurrenzfähig wurde – nicht vielleicht etwas überhastet über die Bühne gegangen sei: »Wenn wir mehr Geduld gehabt hätten, dann wären wir erst nach dem Ende der Laufzeit von 100-Megawatt-Reaktoren zu 1000-Megawatt-Reaktoren übergegangen.«[18] Das war ein Zitat, das eine Menge über die mentalen Innenwelten der nuklearen Experten verriet und ziemlich wenig über realhistorische Alternativen. Tatsächlich waren die Funktionseliten um 1970 längst Gefangene früherer Entscheidungen. Leichtwasserreaktoren waren seinerzeit der einzige Kraftwerkstyp, den man im großen Stil bauen konnte, und da blieb nur die Flucht nach vorn. Im Schatten der Ölkrise brauchte es Männer der Tat, um die Nerven der bundesdeutschen Wohlstandsbürger zu beruhigen. Gefragt waren Funktionseliten, die von keinerlei Zweifeln getrieben waren oder jedenfalls nach außen so wirkten.

Nach Hendrik Ehrhardt lassen sich Kohle und Kernkraft »als Gewinner der ersten Ölkrise bezeichnen, weil diese sich, zum Teil durchaus überzeugend, als einzige ›heimische‹ – und damit als verlässliche – Energieträger darstellen konnten«.[19] Das trifft zweifellos zu, wenn man Investitionen und politische Aufmerksamkeit als Gradmesser des Erfolgs betrachtet, aber es gab einen wichtigen Unterschied. Während die Kohleverstromung technologisch ausgereift war, präsentierte sich die Atomenergie als *work in progress.* Die Freunde der Atomkraft sattelten gewissermaßen ein Pferd, das sie noch gar nicht richtig kannten, und wie sich herausstellte, führte der Weg über ziemlich dünnes Eis, in dem das nukleare Projekt dann auch ziemlich schnell einbrach. Besonders laut knackte es im Südwesten der Republik.

4.2 *Wyhl*

Wyhl war kein Anfang, aber ihm wohnte ein Zauber inne. Bis heute übt der Konflikt um das geplante Kernkraftwerk am Kaiserstuhl eine magische Anziehungskraft auf Historiker aus,[20] und das ist das Echo eines zeitgenössischen Faszinosums, das die Gemeinde am Oberrhein bundesweit bekannt machte. »Wyhl – der Anfang?« lautete der Untertitel eines Rowohlt-Taschenbuchs über »Bürger gegen Kernkraftwerke«, das der Vorsitzende des Bundesverbands Bürgerinitiativen Umweltschutz Hans-Helmut Wüstenhagen 1975 veröffentlichte, und tatsächlich verkörperte Wyhl in geradezu prototypischer Weise die Hoffnungen, die politische Menschen seinerzeit mit den Bürgerinitiativen verbanden.[21] Unterschiedliche Menschen kamen im Kampf gegen ein Großprojekt zusammen, inszenierten einen engagierten kreativen Protest und forderten damit die Mächtigen heraus. In Wyhl kämpften Bauern und Lokalpolitiker, Studenten und Hausfrauen, Journalisten berichteten mit manchmal kaum verhüllter Sympathie, und aus dem regionalen Konflikt entwickelte sich eine Grundsatzdebatte, die über die Region hinauswies. Mit Wyhl wurde die Atomenergie zu einem Diskursprojekt, das rasch in alle Teile der bundesdeutschen Gesellschaft ausstrahlte.

Das Kraftwerk am Kaiserstuhl sollte ursprünglich in Breisach gebaut werden. Dort war das Projekt jedoch auf heftigen Widerstand getroffen, der wesentlich von den lokalen Winzern getragen wurde: Die Wolken aus den Kühltürmen des Großkraftwerks – geplant waren vier Reaktorblöcke mit einer Gesamtleistung von 5200 Megawatt – galten als Bedrohung für den sonnenverwöhnten badischen Wein. Das Badenwerk verlagerte das Projekt daraufhin in das knapp 20 Kilometer rheinabwärts gelegene Wyhl, das nördlich des Kaiserstuhls lag. Der Protest erhielt wesentliche Unterstützung von Studenten und engagierten Bürgern aus Freiburg, das eine halbe Autostunde entfernt war, aber entscheidend blieb die lokale Verwurzelung. Bei den Kernkraftgegnern handelte es sich – so ein Polizeirat 1976 – »zum weitaus überwiegenden Teil um biedere und rechtschaffene Bürger, vor allem um Winzer und Bauern [...], die überzeugt sind, vitale Interessen zu verteidigen«.[22] Die Menschen der Region hatten nicht nur Angst vor den Gefahren des nuklearen Projekts, die rund um Wyhl zum alltäglichen Gesprächsthema wurden, sie kämpften auch gegen das Symbol einer möglichen Zukunft. Das Kernkraftwerk stand für die von der Landesregierung forcierte Industrialisierung der Region, und das geplante »Ruhrgebiet am Oberrhein« ging der ländlichen Bevölkerung gehörig gegen den Strich.[23]

Der Konflikt um Wyhl war Teil einer transnationalen Protestbewegung, die zum Motor der regionalen Identitätsbildung wurde. Das »Dreyeckland« im Länderdreieck Deutschland-Schweiz-Frankreich war eine imaginierte Gemeinschaft, die wesentlich aus dem Atomkonflikt entstand.[24] Über Grenzen hinweg kämpften die Menschen im Dreyeckland gegen Reaktoren in Breisach und Wyhl, im französischen Fessenheim und im schweizerischen Kaiseraugst sowie gegen ein Bleichemiewerk im elsässischen Marckolsheim, und nur das Atomkraftwerk in Fessenheim wurde tatsächlich gebaut. Das lag freilich nicht nur am Widerspruch der Zivilgesellschaft. Kein Geringerer als der baden-württembergische Ministerpräsident Hans Filbinger reiste nach Paris, um das Bleichemiewerk zu stoppen.[25] Die legendäre neunmonatige Platzbesetzung von Wyhl lässt sich nur vor dem Hintergrund dieser transnationalen Bezüge verstehen. Seit dem 20. September 1974 hielten Demonstranten aus Baden und dem Elsass den Bauplatz von Marckolsheim besetzt, und deren Erfolg im Februar 1975 überschnitt sich mit dem Beginn der

Aktion in Wyhl.[26] In Kaiseraugst dauerte die Platzbesetzung von April bis Juni 1975, zuvor hatte es von Weihnachten 1973 bis Neujahr eine symbolische Besetzung gegeben, die rückblickend als »Probehock« in die Genealogie des Protests eingegliedert wurde. Der »Probehock« bestand aus einem Dutzend junger Leute, die bei eisigen Temperaturen auf Strohballen hockten und Schallplatten auf einem alten Grammophon hörten.[27]

Es war die Platzbesetzung, die dem Protest von Wyhl sein Charisma verlieh. Sie war ein regionales Gemeinschaftswerk. Eine Volkshochschule Wyhler Wald in einem eigens gebauten Freundschaftshaus informierte über die Risiken der Atomkraft, juristische Aspekte und andere Umweltprobleme, Mundartdichter und Gesangsvereine traten an populären Heimatabenden auf, Pfingsten 1975 gab es einen Handarbeitsbasar, um Spenden zu sammeln, und Kinder konnten sich auf einem eigens angelegten Spielplatz austoben. Unter der Woche übernahmen die Ortschaften im 24-Stunden-Rhythmus die Bewachung, während junge Dauerbesetzer für Kontinuität sorgten, aber auch für alltägliche Reibereien.[28] Im Freundschaftshaus prallten unterschiedliche Lebensweisen und Sauberkeitsvorstellungen aufeinander, und bei den Musikwünschen lag man auch nicht immer auf einer Linie. Aber irgendwie kam man am Ende doch immer wieder zusammen.

Mit der Platzbesetzung wurde auch endgültig klar, dass es in der Region eine breite Mehrheit gegen das Kernkraftwerk gab. Über die Aussagekraft von Demonstrationen und Anhörungen konnte man unterschiedlicher Meinung sein, aber eine neunmonatige Aktion war ein Kraftakt, der ohne den Rückhalt zahlreicher Bürger nicht zu denken war. Selbst die lokalen Gliederungen der CDU, die in Baden-Württemberg mit absoluter Mehrheit regierte, zollten dem Protest ihren Tribut. Die evangelischen Pfarrer der Kaiserstuhlgemeinden schrieben einen offenen Brief an den Ministerpräsidenten und boten damit einen Vorgeschmack auf die zentrale Rolle der protestantischen Kirche im Atomkonflikt.[29] Der Weinbauernverband und der Badische Landwirtschaftliche Hauptverband unterstützten den Kampf, wenngleich nicht so feurig wie von den lokalen Mitgliedern erhofft. Der SPD-Landesvorsitzende Erhard Eppler kritisierte den Verhaltensstil der Landesregierung. Nur in Wyhl ergab ein Bürger-

Abb. 6: Das Freundschaftshaus (über dem Eingang steht das alemannische Wort »Frendschaftshüs«) im Sommer 1975. Die Atmosphäre war an diesem Tag offenkundig entspannt, die Volkshochschule Wyhler Wald warb für die nächste Veranstaltung am 25. Juli – aber im Vordergrund baumelte ein Galgen. Foto: Leo Horlacher/Archiv soziale Bewegungen e.V.

entscheid im Januar 1975 eine knappe Mehrheit für das Atomkraftwerk. Die Gewerbesteuer ließ grüßen.[30]

»Mit der Platzbesetzung wurde eine allgemeine Schwelle des Widerstandes gegen die zunehmende Entmündigung des Bürgers durch den Staat übersprungen«, erklärte der Mundartsänger Roland »Buki« Burkhart im März 1976 auf einer Veranstaltung der Volkshochschule Wyhler Wald.[31] Tatsächlich wurde die Platzbesetzung zu einem Mythos der Anti-Atomkraft-Bewegung, die in den folgenden Jahren viel Energie in eine Neuauflage an anderer Stelle investierte. Schon im Dezember 1975 kursierten unter Hamburger Studenten Pläne, den Bauplatz des geplanten Atomkraftwerks Brokdorf zu besetzen, »um somit ›ein zweites Wyhl‹ an der Unterelbe zu schaffen«.[32] Zehn Monate später durchbrachen Demonstranten den Zaun von Brokdorf und schlugen auf dem Gelände ihre Zelte auf. Die Aktion endete nach ein paar Stunden mit einem umstrittenen Polizeieinsatz.[33] Im März 1977 führte der Versuch, den Bauplatz des Atomkraftwerks im niedersächsischen Grohnde zu besetzen, zu einer Eskalation der Gewalt, die als »Schlacht um Grohnde« einen Tiefpunkt des Atomkonflikts markierte.[34]

Die Magie von Wyhl prägte auch Aktionen auf einer niedrigeren Ebene. Am 8. Juni 1980 besetzten etwa 100 Menschen einen Mainbogen im Frankfurter Stadtteil Fechenheim, der im Standortsicherungsplan der Landesregierung als möglicher Kraftwerksstandort ausgewiesen war, und eine Bürgerinitiative Fechenheim verkündete per Flugblatt, das Zeltlager solle »im Laufe der nächsten Tage zu einem Anti-Atom-Dorf und Festgelände der Fechenheimer, Frankfurter und Offenbacher mit Freundschaftshaus und Informationszentrum ausgebaut werden«.[35] Es zeigte sich freilich, dass sich das Gemeinschaftserlebnis von Wyhl nicht so leicht reproduzieren ließ. In Grohnde entstand im Sommer 1977 doch noch ein Anti-Atom-Dorf, als Aktivisten ein Gelände neben der Baustelle besetzten, aber das Lagerleben wurde zu einer gemischten Erfahrung. Der Kreis der Teilnehmer blieb überschaubar, es gab erbitterte Debatten über die richtige Taktik, die Menschen in der benachbarten Gemeinde Emmerthal fühlten sich so sehr bedroht, dass sie eine Bürgerwehr bildeten, und wenn man dem Bericht eines Augenzeugen trauen darf, stank es zum Gotterbarmen. Nach zehn Wochen erschienen in den Morgenstunden des 23. August mehr als 1000 Polizisten, umzingelten das Hüttendorf und gaben den Bewohnern zwei Stunden, ihre Sachen zu packen.[36]

Das Grohnder Anti-Atom-Dorf entstand auf einem Grundstück, das für die Kühltürme des Kraftwerks vorgesehen war. Die Polizei ließen die Aktivisten zunächst gewähren, auch weil sie eine zweite Schlacht unbedingt vermeiden wollte. Die Besetzer hatten nach Kenntnissen der Polizei »ein lückenloses Alarmierungssystem aufgebaut, mit dem Gleichgesinnte aus Frankfurt, Kassel, Göttingen, Hamburg, Berlin, Lübeck, Bielefeld u.a. Städten in relativ kurzer Zeit herbeigerufen werden konnten«.[37] Anscheinend gab es an den Baustellen des Atomstaats nach den Schlachten von Brokdorf und Grohnde auch eine gewisse Souveränität: Die Staatsgewalt hatte gezeigt, dass sie im Zweifelsfall am längeren Hebel saß. Von dieser Souveränität war die Obrigkeit in Wyhl noch ein gutes Stück entfernt. Landesregierung und Badenwerk agierten zunächst mit einer widersprüchlichen Mischung aus Hartleibigkeit und Unbeholfenheit, die letztlich der Mobilisierung Vorschub leistete. Die Verlagerung von Breisach nach Wyhl wurde zum Beispiel nicht zunächst im lokalen Rahmen kommuniziert, sondern am 19. Juli 1973 in einer Nachrichtensendung des SWR bekannt gegeben. Vorausgegangen war die vielleicht dümmlichste Expertenaussage der bundesdeutschen Geschichte: Ein Agrarmeteorologe aus Mainz erklärte den Winzern von Breisach, dass Wein gar nicht viel Sonne brauche.[38] Ein Polizeieinsatz hatte die erste Platzbesetzung im Wyhl am 20. Februar 1975 beendet, aber nach der erneuten Besetzung drei Tage später schreckte die Landesregierung vor einer weiteren Eskalation zurück und unterschrieb ein Jahr später nach aufreibenden Verhandlungen die Offenburger Vereinbarung, die den Übergang vom offenen Protest zu einer justizförmigen Auseinandersetzung markierte.[39] Aus einem Piratensender der Atomkraftgegner entstand das freie Radio Dreyeckland, das bis heute im Südwesten auf Sendung ist.

Die Frage nach den Erfolgsbedingungen von Wyhl ist seither ein Evergreen der Bewegungsforschung. Philipp Gassert verwies etwa jüngst »auf den lokalen Kontext und die Verbindung zu etablierten Akteuren«: »Rahmenbedingungen (›Gelegenheitsstrukturen‹) entscheiden mit darüber, ob und in welcher Weise Protest reüssiert, ob eine erfolgreiche Mobilisierung gelingt.«[40] Wer nach verallgemeinerbaren Befunden sucht, übersieht jedoch leicht einen wichtigen Punkt: Für die Geschehnisse von Wyhl gab es noch kein vertrautes Skript. Staat und Energiewirtschaft mussten erst lernen, auf den neuartigen Unmut und die neuen Protesttaktiken zu reagieren, und leisteten sich deshalb so manchen Fehltritt. Tatsächlich gab es in den folgenden Jahren von der Kommunikation bis zur Polizeitaktik eine ziemlich rasante Lernkurve, und das blieb nicht ohne Folgen für die Durchschlagskraft des Protests. Die Magie von Wyhl war auch die Magie des Anfangs.

Im Rückblick wirkt der Atomprotest von Wyhl wie ein Drahtseilakt, bei dem Aktive und Beobachter ständig zwischen euphorisierter Emsigkeit und der Angst vor dem Absturz schwankten. Vielleicht wäre alles ganz anders ausgegangen, wenn der Polizeieinsatz zur erneuten Räumung des Baugeländes nicht im letzten Moment abgesagt worden wäre, weil der Landesbischof der Evangelischen Landeskirche in Baden bei Filbinger intervenierte und der designierte Einsatzleiter den Befehl verweigerte.[41] Es half auch, dass dem Badenwerk die Lust auf weitere nukleare Abenteuer vergangen war, als in den achtziger Jahren die letzten juristischen Hürden aus dem Weg geräumt wurden. Endgültig beerdigt wurde das Projekt freilich erst 1994. Der Einfluss kommunistischer Splittergruppen blieb in Wyhl begrenzt, auch weil die linke Szene im beschaulichen Freiburg viel kleiner war als später in Hamburg: Beim Kampf um Brokdorf wurden die lokalen Bürgerinitiativen von den linken Aktivisten der Hansestadt förmlich überrollt. Der alemannische Dialekt nahm dem Protest manche Schärfe und half zugleich, auswärtige Protesttouristen zu identifizieren, die hartnäckig von »Wühl« sprachen. Der ländliche Widerstand ließ sich in der Tradition des Deutschen Bauernkriegs verorten, dessen 450-jähriges Jubiläum zufällig 1975 ins Haus stand.[42] Es passte einfach alles.

Kein Zweifel: Die Anti-Atomkraft-Bewegung hatte mit Wyhl so richtig Glück. Selbst die Hierarchie der Dörfer, die es am Kaiserstuhl ebenso gab wie in anderen ländlichen Regionen, kam den Demonstranten zu Hilfe. Wyhl war eine der ärmeren Gemeinden, die sich mit dem Kernkraftwerk anschickte, den reichen Winzerdörfern im Kaiserstuhl Konkurrenz zu machen.[43] Aber dieser Glücksfall wurde nicht nur handelnd erkämpft, sondern auch diskursiv erarbeitet und in der Eigenerzählung der Bewegung veredelt, und dabei agierten die Menschen des Dreyecklands ohne falsche Bescheidenheit. »In Wyhl entstand sozusagen eine neue Qualität von Bürgerinitiativen«, erklärte Buki in der Volkshochschule Wyhler Wald.[44] Wenn andernorts die Gewalt eskalierte und Reaktoren und andere Nuklearanlagen gebaut wurden, während engagierte Menschen ohnmächtig protestierten, dann gab es da immer noch jenen Ort im Südwesten, der ein für alle Mal bewiesen hatte, dass Widerstand nicht vergeblich war. Wyhl war ein Fanal. So großartig konnte Demokratie sein.

Abb. 7: Solidarität und Selbstdarstellung einer Bewegung. Transparent an der Feldherrnhalle in München während einer Kundgebung gegen die Wiederaufarbeitungsanlage Wackersdorf am 12. Oktober 1985. Foto: Martin Storz/Süddeutsche Zeitung Photo.

4.3 *Bunte Truppen*

Im Rückblick präsentiert sich Wyhl als Auftakt zu einer öffentlichen Kontroverse, die die Bundesrepublik jahrzehntelang in Atem hielt. Das blieb nicht ohne Folgen für historische Interpretationen. »Wie eine Welle schwappte der Kernkraftprotest über das Land«, schrieb beispielsweise Jens Ivo Engels.[45] Aus zeitgenössischer Sicht wirkte die entstehende Bewegung jedoch keineswegs übermächtig. Die regionalen Unterschiede waren enorm, nach Großdemonstrationen gab es oft monatelang Leerlauf, und seit 1968 gab es auch einen gewissen Gewöhnungseffekt: Es regte niemanden mehr auf, wenn Menschen auf die Straße gingen. Selbst die Hamburger Wirtschaftsbehörde, die mit Brokdorf einen der Fixpunkte des Protests vor der Haustür hatte, zeigte sich im April 1980 unbeeindruckt. In einem Vermerk über »Fragen der Durchsetzbarkeit« konstatierte sie »selbst bei vergleichbaren Objekten wesentliche Unterschiede im Ausmaß des öffentlichen Widerstands: Während z. B. Brokdorf und Wyhl zu Symbolen des Widerstands gegen Kernenergie wurden, konnte bei anderen Kernkraftwerken ohne größere Störungen weitergearbeitet werden.«[46]

Man kann sich problemlos durch das Schrifttum der siebziger Jahre graben, ohne auf den Gedanken zu kommen, dass sich da gerade eine Bewegung für einen jahrzehntelangen Kampf rüstete. Umso deutlicher spürt man die Magie des Moments: Der Atomprotest zog Menschen in seinen Bann, darunter auch viele, die noch nie auf einer Demo gewesen waren. Es war tatsächlich eine Bewegung mit einer Dynamik, die Menschen mitriss und zusammenbrachte, die ansonsten nicht viel verband, und diese Vielfalt verlieh der Anti-Atomkraft-Bewegung eine Macht, die sie rein zahlenmäßig nie besaß. Es gab in ihren Reihen genug Landwirte, Lehrer und andere Durchschnittsbürger, um das allfällige Insinuieren über kommunistische Hintermänner ins Leere laufen zu lassen.

Die Frage nach den tieferliegenden Gründen trieb Beamte und Beobachter schon früh um. Das Bundesforschungsministerium beauftragte das Frankfurter Battelle-Institute bereits 1974 mit einer Untersuchung der Bürgerinitiativen, die freilich nur bedingt Klarheit schuf. Die Motive reichten nach den Erkenntnissen der

Forscher »von ›Ärger‹ wegen der als undemokratisch empfundenen Planung über ›Angst‹ und ›Sorge‹ um die Entwicklung der Region bis zu ›Mißtrauen‹ gegenüber politischen Entscheidungen«.[47] Dennoch hielt sich erstaunlich lange die Vorstellung, es gebe eine zentrale Ursache des Unmuts – im Idealfall eine, die sich gezielt bekämpfen ließe. Das wäre nicht mehr als eine fixe Idee von Kernkraftfans, die nach einer Siegfried-Stelle suchten, die es nicht gab, wenn sich der Hang zur intellektuellen Monokultur nicht in der historischen Literatur fortsetzen würde. Für Spencer Weart ging es etwa um einen Zusammenprall von rationalem und emotionalem Denken, was praktisch auf einen Freibrief zur Diffamierung des Protests hinausläuft.[48] Andreas Pettenkofer hat aus religionssoziologischer Perspektive eine »Sakralisierung der politischen Ökologie« diagnostiziert und dazu die euphorisierende Erfahrung des gemeinsamen Protestierens betont.[49] In Wirklichkeit gab es auch eine Menge Demonstranten, die ernüchtert nach Hause gingen, und lautstarker Protest war nur eine Ausdrucksform einer vielgestaltigen Bewegung, die zum Beispiel auch vor Gericht und in den Medien mit einigem Geschick agierte.

Tatsächlich gab es vielfältige Gründe, nukleare Projekte kritisch zu sehen. Sie veränderten vertraute Landschaften und brachten unsichtbare Gefahren, es gab die Störfälle und die ungeklärte Entsorgungsfrage, es ging um die Macht von Politikern und gesichtslosen Großkonzernen, und außerdem gab es noch allerlei opportunistische Motive. Seit Wyhl zog der Atomprotest linke Splittergruppen an, die Morgenluft witterten und die unterdrückten Massen in die finale Schlacht führen wollten. »Der Gegner war das Monopolkapital mit seinen gewaltigen Finanzmitteln und einem nicht minder großen politischen Einfluß, angetrieben durch die Aussicht auf ein ›Jahrhundert-Geschäft‹ mit möglichen Rekordprofiten von vielen Milliarden DM«, hieß es 1979 in einem Buch des Verlags Marxistische Blätter.[50] Es gab weder den typischen Atomkraftgegner noch ein gemeinsames Leitmotiv, und so ähnelten Auseinandersetzungen mit den Argumenten der Kernkraftgegner nicht selten dem Kampf mit einer Hydra.

Zu dieser Vielfalt der Kritikpunkten, hinter denen sich eine noch viel größere Vielfalt individueller Erfahrungen verbarg, gestellte sich eine notorische Schwäche der Argumente *für* die Atomenergie. Es gab eine Magie der Nukleartechnologie, aber die empfand man nur mit soliden naturwissenschaftlichen Kenntnissen. Großkonzerne wie Siemens, VEBA und RWE weckten keine großen Gefühle, wenn man nicht Mitarbeiter oder Aktionär war, und der Konsumbürger war längst daran gewohnt, dass der Strom aus fernen Großkraftwerken kam, um die man sich nicht weiter kümmern musste. Erstaunlich rasch schwand der Glaube an den technischen Fortschritt, auch und gerade auf der politischen Linken, obwohl es gelegentlich intellektuelle Verdauungsprobleme gab. Bedenken gab es zum Beispiel bei Rudi Dutschke, der im März 1977 in sein Tagebuch schrieb: »die ganze Atom- und Massenmobilisierung in B[rokdorf] u[nd] I[tzehoe] bereitet mir theore[tische] und politische Schwierigkeiten. ›Old Surehand II‹ mit und für die Kinder zu lesen ist leichter.«[51]

Die Vielfalt der Bewegung produzierte Spannungen, die manchmal zu offenen Auseinandersetzungen führten. In Wyhl wurde die Offenburger Vereinbarung zum Streitfall: Während die lokale Bevölkerung mit zivileren Formen der Auseinandersetzung wie Gutachten und Gerichtsverfahren zufrieden war, wollten auswärtige Gruppen den Kampf fortsetzen, am liebsten mit einer erneuten Platzbesetzung.[52] Dennoch blieb der Bewegung eine dauerhafte Spaltung erspart, und das lag nicht nur an einem schier übermächtigen Gegner, sondern auch an der ausgeprägten Gesprächskultur. Die Solidarität der Anti-Atomkraft-Bewegung war zu wesentlichen Teilen die Kameradschaft von Diskursveteranen, die sich manchmal fürchterlich in den Haaren lagen und am Ende doch wieder zusammenrauften. Gelegentlich half wohl auch die gemeinschaftsstiftende Kraft einer Rauchpause: Auch der elendeste maoistische Schwätzer wurde ein wenig erträglicher, wenn er ordentlich Feuer gab. Nikotin war für die Anti-Atomkraft-Bewegung mindestens ebenso wichtig wie Robert Jungks *Atomstaat*.

Stoff für Debatten gab es mehr als genug. Da waren zunächst die physikalischen und ingenieurtechnischen Grundlagen der Kernenergie und die ökonomischen und politischen Zusammenhänge. Die Hamburger Bürgerinitiative Umweltschutz Unterelbe (BUU) produzierte im Mai 1977 ein 142-seitiges Heft mit »Informationen zur Atomenergie« und hielt im Vorwort fest: »Alle Teile der Broschüre sind das Ergebnis gemeinsamer Diskussion.«[53] Dann standen immer wieder Entscheidungen über die nächsten Schritte an, die man am liebsten einvernehmlich traf. Hinzu kamen zahlreiche Sekundär- und Tertiärkonflikte. Da ging es zum Beispiel um die Frage, ob Hamburger Lehrer im Schuldienst Anti-Atomkraft-Plaketten tragen durften, die Kommunistische Partei Deutschlands klagte über ein Berufsverbotsverfahren gegen den prominenten Atomkraftgegner Jens Scheer an der Universität Bremen, und zwischendurch gab es auch mal Ärger um die lachende Sonne, weil eine Lübecker Gruppe das Vertriebsrecht für das in Dänemark erfundene Symbol der internationalen Anti-Atomkraft-Bewegung erworben hatte und Lizenzgebühren kassieren wollte.[54] Natürlich gingen auch die Meinungen auseinander über die Frage, ob das Freundschaftshaus von Wyhl mal einen ordentlichen Frühjahrsputz vertragen konnte.[55] Die Konflikte gingen auch weiter, wenn ein Kampf erfolgreich abgeschlossen war. Als die Wiederaufarbeitungsanlage Wackersdorf gescheitert war, diskutierten die Mitglieder der Bürgerinitiative Schwandorf, ob es wirklich eine gute Idee des Vorstands gewesen war, zur Absicherung gegen Schadensersatzklagen Mercedes-Aktien zu kaufen.[56]

Es wurde nicht nur im kleinen Kreis diskutiert. Schon 1973 produzierte Alexander von Cube den Fernsehfilm *Bürger gegen Kernkraftwerke*, und in den folgenden Jahren wurde der Atomkonflikt zu einem Medienereignis erster Güte.[57] Die Kernenergie erwies sich als ergiebiges Thema. Es gab zahlreiche große Demonstrationen und andere Ereignisse, die einen Rattenschwanz von Berichten nach sich zogen, seit der Ölkrise war die Energie in aller Munde, und kritische Journalisten merkten rasch, dass Politiker, Konzernführer und Experten ihrer Sache nicht sicher waren. Investigative Reporter vertieften sich in windige Energieprognosen und technische Probleme und trafen auf frustrierte Insider, die reden wollten. Es ist durchaus bemerkenswert, wie rasch der nukleare Komplex in der medialen Berichterstattung in die Defensive geriet.[58]

In der Hitze des Konflikts wurden die Gefahren der Kernenergie grell ausgemalt. Als 1975 zwei Arbeiter im Atomkraftwerk Gundremmingen bei Reparaturarbeiten tödlich verbrüht wurden, behauptete ein Flugblatt von Bremer Atomkraftgegnern, hier sei

»beinahe ein GAU« passiert.[59] In Hamburg erklärte ein Flugblatt vom Januar 1977: »Krebserkrankungen, ansteigende Säuglingssterblichkeit, Scäden [sic] der Erbanlagen – das erwartet uns schon bei ›Normalbetrieb‹ der AKWs.«[60] Aber solche Übertreibungen dürfen nicht davon ablenken, dass die Atomkraftgegner im Umgang mit den Problemen der Kernenergie ein hohes Maß wissenschaftlicher und technologischer Kompetenz erreichten. Aus der kritischen Literatur ragt Holger Strohms *Friedlich in die Katastrophe* heraus, das seit dem ersten Erscheinen 1973 auf über 1000 Seiten anschwoll und eine sechsstellige Auflage erreichte.[61] Ein Meilenstein in der Etablierung atomkritischer Gegenexpertise war die Gründung des Öko-Instituts in Freiburg, das 1977 aus dem Konflikt um Wyhl hervorging und »zum ersten professionellen Thinktank der Umweltbewegung« wurde.[62]

Der Wert unabhängiger Expertise ist im Rückblick kaum zu überschätzen. Der nukleare Komplex verfügte über Legionen von Fachleuten und mächtige Netzwerke, und da hatte die Anti-Atomkraft-Bewegung nur eine Chance, wenn sie Sachkunde bewies. Der Bund Naturschutz in Bayern stellte zum Beispiel den Physiker Ludwig Trautmann-Popp als Energiereferenten ein, der sich im Kampf gegen ein Kernkraftwerk in Viereth bei Bamberg hervorgetan hatte.[63] Schon früh profitierte die Bewegung von der internationalen Vernetzung atomkritischer Experten. Holger Strohm schrieb sein Kompendium als Direktor der deutschen Sektion der Friends of the Earth, die in den frühen siebziger Jahren ein transnationales Informationsnetz aufbauten.[64] Bei zahlreichen Problemen lohnte der Blick in Nachbarländer, insbesondere Großbritannien und die USA, deren Bauprogramme der bundesdeutschen Entwicklung vorausgeeilt waren. Wenn es etwa um die Haftung für nukleare Katastrophen ging, »ließen sich die Wissensbestände, Argumentationsmuster und Kommunikationsstrategien aus der US-amerikanischen Debatte von der Umweltbewegung relativ bruchlos auf die bundesdeutsche Situation übertragen«.[65] Grenzüberschreitend zirkulierte auch die leichtere Lektüre. Der Untergrundcomic *Asterix und das Atomkraftwerk* erschien zuerst 1978 im Zusammenhang mit der Volksabstimmung über das Kernkraftwerk Zwentendorf in Österreich, wurde dann in München in veränderter Form gedruckt und zog weitere

Abb. 8: Dieser Protest setzte auf Kreativität statt Masse. Demonstration vor dem Bundesministerium für Forschung und Technologie in Bonn am 18. Juli 1975. Foto: Ulrich Wienke/Bundesarchiv.

Parodien in französischer, niederländischer, spanischer, katalanischer und baskischer Sprache nach sich.[66]

Zur Bibel des Atomprotests wurde jedoch ein sehr deutsches Buch: Robert Jungks *Atomstaat*. Der Titel weckte Assoziationen an den NS-Staat, und das Szenario eines autoritären Regimes, das aus den technologischen Zwängen der atomaren Technologie erwuchs, rührte an das Urtrauma der Bundesrepublik. Würde die Bonner Republik scheitern, weil der nukleare Komplex auf die Beschränkung von Grundrechten und bürgerlichen Freiheiten drängte? Steckte darin womöglich gar ein Motiv der Machteliten, wenn sie den Ausbau der Kernenergie forcierten?[67] In Jungks Buch kam der Nationalsozialismus nur in Andeutungen vor, aber andere waren in dieser Beziehung weniger zurückhaltend. So ging es im Atomkonflikt auch um den Umgang mit einer unbewältigten Vergangenheit.[68]

Manche Bezüge wirken aus heutiger Sicht ziemlich geschmacklos, etwa wenn sich Umweltschützer als »die Juden der 80er Jahre« titulierten. »Wie schon die Judenverfolgung des Dritten Reiches gibt auch die sich jetzt abzeichnende Feindbildideologie die Möglichkeit, die Aggressionen aus Arbeitslosigkeit und schlechter werdenden

Lebensbedingungen auf Objekte zu lenken, die mit den Ursachen dieser Aggression in keinem Zusammenhang stehen«, hieß es im November 1977 in *Umwelt Akut*, einer Postille von Bürgerinitiativen des Rhein-Main-Neckar-Raums.[69] Es ging bei NS-Verweisen meist nicht um konkrete personelle oder institutionelle Bezüge, sondern um Assoziationen. Vor allem die Polizeitaktik bei Großdemonstrationen und die Sicherheitsvorkehrungen an den Atomkraftwerken ließen sich so in fatalen Kontinuitäten verorten. »Der Nuklearfaschismus beginnt Wirklichkeit zu werden«, warnte der Bund Naturschutz in Bayern 1976 mit Blick auf die »Privatarmeen« der »Atomkraftwerker«.[70] Für linke Gruppen war der Atomfaschismus auch ein probates Vehikel, die Kumpanei von Staat und Großkonzernen zu attackieren. So war der »Atomstaat« ein ziemlich freischwebender Wiedergänger des NS-Staats, in dem sich eher politisch-moralische Empörung als historisches Wissen manifestierte. Die Autoren des Landesverbands Wasserkante der KPD/ML, die über »die KZ-gleiche Festung« in Brokdorf schrieben, haben vermutlich nie darüber nachgedacht, dass sich der Stacheldraht der nationalsozialistischen Konzentrationslager nicht gegen Bedrohungen von außen richtete.[71]

Die Erinnerungspolitik der Anti-Atomkraft-Bewegung war Teil einer intellektuellen Selbstverortung, die parallel zur praktischen Politik lief. Gewiss schwang dabei immer auch ein Element des Wunschdenkens mit, wenn etwa zur Polizeitaktik in Brokdorf angemerkt wurde, diese habe »die gegenwärtigen Schwächen der Bourgeoisie gezeigt«.[72] Aus vielen Bemerkungen sprach jedoch ein genuines Interesse an Selbstreflexion. Der Atomkonflikt lag ein wenig quer zu vertrauten politischen Streitthemen, und deshalb gab es ein Bedürfnis, ein paar Dinge in ausführlichen Gesprächen zu klären. Was hatte es zum Beispiel zu bedeuten, dass Frauen in der Bewegung ungewöhnlich stark vertreten waren? Die Badische Fraueninitiative gegen das Atomkraftwerk Wyhl argumentierte mit der Verantwortung »für uns und unsere Familien«: »Wir Frauen verstehen unter Fortschritt etwas anderes!«[73] Es gab aber auch feministische Gruppen, die sich jede Unterstellung mütterlicher Sentimentalitäten verbaten und Wert auf die Feststellung legten, dass »wir eine spezifische weibliche Betroffenheit durch Atomkraftwerke, die sich aus unserer Gebärfähigkeit und die Zuständigkeit für die Kinder ergibt, immer abgelehnt haben, weil wir uns nicht selbst auch auf diese Frauenrolle festlegen lassen wollen«.[74] Als die Bewegung zwischen den Brokdorf-Protesten 1976/77 und dem Gorleben-Hearing zwei Jahre später ins Trudeln geriet, wurde das offen diskutiert. Der Arbeitskreis Politische Ökologie der BUU Hamburg sprach im September 1978 von »einer Phase der Orientierungslosigkeit«.[75]

Eine der Selbstdiagnosen wirkte über den Tag hinaus. Gemeint ist das Theorem der neuen sozialen Bewegungen, das ganz wesentlich im Atomkonflikt geprägt wurde und die historische Bewegungsforschung bis heute auf Trab hält. Die neuen sozialen Bewegungen entstanden zunächst als Selbstbeschreibung, mit der sich die Bürgerinitiativen von den »alten« sozialen Bewegungen abgrenzten. Diese vertraten vor allem materielle Interessen, waren träge und hierarchisch und drohten jegliche Spontaneität und Kreativität im Keim zu ersticken. Die Begeisterung für das Neue war auch in der Forschungsliteratur zu spüren. In Büchern wie Dieter Ruchts *Von Wyhl nach Gorleben* blieb letztlich offen, ob das eine wissenschaftliche Analyse war oder eher ein Vademecum für Aktive und solche, die es werden wollten.[76] Die neuen sozialen Bewegungen waren auch – um eine wunderbar überspitzte Formulierung Philipp Gasserts zu zitieren – »eine sozialwissenschaftlich bemäntelte Legitimationsstrategie von Bewegungsaktivisten«.[77]

Für einige Zeit war es ein Kerngeschäft der Bewegungsforschung, den neuen Charakter der neuen sozialen Bewegungen zu hinterfragen.[78] Tatsächlich sorgten schon juristische und informelle Regeln für gewisse Kontinuitäten, und trotz des allfälligen Bekenntnisses zur Basisdemokratie gab es interne Hierarchien. Inzwischen drängt sich freilich der Eindruck auf, dass der Verweis auf Traditionslinien letztlich den entscheidenden Punkt verfehlt: Der Anspruch, einen Neuaufbruch zu verkörpern, war eine bewegungspragmatisch hilfreiche Illusion. Das Theorem schuf Distanz zu historischen Vorläufern, allen voran der politisch umstrittenen Tradition von 1968, und ermöglichte damit die enorme Anschlussfähigkeit des Atomprotests. Wenn die neuen sozialen Bewegungen in den siebziger Jahren so frisch und ungezügelt agierten, dann hatte das auch viel damit zu tun, dass sie sich in ihrem Selbstverständnis bewusst außerhalb der Geschichte platzierten. So gingen auch die Umarmungen linker Gruppen ins Leere, die den Nuklearfaschismus gerne als jüngstes Anliegen in eine lange Tradition des Widerstands eingereiht hätten. Für einige Zeit verspürten K-Gruppen und andere Splittergruppen durch den Atomprotest Aufwind, aber letztlich kamen sie der ersehnten Revolution keinen Schritt näher.

Die neuen sozialen Bewegungen haben die Demokratie nicht neu erfunden, aber in mancherlei Hinsicht unterschieden sie sich durchaus von vertrauten Mustern. Sie waren sozial heterogener als viele andere Bewegungen, und sie wiesen einen ungewöhnlich niedrigen Institutionalisierungsgrad auf. Im Unterschied zu anderen politischen Anliegen gab es kein koordinierendes Zentrum: Es gab eine rege Verständigung zwischen den einschlägigen Gruppen, aber letztlich entschied jede Initiative für sich selbst. Es gab auch nie ein Interesse an strafferer Führung. Die Anti-Atomkraft-Bewegung war vielfältig und selbst für Insider kaum zu überblicken. Eine Lübecker Bürgerinitiative veröffentlichte in November 1977 ein »Adressbuch gegen Kernenergie«, das auf 114 Seiten »etwa 1500 Kontakte, Bürgerinitiativen und Multiplikatoren aus der Anti-AKW-Bewegung« auflistete.[79]

Zum Atomprotest gehörten auch neue Aktionsformen. So erfand die Anti-Atomkraft-Bewegung den »Strobo«, einen Strompreis-Teilboykott, bei dem Privatkunden zehn Prozent ihrer Stromrechnung auf ein Treuhandkonto überwiesen. »Per Rechnungskürzung wird den Energieversorgungsunternehmen allmonatlich so etwas wie ein ›Plebiszit‹ vorgelegt«, warb ein Flugblatt vom Februar 1980, das auch ausführlich über die rechtlichen Konsequenzen aufklärte.[80] Hinterhältiger war eine fingierte Bekanntmachung des Hamburger Innensenators, in der für den 25. Januar 1977 eine »umfassende Evakuierungsübung« angekündigt wurde, mit der den Bürgern demonstriert werden sollte, »daß Hamburg selbst für den unwahrscheinlichsten Unfall eines atomaren Unglücks gerüstet ist«.[81] Für fortgeschrittene Aktivisten gab es »das kleine Brokdorf-Spiel«: Per Flugblatt wurden Telefonnummern veröffentlicht, darunter die Privatnummern der Vorstandsmitglieder des Hamburger Stromversorgers HEW, verbunden mit der Aufforderung, die Anschlüsse durch ständige Anrufe zu blockieren.[82] Es gab auch Einzelaktionen wie 1983 in Grohnde, wo ein Student auf einen Hochspannungsmast kletterte und tagelang ausharrte, bis ihn ein Pastor und Hamelns Superintendent zur Aufgabe überreden konnten.[83] Im Emsland weigerte sich die zweite Fußballmannschaft des SV DJK Geeste, mit Trikotwerbung für das Atomkraftwerk Lingen aufzulaufen.[84]

So verschränkten sich im Atomprotest reales und kommunikatives Handeln. Der Widerstand wurde tatsächlich gelebt, aber das bedeutete zugleich eine Menge Stress. Im Extremfall konnte ein einziger Fehltritt jahrelange Bewegungsarbeit in den Schatten stellen. Besonders heftig traf es den SPD-Politiker Jo Leinen nach der Großdemonstration in Brokdorf vom 28. Februar 1981. Die Polizei hatte den Weg zum Bauzaun mit Containern blockiert, um die Demonstranten einer Leibesvisitation zu unterziehen. Leinen stieg auf einen Container und forderte seine Mitstreiter per Megafon auf, der Behandlung zuzustimmen, weil man sonst fern vom Ort des eigentlichen Geschehens geblieben wäre. Die Demonstranten zeigten sich unbeeindruckt und fanden Wege, die Kontrollstelle zu umgehen, die daraufhin von der Polizei aufgegeben wurde, und das einzige greifbare Ergebnis der Aktion war ein Spitzname, den Jo Leinen nicht mehr loswurde. Er war seither »Container-Jo«.[85]

Der Widerstand war vielfältig, forderte aber auch viel Kraft. Als die zweite Auflage des Adressbuchs gegen Kernenergie fertig war, beantworteten die Herausgeber die Frage nach der nächsten Ausgabe gleich selbst: »so schnell nicht, mir reichts«.[86] Vor allem die Zusammenarbeit mit linksextremen Kaderorganisationen, denen es gar nicht radikal genug sein konnte, zerrte an den Nerven. Der Kommunistische Bund beteuerte zwar nach einer chaotischen Plenumsdiskussion gegenüber den Mitgliedern der Hamburger Bürgerinitiativen, er wolle die Anti-Atomkraft-Bewegung im Unterschied zur Konkurrenz von der KPD nicht unterwandern, denn dies »widerspräche allerdings zutiefst unserem Demokratieverständnis«, aber das war das Haifischlächeln der Politikprofis.[87] Es gab in der linken Szene eine Menge Leute, die viel Lebenszeit in Gruppensitzungen verbracht hatten und deshalb unerfahrene Aktivisten an die Wand spielen konnten.

Atomprotest war aufreibend, und das wurde einigen Aktiven zum Verhängnis. Der Vorsitzende des Bundesverbands Bürgerinitiativen Umweltschutz Hans-Helmuth Wüstenhagen wurde zwischen den Fronten aufgerieben und erklärte 1977 seinen Rücktritt. Als ihn Wolfgang Sternstein Jahre später in Freiburg besuchte, traf er »einen verbitterten alten Mann, der sich über Gott und die Welt beklagte«.[88] Noch gruseliger war das Schicksal des Tübinger Lehrers Hartmut Gründler. Man kann seine schriftlichen Hinterlassenschaften heute kaum lesen ohne das Gefühl, dass dieser Kampf nicht gut ausgehen konnte. Gründlers dichte Formulierungen kündeten von einer geradezu manischen Verbissenheit, er glaubte offenbar ernsthaft, Bundeskanzler Helmut Schmidt per Briefwechsel von seiner atomfreundlichen Haltung abbringen zu können, und seine Mitteilungen spiegelten einen moralischen Rigorismus, der auch vor der individuellen Lebensführung nicht haltmachte (»Ab 1. 5.: erneutes Saftfasten«).[89] Als die SPD am 16. November 1977 die Atompolitik auf die Tagesordnung ihres Parteitags im Congress Centrum Hamburg setzte, übergoss sich Gründler auf den Stufen der nahe gelegenen Petrikirche mit Benzin und setzte sich selbst in Brand. Er starb fünf Tage später.

Gründlers Selbstverbrennung blieb ein singulärer Akt, und die Bewegung reagierte darauf in vertrauter Manier: Sie redete darüber, auch wenn die Gefühlslage in diesem Fall besonders schwer auf einen Nenner zu bringen war. »Ein Stachel bleibt«, lautete im Februar 1978 die Überschrift zu einer Dokumentation in der *Frankfurter Rundschau*.[90] Gründler war in der Bewegung weit über seine Heimatstadt Tübingen hinaus bekannt gewesen, und seine Tat rührte an ein verbreitetes Gefühl, dass man in der Auseinandersetzung mit dem nuklearen Komplex mit Worten allein nicht weit kam. Brauchte es vielleicht neue Formen des Widerstands, und wie sollten diese konkret aussehen? Auch diese Frage wurde gleichermaßen redend und handelnd angegangen, und sie entwickelte sich zeitweise zur Gretchenfrage der Bewegung. »Die Gewaltfrage wird letztlich zum entscheidenden Kriterium für die Glaubwürdigkeit der gesamten Bürgerinitiativbewegung«, schrieb Dieter Rucht 1980.[91] Aber musste man eine Gretchenfrage denn unbedingt beantworten?

4.4 Widerstand

Wenn man den bundesdeutschen Atomprotest vor dem Hintergrund des weltweiten Widerstands gegen großtechnische Projekte aller Art betrachtet, dann ist es durchaus bemerkenswert, dass sich die Gewaltfrage überhaupt stellte.[92] In anderen Ländern setzten solche Initiativen meist auf ostentative Friedfertigkeit, und daraus sprach nicht etwa die Warmherzigkeit der Zivilgesellschaft, sondern eine realistische Betrachtung der jeweiligen Ressourcen. Wenn es hart auf hart kam, waren lokale Initiativen im Kampf mit der Obrigkeit in aller Regel hoffnungslos unterlegen. Die bundesdeutsche Polizei war hervorragend ausgestattet, sie genoss den Respekt der Mehrheitsgesellschaft und die Unterstützung von Politik und Justiz, und auch sonst präsentierte sie sich nicht als ein Gegner, mit dem man leichtfertig einen Konflikt vom Zaun brach. Die Anti-Atomkraft-Bewegung hätte bei nüchterner Einschätzung der eigenen und der gegnerischen Truppen ziemlich schnell zu der Einsicht kommen müssen, dass man es besser bleiben ließ.

So gesehen, war es durchaus ein Kompliment für die bundesdeutsche Polizei, dass es unter den Gegnern der Atomkraft eine Debatte über Möglichkeiten und Grenzen des gewaltförmigen Protests gab. Die bundesdeutsche Polizei war keine brutale Schlägertruppe, wie man sie aus autoritären Staaten kannte, und wenn eine Demonstration eskalierte, musste man mit Reizgas, Schlagstöcken und Wasserwerfern rechnen, aber nicht mit einer gezogenen Waffe. Es kam vor, dass Beamten im Einsatz die Nerven durchgingen, aber meist präsentierten sich die Ordnungshüter als ziemlich disziplinierte Truppe, die auch in brenzligen Momenten auf die Regeln des Rechtsstaats achtete. Als die Polizei in Brokdorf am Abend des 30. Oktober 1976 Stacheldraht benötigte, um den von Demonstranten belagerten Bauplatz besser zu sichern, achtete sie darauf, dass der Lastwagen für die Lieferung eine Ausnahme vom Sonntagsfahrverbot erhielt.[93]

Die rechtliche Situation war beim Atomkonflikt allerdings komplizierter als die Straßenverkehrsordnung. Die Polizei sollte für die öffentliche Ordnung sorgen und Straftaten unterbinden, ohne das grundgesetzlich verbriefte Demonstrationsrecht zu gefährden. Sie sah sich freilich nicht zum ersten Mal mit einem solchen Zielkonflikt konfrontiert. Der erste Impuls für polizeiinterne Debatten waren die Schwabinger Krawalle 1962, bei der das harte Durchgreifen der Sicherheitskräfte den Protest angefacht hatte. Ein Übriges taten die Schüsse auf Benno Ohnesorg nach der Demonstration gegen den Besuch des Schahs in Westberlin 1967: Eine solche Eskalation war offenkundig nicht im Sinne der öffentlichen Sicherheit. Deeskalation war freilich stets ein Balanceakt, weil die Staatsgewalt auf keinen Fall ohnmächtig wirken wollte, und beim Atomkonflikt kam hinzu, dass das Ziel der Demonstranten – die Platzbesetzung – für die Polizei nicht verhandelbar war. Damit waren die Rollen verteilt und der Zusammenprall unvermeidlich. Der Bauzaun wurde zur Kampfzone.[94]

Es spricht vieles dafür, dass die gewaltbereiten Demonstranten in der Bewegung stets eine kleine Minderheit waren. Populärer war da schon die Platzbesetzung: Sie wirkte als Ultima Ratio durchaus vertretbar. So legitimierte die BUU die kurzlebige Platzbesetzung in Brokdorf in einem Schreiben an den Hamburger Innensenator: Man habe »aus erbitterter Notwehr« gehandelt.[95] Wenn ein Atomkraftwerk gebaut wurde, obwohl vor Ort eine breite Mehrheit dagegen war, dann war das gefühltes Unrecht, und dann waren die formalen Regeln des Rechtsstaats gar nicht mehr so wichtig. »Gewaltfreier Widerstand kann den bewußten Verstoß gegen behördliche Anordnungen und Verfügung einschließen«, erläuterte die BUU in einem Flugblatt vom 30. Oktober 1976 und fügte einen Satz hinzu, den jeder Atomkraftgegner kannte: »Wo Recht zu Unrecht wird, wird Widerstand zur Pflicht.«[96]

Als die Pläne der Brokdorfer Demonstranten durch robuste Polizeieinsätze durchkreuzt wurden, konnte die BUU das als Bestätigung ihrer Haltung verbuchen. »Die Gewalt geht nicht von uns aus, sondern von der Regierung und der Atomindustrie, die gegen den erklärten Willen der Bevölkerung das AKW bauen wollen«, erklärte sie im Februar 1977.[97] Für das Gros der Demonstranten war die Polizei erklärtermaßen kein Feind: »Wir wissen, daß unser Gegner nicht die Polizei ist, sondern die Verantwortlichen in Kiel und Bonn und in der Industrie.«[98] Das Flugblatt zum 30. Oktober 1976 mahnte, man möge während der Demonstration »auf Beschimpfungen und Tätlichkeiten« verzichten und stattdessen auf die Macht der Worte setzen: »Redet mit den Polizisten! Fragt sie, warum sie eigentlich hier sind und was sie vom Atomkraftwerk halten!«[99]

Im Rückblick ist offenkundig, wie die Gewaltschwelle im Diskurs der Atomkraftgegner unscharf wurde. Damals sahen die Dinge anders aus. Es ging nicht um Gewalt, sondern um entschlossenen Widerstand im Namen der Demokratie. Im Kampf mit einem mächtigen Gegner schienen jeder Mann und jede Frau willkommen. Die Magie der neuen sozialen Bewegungen wurzelte auch in ihrer Vielfalt, und außerdem war die Autonomie anderer Gruppierungen in der Bewegung ein hohes Gut. All dies lief darauf hinaus, dass es zunächst kaum kritische Fragen über Bündnispartner gab: Es war – so die BUU im Januar 1977 – »notwendig, sich bei gegenseitiger Toleranz in ideologischen Fragen auf das gemeinsame Ziel zu konzentrieren«.[100] Die Atomkraftgegner mussten erst lernen, dass es vielleicht doch ein Problem war, wenn andere mit Bolzenschneider und Zwille zur Demo gingen.

Für linksextreme Gruppen war Gewalt kein Problem, sondern Teil des Kalküls. Im Vorfeld der dritten Brokdorf-Demonstration am 19. Februar 1977 tagte eine Bundeskonferenz von mehrheitlich maoistischen Gruppen, auf der ein detaillierter Schlachtplan von 24 Seiten verteilt wurde. »Nach der in dem Papier dargelegten Strategie sollen zunächst etwa 200 Mann starke Trupps die Polizeisperren vor dem Baugelände durchbrechen, während später 20köpfige ›Kampfgruppen‹ und ›Spezialtrupps‹ den Bauzaun an vielen Stellen angreifen sollen«, berichtete der Hamburger Staatsschutz, der sich offenbar ein Exemplar der Broschüre besorgt hatte. Man durfte nicht zimperlich sein, wenn es gegen die Kapitalisten ging, obwohl sich auf der Bundeskonferenz zeigte, dass der revolutionäre Furor auch in solchen Kreisen Grenzen hatte: »Die Mehrheit der Delegierten sprach sich gegen ›Wahnsinnsaktionen‹ sowohl bei dem Marsch auf Brokdorf als auch beim Besetzungsversuch aus.«[101]

Die Demonstration vom 19. Februar 1977 wurde zu einem Meilenstein im Umgang mit der Gewaltfrage. Die Atomkraftgegner trafen sich an zwei verschiedenen Orten: Die einen strebten zum Bauzaun nach Brokdorf, während andere sich friedlich im 15 Kilometer entfernten Itzehoe versammelten. Vorausgegangen waren intensive Diskussionen unter den Bürgerinitiativen, mit Politikern und Behörden und in den Medien, in denen die Grenzen des legitimen Protests verhandelt wurden. Die Gesprächsoffensive zielte nicht auf die linksextremen Gruppen, die sich aus dem gesamtgesellschaftlichen Diskurs längst ausgeklinkt hatten, sondern auf all jene, die sich neben dem Atomprotest auch für den demokratischen Rechtsstaat interessierten. »Unsere Mitbürger sind aufgerufen, sich von den Gewalttätern zu distanzieren und die Taktik der Gewalttäter zu durchkreuzen«, schrieb der Innenminister von Schleswig-Holstein Rudolf Titzck, und ähnliche Mahnungen wurden im kleineren Kreis unermüdlich wiederholt.[102] Selbst Bundeskanzler Helmut Schmidt, sonst eher Freund eines hanseatisch-knappen Debattenstils, forderte den schleswig-holsteinischen Ministerpräsidenten Gerhard Stoltenberg auf, »intensive und offene Gespräche zu führen mit dem Ziel, Misstrauen abzubauen und eine Vertrauensbasis herzustellen«.[103] Kurz vor der Demonstration konstatierte ein Vermerk der Polizei, dass die Mahnungen Wirkung zeigten: »Viele KKW-Gegner sind nachdenklich geworden.«[104]

Die Distanzierung fiel den Atomkraftgegnern keineswegs leicht. Selbst Verbände wie der Liberale Hochschulverband, die jeder Sympathie für Linksextremisten unverdächtig waren, erklärten ihr Bedauern, »daß keine gemeinsame Aktion stattfinden wird«.[105] Die Bürgerinitiativen taten sich sogar schwer damit, dass es überhaupt Gespräche mit der Landesregierung gegeben hatte. Die Marschenkonferenz der BUU erklärte am 13. Februar 1977, dass die Gespräche ohne Mandat, ja sogar ohne Wissen der Bürgerinitiativen stattgefunden hätten, sie seien mit Blick auf die Entscheidung für Itzehoe vollkommen belanglos, und die Gerüchte über Abmachungen mit der Stoltenberg-Regierung seien »völliger Unsinn«: »Es hat solche Absprachen nicht gegeben, und es wird sie nicht geben.«[106] Tatsächlich gebot es schon das Demonstrationsrecht, dass es im Zuge der Vorbereitung Gespräche gab, aber für die Atomkraftgegner ging es um eine grundsätzliche Frage: »Wir lassen uns als Bürgerinitiativen nicht das Recht nehmen, zu demonstrieren, wo wir es wollen.«[107]

Großdemonstrationen waren ein zentrales Instrument der Atomkraftgegner, und das machte Konzessionen an den Gegner zu einer schmerzhaften Erfahrung. Es ging dabei jedoch auch um den Ort des Atomprotests in der Gesellschaft und damit um das Demokratieverständnis der Bewegung. Die Bürgerinitiativen spürten, dass eine breite Mehrheit kein Verständnis für gewaltförmige Aktionen hatte, und das gebot gewisse Rücksichten. Die Formulierung der Marschenkonferenz war in dieser Hinsicht erhellend: Die BUU beschloss, »keine Aktionen durchzuführen, die unsere Verankerung in der Bevölkerung stark vermindern würden«.[108] In ihrer Rhetorik zeigte die Anti-Atomkraft-Bewegung eine grimmige Entschlossenheit, die manche Kommentatoren um die Zukunft der parlamentarischen Demokratie fürchten ließ, aber in Wirklichkeit hatte sie mehr Respekt vor der bundesdeutschen Demokratie, als sie sich selbst eingestand.

Viele Aktivisten zitierten begeistert Gandhi als Propheten des zivilen Ungehorsams, aber dahinter verbarg sich eine spezifisch bundesdeutsche Interpretation des gewaltlosen Widerstands. Der Mahatma war im Kampf für die indische Unabhängigkeit immer wieder ins Gefängnis gegangen, und zwar ausgesprochen bereitwillig: Das war schließlich Teil einer gezielten Strategie, die britische Kolonialmacht »im Netz ihrer eigenen Widersprüche zu verheddern«.[109] Diese Denkweise blieb dem Atomprotest völlig fremd. Michael Hughes hat darauf hingewiesen, dass bundesdeutsche Aktivisten sich vehement gegen die eigene »Kriminalisierung« wehrten.[110] Unausgesprochen respektierte die Bewegung den bundesdeutschen Rechtsstaat, und das keineswegs nur in einem abstrakten Sinne. Als Aktivisten im Sommer 1977 ein Zeltlager in der Nähe von Brokdorf aufschlugen, das zeitweise auf 300 Personen anschwoll, wurden die Besetzer nach Beobachtungen der Polizei »in jeder Phase von einem oder mehreren Rechtsanwälten beraten«.[111] Acht Jahre später mahnte ein Flugblatt zu Wackersdorf, für die Demonstration am Baugelände, die für den ersten Samstag nach Rodungsbeginn geplant war, unbedingt den Personalausweis mitzunehmen und die Telefonnummer eines Rechtsanwalts zu notieren.[112]

Im Atomkonflikt entpuppte es sich auch als unerwarteter Geniestreich, dass seit 1968 ein »Recht auf Widerstand« im Grundgesetz stand. Dahinter stand ein Kompromiss bei der Verabschiedung der Notstandsgesetze, die unter Liberalen, Sozialdemokraten und insbesondere der zeitgenössischen APO als Bedrohung der jungen Demokratie galten und deshalb mit einer salvatorischen Klausel eingerahmt werden sollten.[113] Das Widerstandsrecht in Artikel 20 Absatz 4 richtete sich folglich »gegen jeden, der es unternimmt, diese Ordnung zu beseitigen«, und seine rechtliche und praktische Signifikanz war, gelinde gesprochen, umstritten; es gab Akademiker, die die Widerstandsklausel des Grundgesetzes für eine konstitutionelle Absurdität hielten.[114] Aber diese Unbestimmtheit erwies sich als hilfreich, wenn eine soziale Bewegung nach Legitimität in Grenzbereichen suchte. So konnte die Anti-Atomkraft-Bewegung Widerstand leisten und sich zugleich auf dem Boden des Grundgesetzes wähnen.[115]

Auch der berüchtigte Radikalenerlass von 1972 entfaltete im Atomkonflikt eine disziplinierende Wirkung. Seither mussten alle, die eine Karriere im öffentlichen Dienst nicht von vornherein abschreiben wollten, durch ihr gesamtes Verhalten dokumentieren, dass sie treu zur Verfassung standen, und entsprechende Gedanken blieben selbst in angespannten Momenten im Hinterkopf. Der Fotograf Günter Zint, dessen Aufnahmen das visuelle Gedächtnis der Anti-Atomkraft-Bewegung prägten, berichtete nicht nur von Schikanen der Polizei, sondern auch von gelegentlichen Auseinandersetzungen mit »Atomkraftgegnern, die um ihre Einstellung in den Öffentlichen Dienst gebangt haben« und deshalb nicht fotografiert werden wollten. Außerdem gab es noch Probleme mit »Leuten, die glauben, von allen Gemeindiensten der Welt gejagt zu sein«.[116]

Es gab freilich auch einen ganz pragmatischen Grund, warum die Gewaltspirale nach wenigen Umdrehungen wieder zum Stillstand kam. Die Bundesrepublik erwies sich als ziemlich wehrhafte Rechtsordnung. Für die Brokdorf-Demonstration vom 19. Februar 1977 versammelten sich 55 Einsatzhundertschaften aus allen Bundesländern, 430 Kriminalpolizisten, 43 Wasserwerfer und zehn Hubschrauber in der Wilstermarsch, sodass die Demonstranten gar nicht erst in die Nähe der Baustelle kamen.[117] Der geplante Platzsturm endete an einem Kontrollpunkt der Polizei, der sieben Kilometer von der Baustelle entfernt war.[119] Einen Monat später behielt die Polizei auch dann noch die Oberhand, als die Demonstranten

Abb. 9: Die Schlacht um Grohnde am 19. März 1977. Demonstranten versuchten im Strahl der Wasserwerfer, ein Loch in den Bauzaun zu reißen. Einen Monat später berichtete die Kriminalpolizeiinspektion Hameln, dass viele Mitglieder der lokalen Bürgerinitiativen »erschrocken und entsetzt über die Brutalität dieser Gruppen« waren.[118] Foto: Günter Zint/bpk.

mit generalstabsmäßiger Planung und obszöner Gewaltbereitschaft den Bauplatz des niedersächsischen Atomkraftwerks Grohnde belagerten.[120] Die nächste Großdemonstration in Kalkar wurde zum bis dahin größten Polizeieinsatz der bundesdeutschen Geschichte. Die Polizei setzte auf Gespräche und Deeskalation, aber auch auf ostentative Kampfbereitschaft mit Schützenpanzern und Hubschraubern sowie aufwendige Kontrollen von Demonstranten bei der Anreise, und all dies geschah, während die Fahndung nach den Entführern von Hanns Martin Schleyer auf Hochtouren lief.[121] Der Ausgang des Deutschen Herbsts bestätigte den Eindruck der Atomkraftgegner, dass weitere Auseinandersetzungen in offener Feldschlacht sinnlos waren. »Spätestens seit Kalkar ist klar, daß Großdemonstrationen nur noch so über die Bühne gehen werden, wie die Polizei sich das vorstellt«, schrieb der Arbeitskreis Politische Ökologie der BUU im September 1978.[122]

Der Erfolg der Polizei hing an der Lernfähigkeit des Apparats. Einsätze wurden intern gründlich analysiert, und die Befunde gingen in die Vorbereitung der nächsten Großdemonstration ein. Vermutlich wären die Aktivisten überrascht gewesen, wie nüchtern es dabei zuging: Es ging um den Umgang mit einem kniffligen Problem der Polizeiführung und keineswegs um die Befriedigung irgendwelcher Rachebedürfnisse. Charakteristisch war ein »Mitteilungsblatt für die Polizeivollzugsbeamten« vor der zweiten Brokdorf-Demonstration im November 1976: »Der Rechtsstaat braucht den bewußt und besonnen handelnden qualifizierten Polizeivollzugsbeamten, der dann von Vollzugsmaßnahmen oder von der Anwendung bestimmter Zwangsmittel absieht, wenn diese nicht mehr verhältnismäßig oder erforderlich sind.«[123] Polizisten sollten kräfteschonend eingesetzt werden und auch Ruhepausen bekommen, da sie sonst »nach 2 Tagen überreizt sind und man mit ihnen kein richtiges Gespräch führen kann«.[124] Ausdrücklich wurde vor nachlassender Disziplin in Stresssituationen gewarnt, etwa wenn Beamte mit Steinen beworfen wurden. »Es ist eine wichtige Aufgabe der eingesetzten Führer einer Einheit, darauf zu achten, daß ein sog. ›Steinschlag‹ dann nicht in eigener Erbitterung erwidert wird. Jeder Stein, der zurückgeschleudert wird, ist kein polizeiliches Mittel.«[125] Eine solche Mahnung konnte man freilich auch als Beleg interpretieren, dass derlei in der Hitze der Schlacht durchaus vorgekommen war.

Wenn Polizeiführer von Verhältnismäßigkeit sprachen, dann zeigte das nicht nur den Respekt vor dem mündigen Bürger. Aus den verfügbaren Akten spricht auch die nüchterne Einschätzung, dass die Ressourcen des demokratischen Rechtsstaats begrenzt waren. Mehrere tausend Polizisten ließen sich immer nur für wenige Tage mobilisieren, und deshalb musste man mit den eigenen Mitteln haushalten. Ein Übriges tat die Angst der Beamten um die eigenen Knochen. Nach der Schlacht um Grohnde appellierte der Landesverband Niedersachsen der Polizeigewerkschaft an die Politiker, »alles in Ihren Kräften stehende zu tun, um ähnlichen Gewalttätigkeiten wie sie in den letzten Wochen um den Bau der Kernkraftwerke geschehen sind, Einhalt zu gebieten«. In einem »15-Punkte-Programm« forderte die Gewerkschaft eine komplett neue Ausstattung – von den Handschuhen bis zu den Stiefeln hatten sich eigentlich alle Kleidungsstücke als mangelhaft erwiesen – sowie das »Versprühen von Gleitmitteln aus Wasserwerfern«.[126]

Die Polizei hatte weder die Mittel noch die Ambitionen, immer und überall Stärke zu beweisen. Als die Bezirksregierung Lüneburg im April 1980 von der geplanten Besetzung der Tiefbohrstelle 1004 in Gorleben erfuhr, die dann als Freie Republik Wendland zur Legende wurde, lautete die Polizeitaktik »Hinnahme einer Platzbesetzung [...] von Mai bis Juni 1980«, gefolgt von »Räumung des Bohrplatzes unter Ansatz starker Kräfte«.[127] Die Platzbesetzung dauerte dann tatsächlich 33 Tage.[128] Die Aktion hätte man »nur mit starken Polizeikräften im Dauereinsatz rund um die Uhr« verhindern können, und derlei wäre womöglich schon an der fehlenden »Unterbringungskapazität« gescheitert.[129] Neben den logistischen Problemen trieb die Polizeiführung auch die Frage um, ob die geballte Präsenz der Staatsmacht auf Dauer den Rückhalt in der Bevölkerung gefährdete. Das hartleibige Einschreiten in Wyhl galt in dieser Hinsicht als Negativbeispiel: Mit exzessivem Druck geriet die Polizei in eine Spirale der Eskalation, aus der sie nicht mehr ohne Gesichtsverlust herauskam. In diesem Sinne sprach ein Polizeirat aus dem baden-württembergischen Innenministerium 1976 auf einer Tagung für Führungskräfte von einem »Debakel von Wyhl«: »Das Verhältnis ›Bürger : Polizei‹ wurde dabei erheblich belastet, die Polizei, mehr noch der einzelne Beamte geriet in eine Konfliktsituation, die dadurch entstand, daß einerseits die Erfüllung der Berufspflichten gefordert wurde, andererseits aber auch ein gewisses Mitgefühl mit dem ›Störer‹ nicht zu leugnen war.«[130]

Bei Großdemonstrationen verzichtete die Einsatzleitung auch schon mal auf Interventionen und die Ahndung von Delikten, »um eine Auseinandersetzung mit den zahlreichen und zum Teil bewaffneten Demonstranten zu vermeiden und damit eine Solidarisierung zu verhindern«.[131] Es fiel der Polizei allerdings nicht leicht, bei Straftaten grundsätzlich wegzuschauen, und deshalb gab es Überlegungen, wie man einzelne Aktivisten während einer Großdemonstration dingfest machen konnte. Bei der Brokdorf-Demonstration vom 28. Februar 1981 versuchte es die Polizei mit sogenannten Klettentrupps: Beamte in Zivil identifizierten Straftäter und verfolgten sie, bis eine Festnahme ohne eigenes Risiko möglich war. Es gab sechs solcher Einsatztrupps, die teils erfolglos blieben, weil Beamte unter den Demonstranten unangenehm auffielen, wenn sie älter als 25 Jahre waren, und so gab es am Ende des Tages ganze drei Festnahmen und eine Kiste mit Molotowcocktails, die »in Verwahrung genommen« wurde. Die Landespolizei kam zu dem Ergebnis, »daß der Einsatz der Klettentrupps zwar zu qualitativen Erfolgen führte, die aber kaum in einem angemessenen Verhältnis zum Einsatzaufwand stehen«.[132] Ein paar Jahre später versuchte es die Polizei in Wackersdorf mit einer Berliner Sondereinheit, die, mit Schlagstöcken bewaffnet, Jagd auf Straftäter machte und damit für einige der schlimmsten Szenen am Bauzaun sorgte. Die Presseberichte über die wild prügelnden Beamten lasen sich, so Janine Gaumer, »wie Kriegsberichterstattungen«.[133]

Die taktische und logistische Aufrüstung der Polizei hatte freilich auch zur Folge, dass sich militante Atomkraftgegner auf Gewalt gegen Sachen verlegten. Nach einem Polizeivermerk gab es die ersten Diskussionen über Sabotageakte am 24. Juli 1977 »anläßlich eines Arbeitstreffens norddeutscher Bürgerinitiativen aus dem Weser-Ems-Elbe-Raum«. Die Zahl der Delikte nahm 1979 sprunghaft zu, im Juni erschien ein 33-seitiges »Handbuch zur Selbsthilfe« mit allerlei praktischen Hinweisen zu militanten Aktionen, und am 23. August 1979 berichtete die *taz* über einen »im Umlaufverfahren herbeigeführten Beschluß zur Gewaltanwendung gegen AKW-Anlagen«.[134] Einen erneuten Aufschwung von Sabotageakten gab es im Gefolge von Wackersdorf und Tschernobyl. Im Oktober 1986 berichtete ein Vermerk von 109 Anschlägen auf Hochspannungsmasten seit 1981, von denen allein 73 auf das laufende Jahr entfielen; bis zum Ende des Jahres 1986 gab es 165 »Anschläge auf Stromversorgungseinrichtungen« mit einem Gesamtschaden von 6,4 Millionen DM.[135] Die Ermittlungsergebnisse waren dürftig, und der einzige Trost für die Sicherheitsbehörden war, dass die Täter offenkundig darauf achteten, niemanden zu verletzen. »In einem Fall trieben sie sogar noch vor ihrer Tat Kühe von einer Weide, um sie nicht zu gefährden«, berichtete ein Beamter des Landeskriminalamts Hannover.[136] Es gab selbst bei der RAF und den Revolutionären Zellen »starke Vorbehalte gegen Aktionen, die unmittelbar gefährdende Auswirkungen auf die breitere Bevölkerung haben«, hieß es in einem Vermerk des

Abb. 10: Die Staatsgewalt macht mobil. Aufgebot der Polizei bei der Brokdorf-Demonstration vom 28. Februar 1981. Foto: Günter Zint/bpk.

Bundesinnenministeriums von 1982: »Die stark negative Wirkung im Sympathisantenumfeld, welche die Entführung der Lufthansa-Maschine nach Mogadischu 1977 gefunden hat (Aktion hat nicht gezielt Repräsentanten des Staates oder der Gesellschaft getroffen, sondern normale Bürger) wirkt hier nach.«[137]

Bei solchen Sabotageakten agierten die Täter in kleinen Gruppen und ohne erkennbare Koordination, und das erschwerte die Ermittlungsarbeit. Hier versagten auch die geheimdienstlichen Methoden, die von den Sicherheitskräften ansonsten rege genutzt wurden. Die Platzbesetzung in Grohnde wurde zum Beispiel von 21 zivilen Aufklärern der Polizei beobachtet, darunter zwei verdeckte Ermittler, die bis zur Räumung in einem Zelt im Hüttendorf campierten.[138] Wenn sich unbekannte Atomkraftgegner beim Bundesministerium des Innern meldeten, erkundigten sich die Beamten routinemäßig beim Bundesamt für Verfassungsschutz, ob dort Informationen vorlägen, und die raschen Antworten lassen erahnen, dass man dort gut im Bilde war.[139] Die Aktivisten erwarteten es nicht anders. Im Adressbuch gegen Kernenergie wurde die Angst vor dem Verfassungsschutz offen angesprochen: »Es besteht wohl kaum die Gefahr, daß der Verfassungsschutz sich an diesen Adressen bereichert, denn darüber müssen wir uns klar sein, der Verfassungsschutz hat die vollständigste Kartei von Bürgerinitiativen und Gruppen gegen Atomkraftwerke.«[140] Das hielt das Hamburger Landesamt für Verfassungsschutz nicht davon ab, das Adressbuch gegen Kernenergie in einer Akte abzuheften.

Eine Lernkurve gab es auch bei den Bürgerinitiativen. Außerhalb des linksextremen Lagers gab es nach 1977 einen breiten Konsens, dass Gewaltverzicht ein zwingendes Gebot war, und dieser Konsens erwies sich bis Wackersdorf als weitgehend stabil. Kommunistische Gruppen traten weiterhin in Erscheinung und boten freundlich ihre Unterstützung an, aber damit lernten die Atomkraftgegner umzugehen. Beim Gorleben-Treck beschloss die Vollversammlung des Demonstrationszugs, den Kommunistischen Bund Westdeutschland (KBW) von der Teilnahme auszuschließen, und als der KBW sich trotzdem zur finalen Kundgebung in Hannover einfand, wurden dessen Leute ans Ende des Zuges gedrängt. So standen sie noch immer am Sammelpunkt vor den Toren der Stadt, als die ersten Traktoren längst durch die Innenstadt gerollt waren.[141]

Letztlich lernten die Atomkraftgegner, mit der Gewaltfrage umzugehen, ohne sie tatsächlich zu beantworten. Manchen fällt es sogar mit dem Abstand der Jahrzehnte schwer, die damaligen Exzesse zu bedauern. Die Chronologie der Bewegung, die 2012 in der *Bibliothek des Widerstands* des Hamburger Laika-Verlags erschien, enthält zum Beispiel keinen distanzierenden Kommentar zu dem berüchtigten Foto eines Polizeibeamten, der bei der Großdemonstration in Brokdorf 1981 in einen Graben rutschte und von drei Demonstranten brutal angegriffen wurde. Stattdessen reden die Autoren von »einer bis dahin beispiellosen Medienhetze und Kriminalisierungskampagne«, die auf die Veröffentlichung der Aufnahme im *Stern* gefolgt sei, und fügen an, »dass der betroffene Beamte einem Sonderkommando angehört, das – nicht nur in Brokdorf – besonders brutal gegen AKW-Gegner vorgegangen ist«.[142] Dabei handelte es sich um eine Situation von seltener Eindeutigkeit. Im Moment der Aufnahme war der Polizist von seinen Kollegen getrennt und stellte keinerlei Bedrohung dar, ein Angreifer schlug mit einem Spaten zu, und aus der Aktion ergab sich auch kein demonstrationstaktischer Vorteil. Es ging lediglich um den Schlag gegen eine verhasste Staatsmacht, und die Emotionen waren offenkundig auch drei Jahrzehnte später noch nicht ganz verraucht.

Vielleicht wäre die Erinnerung anders, wenn der Polizist an den Folgen des Angriffs gestorben wäre. Tatsächlich wurde er von besonnenen Aktivisten hinter die Linien gebracht und dort ärztlich versorgt – bei großen Protesten gab es einen eigenen Sanitätsdienst –,[143] bevor ihn die Demonstranten an die Polizei übergaben.[144] Es gab unter den Atomkraftgegnern eine Menge Hitzköpfe, aber immer auch andere, die in kritischen Situationen einen kühlen Kopf bewahrten, und dazwischen standen viele engagierte Menschen, die sich mit Gesprächen und einer geschickten Polizeitaktik für den demokratischen Rechtsstaat gewinnen ließen. Es gab bürgerkriegsähnliche Szenen, aber sie blieben kurze Episoden; selbst die Schlacht um Grohnde war nach wenigen Stunden vorbei. Erst in Wackersdorf stieg die Fieberkurve auf Dauer in den roten Bereich.

Manchmal knirschte es schon etwas im Gebälk, aber aufs Ganze gesehen, war das Haus des demokratischen Rechtsstaats zu keinem Zeitpunkt ernsthaft gefährdet. Der Bürgerkrieg, den manche ersehnten und andere fürchteten, blieb eine bloße Vision, und letztlich sprach daraus vor allem der Erfahrungsraum einer Gesellschaft, die nie einen Bürgerkrieg am eigenen Leib erfahren hatte. Vielleicht war es sogar ein Beweis für die Stärke der bundesdeutschen Demokratie, dass sie mit Menschen im selbsterklärten Widerstand und mit entgleisenden Demonstrationen umzugehen vermochte? In Brokdorf, Grohnde und Kalkar standen die Atomkraftgegner auf einer abschüssigen Ebene, aber den meisten gelang es, in Trippelschritten den Weg zurück vom Abgrund zu finden, und dabei erfuhren sie zwar Niederlagen, aber keine Demütigung, die den Atomprotest auf Dauer belastet hätte. Eine Kernschmelze blieb der bundesdeutschen Demokratie ebenso erspart wie ihren Kernkraftwerken, und das hatte letztlich den gleichen Grund. Es gab Sicherheitsvorkehrungen und genug Menschen, die verantwortungsbewusst handelten.

5. Krisenmanagement

5.1 Zwang zum Handeln

In einem berühmten Aufsatz von 1972 schrieb Alvin Weinberg, die Nutzung der Atomenergie basiere auf einem faustischen Pakt. Das meinte Weinberg durchaus nicht ablehnend. Erst später entwickelten sich die Vorkämpfer der Atomenergie zu Sprechautomaten, die immer wieder mit den gleichen Argumenten in die Öffentlichkeit drängten. In den siebziger Jahren gab es noch Vordenker mit breiter Bildung und gesellschaftlichem Problembewusstsein: Weinbergs Aufsatz trug den Titel »Soziale Institutionen und Kernenergie«. Die ständige technologische Optimierung war für ihn nur der eine Teil der Atomkraftentwicklung. Die entstehenden Kernkraftwerke brauchten hervorragend ausgebildetes Personal, rigorose Standards für Design und Bau und ein hohes Maß an Disziplin, aber es brauchte auch eine Gesellschaft mit robusten und langlebigen Institutionen. Das lief letztlich auf eine Frage hinaus, die der nukleare Komplex nicht selbst beantworten konnte und die fürwahr faustische Qualität besaß: »Ist die Menschheit bereit für die ewige Wachsamkeit, die es braucht, um das Energiesystem der Atomkraft ordentlich und sicher zu nutzen?«[1]

Man kann bei Goethe nachlesen, dass es gar nicht so schwierig ist, einen faustischen Pakt zu unterzeichnen. Auch die Einlösung ist ein relativ simpler Akt, der freilich für einzelne Beteiligte durchaus gravierende Folgen hat. Kompliziert wird es bei dem, was zwischen der Unterzeichnung des Vertrags und dem Ende passiert. In dieser Zeit überschlagen sich die Ereignisse, es sind ständig Entscheidungen zu treffen, deren Folgen nicht leicht zu überblicken sind, und was auf den ersten Blick wie ein Nebenschauplatz wirkt, entwickelt sich plötzlich zu einem zentralen Themenfeld. All dies ist eine ziemlich gute Beschreibung der Situation, in der sich die Bundesrepublik in der zweiten Hälfte der siebziger Jahre bei der Atomkraft wiederfand. Strom aus Kernenergie war kein Selbstläufer, sondern Teil eines Pakts, aus dem man nicht mehr so leicht herauskam.

Der Protest der Zivilgesellschaft wäre für den nuklearen Komplex vielleicht kein großes Problem geworden, wenn es ansonsten einigermaßen nach Plan gegangen wäre. Tatsächlich brannte es an allen Ecken und Enden. Die Energieprognosen, die den Ausbauplänen der frühen siebziger Jahre zugrunde lagen, erwiesen sich als überzogen. Die ersten Leistungsreaktoren liefen nicht reibungslos. Verwaltungsgerichte stellten unangenehme Fragen. Für die technische Sicherheit waren kostenträchtige Zusatzinvestitionen erforderlich, und damit stellte sich die Frage, ob Atomkraft tatsächlich billiger würde als konkurrierende Energiequellen. Beim Uran gab es Lieferprobleme, und die Entsorgung des Atommülls war noch nicht einmal ansatzweise geklärt. Selbst das Kartell der Stromversorger stand plötzlich infrage. Die von der sozialliberalen Bundesregierung einberufene Monopolkommission forderte in ihrem ersten Hauptgutachten von 1976 mehr Wettbewerb im Energiesektor und wies damit in eine Zukunft, die zwei Jahrzehnte später durch eine Binnenmarktrichtlinie der Europäischen Union Realität werden sollte.[2]

All dies hätte dem nuklearen Komplex wohl auch dann Kopfschmerzen bereitet, wenn es klare Kompetenzen und Entscheidungswege gegeben hätte. Tatsächlich herrschte weiterhin der beschriebene nukleare Tribalismus. Es gab die Stromkonzerne und die Reaktorhersteller, der Bund musste sich mit den Landesregierungen arrangieren, die Forschungszentren arbeiteten für den Schnellen Brüter und den Hochtemperaturreaktor, während sich die Investitionen auf die Leichtwassertechnologie konzentrierten. Am Horizont deutete sich zudem eine Krise der tradierten Entscheidungskultur an. Der RWE-Atompapst Heinrich Mandel war bis zu seinem Tod im Januar 1979 ein einflussreicher Strippenzieher, und Bundeskanzler Helmut Schmidt war als oberster Krisenmanager gewiss nicht die schlechteste Wahl für die Atomlobby. Der straffe Führungsstil dieser Männer darf jedoch nicht davon ablenken, dass die Macht der großen Häuptlinge langsam erodierte. Mit dem Demokratisierungsschub der sechziger und siebziger Jahre drängten neue Akteure auf die Bühne, und die Verschwiegenheit der nuklearen Insider, die eine wichtige Grundlage für den Mythos der Macher darstellte, kam mit der intensiven medialen Berichterstattung unter die Räder. Die Zeichen standen auf Dialog und Transparenz, und manche Experten verloren auch die Lust, wie moderne Illuminaten den Weg in die Zukunft zu weisen.

Das zeigte sich im Juni 1975, als Carl Friedrich von Weizsäcker ein Grundsatzreferat zur Energiepolitik vor dem Beratenden Ausschuss für Forschung und Technologie des Bundesforschungsministeriums hielt. Der Redetext ging vorab beim Ministerium ein und wurde dort zunächst als die erwartete Zustimmung zur Energiepolitik der Bundesregierung verstanden. Tatsächlich gab es dann in der Ausschusssitzung eine kontroverse Debatte über von Weizsäckers Thesen. Der Kernphysiker und Philosoph, seit 1970 Direktor des Max-Planck-Instituts zur Erforschung der Lebensbedingungen der wissenschaftlich-technischen Welt in Starnberg, präsentierte abwägende Überlegungen, forderte weitere Untersuchungen und schloss mit einer persönlichen Bemerkung: »Die Gefahren der Kernenergie könnten nicht geleugnet werden, müssten aber im Rahmen jener Gefahren gesehen werden, die mit dem erheblichen weiteren Wachstum der Energieproduktion verbunden seien und welche ein möglicher Krieg hervorbringe.« Von Weizsäcker diskutierte seine Thesen danach auf Einladung Erhard Epplers auf einer Konferenz der baden-württembergischen SPD, die Rede wurde in drei Teilen in der *Zeit* veröffentlicht, und so wurde aus der erhofften Ratifikation der Regierungspolitik ein gewichtiger Beitrag zur öffentlichen Debatte.[3] Man kann sich die Frustration der Krisenmanager unschwer vorstellen. War es nicht Zeit für Entscheidungen? Als von Weizsäcker zwei Jahre später vorschlug, mit einer hochrangigen Expertenkommission die nukleare Kontroverse zu versachlichen, reagierte das Kanzleramt kühl. Der Tenor des Expertenvotums sei »nicht genau kalkulierbar«, und weitere Unsicherheiten konnten die nuklearen Macher partout nicht gebrauchen.[4]

In der Atompolitik kam der Bundesregierung seit jeher eine Schlüsselrolle zu. Deshalb war es für die Atomwirtschaft besonders misslich, dass die Ablehnung der Atomenergie nun vor allem im linken Spektrum auf Resonanz stieß. In den sechziger Jahren kam die spärliche Kritik noch von Verbänden wie dem eugenisch geprägten Weltbund zum Schutz des Lebens, der sich vor allem um die Schädigung des deutschen Erbguts durch radioaktive Strahlen sorgte.[5] Solche Traditionen waren für die Proteste der siebziger Jahren nicht unbedeutend, aber der politische Tenor war nun eindeutig links der Mitte. Es ging um Demokratie, den Respekt vor dem mündigen Bürger, um kritische Wissenschaft als Alternative zu einem naiven Fortschrittsglauben und die Macht der Großkonzerne und gesichtslosen staatlichen Apparate.

All dies verfing nicht nur unter Sozialdemokraten, sondern auch auf dem linken Flügel der FDP, der in den siebziger Jahren noch Gewicht hatte und sich nicht zuletzt durch eine ambitionierte Umweltpolitik zu profilieren suchte. Im November 1976 beschloss der Bundesparteitag der FDP deshalb ein denkbar restriktives Bekenntnis zur Atomkraft. Genehmigungen für Kernkraftwerke sollten »nur erteilt werden, wenn alle bisher ungelösten Probleme der Lagerung und Wiederaufbereitung von radioaktivem Abfall sowie des Katastrophenschutzes gelöst sind«. Betroffene waren bei Standortplanungen »frühzeitig und umfassend zu informieren und an der Beratung zu beteiligen«. Die Bundestagsfraktion wurde aufgefordert, »sich unverzüglich im Bundestag für die Verbandsbeteiligung und Verbandsklage in den Genehmigungsverfahren für den Bau von Kernkraftwerken einzusetzen«. Außerdem war die FDP der Ansicht, »daß eine von der Genehmigungsbehörde angeordnete sofortige Vollziehung des Baus eines Kernkraftwerkes ausgesetzt werden muß, bis die Gerichte über entsprechende Anträge rechtskräftig entschieden haben«.[6] Dabei dachten die Liberalen nicht nur an die Gefahren der Atomkraft, sondern auch an das Verhältnis von Bürger und Staat: »Es droht die Gefahr, daß sich eine Vertrauenslücke zwischen den gewählten parlamentarisch-demokratischen

Gremien und den von ihnen vertretenden [sic] Bürgern auftut. Die friedliche Nutzung der Kernenergie kann aber nicht gegen, sondern nur mit den Bürgern eingeführt werden.«[7]

Die Christdemokraten nutzten den Streit in der Regierungskoalition nach Kräften aus. »Die SPD Schleswig-Holsteins ist im Begriff, jede Glaubwürdigkeit zu verlieren, wenn sie auf der einen Seite mit der Forderung ›Stopp den Kernkraftwerken‹ die Existenzgrundlage der Menschen in unserem Lande in Frage stellt und auf der anderen Seite uns dann wieder ständig kritisiert, weil wir angeblich nicht genug für Vollbeschäftigung, Stärkung der Wirtschaftskraft und berufliche Chancen der Jugend tun«, erklärte Ministerpräsident Gerhard Stoltenberg am 23. November 1976 vor dem schleswig-holsteinischen Landtag.[8] Auch Helmut Kohl, der damals als Vorsitzender der CDU/CSU-Bundestagsfraktion keinen leichten Stand hatte, versuchte sich mit polterigen Bemerkungen über »das Durcheinander im Regierungs- und Koalitionslager in Fragen der Energiepolitik« zu profilieren.[9] In den Briefwechseln der Bundesregierung mit CDU-geführten Landesregierungen schimmern hinter den anstehenden Sachfragen immer wieder parteipolitische Motive durch, und manchmal wurde das Profilierungsbedürfnis übermächtig. Im Januar 1977 verwies Stoltenberg gegenüber Bundeskanzler Schmidt als »besorgniserregendes Beispiel auf die Entschließung des SPD-Landesvorstandes Hamburg vom Wochenende«.[10]

Es steht zu vermuten, dass es nicht nur bei verbalen Scharmützeln blieb. So manches taktische Manöver war wohl von der Absicht geprägt, den politischen Gegner im Regen stehen zu lassen, auch wenn die Beteiligten solche Kalküle aus offenkundigen Gründen nicht schriftlich dokumentierten. Verdächtig wirkt zum Beispiel das Vorgehen der schleswig-holsteinischen Landesregierung kurz vor der ersten Großdemonstration in Brokdorf. Sie erteilte am Abend des 25. Oktober 1976 die erste Teilerrichtungsgenehmigung, ordnete die sofortige Vollziehbarkeit an, noch in der Nacht wurde der Bauplatz mit polizeilicher Unterstützung gesichert, und all dies geschah, ohne das Bundesinnenministerium vorab zu informieren.[11] Am folgenden Wochenende tobte dann die erste Schlacht um Brokdorf, und die »Nacht- und Nebelaktion« diente fortan als Paradebeispiel für die Arroganz der Mächtigen.[12] Das Bundesinnenministerium fühlte sich düpiert und mahnte, es müsse »mit besonderer Sorgfalt geprüft werden«, ob im Einzelfall »die Voraussetzungen für die Anordnung des sofortigen Vollzugs entsprechend § 80 Verwaltungsgerichtsordnung« vorliegen.[13] Die Landespolizei Schleswig-Holstein beteuerte im Gegenzug, dass »für den überraschenden Polizeieinsatz [...] ausschließlich taktische und rechtliche Gründe maßgebend« gewesen seien.[14] So lief es im Alltag des bundesdeutschen Föderalismus. Es gab immer einen Paragraphen oder einen Vermerk, hinter dem sich parteipolitische und andere Winkelzüge verstecken ließen, und dann konnte niemand beweisen, was man in Wirklichkeit im Schilde führte.

Während die Parteisoldaten taktierten, drängte der nukleare Komplex, das Bauprogramm »so schnell wie möglich durchzuziehen«.[15] Das hatte ein anderes Gewicht als die Ränkespiele von Funktionären und Journalisten. Es ging um Großkonzerne wie Siemens, VEBA und RWE, deren Schicksal keiner Bundesregierung gleichgültig sein konnte, und vor allem ging es um eine Bundesregierung, die ein Gefangener früherer Weichenstellungen war. Vor dem Auftrag für Biblis wäre es noch denkbar gewesen, dass die Atomenergie in der Bundesrepublik eine Nischentechnologie bleiben würde, so wie dies etwa in Italien zu beobachten war. Aber dann kamen die Bestellungen von Atomkraftwerken in den späten sechziger und siebziger Jahren, seit der Ölkrise wirkten Energiequellen auf heimischer Grundlage ungemein attraktiv, und jeder wusste, dass die Entscheidung, Atomenergie zu einem Eckpfeiler der bundesdeutschen Stromversorgung auszubauen, unter einer sozialliberalen Bundesregierung getroffen worden war. Man kam aus der Nummer einfach nicht mehr heraus.

Es griffe jedoch zu kurz, das Krisenmanagement der Regierung Schmidt lediglich als Ausfluss technologischer und energiepolitischer Pfadabhängigkeiten zu betrachten. Seit Biblis gab es milliardenschwere Investitionen, die man nicht leichtfertig abschreiben konnte, aber der Verhaltensstil der Bundesregierung ließ erkennen, dass es um mehr ging als die kontrollierte Abwicklung eines überdimensionierten Projekts. Die sozialliberale Bundesregierung war im Herbst 1976 mit knapper Mehrheit wiedergewählt worden, es gab lebhafte Spekulationen über einen Koalitionswechsel der FDP, aber über allem stand ein Bundeskanzler Helmut Schmidt, der für »seinen schneidigen und etwas autoritären, in jedem Fall aber führungs- und durchsetzungsstarken Stil« auch unter Konservativen populär war.[16] Da galt es, auch in der Atompolitik Haltung zu bewahren. Mustergültig spiegelte sich das in einem Vermerk des Kanzleramts für die Kabinettssitzung vom 10. November 1976, die unter dem Eindruck der Ereignisse von Brokdorf stattfand: »In dieser Situation ist die Bundesregierung zu klaren politischen Entscheidungen aufgerufen, die Befürwortern und Gegnern der Kernenergie verdeutlichen, daß die Bundesregierung eine durch zwingende Umstände gebotene, vernünftige und unter sicherheitspolitischem Gesichtspunkt vertretbare Politik ohne Schwanken und Zögern verfolgt.« Mit einer Hinhaltetaktik war für Schmidt nichts zu gewinnen. Wenn man die anstehenden Entscheidungen aufschob, »würden lediglich die energiewirtschaftlichen Probleme verschärft und der Zwang zum Handeln womöglich gerade gegen Ende der Legislaturperiode unabweisbar«.[17]

Die Entscheidungsfreude der Bundesregierung zeigte sich im Umgang mit der traditionellen Rivalität von Kernkraft und Kohle.[18] Anders als die Braunkohle, die zu konkurrenzfähigen Preisen verstromt werden konnte, befand sich die Steinkohlenförderung in einer Dauerkrise, wurde jedoch aus Rücksicht auf die industriellen Ballungsräume an Ruhr und Saar generös subventioniert. Als geschickter Schachzug erwies sich vor diesem Hintergrund der Jahrhundertvertrag vom 10. Mai 1977, der maßgeblich durch die Zusammenarbeit von Helmut Schmidt mit dem Vorsitzenden der Industriegewerkschaft Bergbau und Energie Adolf Schmidt zustande kam. In diesem Vertrag verpflichteten sich die Stromversorger langfristig auf die Abnahme einer festgelegten Kohlenmenge und erhielten für die Mehrkosten einen finanziellen Ausgleich. Der Jahrhundertvertrag bot dem Steinkohlenbergbau Planungssicherheit und diente zugleich als eine Art Friedensvertrag auf dem Stromsektor, indem die teure Kohle durch die billigere Kernenergie subventioniert werden sollte. Im Gegenzug verpflichtete sich die mächtige Bergbaulobby, fortan für die umstrittene Atomkraft einzutreten, und dieser Konsens erwies sich trotz vernehmlichen

Grummelns hinter den Kulissen als dauerhaft stabil. »Kernenergie und Kohle boten sich gegenseitig auch ›Flankenschutz‹, indem durch den Jahrhundertvertrag die Zukunft beider Energieträger eng miteinander verflochten wurde«, schrieb Hendrik Ehrhardt.[19]

Der Jahrhundertvertrag zielte auch auf die Unterstützung der Gewerkschaften, die für einen sozialdemokratischen Kanzler geradezu überlebenswichtig war. »Bei dem Versuch, Konflikte zwischen [Bundesregierung] und Koalitionsparteien möglichst zu vermeiden, hat DGB Schlüsselfunktion«, konstatierte ein Vermerk für den Bundeskanzler vom Juni 1977 und forderte eine »Verständigung« mit dem DGB-Bundesvorstand.[20] Tatsächlich waren die Gewerkschaften in der Lage, Großdemonstrationen *für* die Kernenergie zu organisieren. Etwa 40 000 Menschen kamen im November 1977 zu einer Veranstaltung des Deutschen Gewerkschaftsbunds ins Dortmunder Westfalenstadion, um für Kernkraft und Kohle zu demonstrieren.[21] Zugleich ging es um die SPD-geführte Landesregierung in Nordrhein-Westfalen, wo 1980 eine Landtagswahl anstand. Das kohlereiche Nordrhein-Westfalen hoffte auch auf Subventionen für die Rauchgasentschwefelung der Kohlekraftwerke, die wenig später in der hitzigen öffentlichen Debatte über das Waldsterben eine wichtige Rolle spielen sollte.[22] Im Kanzleramt war man deshalb der Ansicht, ein Gespräch mit der nordrhein-westfälischen Landesregierung sei »erst dann sinnvoll, ›wenn die Kohlen stimmen‹.«[23]

Der Schulterschluss mit den Gewerkschaften schien auch deshalb wichtig, weil Arbeitnehmer noch am ehesten für die Bedeutung billiger Energie sensibilisiert waren. »Die Lebensqualität der Arbeitnehmer […] hängt entscheidend davon ab, daß Energie zu vertretbaren Preisen zur Verfügung gestellt wird, und daß die Energiepreise längerfristig und überschaubar einplanbar sind«, erklärte der ÖTV-Vorsitzende Heinz Kluncker im November 1981 auf einer Veranstaltung des RWE und bekräftigte, dass sich »die Gewerkschaften im DGB und die für leitungsgebundene Energieversorgung zuständige Gewerkschaft ÖTV […] für die friedliche Nutzung der Kernenergie eingesetzt« hätten.[24] Damit gab es bei den Sozialdemokraten mächtige Freunde der Kernenergie, sodass die Partei mit einigem Murren hinter Schmidts atomfreundlichem Kurs stand.

Abb. 11: Eine Machtdemonstration: Am 10. November 1977 demonstrierten 40 000 Menschen im Dortmunder Westfalenstadion für das Bündnis von Kernkraft und Kohle. Atomkraftkritische Gewerkschaftler gründeten daraufhin den Aktionskreis Leben, der allerdings nie ein Fußballstadion füllen konnte. Foto: Manfred Scholz/Fotoarchiv Ruhr Museum/bpk.

Erst nach Tschernobyl votierte die SPD auf ihrem Nürnberger Parteitag bei nur zwei Gegenstimmen und einer Enthaltung für den Atomausstieg.[25]

Mit bundesdeutschen Verbündeten konnte man freilich nicht viel gegen die Probleme in der Uranversorgung ausrichten. Diese lagen zum Teil darin begründet, dass die Supermächte zunächst aus militärischen Gründen auf eine strikte Kontrolle der Uranversorgung gedrängt hatten und deshalb erst in den siebziger Jahren ein Weltmarkt entstand, auf dem die Preise heftig fluktuierten.[26] Die Bundesregierung hatte eine Verdoppelung des Uranpreises einkalkuliert, aber Ende 1976 konstatierte ein Hamburger Vermerk, dass sich der Preis »nicht nur verdoppelt, sondern versiebenfacht« hatte: »Derartige Preissteigerungen dürften auch den Atomstrom näher an die Grenze der Wettbewerbsfähigkeit bringen.«[27] In Verhandlungen über den Export deutscher Nukleartechnologie zeigte die Bundesregierung immer wieder ein reges Interesse am Bezug von Uranerz.[28] Weltweit boomte seinerzeit der Bau von Atomkraftwerken, und da musste die Bundesrepublik fürchten, dass die teuren Reaktoren schon bald mangels Brennstoff stillstehen würden.

Für zusätzliche Unsicherheit sorgten in der zweiten Hälfte der siebziger Jahre Änderungen der amerikanischen Atompolitik.[29] Als auch noch Kanada die Lieferungen von Natururan aussetzte, warnte Heinrich Mandel in einem Schreiben an den Bundeskanzler, »daß das Andauern des kanadischen Embargos bis in das Jahr 1978 hinein für die Elektrizitätsversorgung der Bundesrepublik eine ernste Gefahr darstellt, die sich insbesondere ab 1982 gravierend auswirken würde«.[30] Rohstoffsorgen gehörten zum Krisenpanorama der siebziger Jahre, und Mandels RWE hatte sich schon früh um eine Diversifizierung der Uranversorgung bemüht. Seit 1972 ließ es in der Sowjetunion Uran anreichern und unterlief damit das Versorgungsmonopol der Amerikaner.[31] 1982 bezog die bundesdeutsche Energiewirtschaft nicht weniger als die Hälfte ihres Kernbrennstoffs aus der Sowjetunion, denn auf deren Lieferungen konnte man sich wenigstens verlassen. »Während die USA in den 1970er Jahren tatsächlich mehrmals technische und politische Lieferschwierigkeiten hatten, bewies die Sowjetunion Vertragstreue.«[32]

Ähnlich sah das Krisenmanagement bei der Technologie der Atomkraftwerke aus. Auch hier gab es keine Patentlösung, sondern vielmehr viele kleine Schritte, die in der Summe darauf hinausliefen, dass die Kernkraftwerke besser liefen. Es war auch dringend nötig. Die ersten Leistungskraftwerke bereiteten ihren Betreibern eine Menge Kummer. Das Kernkraftwerk Würgassen war 1971 erstmals kritisch geworden, konnte jedoch bis 1983 aufgrund zu hoher Dampffeuchte nur mit 80 Prozent der Nennleistung betrieben werden.[33] Zu Biblis A konstatierte ein Vermerk der Bundesregierung im November 1976, dass der Reaktor »nach 2 Jahren hinsichtlich Auslastungsgrad, Störanfälligkeit und Sicherheit nicht zufriedenstellend« arbeite.[34] In Gundremmingen stand nach einem Störfall in Block A radioaktives Kühlwasser im Reaktorgebäude, und als für weitere Reparaturen und Nachrüstungen Kosten von mehr als 250 Millionen DM berechnet wurden, entschloss sich der Betreiber nach drei Jahren Bedenkzeit zur Stilllegung. Beim Kernkraftwerk Lingen, das 1968 kritisch wurde, gab es Schäden an der Turbine und Korrosionsprobleme. Ein neuer Dampfumformer wurde 1973 bestellt, 1975 eingebaut und nie genutzt, weil das Kraftwerk nicht mehr ans Netz ging und Anfang 1979 abgeschrieben wurde.[35] So konnte es unmöglich weitergehen, und das nicht nur aufgrund der öffentlichen Kontroverse um die Sicherheit der Atomkraftwerke. Wenn Reaktoren nur wenige Jahre Strom lieferten und dann aufwendig entsorgt werden mussten, dann war das auch ein wirtschaftliches Problem.

Als die Atomkraft in den siebziger Jahren zum Streitfall wurde, avancierte der Ruf nach strengen Sicherheitsstandards zum Mantra der Politiker. »Wir müssen den schmalen Weg finden, der genügend Energie und zugleich genügend Sicherheit bietet«, erklärte Bundeskanzler Schmidt 1980 auf der Weltenergiekonferenz in München.[36] Es entstanden ein tief gestaffeltes System der Aufsicht und Qualitätskontrolle und ein systematischer Erfahrungsaustausch unter den bundesdeutschen Kernkraftwerken, und das blieb nicht ohne Folgen für die Leistungsbilanz.[37] Es war freilich Ansichtssache, ob die Bemühungen ein hinreichendes Sicherheitsniveau garantierten, denn absolute Sicherheit konnte es bei Leichtwasserreaktoren nicht geben. Der Sündenfall fiel in die Mitte der sechziger Jahre, als sich herausstellte, dass eine Kernschmelze bei größeren Einheiten mehr als eine theoretische Möglichkeit war und der Siegeszug der Leichtwassertechnologie trotzdem weiterging.[38] Seither wurde aufwendig an Notkühlsystemen gearbeitet, die bei Störfällen reibungslos funktionieren mussten, um eine Katastrophe zu verhindern. Dass Notkühlsysteme allen gegenteiligen Beteuerungen zum Trotz tatsächlich ausfallen können, zeigte dann 2011 Fukushima.

Die Sicherheitsdebatte lief zudem darauf hinaus, dass einschlägige Fragen in einem engen Zirkel von Spezialisten diskutiert wurden, der von Außenstehenden kaum zu kontrollieren war. Es war ein Grundproblem der nuklearen Debatte, dass man in technischen Fragen immer wieder in Abhängigkeit von Experten geriet, die ihrerseits Partei waren, und dieses Problem entzieht sich bis heute einer befriedigenden Lösung. Selbst Spitzenpolitiker waren nicht so informiert, wie sie es sich wünschten. »Große Schwierigkeit, sich hier ein abgewogenes Urteil zu verschaffen«, notierte ein Vermerk für den Bundeskanzler vom 29. Juni 1977 und warf die Frage auf, »ob sich [der Bundeskanzler] nicht Gesprächskreis aus einigen wenigen hochqualifizierten Wissenschaftlern schaffen sollte, um nicht völlig vom Fachressort abhängig zu sein«.[39]

Tatsächlich zeigte sich ein mächtiger Trend zur Konzentration der nuklearen Kompetenzen bis hin zu Wissensmonopolen, die sich einer unabhängigen Kontrolle weitgehend entzogen. Besonders eindrücklich zeigte sich das auf dem Reaktormarkt, der in der Bundesrepublik fest im Griff der Kraftwerk Union (KWU) war. RWE war von dieser Entwicklung nicht begeistert und vergab den Auftrag für das Kernkraftwerk Mülheim-Kärlich an die Babcock-Brown Boveri Reaktor GmbH (BBR), ohne damit glücklich zu werden. Das Kraftwerk wurde später durch ein Verwaltungsgerichtsurteil stillgelegt, aber zuvor gab es so viele Verzögerungen, dass man bei RWE von »Mühsam-Kläglich« sprach.[40] Seit den siebziger Jahren war die Luft für Quereinsteiger auf dem Markt für Kernkraftwerke ziemlich dünn, und das war keine bundesdeutsche Besonderheit. Weltweit ging der Trend zu einem Oligopol der Reaktorhersteller, das in den folgenden Jahrzehnten ziemlich stabil blieb. Neueinsteiger gab es nur jenseits der westlichen Welt.

Bundesdeutsche Stromkonzerne kamen nach dem Fiasko von Mülheim-Kärlich an der KWU nicht mehr vorbei. Nur für das nicht realisierte Kernkraftwerk Neupotz bei Karlsruhe war noch einmal ein Auftrag an die BBR im Gespräch, bis sich das Unternehmen 1982 aus dem Kernkraftgeschäft zurückzog.[41] Es ist allerdings eine durchaus offene Frage, ob sich diese monopolartige Stellung für Siemens, seit 1977 Alleineigentümer der KWU, auch finanziell rentierte. Das Verhalten im nuklearen Exportgeschäft ist in dieser Hinsicht verräterisch. Weil der einheimische Markt hinter den Erwartungen zurückblieb, drängte die Bundesregierung ausgesprochen aggressiv auf den Export deutscher Nukleartechnologie und war dabei auch bereit, den Atomwaffensperrvertrag zu unterlaufen, wenn potenzielle Kunden ein Interesse an der militärisch heiklen Anreicherungstechnologie signalisierten.[42] Solche außenpolitischen Abenteuer passten eigentlich nicht zu einer sozialliberalen Bundesregierung, deren erster Kanzler für seine Ostpolitik den Friedensnobelpreis bekommen hatte. Aber wenn ein Großkonzern händeringend nach Aufträgen suchte, galten offenbar eigene Gesetze.

Es spricht einiges dafür, dass die betriebswirtschaftliche Situation der Atomsparte von Siemens ziemlich prekär war. 1978 sprach ein interner Vermerk des RWE von einer »angespannten Situation« bei KWU, fünf Jahre später sorgte man sich beim größten deutschen Stromkonzern, dass »KWU als Reaktorlieferant wegen Beschäftigungsmangels in Schwierigkeiten gerät«.[43] In der zeitgenössischen Presse wurde spekuliert, dass die KWU vier bis fünf Aufträge pro Jahr oder sogar sechs bis acht bräuchte, um mit seinem Reaktorgeschäft in die Gewinnzone zu kommen.[44] Bislang fehlt eine quellengesättigte Studie über das Innenleben der KWU,[45] aber vermutlich hatte der Reaktorhersteller unter dem Eindruck des Baubooms der frühen siebziger Jahren im großen Stil in den Ausbau seiner Produktionskapazitäten investiert. Als die Bauprogramme eingedampft wurden, drohten in diesem Fall massive Abschreibungen, die die KWU nach Lage der Dinge nur durch Exporte auffangen konnte. Am Ende standen Projekte, die im Rückblick geradezu fantastisch wirken. Drei Jahre lang verhandelte die Bundesregierung mit der Sowjetunion über ein Kernkraftwerk in Kaliningrad, das Westberlin und das Bundesgebiet per Fernleitung mit Atomstrom versorgen sollte, und als das Projekt 1976 scheiterte, meldete sich Helmut Schmidt bei Erich Honecker und fragte an, ob die DDR vielleicht Interesse an einem Atomkraftwerk der KWU hätte. Honecker lehnte dankend ab.[46]

Solche Offerten nähren den schon zeitgenössisch geäußerten Verdacht, dass es in der Energiepolitik eine unheilvolle Nähe von Unternehmensführern und Spitzenpolitikern gab. Tatsächlich war es nicht unbedenklich, dass der erste bundesdeutsche Umweltminister Walter Wallmann vor seiner Ernennung seit 1978 dem Aufsichtsrat der PreussenElektra angehört hatte.[47] Andererseits liefen die unterschiedlichen Rollen von Staat und Industrie auf divergente Interessen hinaus, die zum Beispiel bei der Entsorgung dramatische Folgen hatten, und hinzu kam eine nicht ganz unwichtige biografische Kluft, auf die Sandra Tauer im deutsch-französischen Vergleich hingewiesen hat. In der Bundesrepublik hatten meist Juristen das Zepter in der Hand, aber das sah jenseits des Rheins anders aus: »Nahezu alle für die Energiepolitik in Frankreich maßgeblichen Verantwortlichen besaßen einen naturwissenschaftlichen und/oder militärischen Hintergrund.«[48] So gab es in der bundesdeutschen Politik bei allen Rücksichten auf mächtige Industriekonzerne auch eine gewisse Fremdheit gegenüber der Welt der nuklearen Experten. Es fehlte ein einigendes Band, das dem Korpsgeist der École de Mines vergleichbar gewesen wäre, an dem sich französische Kollegen auf keinen Fall versündigen durften, und das lief auf eine innere Distanz hinaus, die für das Krisenmanagement der siebziger Jahre nicht unwichtig war. Der Ruf nach strengen Sicherheitsvorkehrungen konnte auch deshalb zum Mantra bundesdeutscher Politiker werden, weil sie dies nie als eine Aufgabe der eigenen Leute betrachteten.

Sicherheit war bei Atomkraftwerken eine Frage des gesunden Menschenverstands, aber sie war immer auch ein Kostenproblem. »Auf Bundesebene besteht ein verstärktes Risiko politisch motivierter neuer Eingriffe und immer schärferer Auflagen für die Kernenergie mit den Gefahren, daß tendenziell die Kostenvorteile der Kernenergie zusammenschmelzen und die Ausfallzeiten von Reaktoren länger werden«, hieß es 1980 in einem Hamburger Vermerk.[49] Zwei Jahre später konstatierte der Vorsitzende der Vereinigung Deutscher Elektrizitätswerke Gerhard Hecker, dass »ein Kernkraftwerk [...] heute das Dreifache und mehr als noch vor zehn Jahren« koste.[50] Zu dieser Zeit wurde der Mythos des billigen Atomstroms von kritischen Autoren mit guten Argumenten demontiert, aber der Kostenvorteil der Kernenergie war im Grunde genommen nie gesichertes Wissen gewesen.[51] »Die Wirtschaftlichkeit der KKW ist umstritten und beruht bisher auf fiktiven Berechnungen, da erst ein Reaktor der 1200 MW Generation (Biblis) in Betrieb ist«, hieß es in einem Bonner Vermerk vom November 1976.[52] Im Planungsstab der Hamburger Staatskanzlei war man zu dieser Zeit der Ansicht, es zeichne sich ab, »daß die Kernenergie ebenso teuer wird wie die anderen Energieträger«. Damit stand die Frage im Raum, »ob sie die ihr ursprünglich zugedachte Funktion in der deutschen Energieversorgung noch erfüllen kann«.[53]

Das größte Debakel erlebte das Krisenmanagement der Bundesregierung bei der Entsorgungsfrage. Das Schicksal des bundesdeutschen Atommülls ist bekanntlich bis heute ungeklärt, und das ist, global gesehen, völlig normal: Nirgendwo auf der Welt gibt es bislang ein Endlager für die strahlenden Hinterlassenschaften des

Atomzeitalters. Das Entsorgungsproblem, das die Bundesregierung in den siebziger Jahren umtrieb, sah freilich etwas anders aus. Für die Bonner Macher ging es nicht um die prinzipielle Lösbarkeit des Problems, sondern vielmehr darum, wie man Großkonzerne zu den nötigen Investitionen zwingen konnte. Das Thema war zunächst eher stiefmütterlich behandelt worden, auch weil zunächst kaum Atommüll anfiel, aber das änderte sich in den siebziger Jahren. Die Bundesregierung war der Ansicht, dass die Entsorgungskosten gemäß dem Verursacherprinzip von den Stromkonzernen übernommen werden sollten, aber diese begegneten dem Thema mit ausgeprägtem Langmut. Der Umgang mit dem Atommüll war offenkundig ein Verlustgeschäft und wurde von gewinnorientierten Großunternehmen gerne auf die lange Bank geschoben, und das wollte sich die Bundesregierung nicht länger bieten lassen. »Es erscheint unerläßlich, von Seiten der Bundesregierung den Druck auf Industrie und Wirtschaft auch weiterhin auszuüben, wenn nicht sogar zu verstärken«, hieß es in einer Kabinettsvorlage des Bundesinnenministeriums vom Mai 1976. Deshalb sollten künftig Genehmigungen von Atomkraftwerken nur noch erteilt werden, wenn ein Entsorgungskonzept vorlag. Allerdings drängte die Zeit, weil eine restriktive Genehmigungspraxis schon bald die Versorgungssicherheit gefährden würde: »Die Zeit läuft gegen das Verursacherprinzip.«[54]

Ein paar Wochen später stand das Entsorgungsjunktim im Atomgesetz, und die Klausel entwickelte rasch ein Eigenleben. Sie war der entscheidende Grund für den Baustopp in Brokdorf: Die Verwaltungsrichter vermissten den neuerdings erforderlichen Entsorgungsnachweis.[55] Die Entsorgung war seither die Achillesferse des nuklearen Projekts, und das hatte immerhin den Effekt, die Stromwirtschaft auf Trab zu bringen. Hurtig gründeten die Energiekonzerne auf eigene Kosten eine Deutsche Gesellschaft für die Wiederaufarbeitung von Kernbrennstoffen (DWK), die ihren Sitz in Hannover nahm, und am 22. Februar 1977 verkündete der niedersächsische Ministerpräsident Ernst Albrecht, dass die DWK in Gorleben ein Nukleares Entsorgungszentrum bauen wolle. Das Projekt sollte Wiederaufarbeitung und Endlagerung an einem Standort vereinen und über einen Zeitraum von 15 Jahren elf Milliarden DM kosten. Das Schicksal des Vorhabens ist bekannt: Derselbe Ministerpräsident Albrecht erklärte zwei Jahre später unter dem Eindruck des öffentlichen Protests, eine Wiederaufarbeitungsanlage sei politisch nicht durchsetzbar, aber das Zwischenlager von Gorleben und das geplante Endlager hielten die Region jahrzehntelang in Atem. Die Umstände, die zu der Entscheidung für Gorleben führten, sind bis heute nicht restlos geklärt. Bundeskanzler Schmidt schrieb zweimal an Albrecht, um ihn zu einem anderen Standort zu drängen, und schon damals wurde spekuliert, ob der CDU-Ministerpräsident bewusst einen geologisch heiklen Ort in unmittelbarer Nähe der innerdeutschen Grenze vorschlug, um das Entsorgungsprojekt zu torpedieren. Albrecht war freilich ein ausgebuffter Politiker, der ganz genau wusste, dass man solche Motive besser nicht in schriftlicher Form fixierte.[56]

Das Scheitern des Nuklearen Entsorgungszentrums war für die Entwicklung der bundesdeutschen Atomwirtschaft nicht allzu problematisch. Eine Wiederaufarbeitungsanlage brauchte man eigentlich erst, wenn die Brutreaktoren in Betrieb gingen, und die Stromerzeuger konnten gut damit leben, dass die riesenhafte Investition fürs Erste aufgeschoben war. Selbst das mehrjährige Moratorium für neue Kernkraftwerke, das sich aus dem Entsorgungsjunktim ergab, erwies sich in gewisser Weise als Glücksfall. So gewann der nukleare Komplex eine Atempause, und die hat er allem Anschein nach auch genutzt. Das Ergebnis war der Konvoi: weitgehend standardisierte Atomkraftwerke, die rasch und kostengünstig gebaut werden sollten.

Aber während sich die technologische und administrative Kompetenz verbesserte, schwand zugleich die Nachfrage nach Atomstrom. In einem Vermerk für die Koalitionsverhandlungen im Herbst 1980 bemerkte ein Abteilungsleiter des Bundesinnenministeriums, es entwickele sich ein »Spiel mit verkehrten Rollen«: Ausbaupläne stünden »im Widerspruch zum wahren Bedarf«, sodass die Energieversorger »hier eigentlich gar nicht so schnell wollen, wie die Hersteller und in manchen Fällen sogar die Landesregierung«.[57] Energieprognosen veralteten in den siebziger Jahren rasch, und die Zahlen mussten öfter nach unten korrigiert werden, als dies der Ministerialbürokratie lieb war. Süffisant bemerkte der Abteilungsleiter mit Blick auf die Kollegen im Wirtschaftsressort, diese hätten das bundesdeutsche Energieprogramm »im Lichte der neuesten wirtschaftlichen

Eckdaten zu überarbeiten, um auch hier im Interesse der politischen Glaubwürdigkeit möglichst bald ein hohes Maß an Kongruenz zwischen Realität und Perspektiven wieder herzustellen«.[58]

Die wackeligen Energieprognosen gingen den Entscheidungsträgern gehörig auf die Nerven. Selbst Bundeswirtschaftsminister Otto Graf Lambsdorff zeigte sich bei dem Thema ungewohnt emotional: »Wir wissen, daß diese Zahlen alle nicht stimmen und daß wir uns und anderen mit dem Versuch, so etwas veranstalten und vorhersagen zu wollen, nur etwas vorgaukeln und sie täuschen«, erklärte er auf dem Bundesparteitag der FDP 1978.[59] Die Delegierten quittierten es mit Beifall, aber ein solcher Agnostizismus half nicht weiter, wenn es um die Kraftwerkskapazität der Zukunft ging. Das Ende vom Lied war, dass die Ausbaupläne immer mehr zusammenschrumpften. In den Koalitionsverhandlungen von 1980 wurde noch mit zehn Anlagen geplant, die in der kommenden Legislaturperiode auf den Weg gebracht werden sollten: Wyhl, Biblis C, Isar 2, Emsland, Borken, Hamm, Neckarwestheim, Rehling/Pfaffenhofen, Vahnum und Neupotz.[60] Dann war nur noch von sieben Reaktoren der Konvoi-Baulinie die Rede, und am Ende wurden es drei: Isar 2, Emsland, Neckarwestheim 2. Sie gingen im Februar 1982 an den Start.[61]

Die Konvoi-Anlagen wurden zum Meisterstück der deutschen Atomwirtschaft. In den siebziger Jahren wirkte es, als ob Verzögerungen und Kostenexplosionen bei Kernkraftwerken unvermeidlich seien. Umso größer war der Stolz, als im April 1989 mit Neckarwestheim 2 der letzte der drei Reaktoren an den Betreiber übergeben wurde. Alle drei Projekte waren terminlich und finanziell im geplanten Rahmen geblieben, obwohl die Bauarbeiten von Isar 2 aufgrund eines gerichtlich verfügten Baustopps drei Monate lang geruht hatten. »Der Konvoi hat sein Ziel erreicht. Errichtung und Inbetriebnahme von Kernkraftwerken in der Bundesrepublik Deutschland sind wieder planbar geworden«, jubelte ein Aufsatz im Fachorgan *atw*.[62] Tatsächlich liefen die Anlagen auch in den folgenden Jahren ziemlich gut und boten damit einen nachdrücklichen Beleg, dass die Atomindustrie aus den Kontroversen der siebziger Jahre gelernt hatte.

Die Konvoi-Kraftwerke waren nicht billig. Ein Vermerk von RWE sprach im November 1983 von den »doch recht hohen Kosten«

der Baureihe und diskutierte ein »›Abspecken‹ des Konvoi-Konzeptes« zwecks »Verminderung der spezifischen und absoluten Kosten«.[63] Ansonsten bestand der einzige Schönheitsfehler der Baureihe darin, dass mit Neckarwestheim 2 das letzte Leistungskraftwerk der Bundesrepublik ans Netz ging. Damit wurden die Konvoi-Anlagen zur finalen Pointe in der an ironischen Momenten nicht armen Geschichte der bundesdeutschen Atomwirtschaft. Die Kraftwerksbauer zeigten, was sie nach langen Lehrjahren zu leisten vermochten, und dann wollte ihr Produkt niemand mehr haben.

Die Konvoi-Anlagen waren auch ein Produkt des Krisenmanagements der siebziger Jahre, und sie fügen sich ein in eine durchaus bemerkenswerte Gesamtbilanz. Es gab das Debakel des Nuklearen Entsorgungszentrums, das niemand schönreden konnte – der DWK-Vorstandsvorsitzende Günther Scheuten sprach von seinem »Cannae«[64] –, aber mit dem Bündnis von Kohle und Kernkraft stand die deutsche Stromwirtschaft auf festen Füßen. Kernkraftwerke wie Brokdorf wurden nach langen Verzögerungen tatsächlich gebaut, SPD und FDP blieben vorerst bei der Stange, und das Uran ging den deutschen Atomkraftwerken auch nicht aus. Es gab Reaktoren, die auf der Strecke blieben, aber vermutlich wären diese Projekte zu Milliardengräbern geworden: Es gab auch so mehr Kraftwerke, als man tatsächlich brauchte. »Kraftwerkskapazitäten gibt es in Europa überreichlich«, schrieb der Chefredakteur der *atw* 1989.[65]

Im Prinzip hätte die Atomwirtschaft mit den realisierten Projekten einigermaßen zufrieden sein können. Es gab kostspielige Fehlschläge in Kalkar, Mülheim-Kärlich, Hamm-Uentrop und Wackersdorf, aber auch 20 Leichtwasserreaktoren, die seit den achtziger Jahren einen wesentlichen Beitrag zur bundesdeutschen Stromversorgung leisteten. Aber die Realisierung dieser Projekte ließ sich nur begrenzt als Resultat einer weitsichtigen Politik der Bundesregierung verbuchen, und es gab auch keine andere Instanz, die hinter den Kulissen die Fäden zog. Es gab einen Pluralismus der Entscheider und einen noch größeren Kreis von Menschen, die einen Einfluss auf die Entscheidungen hatten, darunter nicht zuletzt die Demonstranten und kritischen Kommentatoren, die die Probleme des nuklearen Projekts schonungslos offenlegten. Während Frankreich dem Takt des Messmer-Plans folgte, regierte in der bundes-

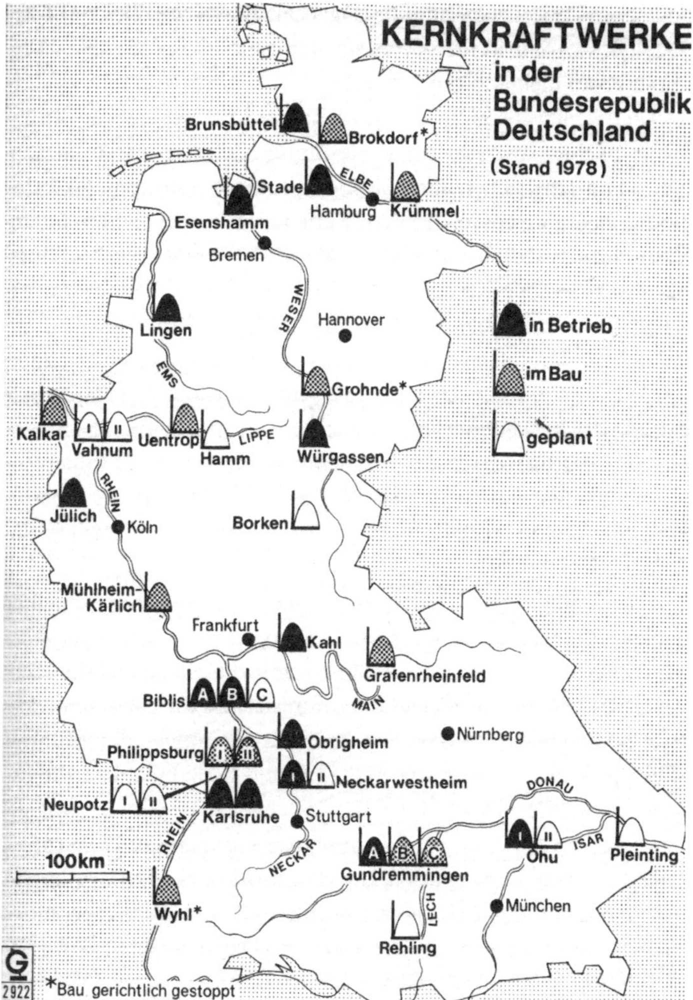

Abb. 12: Der Stand des nuklearen Projekts 1978. Von den als »geplant« eingezeichneten Reaktoren wurden nur Neckarwestheim II und Ohu II (Isar 2) tatsächlich gebaut. Abbildung aus Otto Schedl, Atomkraft und kein Ende, München 1980, S. 39.

deutschen Politik das Patchworking. Ganz unterschiedliche Akteure rüttelten sich Schritt für Schritt ein atomares Projekt zurecht, das in dieser Form niemand geplant hatte.

Die Lichter gingen in der Bundesrepublik nicht aus, die Strompreise blieben vertretbar, und die Atomkraftwerke waren tatsächlich schon sehr sicher, aber das löste im nuklearen Komplex keine Triumphgefühle aus. Es gab am Ende der siebziger Jahre eine nukleare Infrastruktur, und es stand zu erwarten, dass die Atomkraft für absehbare Zeit ein Eckpfeiler der bundesdeutschen Stromwirtschaft sein würde, aber diese Errungenschaften blieben gesellschaftlich umstritten. Das hatte man im Kanzleramt auch nicht anders erwartet. »Noch auf Jahre hinaus wird der rasch fortschreitende Ausbau der Kernenergieanlagen nicht zu einer Gewöhnung an diese Variante des industriellen Fortschritts, sondern zunächst noch zur verstärkten Sensibilisierung breiter Kreise der Bevölkerung führen«, hieß es 1976 in einem Vermerk.[66] Krisenmanagement war ein undankbares Geschäft.

Die Bürger nutzten weiterhin den billigen Strom, aber sie stellten zugleich Fragen. So lief der nukleare Komplex den Ereignissen ständig hinterher. Nach Gerüchten über radioaktiven Abfall auf Mülldeponien ließ das bayerische Staatsministerium für Landesentwicklung und Umweltfragen im Sommer 1974 Messungen durchführen, aber derlei brauchte naturgemäß Zeit, und deshalb konnte die Regierung des Freistaats erst ein paar Wochen später Entwarnung geben.[67] Als im Kernkraftwerk Brunsbüttel automatische Sicherungssysteme manipuliert wurden, um den Reaktor am Netz zu halten, veröffentlichte das Staatsministerium nach einem verheerenden Presseecho im August 1978 ein Dementi: Derlei sei in Bayern noch nie vorgekommen.[68] Das wirkte ähnlich hoffnungslos wie die Pressemeldung ein paar Monate zuvor, als das Ministerium unter der Überschrift »Kernkraftwerke sind keine ›Hexenküchen‹« über einen Besuch des bayerischen Umweltministers Alfred Dick im Kernkraftwerk Isar berichtete.[69] Der Atomstaat war in der Defensive, und der Gegenwind der kritischen Öffentlichkeit ließ einfach nicht nach. Die Öffentlichkeitsarbeit lief trotzdem weiter, aber mit Blick auf die erhitzten Gemüter wirkte das wie der sprichwörtliche Tropfen auf den heißen Stein. Eine gewisse Fiebersenkung gab es zunächst nur an Orten, die auf den ersten Blick wie Nebenschauplätze wirkten. Einer dieser Orte waren die Hallen der Justiz.

5.2 *Enter Justitia*

Die nuklearen Macher der fünfziger Jahre hätten sich vermutlich sehr gewundert, dass die eigenen Leute zwei Jahrzehnte später viel Zeit in Gerichtssälen verbringen würden. In der Gründerzeit der Atomkraft hatten juristische Themen noch keine Kopfschmerzen bereitet. Die Deutsche Atomkommission hatte eine eigene Fachkommission für Kernenergierecht, aber die regulative Politik blieb für die ersten Schritte der Atomwirtschaft von marginaler Bedeutung: Entscheidend war, wer mit welchen Mitteln gefördert wurde.[70] Bei den Genehmigungsverfahren, die Kernkraftwerke im wohlgeordneten Deutschland natürlich durchlaufen mussten, orientierte man sich kurzerhand an tradierten Verfahren. Seit der preußischen Gewerbeordnung von 1845 gab es ein förmliches Konzessionsverfahren für gefährliche Anlagen, das in aller Regel in eine unbefristete Genehmigung unter Auflagen mündete. Es zeigte sich freilich rasch, dass die Genehmigung eines Atomkraftwerks vertraute Verfahrensweisen sprengte, weil die Reaktoren komplexer und gefährlicher waren als alle bekannten technischen Anlagen. Äußeres Zeichen war die Aufspaltung des Verfahrens in einzelne Teilgenehmigungen, damit die Materie im Verwaltungsalltag handhabbar blieb.

Die Genehmigung gefährlicher Anlagen wurde mit dem Aufschwung der Umweltpolitik in den siebziger Jahren zu einem politischen Akt. Davor war es eher eine Sache für technologisch versierte Insider, und im Verwaltungsalltag herrschte eine gewisse Formlosigkeit, die wohl auch noch die ersten Genehmigungen von Atomkraftwerken prägte. Die Materie war neu und kompliziert, es gab kaum Erfahrungswissen, und da schien es hilfreich zu sein, wenn man die ganze Sache einfach gemeinsam durchging. Beim Atomkraftwerk Obrigheim ging die anfängliche Lockerheit so weit, dass die Anlage mehr als 20 Jahre lang mit einer Genehmigung für den Anfahr- und Probebetrieb am Netz war. Das wurde zum Problem, als dies kritischen Nachbarn auffiel, die deshalb vor Gericht zogen. Brauchte ein Atomkraftwerk nicht vielleicht eine Genehmigung für den Dauerbetrieb, wenn es jahrzehntelang Strom produzierte? Die Kläger bekamen 1990 vor dem Verwaltungsgericht Mannheim recht, aber der 7. Senat des Bundesverwaltungsgerichts, der informell längst als »Atomsenat« bezeichnet wurde, war ein Jahr später anderer Meinung. Es sei zwar ungewöhnlich, wenn ein Reaktor ohne Dauerbetriebsgenehmigung laufe, aber das sei kein hinreichender Grund für die Stilllegung.[71]

In anderen Fällen zeigten sich die Verwaltungsrichter weniger gnädig. Anträge und Genehmigungen mussten juristisch wasserdicht sein, und Formfehler konnten kostenträchtige Folgen haben. Drei Jahre vor dem Urteil über Obrigheim hatte das Bundesverwaltungsgericht die Stilllegung des Atomkraftwerks Mülheim-Kärlich verfügt, weil die Anlage aufgrund einer Erdbebenspalte 70 Meter weiter nördlich gebaut worden war, und dahinter steckte nicht etwa ein materielles Risiko, sondern administrative Schludrigkeit. Die Richter hatten »nicht das Kraftwerk beurteilt, sondern ausschließlich die Vorgehensweise der Behörde kritisiert«.[72] Die Verlegung war in den Genehmigungsunterlagen nicht rechtlich sauber geregelt worden, und dass deshalb ein nagelneues Atomkraftwerk nach wenigen Monaten vom Netz gehen musste, war aus Sicht des Verwaltungsrechts unerheblich.

Diese Denkweise war für unternehmerisch denkende Menschen nicht leicht zu verkraften. Als Mülheim-Kärlich 1998 erneut vor Gericht scheiterte, empörte sich Wolfgang Heller vom Bundesverband der Deutschen Industrie über die Logik hinter dem Urteil: »Entscheidend dafür war nicht die Frage, ob das Kraftwerk ausreichend gegen Erdbeben gesichert ist. Zu dieser Fragestellung und entsprechender Prüfung in der Sache ist es gar nicht gekommen. Geprüft wurde lediglich, ob die Genehmigungsbehörde das Erdbebenrisiko am Kraftwerksstandort ausreichend ermittelt und bewertet hat.«[73] Ein solches Lamento ließ den Rechtsstaat freilich unbeeindruckt, und damit hatte der Formalismus der Richter einen heilsamen disziplinierenden Effekt auf die Atomwirtschaft. Die Verfahrenswege des nuklearen Tribalismus standen in der Auseinandersetzung vor den Gerichten nicht zur Verfügung. Man konnte Verwaltungsrichter ja nicht einfach zu einem Gespräch unter Männern einladen. Die Komplexität des Atomrechts hatte allerdings auch zur Folge, dass sich das Oligopol der Großkonzerne in der Atomwirtschaft weiter konsolidierte. Man brauchte eine Menge Erfahrung, um ein komplexes Genehmigungsverfahren durchzuziehen, und damit lag die Hürde für mögliche Konkurrenten noch einmal höher.

Als 1980 in einer Reihe des Bundesforschungsministeriums ein Band über *Gerichtsentscheidungen zu Kernkraftwerken* erschien, waren seit 1962 insgesamt 81 Urteile in einschlägigen Verfahren ergangen. Dass sich der Band explizit an »ein breiteres, an Sachfragen interessiertes Publikum« richtete, lässt erkennen, dass es sich beim Atomrecht um mehr als ein juristisches Spezialgebiet handelte.[74] Die Verhandlungen vor den Verwaltungsgerichten waren ein wesentlicher Teil des Atomkonflikts, und der Unmut der Bürger produzierte einen stetigen Strom von Klagen. »Nach den Erfahrungen der jüngsten Zeit ist davon auszugehen, daß künftig jeder Genehmigungsbescheid zur Errichtung und zum Betrieb eines Kernkraftwerks angefochten wird«, schrieb Paul Schenk als Vorsitzender der Vereinigung Deutscher Elektrizitätswerke im Dezember 1976.[75] In der Bundesregierung sah man das zu dieser Zeit genauso: »Es muß damit gerechnet werden, daß die Betroffenen bei jedem einzelnen Projekt den Rechtsweg ausschöpfen werden.«[76]

Die wichtigste Entscheidung fiel noch vor den Protesten von Wyhl. Das sogenannte Würgassen-Urteil des Bundesverwaltungsgerichts klärte 1972 die Bedeutung des ersten Paragraphen des Atomgesetzes, in dem die Förderung der Kerntechnik und die nukleare Sicherheit nebeneinanderstanden. Seither war höchstrichterlich geklärt, dass die Sicherheit der Kernkraftwerke im Zweifelsfall Vorrang hatte. Geklagt hatte der Rechtsanwalt Horst Möller aus Karlshafen, der nach dem Urteil Joachim Radkaus »in seinem Stil eher konservativ-korrekt war«, neue Protestformen ablehnte und sich ganz auf die juristische Auseinandersetzung konzentrierte; der Weltbund zum Schutz des Lebens unterstützte die Verfahren finanziell.[77] Das Würgassen-Urteil legte die Grundlage für weitere Verfahren, die sich um die Risiken der nuklearen Technologie drehten.

Manche der Folgen für die Atomkraftentwicklung wurden bereits erwähnt. In Brokdorf führten Urteile der Verwaltungsgerichte zu einer vierjährigen Pause und damit zu einer wichtigen Unterbrechung der hitzigen zivilgesellschaftlichen Auseinandersetzung.[78]

In Wyhl dauerten die juristischen Verhandlungen so lange, dass das Badenwerk das Interesse an dem Projekt verlor.[79] Bei Isar 2 blieb die Unterbrechung hingegen eine belanglose Episode, nachdem Bayerns Ministerpräsident Franz Josef Strauß mit ätzenden Bemerkungen über den »beschränkten Provinzjuristen« ein sehr bajuwarisches Verständnis von Rechtsstaatlichkeit offenbart hatte.[80] Größere Folgen für die Bauprojekte blieben nur deshalb aus, weil seit Mitte der siebziger Jahre »atomrechtliche Genehmigungen regelmäßig für sofort vollziehbar erklärt« wurden.[81] Wenn man für jede Teilgenehmigung zunächst den Ausgang eines mehrjährigen Verfahrens abgewartet hätte – dafür gab es, wie gesehen, in der FDP durchaus Sympathien –,[82] wäre das nukleare Projekt in kürzester Zeit zum Stillstand gekommen.

Für die Verwaltungsrichter waren Verfahren über atomrechtliche Fragen ausgesprochen unbequem. Die Schriftsätze erreichten einschüchternde Umfänge, die Kläger fuhren häufig eine Verzögerungstaktik – nach den Erfahrungen von Wyhl und Brokdorf nicht ganz unverständlich –, und das statische System des Rechts kollidierte mit der dynamischen Entwicklung von Wissenschaft und Technik. »Das zwingt Errichter und Genehmigungsbehörde, sich dieser Fortentwicklung anzupassen mit dem Ergebnis, daß am Ende regelmäßig eine ganz andere Anlage dasteht, als sie ursprünglich geplant war«, erklärte ein Vorsitzender Richter am Oberverwaltungsgericht Münster und monierte, das Gesetz stelle »für die Bewertung solcher Änderungen während des Verfahrens kein geeignetes Instrumentarium zur Verfügung«.[83] Hinzu kam die gängige Aufsplitterung in einzelne Teilgenehmigungen, die verfahrenspraktisch geboten, aber rechtlich fatal war: »Die Genehmigung wird geradezu atomisiert, 40, 50 oder weit mehr Teilgenehmigungen sind nicht selten, wobei die einzelnen Puzzlestücke kein einheitliches Bild ergeben, sondern einem sich im Laufe der Zeit verändernden Anlagenkonzept folgen.«[84]

Hinzu kamen die persönlichen Invektiven. Aus Sicht vieler Atomkraftgegner vertraten die Verwaltungsrichter den Staat, wenn nicht gar den Atomstaat, und diese Feindseligkeit ging einem Berufsstand, dessen Ethos die Unparteilichkeit war, naturgemäß an die Nieren. »Man wird, ohne sich jemals zu diesen Fragen geäußert zu haben, zu einem Befürworter der Kernenergie abgestempelt«, klagte ein Richter am Verwaltungsgerichtshof Mannheim, der sich an die zeitgenössischen RAF-Prozesse erinnert fühlte: »Wir Verwaltungsrichter sehen uns hier vor völlig neue Situationen gestellt, die man eigentlich nur aus Strafverfahren, insbesondere politischer Art, kennt.«[85] Im Atomkonflikt prallten Weltanschauungen aufeinander, die Emotionen kochten hoch, und das vertrug sich mit der unterkühlten Atmosphäre eines Verwaltungsgerichts nur sehr bedingt.

Die juristische Auseinandersetzung fand eine zweite Arena, als der Massenprotest in der Form individueller Anklagen in den Gerichtssälen auflief. Nun machte auch die Strafjustiz Bekanntschaft mit dem Widerstandsgeist der Atomkraftgegner. »Wir müssen versuchen, die Prozesse gegen einzelne AKW-Gegner zu einer öffentlichen Anklage gegen Atomindustrie und Regierung zu machen, und damit zu einem Bestandteil unseres Widerstandes gegen AKW«, schrieb der Arbeitskreis Politische Ökologie der Hamburger Bürgerinitiative Umweltschutz Unterelbe.[86] Selbst die Demonstranten, die 1981 in Brokdorf den Polizisten mit der Schaufel attackierten, konnten auf Unterstützung zählen. »Die Solidaritätsaktionen […] reichten von Verbalinjurien, Sachbeschädigungen, Brandanschlägen bis hin zu einer versuchten Gefangenenbefreiung«, berichtete das Bundeskriminalamt in einer Zusammenstellung linksextremistischer Aktivitäten. Unbekannte Atomkraftgegner »hatten an der Gefangenentransportstrecke unter einer Brücke quer zur Fahrbahn Feuer gelegt und am Fahrbahnrand Reifen in Brand gesetzt sowie einen Brandsatz aufgestellt, der jedoch nicht zur Entzündung kam«.[87]

Die bayerische Justiz sorgte im Wackersdorf-Konflikt für eine besondere Pointe, als das Amtsgericht Nürnberg drei Redakteure der Anti-Atomkraft-Zeitschrift *Radi Aktiv* wegen »Verunglimpfung des bayerischen Wappens« verurteilte. Das monatlich erscheinende Magazin, das immerhin auf eine Auflage von 5000 Exemplaren kam, hatte »eine Bildmontage vom Wappen des Freistaates veröffentlicht, in der die bayerischen Löwen mit einem Polizeiknüppel und einer Pistole sowie drei scharfen Hunden dargestellt wurden«. Für solche Impertinenz gab es im damaligen Bayern eine saftige Geldstrafe.[88] Der Kampf um die Wiederaufarbeitungsanlage wurde auch vor den Gerichten ausgefochten. Als im November 1991 das letzte Wackersdorf-Verfahren mangels Beweisen eingestellt wurde, zeigte sich freilich, dass die Menschen, denen wegen Wackersdorf Gefängnis drohte, bequem in einen Reisebus passten. »Von insgesamt 3326 Ermittlungsverfahren im Zusammenhang mit dem WAA-Widerstand mussten die Staatsanwaltschaften 2328 einstellen. In 742 Fällen wurde verhandelt, von 544 Verurteilungen waren rund neunzig Prozent Geldstrafen«, berichten Reimar Paul und Wolfgang Ehmke in ihrer Chronik des Protests.[89]

Die wichtigste Folge der justizförmigen Verarbeitung der nuklearen Kontroverse war zweifellos, dass der Rechtsstaat bei allem Getöse intakt blieb. Ein Respekt vor den Gerichten war sogar dann noch erkennbar, wenn Atomkraftgegner vollmundig von Gandhi und Widerstand redeten.[90] Die Verhandlungen vor den Verwaltungsgerichten hatten auch den heilsamen Effekt, dass die Atomkraftgegner lernen mussten, ihre Sicht der Dinge vor einer unabhängigen Instanz zu erklären. Vor den Richtern zählten juristisches Geschick und wissenschaftlich-technische Kompetenz, und es konnten sich auch Menschen profilieren, die auf Demonstrationen und anderen gemeinschaftsstiftenden Veranstaltungen untergingen. »Wer die Einzelheiten über Atomkraftwerke kennt, kann nicht mehr für Atomkraftwerke sein«, schrieb die von Studenten getragene Ökologiegruppe Frankfurt in ihrem *Kleinen Handbuch für Atomkraftwerksgegner*, aber mit solchen Sätzen kam man in bundesdeutschen Gerichtssälen nicht weit.[91] So liefen die Gerichtsverfahren darauf hinaus, die Wut der Bürger auf ein gesellschaftlich verträgliches Maß herunterzukühlen, und damit leisteten sie auch einen Beitrag zum Diskursprojekt Atomenergie.

Wie auf anderen Feldern des Atomkonflikts markierten die achtziger Jahre auch eine Wasserscheide in den juristischen Auseinandersetzungen. Die Spruchpraxis der Gerichte war inzwischen einigermaßen kalkulierbar, und in den Verhandlungen regierte eine kühle Professionalität. Bei RWE fanden die gerichtlichen Auseinandersetzungen sogar Eingang in die Terminplanung für Kraftwerksprojekte. Neben der Bauzeit, die seinerzeit auf sechs Jahre veranschlagt wurde, und der zweijährigen Frist für Begutachtung und Genehmigung eines Antrags rechnete man »zwecks Risikominimierung« damit, dass es auch eine »Juristische Pause« von einem Jahr geben würde.[92] So blickte man im größten Stromkonzern der Republik auf die rechtlichen Obligationen, bevor das Urteil über Mülheim-Kärlich erneut für Schockwellen sorgte. Der Kampf vor Gericht kostete Zeit und Geld und auch eine Menge Nerven, aber wenigstens wirkte es so, als ob das Ergebnis einigermaßen berechenbar war.

In den achtziger Jahren wurden Klagen jedoch auch zu einem taktischen Instrument, bei dem der Ausgang der Verfahren gar nicht mehr so wichtig war. Vermutlich wusste die Landesregierung von Nordrhein-Westfalen um die Aussichtslosigkeit der eigenen Klage, als sie im Konflikt um den Schnellen Brüter in Kalkar im November 1988 gegen eine Weisung der Bundesregierung vor das Bundesverfassungsgericht zog, aber am Ende hatte sie 18 Monate im Zermürbungskrieg mit den Betreibern gewonnen.[93] Als die SPD-geführte Landesregierung von Rheinland-Pfalz 1998 mit einer neuen Teilgenehmigung für Mülheim-Kärlich vor dem Bundesverwaltungsgericht scheiterte, signalisierte sie ihre Befriedigung über das Urteil so deutlich, dass dem Technischen Leiter des Kernkraftwerks die Spucke wegblieb: »Wie bei dieser Sachlage irgend jemand noch irgendeine Investition in Deutschland verantworten kann, ist dem Physiker, der immerhin auf einige Jahre Industrieerfahrung zurückblicken kann, schleierhaft.«[94] Es gab in den siebziger Jahren eine Menge Atomkraftgegner, die seinen Frust verstanden hätten. Im Atomkonflikt brodelten die Emotionen nicht nur unter Demonstranten, und manchmal musste gesagt werden, was gesagt werden musste. Aber wenn man sich nicht ins gesellschaftliche Abseits katapultieren wollte, musste man damit leben, dass der bundesdeutsche Rechtsstaat auf individuelle Gefühlslagen keine Rücksicht nahm.

5.3 Denkpause

Zum Erbe der Anti-Atomkraft-Bewegung gehört auch eine Langspielplatte, die aus dem Konflikt um Kalkar hervorging. *Bauer Maas – Lieder gegen Atomenergie* wurde vor allem über linke Buchläden vertrieben und entwickelte sich zum Verkaufsschlager. Als sich die Bewegung im September 1977 zum Protest am Niederrhein versammelte, lieferte eines der Lieder, *Hände über Hönnepel* der österreichischen Band Die Schmetterlinge, »den Soundtrack der Demonstration«.[95] Der Erlös unterstützte die Gerichtsverfahren des

Bauern Josef Maas in Kalkar-Hönnepel, der über mehr als ein Jahrzehnt die Symbolfigur des Widerstands gegen den Schnellen Brüter war, und das so vermittelte Liedgut war ein einigendes Band für eine Bewegung, die so etwas mit Blick auf ihre soziale Heterogenität gut gebrauchen konnte. Das gemeinsame Singen war nicht der unwichtigste Kitt der Anti-Atomkraft-Bewegung.

Als die Polizei am Morgen des 20. Februar 1975 die erste Bauplatzbesetzung in Wyhl beendete, sangen die Demonstranten in Endlosschleife das von Walter Mossmann geschriebene Lied über die *Andere Wacht am Rhein*, das die deutsch-französische Solidarität im Kampf um Wyhl und Marckolsheim beschwor. Später wurde der Kanon *Wehrt euch, Leistet Widerstand* (gesungen auf die Melodie des Volkslieds *Hejo, spann den Wagen an*) zum Klassiker des Atomprotests, obwohl dessen melancholischer Grundton eigentlich nicht passte. Für den Atomprotest brauchte es auch eine hohe musikästhetische Toleranzschwelle und die Bereitschaft, über Texte nicht allzu intensiv nachzudenken. Immerhin wurden unterschiedliche Geschmäcker bedient. Es gab den *Strahlentod-Tango*, den *Brokdorf-Blues* sowie eine Umdichtung von Pink Floyds *Another Brick in the Wall*, das mit den Worten »Wir wolln keine Polizisten« begann und im Refrain kulminierte: »Hey Cops, schmeißt die Knüppel weg!« Inzwischen sind die eigens komponierten Protestlieder ein etablierter Zweig der musikwissenschaftlichen Forschung, 386 Titel sind als Ergebnis des produktiven Schaffens dokumentiert.[96]

Anders als das Liedgut hat das einfache Gespräch in der Forschung bislang überraschend wenig Interesse gefunden. Als Quellen wurden die schriftlichen und medialen Hinterlassenschaften des Atomprotests natürlich rege genutzt, aber die Diskussionsfreude der Bewegung schien als Phänomen sui generis nicht weiter bemerkenswert. Heute drängt sich der kommunikative Stil des Atomkonflikts als Thema geradezu auf, wenn man die jüngeren Erfahrungen mit gesellschaftlichen Protesten Revue passieren lässt. Im Zeitalter der sozialen Medien ist das Mitteilungsbedürfnis von Protestbewegungen bestens dokumentiert, aber meist endet das Gespräch in Echokammern, in denen die Gleichgesinnten unter sich bleiben. Das war in den siebziger Jahren anders. Es gab das intensive Gespräch zwischen den Aktiven, aber darüber hinaus zeigte sich auch immer wieder ein dringendes Bedürfnis, mit anderen Menschen zu reden, selbst dort, wo eigentlich alle Voraussetzungen für einen ernsthaften Meinungsaustausch fehlten. Manche Demonstranten versuchten sogar in der Hitze der Schlacht, mit Polizisten über Vor- und Nachteile der Kernenergie zu diskutieren, und das wurde in Flugblättern auch ausdrücklich begrüßt.[97]

»Der Streit um die Atomkraft war und ist ein wirklicher Diskurs, der größte und gedankenreichste öffentliche Diskurs in der bisherigen Geschichte der Bundesrepublik«, schrieb Joachim Radkau Mitte der achtziger Jahre.[98] Zu diesem Zeitpunkt zeigte die Gesprächskultur allerdings längst deutliche Verfallserscheinungen, und das konnte auch kaum anders sein. Eine Diskussion, die sich nicht nur im routinierten Austausch bekannter Standpunkte erschöpfte, erforderte schließlich eine Bereitschaft zu lernen, und es lag in der Natur der Sache, dass individuelle und kollektive Lernkurven irgendwann abflachten. Die große Zeit der Debatten war die zweite Hälfte der siebziger Jahre, kulminierend in den Jahren 1977 bis 1979. Danach gab es nicht nur eine spürbare Erschöpfung, sondern auch ein Gefühl, dass so langsam alles gesagt war und vielleicht auch von jedem.

Es waren nicht zuletzt Bücher, die Stoff für anregende Debatten lieferten. Neben Jungks *Atomstaat* lohnte die Lektüre von Klaus Traubes *Müssen wir umschalten?*, in dem der ehemalige Atommanager offenlegte, in welchem Ausmaß sich großtechnische Systeme der demokratischen Kontrolle widersetzen.[99] Alexander von Cube schrieb anspruchsvolle atomkritische Sachbücher, während die Wissenschaftssoziologin Helga Nowotny in einem Suhrkamp-Band den Diskurs der Atomexperten sezierte.[100] Eine Studiengruppe »Die Sozialverträglichkeit von Energiesystemen« der Vereinigung Deutscher Wissenschaftler initiierte ein bahnbrechendes interdisziplinäres Forschungsprojekt, das von dem Philosophen Klaus Michael Meyer-Abich und dem Ökonomen Bertram Schefold geleitet und auf Drängen von Volker Hauff vom Bundesforschungsministerium finanziert wurde.[101] Die Veröffentlichungen der Studiengruppe analysierten die gesellschaftlichen Voraussetzungen und Folgen unterschiedlicher Energieregime und leisteten mit zwei Büchern Rolf Peter Sieferles auch einen frühen Beitrag zur umwelthistorischen Forschung.[102] In den achtziger Jahren wurden Charles Perrows *Normale Katastrophen* und Ulrich Becks *Risikogesellschaft* zur Pflichtlektüre.[103] So wurde die nukleare Kontroverse auch zu einem intellektuellen Ereignis, das über den Tag hinauswirkte. Wer sich mit den Risiken der Großtechnik und den politischen und sozialen Dimensionen der Energiefrage beschäftigt, kann diese Bücher heute noch mit Gewinn lesen.

Auch zu Einzelprojekten wie dem Schnellen Brüter gab es eine wachsende Literatur, die auf ein breites Publikum zielte.[104] Die Flut der Veröffentlichungen musste freilich über kurz oder lang zu Ermüdungserscheinungen führen, insbesondere bei Entscheidungsträgern, die Gespräche eher unter taktischen Gesichtspunkten betrachteten. »Die Zeit, zu der man über das Thema Schneller Brüter spannende und vielleicht auch brisante Debatten führen konnte, ist wohl endgültig vorbei«, erklärte der SPD-Abgeordnete Ulrich Steger im Dezember 1982 im Deutschen Bundestag und ergänzte in einer legendären Formulierung, das Thema wirke »wie ein zäher Kaugummi, der nachts schon dreimal am Bettpfosten geklebt hat«.[105] Das wichtigste Bauprojekt der achtziger Jahre – die Wiederaufarbeitungsanlage Wackersdorf – wurde deshalb anders als Gorleben nie zu einem Diskursprojekt, obwohl es eine Menge Gesprächsstoff gegeben hätte. Die bayerische Staatsregierung hielt jede weitere Debatte für überflüssig und sagte das auch ganz offen. Nach einer Großdemonstration in München erklärte das bayerische Umweltministerium in einer Presseerklärung vom 12. Oktober 1985: »Nicht den geringsten Hinweis auf die Bereitschaft zu sachlicher und argumentativer Auseinandersetzung hat nach Meinung von Staatsminister Alfred Dick das Vorbringen der Wortführer bei der gegen den Bau der Wiederaufarbeitungsanlage bei Wackersdorf gerichteten Veranstaltung am Samstag in München ergeben.«[106]

Für eine entstehende Bewegung war das Gespräch der Anfang von allem, und das Spektrum der Themen ist im vorigen Kapitel bereits deutlich geworden. Die Gegner der Atomkraft mussten sich erst einmal verständigen, ob sie lieber über die Folgen für ihre Region, die Sicherheitsproblematik oder den Atommüll reden wollten, und die Gewaltfrage entwickelte sich intern zum Dauerthema. Unterschiedliche Menschen hatten jeweils eigene Erfahrungsräume und Erwartungshorizonte, die erst durch intensive Kommunikation verständlich und verhandelbar wurden, und manchmal blieben die Vorbehalte auch nach vollbrachter Tat erkennbar. Als Holger Strohms *Friedlich in die Katastrophe* 1973 erstmals erschien, erklärte der Verlag Association nach internen Kontroversen in einem eigenen Vorwort, warum er »bei seinem Anspruch als sozialistischer Verlag diese Dokumentation verlegt«. Es fehlte zwar eine Grundsatzkritik der herrschenden Ordnung, aber das Buch war »auch Anstoß, die längst überfällige Diskussion der menschlichen Entwicklung in der Auseinandersetzung mit der Natur marxistisch zu beleuchten«.[107] Außerdem organisierte der Verlag zwecks ideologischer Flankensicherung ein Nachwort von Jens Scheer, der einerseits kritisch anmerkte, dass Strohm »von der Fiktion eines klassenneutralen Staats- und Justizapparats« auszugehen schien, den Band jedoch andererseits »als Grundlage für die Aufklärungs- und Überzeugungsarbeit unter den Volksmassen« empfahl.[108]

Wie jede Protestbewegung wollten die Atomkraftgegner in die Öffentlichkeit wirken, und da waren ergebnisoffene Debatten kein naheliegender Weg. Man wollte mit den eigenen Argumenten überzeugen und nicht darüber reden, ob man die Dinge vielleicht auch anders sehen könnte. Außerdem zeigte sich die Gegenseite in vielen Fällen unbeeindruckt. »Wir haben erfahren, daß wir durch Verhandlungen, Gespräche mit Politikern, Podiumsdiskussionen und Erörterungstermine allein unser Recht nicht bekommen«, erklärte die Regionalkonferenz der Bürgerinitiativen Umweltschutz Unterelbe im Dezember 1976.[109] Zur gleichen Zeit erklärte der Bund Naturschutz in Bayern, es habe »den Anschein, daß die Gereiztheit in dieser Diskussion in demselben Maße zunimmt, wie der Strombedarf sinkt«.[110] Wer Habermas gelesen hatte, merkte schnell, dass die nukleare Kontroverse kein herrschaftsfreier Diskurs war.

Im nuklearen Komplex gab es naturgemäß keine Neigung zu Grundsatzdebatten. Wer für die Atomwirtschaft arbeitete, war in aller Regel aufgrund wissenschaftlich-technischer Kompetenzen eingestellt worden und deshalb für stundenlange kontroverse Diskussionen eher schlecht gerüstet.[111] Wenn dann noch ein Haufen ungewaschener Aktivisten vor dem eigenen Bauzaun campierte wie im Sommer 1977 in Grohnde, wurde es schon mal grob. Der Betriebsrat der Arbeitsgemeinschaft Kernkraftwerk Grohnde klagte in einem Schreiben an den Bundeskanzler über »eine wilde Horde arbeitsscheuer und verkommener Menschen, denen nichts mehr heilig ist«, und insinuierte, das Treiben einer »Minderheit kommunistisch gelenkter krimineller Schlägerbanden« könne »doch wohl nicht im Sinne eines sozialen Rechtsstaates sein«.[112] Auch Politiker reagierten in den ersten Jahren der nuklearen Kontroverse noch ziemlich ungelenk auf die kritischen Fragen der Bürger. Als im Herbst 1975 eine wissenschaftliche Studie Aufsehen erregte, die ein Jahrhundert in die Zukunft plante und für das gesamte Bundesgebiet rund 600 Reaktoren und Wiederaufarbeitungsanlagen vorsah, erklärte ein bayerischer Staatssekretär im Gespräch mit der *Augsburger Allgemeinen* ungerührt, es gebe noch keine festen Zahlen, aber grundsätzlich sei »auch im schwäbischen Raum vorgesehen, das eine oder andere Kernkraftwerk zu bauen«.[113]

Es finden sich schon früh Dokumente, in denen Politiker zum Gespräch mit dem Bürger gedrängt wurden. Im April 1975 schrieb ein evangelischer Dekan aus dem Raum Schweinfurt an den CSU-Vorsitzenden Franz Josef Strauß und erklärte mit Blick auf das im Bau befindliche Kernkraftwerk Grafenrheinfeld, »daß die Bayerische Staatsregierung das Fingerspitzengefühl vermissen läßt, das für einen Dialog mit der Bevölkerung der Region Schweinfurt notwendig ist«.[114] Aber was waren die Worte, mit dem man der Erosion des Expertenvertrauens, das einst völlig unausgesprochen dominiert hatte, entgegentreten konnte?[115] Vorträge über die physikalischen Grundlagen wirkten leicht abgehoben, die Großkraftwerke jenseits der 1000-Megawatt-Schwelle gab es vorerst nur als Blaupausen, und als Konsumenten waren die Bürger daran gewöhnt, dass der billige Strom einfach aus der Steckdose kam. In der Öffentlichkeitsarbeit lief die Atomwirtschaft oft nur den neuesten Ideen der Atomkraftgegner hinterher, und die Antworten bestachen nicht immer durch Kreativität. Als unter den Atomkraftgegnern *Asterix und das Atomkraftwerk* zirkulierte, versuchte es die Atomindustrie mit einem eigenen Comic unter dem Titel *Quo Vadis. Doc und Mo im Morgenland*, der zu einer großen Peinlichkeit geriet. Das Werk war arg didaktisch und völlig humorfrei, und mit der Popularität eines Asterix konnten die eigens erfundenen Hauptfiguren erst recht nicht mithalten.[116]

Ein mächtiger Impuls zum Dialog entstammte in der Bundesrepublik dem politischen System, das von der intensiven Kommunikation zwischen den Akteuren lebte. In Frankreich wurde der Messmer-Plan, der das Land zur europäischen Atomnation par excellence machte, von einem kleinen Zirkel von Politikern und Technokraten entworfen und durchgezogen. Premierminister Pierre Messmer verkündete das Bauprogramm 1974 in einer Fernsehansprache, und während der Staatsapparat auf Touren kam, verging mehr als ein Jahr, bis der Plan mit seinen geradezu gigantomanischen Dimensionen – die geplanten Investitionen beliefen sich auf neun Prozent des französischen Bruttosozialprodukts – im Parlament diskutiert wurde.[117] Solche gaullistischen Muskelspiele waren in der Bundesrepublik undenkbar, und anders als die französischen Nukleokraten entwickelten sich die bundesdeutschen Atomtechniker auch nie zu einer abgehobenen Kaste, die mit Herablassung auf den Rest der Gesellschaft schaute. Die Vertreter der Atomwirtschaft mussten in Anhörungen und anderen öffentlichen Foren Rede und Antwort stehen, und wenn sie dort nicht Klartext sprachen, wurde das durchaus registriert. Wer genau zuhörte, konnte tiefe Einblicke in das Innenleben des nuklearen Komplexes gewinnen. Beispielhaft erwähnt sei eine Bemerkung Wolf Häfeles in einem Expertengespräch von 1977, in dem es um die Wahl des Moderators für seinen Brutreaktor ging. Häfele konzedierte, dass die verschiedenen Reaktorbauweisen »bezüglich ihrer Leistungsfähigkeit nicht radikal voneinander abweichen«, und orientierte sich deshalb am internationalen Mainstream. Man täte gut daran, sich in unübersichtlichen Situationen »für den Weg [zu] entscheiden […], bei dem die größte technical assurance, d.h. die größte Masse an technischer und ingenieursmäßiger Evidenz auf dem Tisch liegt, auf die man sich gegenseitig abstützt, nachdem man die Alternativen auf internationaler Basis sehr sorgfältig untersucht hat«.[118]

In der Bundesrepublik fehlte es auch an der Möglichkeit, strittige Fragen per Volksabstimmung zu klären. In Österreich scheiterte die Atomkraft, weil sich die Wähler 1978 mit hauchdünner Mehrheit gegen die Inbetriebnahme des fertig gebauten Atomkraftwerks Zwentendorf aussprachen.[119] Zwei Jahre später stimmten in Schweden 40 Prozent für die Abschaltung aller Kernkraftwerke und eine Mehrheit für den Vorschlag der Regierung, die Reaktoren vorerst weiterlaufen zu lassen und erst langfristig auszusteigen (was freilich nicht verhinderte, dass vier Jahrzehnte später immer noch 30 Prozent des schwedischen Stroms aus Atomkraft stammen).[120] Vergleichbare Initiativen scheiterten in der Bundesrepublik am Grundgesetz sowie einem Bundeskanzler Schmidt, mit dem man gar nicht erst über eine Ausnahme reden musste. »Derartige plebiszitäre Elemente würden ein tiefes Mißtrauen unserer repräsentativen parlamentarischen Demokratie artikulieren«, erklärte ein Vermerk des Kanzleramts zum Ruf nach Volksbefragungen.[121] So musste man weiterreden ohne jede Aussicht, den Atomkonflikt in einer einzigen großen Schlacht zu beenden.

Die Gesprächsatmosphäre wurde zudem durch die Entwicklung des Energieverbrauchs entspannt. Die Nachfrage stieg weitaus langsamer als erwartet, und so wuchs im Laufe der Debatten die Gewissheit, dass man tatsächlich Zeit hatte. In der zweiten Fortschreibung des Energieprogramms vom Dezember 1977 ging die Bundesregierung noch davon aus, dass das Land bis 1990 eine nukleare Kraftwerkskapazität von 40 000 Megawatt benötigte.[122] Tatsächlich waren dann 1988 bundesweit 23 Kernkraftwerksblöcke mit insgesamt 22 635 Megawatt in Betrieb, und das Stromnetz blieb trotzdem stabil.[123] Von den für das Jahr 2000 geplanten 55 000 Megawatt – ein Wert, mit dem die Atomkraft deutlich über der Gesamtkapazität von Braun- und Steinkohle gelegen hätte – sprach ohnehin niemand mehr.[124] Hinter der Entwicklung standen intensive Bemühungen um Effizienzsteigerungen und Energiesparen sowie eine Volkswirtschaft, in der der Anteil der Industrie an der Wertschöpfung langsam, aber stetig schwand, und da konnte man den Atomkraftgegnern auch mal etwas ausführlicher zuhören.

Gespräche brauchen einen Rahmen. Unter den zahlreichen Orten, an denen in der Bundesrepublik über Atomenergie geredet und gestritten wurde, ragten vor allem die evangelischen Kirchen heraus. Die Gründe hat Michael Schüring in einer erschöpfenden Monographie analysiert. Es ging um das Verhältnis von Basis und Amtskirche, die Balance zwischen der Öffnung zu einer dynamischen Gesellschaft und dem theologischen Kerngeschäft, und im Hintergrund stand die Verarbeitung der traumatischen Erfahrung des Nationalsozialismus. Die Auseinandersetzungen verliefen quer zu den gängigen innerkirchlichen Konfliktlinien, Hierarchien und

Generationen und führten erst nach Tschernobyl zu einem klaren Resultat, als sich die evangelische Kirche eindeutig gegen die Atomkraft positionierte.[125] Davor war sie vor allem Bühne und Resonanzraum, ein Ort für Gespräche und Verhandlungen, in denen es neben der Sache auch um die innerkirchliche Verständigung ging. Zu den Gewinnern gehörten nicht nur Aktivisten, die hier unbeschwerter reden konnten als in der politischen Sphäre oder vor Gericht, sondern auch die Institutionen der Amtskirche, schließlich ließ sich die Diskussionen auch als Fingerzeig interpretieren, wie man Protestantismus in Zeiten der Entkirchlichung als Konfession des Wortes leben konnte. Von der katholischen Kirche war im Atomkonflikt jedenfalls deutlich weniger zu erwarten. Als eine Stellungnahme des Kommissariats der Deutschen Bischöfe im Oktober 1977 in der Parteizentrale der CSU landete, notierten die Mitarbeiter in einer Notiz für den Parteivorsitzenden lakonisch: »Die ›Stellungnahme‹ ist in Wirklichkeit ein Ausweichen vor einer Stellungnahme.«[126]

Die evangelischen Kirchen konnten sich auch deshalb so lebhaft im Atomkonflikt engagieren, weil in kritischen Situationen immer noch das Pathos blieb. So zog sich zum Beispiel die Kirchenleitung der Nordelbischen Evangelisch-Lutherischen Kirche aus der Affäre, als es im Februar 1977 in Brokdorf Spitz auf Knopf stand: »Wir brauchen einen neuen Stil in der Klärung so wichtiger Fragen! Humane Haltung auf allen Seiten ist das Gebot der Stunde!«[127] Politiker hatten es da schwerer. Sie mussten in Debatten immer auch die parteipolitischen Konsequenzen im Blick behalten, und das lief zwangsläufig auf ein gehöriges Maß an Gesprächsdisziplin hinaus. Das galt in den siebziger Jahren insbesondere für Vertreter der Bonner Koalitionsparteien, für die in den endlosen Diskussionen auch immer die eigene Zukunft auf dem Spiel stand. Franz Josef Strauß konnte sich in dieser Beziehung eine gewisse Wurstigkeit erlauben, weil er als bayerischer Ministerpräsident fest im Sattel saß. Wenige Monate nach Tschernobyl gewann er eine Landtagswahl mit 55,8 Prozent, obwohl kein Wähler irgendwelche Illusionen hegen konnte, wo Strauß bei der Atomkraft und der Wiederaufarbeitungsanlage Wackersdorf stand.[128] In Bonn regierten SPD und FDP hingegen mit knapper Mehrheit, der Kanzler blieb stur auf Atomkurs, und die Unionsparteien nutzten es gnadenlos aus, wenn im Regierungs-

Abb. 13: Die evangelischen Kirchen boten einen wichtigen Raum für Diskussionen über die Kernenergie. Nicht alle waren freilich bei dem Thema so engagiert wie dieser Geistliche im Talar, der 1977 in Brokdorf mit Megafon und Tränengasschutz unterwegs war. Foto: Günter Zint/bpk.

lager die Meinungen auseinandergingen. Entsprechend nervös war die Stimmung, wenn auf Parteitagen der späten siebziger Jahre mal wieder die Kernenergie zur Diskussion stand.

Der Streit unter den Sozialdemokraten fand so viel Beachtung, dass daraus ein viel zitiertes Bonmot entstand: »Mit Schmidt und

Eppler für und gegen Kernenergie.«[129] Weniger bekannt sind die Auseinandersetzungen in der FDP. »Wir haben eher als jede andere Partei uns nächtelang gestritten um die Kernenergie, und wir haben Respekt vor verschiedenen Meinungen in dieser Partei, die wir durchhalten müssen und durchhalten werden«, erklärte Peter Menke-Glückert auf dem Bundesparteitag der FDP im November 1978.[130] Nicht jeder war darauf so stolz wie Menke-Glückert, der im Bundesinnenministerium als eifriger umweltpolitischer Strippenzieher agierte und die FDP als »die Umweltpartei« zu positionieren suchte; ein anderer Redner warnte davor, »mit der Kernenergie hin- oder herzufummeln«.[131] Es gab jedoch bei den Liberalen zahlreiche Delegierte, die das Thema tief bewegte. »Ich habe wie viele andere Sorge, ob wir einem Atomstaat entgegengehen«, erklärte Burkhard Hirsch – eine bemerkenswerte Aussage für einen Mann, der damals Innenminister von Nordrhein-Westfalen war.[132] Rudolf Rentschler aus Baden-Württemberg forderte in seinem Antrag sogar einen Baustopp »zumindest für die nächsten 5 Jahre« und dachte dabei auch an die kommende Konkurrenz auf dem politischen Markt: »Damit können wir uns auch gegenüber den Grünen sehen lassen.«[133] Der Antrag scheiterte aus einem Grund, den die FDP ziemlich gut kannte. Es gab schließlich eine Koalitionsräson.

Während so in den Regierungsparteien die Debatten florierten, sah es bei fraktionsübergreifenden Gesprächen unter Spitzenpolitikern eher finster aus. Das zeigte sich in aller Deutlichkeit, als das Kanzleramt im Frühjahr 1977 einen Rat für die friedliche Nutzung der Kernenergie mit Vertretern von Wirtschaft, Gewerkschaften, Wissenschaft und Parteien berief. Die Idee war, »Vertreter der maßgeblichen politischen Kräfte und gesellschaftlicher Gruppen in der Bundesrepublik Deutschland an dem Willensbildungsprozeß zu wichtigen Themen der internationalen Kernenergiepolitik und zu den zentralen innenpolitischen Fragen der Kernenergiepolitik zu beteiligen«, aber als der Chef des Kanzleramts diese Absicht im Juli 1982 in einem Brief an den Vorsitzenden der CSU-Landesgruppe Friedrich Zimmermann beschrieb, hatte die Runde seit zweieinhalb Jahren nicht mehr getagt.[134] Bei den Themen setzte das Kanzleramt vorzugsweise auf parteipolitisch unstrittige Anliegen wie das Exportgeschäft, und wenn es mal grundsätzlicher wurde wie in der

Sitzung nach Albrechts Nein zum Nuklearen Entsorgungszentrum, verwandelten sich die Ratsmitglieder flugs in Parteisoldaten.[135] Die Stimmung in der Runde war irgendwann so mies, dass sich das Bundesinnenministerium beim Versand der Sitzungsunterlagen querlegte: »BMI zögert, den Bericht vor dem Wochenende herauszugeben, weil es den Vorabdruck im Spiegel befürchtet.«[136]

Auf einer niedrigeren Ebene kam es aber auch in der politischen Sphäre zu bemerkenswerten Momenten des Dialogs. Ein herausragendes Beispiel war das Gorleben-Hearing zum Nuklearen Entsorgungszentrum im Frühjahr 1979, das auf eine Initiative des Gutsbesitzers Andreas Graf von Bernstorff zurückging, der als Besitzer des Gorlebener Salzstocks eine Schlüsselrolle im Konflikt um das Endlager spielte. Ministerpräsident Albrecht griff den Vorschlag des Gutsbesitzers auf, in Hannover ein hochkarätig besetztes Expertengespräch durchzuführen, Carl Friedrich von Weizsäcker übernahm die Moderation, und das Ergebnis war für Joachim Radkau »der intellektuelle und politische Höhepunkt der Kernkraft-Kontroverse der 70er Jahre«.[137] Zur gleichen Zeit berief der Bundestag eine Enquete-Kommission »Zukünftige Kernenergie-Politik«, die unter dem Vorsitz des SPD-Abgeordneten Reinhard Ueberhorst tagte und eine Verständigung auf vier mögliche energiepolitische Szenarien erzielte. An die Stelle des hitzigen Glaubenskampfs rückte die Exploration von vier Pfaden in die Zukunft mit unterschiedlichem Energiemix und verschiedenen Wachstumsraten. Mit engagierten Sachverständigen und einem wissenschaftlichen Stab gelang eine Verständigung jenseits der bestehenden Konfliktlinien, auch wenn der »historische Kompromiss« rasch durch parteipolitische Profilierungsversuche unterlaufen wurde, weil Unionsabgeordnete auf den letzten Metern ausscherten. »In einer Debatte, die bis dahin vor allem auf Konfrontation angelegt war, erreichte das Gremium die Etablierung einer neuen Diskussionskultur«, schrieb Cornelia Altenburg.[138]

Die Ueberhorst-Kommission hatte vorgeschlagenen, den eingeschlagenen Energiepfad nach zehn Jahren zu überprüfen. Tatsächlich veränderte sich die Szenerie in den achtziger Jahren so sehr, dass man sich die Übung sparen konnte. Auch sonst gab es fürs Erste keine greifbaren Resultate, die sich als Produkte der Diskussionen vorweisen ließen. Es gab allenfalls die erwähnten Moratorien bei Reaktor- und Entsorgungsprojekten, und diese lösten sich in den folgenden Jahren teilweise auf: Der Atomstaat konnte auch nach intensiven Debatten weiterhin bauen, wenn er das wollte. Selbst eine Beruhigung der angespannten Gemüter ließ sich nur sehr bedingt konstatieren. Ein Vermerk des Kanzleramts hielt im Juni 1977 fest, dass der Bürgerdialog Kernenergie, den das Bundesforschungsministerium mit großem Aufwand seit 1975 durchgeführt hatte, »eher kontraproduzent [sic] gewirkt« habe.[139]

Hätte man sich die Denkpause also schenken können? Die Frage ist müßig, weil sie an den Motiven der handelnden Akteure vorbeigeht. Sie diskutierten nicht in der Erwartung konkreter Ergebnisse, sondern weil sie reden wollten. Es ging beim Widerstreit der Meinungen um das Werben um Unterstützung, das Klären eigener Motive und Ziele, das Erlebnis diskursiver Solidarität und vieles mehr: Es lohnte sich einfach, miteinander zu sprechen, auch wenn es am Ende keine Lösungen gab. Im Gespräch kam man intellektuell und menschlich weiter, und wenn unterschiedliche Ansichten aufeinanderprallten, dann konnte man Wortwechsel auch als Eingeständnis interpretieren, dass andere Sichtweisen zumindest legitim waren. Kernkraftgegner teilten nicht die Sorgen der Atomkonzerne um die Stromversorgung von morgen, aber wenn zum Beispiel ein Flugblatt des gewerkschaftlichen Aktionskreises Leben festhielt, man könne »alle Atomkraftwerke abschalten« und habe dann »immer noch eine Überkapazität«, dann konzedierten sie immerhin, dass eine stabile Energieversorgung wichtig war.[140] So hatten Gespräche auch dort eine gemeinschaftsstiftende Kraft, wo es auf den ersten Blick nur Gegensätze gab. Mit jeder offenen Diskussion verband sich das Anerkenntnis, dass es tatsächlich so etwas wie eine Gesellschaft als umfassenden Sinn- und Diskurszusammenhang gab. Am Ende aller Worte saßen die Gesprächsteilnehmer in einem Boot.

»Die Denkpause hat begonnen«, schrieben die *Nürnberger Nachrichten* im Februar 1977.[141] Das war ein wenig pathetisch, denn das gesamtgesellschaftliche Gespräch war letztlich eine Fiktion. Es wurde weiter geplant und gebaut, Gesprächserfahrungen waren stets individueller Natur, und es gab keinerlei Garantie, dass Diskussionen am Ende als bereichernd empfunden wurden. Dennoch bleibt das Diskursprojekt Atomkraft bemerkenswert, schon deshalb, weil es sich um einen genuin kreativen Akt handelte. Ein Krisenmanagement war nach Lage der Dinge unvermeidlich, sofern man die milliardenschweren Investitionen in die nukleare Technologie nicht kurzerhand abschreiben wollte, und der Rechtsstaat trat automatisch in Aktion, wenn Demonstranten über die Stränge schlugen und Genehmigungsverfahren angefochten wurden, aber für das Reden und Zuhören brauchte man tatsächlich Kraft. Niemand war verpflichtet, in Anhörungen und nächtelangen Diskussionen das eigene Sitzfleisch und das eigene Nervenkostüm auf die Probe zu stellen, und manche Information war eher verwirrend als bereichernd. Aber vielleicht war es auch eine bereichernde Erfahrung, wenn man im Verlaufe einer Diskussion merkte, dass man sich nicht ganz so sicher war? »Wieder einmal steht der Zauberlehrling Mensch vor einer seiner Erfindungen und weiß nicht recht, ob er sich freuen darf«, schrieb die *Stuttgarter Zeitung* im November 1976.[142]

In den Gesprächen der siebziger Jahre wurden auch internationale Impulse verarbeitet. Die Vorstellung »weicher« und »harter« Energiepfade, die hinter Jungks *Atomstaat* und den Debatten über die Sozialverträglichkeit von Energiesystemen steckte, ging letztlich auf einen berühmten Artikel zurück, den Amory Lovins im Oktober 1976 in *Foreign Affairs* veröffentlichte.[143] Aber letztlich war es schon eine sehr bundesdeutsche Diskussion, die da in der zweiten Hälfte der siebziger Jahre geführt wurde. Es ging um deutsche Projekte, deutsche Veranstaltungen und Medien, und auch wenn immer wieder internationale Gäste dabei waren, hatte die große Mehrheit der Gesprächsteilnehmer wohl einen deutschen Pass: Das Dreyeckland im Südwesten blieb eine Ausnahme. So war die Denkpause auch der letzte Schritt in einer Eindeutschung der Kernenergie, die seit den fünfziger Jahren einen Grundprozess der bundesdeutschen Atomgeschichte darstellte. Die internationalen Bezüge verschwanden nie ganz und waren nicht immer offenkundig – der Bürgerdialog Kernenergie wurde zum Beispiel von einem schwedischen Vorbild inspiriert –,[144] aber ihr Gewicht nahm seit den großen Tagen der ersten Genfer Atomkonferenz beständig ab, während das Gewicht bundesdeutscher Traditionen zunahm. Seit den siebziger Jahren war Atomenergie vor allem eine bundesdeutsche Affäre.

6. Eine Art Parallelversuch. Die Atomgeschichte der DDR

Atomkraft gab es nicht nur in der Bundesrepublik, sondern auch im Osten Deutschlands, und das wirft nicht unerhebliche Probleme der historischen Analyse auf. In einer deutschen Atomgeschichte steht ein DDR-Kapitel leicht im Ruch einer historiographischen Pflichtübung. Das absehbare Ergebnis ist ein Buch im Buche, das zudem schnell eine problematische Schieflage gewinnt. Die nukleare Stromerzeugung entwickelte sich in der DDR später als in der Bundesrepublik, und die ostdeutsche Atomindustrie blieb auch sonst in nahezu jeder Hinsicht hinter dem Westen zurück. Es gab in der DDR weniger Reaktoren als in der Bundesrepublik, der Versorgungsanteil lag deutlich niedriger, und es fehlte auch die Vielfalt der Reaktortypen, die die bundesdeutsche Atomwirtschaft hervorgebracht hat. Nur symbolpolitisch konnte die DDR einen Triumph verzeichnen. Auf dem Zehn-Mark-Schein wurde die Leitwarte des Kernkraftwerks Rheinsberg samt einer jungen Ingenieurin verewigt, was im Westen nicht nur deshalb undenkbar war, weil die bundesdeutsche Atomwirtschaft eine Männerwelt war. Die Bundesbank hielt sich lieber an klassische Motive wie das Holstentor in Lübeck, die Burg Eltz und den Limburger Dom.

Abb. 14: Die Rückseite des Zehn-Mark-Scheins der DDR zeigte eine Ingenieurin vor einer Schalttafel, die der Leitwarte im Kernkraftwerk Rheinsberg nachempfunden war.

Es gab auch bei der Atomkraft Verbindungen zwischen Ost und West, aber sie blieben bis zur Wiedervereinigung ohne tragende Bedeutung. Das einflussreiche Konzept einer asymmetrisch verflochtenen Parallelgeschichte der beiden deutschen Staaten greift hier nicht recht: Bei der Atomkraft schaute die DDR vor allem in Richtung Osten.[1] Die nukleare Technologie kam aus der Sowjetunion, und die entscheidende Konkurrenz war nicht die westliche Energiewirtschaft, sondern die einheimische Braunkohle. Es gab Überlegungen zu grenzüberschreitenden Projekten. Die Bundesrepublik initiierte 1974/75, 1987 und im April 1989 Gespräche über Reaktoren mit bundesdeutscher Technologie auf dem Territorium der DDR, die allesamt folgenlos blieben.[2] Im Gegenzug schlug der Chef des Bereichs Kommerzielle Koordinierung Alexander Schalck-Golodkowski 1980 vor, die konfliktträchtige Wiederaufarbeitung im Osten Deutschlands anzusiedeln, und übersah dabei generös, dass die DDR nicht über die nötige Technologie verfügte. Die Staatssicherheit beobachtete die Aktionen um Gorleben mit üblicher Gründlichkeit, weil sie ähnliche Proteste gegen ihr eigenes Endlager im ehemaligen Salzbergwerk Morsleben befürchtete. Das erwies sich als unbegründet. Im benachbarten Grenzdorf Beendorf verbreitete sich 1987 eine gewisse Unruhe, als Gerüchte über eine geplante Einlagerung von Giftmüll kursierten, aber das blieb eine Episode. Die Angst der Stasi vor einem ostdeutschen Gorleben war jedoch so groß, dass DDR-Dokumente von »Gorsleben« sprachen.[3]

Abb. 15: Die betriebliche Realität. Kontrollraum des Atomkraftwerks Rheinsberg im Dezember 1966. Foto: Herbert Hensky/bpk.

Die Verständigung zwischen Aktiven in West und Ost blieb auch nach dem Fall der Mauer defizitär, selbst dort, wo konfliktträchtige Projekte in unmittelbarer Nähe der ehemaligen Grenze lagen. »Gorleben bekommt weiteres Widerstandsumland«, hieß es in der Vorstandssitzung der Bürgerinitiative Umweltschutz Lüchow-Dannenberg vom 10. November 1989, aber die Beziehungen entwickelten sich in den folgenden Jahren nur zögerlich.[4] 1993 konstatierte die Bürgerinitiative nach einer Unterschriftenaktion im brandenburgischen Perleberg, »daß der Informationsgrad der Leute minimal ist«.[5] Fünf Jahre später klagten zwei ostdeutsche Aktivisten in einer Vorstandssitzung über »den unzureichenden Kontakt zwischen Atomkraftgegnern diesseits und jenseits der Elbe«. Ob es nur Zufall war, dass es sich laut Protokoll um Aktivisten »von ›drüben‹« handelte? Vielleicht war es auch mehr als die bewegungstypische Flapsigkeit, wenn der Tagesordnungspunkt als »Kontakte zum ›Nahen Osten‹« firmierte.[6]

Erst nach der Wende kam es zu einem Transferprozess von Gewicht, als ostdeutsche Fachkräfte in Scharen in westlichen Atomkraftwerken Einzug hielten. Seit 1990 gab es im Osten keine laufenden Reaktoren mehr, aber dafür eine Menge Personal, das für den kommenden Boom der Atomkraft im real existierenden Sozialismus ausgebildet worden war. Ihr Schicksal wurde zu einer ironischen Fußnote zur Gesellschaftsgeschichte der Wiedervereinigung, bei der man sich wundert, dass sie nicht längst zum Faszinosum der Populärkultur geworden ist: Die westdeutschen Kernkraftwerke waren womöglich der einzige Industriezweig, der von ehemaligen DDR-Bürgern gerettet wurde. Die westdeutschen Stromkonzerne nahmen die ostdeutschen Fachkräfte bereitwillig auf, auch dann, wenn sie eine Stasi-Vergangenheit hatten. Die Nachwuchssorgen waren nicht das unwichtigste Problem, das die bundesdeutsche Atomwirtschaft um 1990 umtrieb. Wer setzte schon auf eine Karriere im nuklearen Komplex, wenn man sich unschwer ausrechnen konnte, dass bundesdeutsche Kernkraftwerke vielleicht nur noch zwei oder drei Jahrzehnte laufen würden? Unter Umständen wäre es ohne Wiedervereinigung zu einem Atomausstieg auf kaltem Wege gekommen, weil irgendwann das für einen sicheren Betrieb erforderliche Personal gefehlt hätte.[7]

Die ostdeutsche Kernenergie war eine Welt für sich, aber darin besteht in einer Geschichte der atomaren Demokratie auch eine Chance. Sie bietet die Möglichkeit zu einer Art Parallelversuch: Wie entwickelte sich ein nuklearer Komplex, wenn die Korrekturmechanismen von Marktwirtschaft und Demokratie nicht zur Verfügung standen? Die Bedeutung dieser Perspektive ist im 21. Jahrhundert zu einer Schlüsselfrage der Atomkraftentwicklung geworden. Inzwischen gibt es kaum noch Demokratien, die neue Kernkraftwerke bauen, während autoritäre Staaten weiterhin auf Atomenergie setzen. Gerne wird das als Beleg zitiert, wie träge die offenen Gesellschaften des Westens geworden sind, aber vor dem Hintergrund der ostdeutschen Atomgeschichte drängt sich eine andere Lesart auf. Vielleicht ist die unverbrüchliche Unterstützung, die Atomkraft in autoritären Regimen erfährt, eher ein Zeichen der Schwäche? Wenn ein nuklearer Komplex eine gewisse Größe gewinnt und keine Gegenkräfte existieren, kommt man aus der Nummer einfach nicht mehr heraus.

Am Anfang der DDR-Atomgeschichte stand jedoch ein Montanprojekt. Das verdient in diesem Buch schon deshalb Berücksichtigung, weil man beim Blick auf die bundesdeutsche Atomgeschichte leicht vergessen kann, dass auch Kernenergie auf endlichen fossilen

Brennstoffen beruht. Der Uranbergbau der DDR war zudem von geradezu monumentaler Größe. Nie wieder haben in Deutschland so viele Menschen für die Kernenergie gearbeitet wie um 1950: Die DDR war im Kalten Krieg einer der größten Uranproduzenten der Welt. Es gab in der Bundesrepublik nichts Vergleichbares, und das hatte ausschließlich geologische Gründe. Man muss nur auf den zeitgleich anlaufenden Uranbergbau in den USA schauen, um zu erahnen, dass vergleichbare Erzlager im Westen Deutschlands ähnlich finstere Konsequenzen gehabt hätten.[8] Die wichtigste bundesdeutsche Uranmine lag in Menzenschwand im Südschwarzwald und lieferte lediglich 720 Tonnen Uran, was etwa 0,3 Prozent der Gesamtproduktion der Wismut darstellte.[9]

6.1 Am Anfang war der Bergbau

Am Ende war der Sozialismus träge, aber in den Aufbaujahren sah das noch anders aus. Die ersten Prospektions- und Förderarbeiten im Erzgebirge unternahmen Einheiten des sowjetischen Geheimdiensts im Frühjahr 1946, im Mai 1947 wurde in Moskau die Sowjetische Aktiengesellschaft Wismut gegründet, und um 1950 arbeiteten rund 200 000 Menschen im ostdeutschen Uranbergbau.[10] Spaltbares Material für Atombomben war eine Schlüsselressource im heraufziehenden Kalten Krieg, die bekannten Erzlager in Belgisch-Kongo, Südafrika und Kanada waren fest im Griff des Westens, und deshalb bemühte sich die Sowjetunion fieberhaft um die Erschließung der Uranvorkommen im eigenen Herrschaftsbereich.[11] Dabei hatte die UdSSR neben ihrer Besatzungszone in Ostdeutschland auch die Tschechoslowakei im Blick. In Jáchymov, einer alten Bergbaustadt im Sudetenland – der deutsche Name war Sankt Joachimsthal –, wurde schon seit dem Herbst 1945 Uran abgebaut, und die grenzüberschreitenden Lagerstätten des Erzgebirges waren für das sowjetische Atomwaffenprogramm von kaum zu überschätzender Bedeutung. In den späten vierziger Jahren lieferten Ostdeutschland und die Tschechoslowakei mehr als drei Viertel des in der Sowjetunion verfügbaren Urans.[12]

Der Leiter des sowjetischen Atomwaffenprogramms war bis 1953 Stalins berüchtigter Geheimdienstchef Lawrenti Berija, und entsprechend sah der Uranbergbau zunächst auch aus. In der Tschechoslowakei wurde Uran bis um 1960 von Zwangsarbeitern abgebaut.[13] In Ostdeutschland gab es jedoch bereits sehr früh einen Umschwung. Ein wichtiger Impuls war ein Brandbrief von Gewerkschaftlern 1947, hinzu kamen Presseberichte in westdeutschen Medien, in denen »von ›Sklavenarbeit‹ [...] und Unfällen mit Hunderten Toten« die Rede war.[14] Das war von der Sache her überzogen. Neuere Forschungen gehen davon aus, dass insgesamt »22 Prozent der 400 000 zwischen 1946 und 1951 im Uranbergbau neu Angelegten unfreiwillig Bergleute geworden« waren, wobei man vielleicht anfügen sollte, dass Freiwilligkeit in den chaotischen Nachkriegsjahren ohnehin eine eher relative Kategorie war: Man nahm, was man kriegen konnte.[15] Trotzdem zeigten die Berichte der Westmedien Wirkung. Die Sowjetherrschaft war im Osten noch nicht so weit konsolidiert, dass Gräuelpropaganda einfach ignoriert werden konnte. In der Montanwirtschaft hatte es zudem Vorteile, mit einer fachkundigen Stammbelegschaft zu arbeiten, und letztlich zählten für die Sowjets Produktionsergebnisse. Es ist eine durchaus offene Frage, ob ein Gulag-System wie im sibirischen Kolyma im dicht besiedelten Sachsen und Thüringen überhaupt möglich gewesen wäre, aber die Probe aufs Exempel blieb aus. Im ostdeutschen Uranbergbau lag das Schwergewicht seit den späten vierziger Jahren auf Leistungsanreizen.

Eine gute Versorgungslage sorgte nicht nur für einen Ausgleich für die Härten der Bergmannsarbeit. Sie diente auch als Antwort auf die gesundheitlichen Risiken des Uranbergbaus, vor denen bereits 1946/47 eindringlich gewarnt wurde.[16] Die »Schneeberger Krankheit«, eine durch radioaktiven Staub und Radon verursachte Lungenkrankheit, war vor Ort bekannt, und das nicht nur, weil Schneeberg eine der Kommunen im Erzgebirge war, in denen die neuen Gruben entstanden. Über die gesundheitlichen Gefahren konnten Arbeiter nicht reden, selbst das Wort »Uran« war tabu: Man sprach von »dem Erz« oder »Wismut« – Letzteres ein anderes Schwermetall, das nach damaligem Kenntnisstand nicht radioaktiv war und deshalb zum Tarnnamen des Gesamtprojekts bestimmt wurde.[17] Ein Übriges tat der allgegenwärtige Sicherheitsapparat, der bei allen materiellen Wohltaten wachsam blieb. Bei Erzdiebstahl, Sabotage oder sonstigen Verfehlungen war der Apparat unerbittlich: »Allein bis 1953 wurden 70 Wismut-Mitarbeiter in Moskau hingerichtet.«[18]

Die Wismut war als Sowjetische Aktiengesellschaft (SAG) Teil eines Netzwerks von Betrieben, die 1946 zur Kontrolle der ostdeutschen Wirtschaft und zum Abschöpfen von Reparationsleistungen gegründet worden waren. SAG-Betriebe waren im Besitz der Sowjetunion und wurden von der DDR sukzessive zurückgekauft; die letzten 33 Betriebe wurden nach dem Aufstand vom 17. Juni 1953 kostenlos übergeben, um die fragile Herrschaft der SED zu stabilisieren.[19] Die einzige Ausnahme war die Wismut, die zum 1. Januar 1954 in eine Sowjetisch-Deutsche Aktiengesellschaft (SDAG) umgewandelt wurde, die der Sowjetunion und der DDR jeweils zur Hälfte gehörte. Damit endete eine Zeit, die rückblickend als die »wilden Jahre« der Wismut tituliert wurde.[20] Rainer Karlsch hat die gesamten Produktionskosten der Wismut bis 1953 auf 15,1 Milliarden Mark taxiert, und davon wurden von der Sowjetunion weniger als zehn Prozent als Reparationsleistungen anerkannt. Danach zahlte die DDR bis zu ihrem Ende alljährlich Kostenbeiträge in Höhe von mehreren hundert Millionen Mark.[21]

Auch als Gemeinschaftsunternehmen blieb die Wismut ein systematisch abgeschotteter Bereich. Kontakte und Besuche bedurften einer Genehmigung, und erst seit 1959 war klar, dass auf dem Territorium der Wismut das Recht der DDR galt.[22] In neuerer Zeit mokieren sich Forscher, ob der Konzern tatsächlich ein Staat im Staate war, aber letztlich ist das ein Streit um Worte: Die Wismut operierte mit einem Grad von Autonomie, der einer Eigenstaatlichkeit schon ziemlich nahekam. Sie war aber insofern fester Teil der DDR, als über Zweck und Innenleben der Wismut im sozialistischen Alltag zahlreiche Mutmaßungen und Gerüchte im Umlauf waren. Schon der Name war eine Einladung zur Spekulation. Es war ja schon etwas seltsam, wenn ein großer Betrieb nach einem Schwermetall benannt wurde, das nach damaliger Ansicht ziemlich nutzlos war. Man musste sich auch nicht für Politik interessieren, um von der Wismut zu hören. Der SC Wismut Karl-Marx-Stadt wurde in den fünfziger Jahren dreimal DDR-Fußballmeister und war die erste Mannschaft, die die DDR im Europapokal der Landesmeister vertrat.[23]

Die Beschäftigten der Wismut, deren Zahl sich um 1960 bei 45 000 einpendelte, zeigten sich mit den Bedingungen jedenfalls zufrieden. 1951 gab es in Schneeberg eine Schlägerei zwischen Bergleuten und Polizisten, die bezeichnenderweise durch Kündigungen provoziert wurde, und in Saalfeld befreiten die für ihre Rauflust bekannten Bergleute später im Jahr sogar inhaftierte Kumpel aus dem Gefängnis, aber schon am 17. Juni 1953 blieb es in den Bergbaustädten vergleichsweise ruhig.[24] Auch im Herbst 1989 sahen die Kumpel keinen Grund, auf die Straße zu gehen: »Die ›Wismuter‹ wussten, was sie ihrem Staat verdankten«, schrieb Juliane Schütterle. Die Löhne lagen hoch, es gab Zusatzrationen – der Wismut-Schnaps wurde legendär –, und in den Läden der eigenen Handelsorganisation gab es Südfrüchte und andere Produkte, die sonst Mangelware waren. 1970 waren über 15 000 Werkswohnungen verfügbar, was freilich nicht ausreichte: Einige Beschäftigte lebten bis in die achtziger Jahre in Massenunterkünften. Es gab einen eigenen Feriendienst mit Erholungsheimen und Ferienplätzen von Usedom bis Oberwiesental, und die Wismut-eigenen Krankenhäuser und Sanatorien waren »nahezu von Anfang an modern und mustergültig«.[25]

Die Sanatorien wurden allerdings auch gebraucht. Der Leistungsdruck hielt die Zahl der Arbeitsunfälle bis in die achtziger Jahre hoch, hinzu kamen die typischen Bergmannskrankheiten wie die Silikose und der Bronchialkrebs. »Bis 1989 wurden bei ca. 15 000 Bergleuten Silikose, bei ca. 5300 Lungenkrebs, bei 5000 Pressluft- und Überlastungsschäden und bei 4700 lärmbedingte Schwerhörigkeit als Berufskrankheiten anerkannt«, schrieb Karlsch.[26] Bis zum Ende der DDR gab es bei der Wismut keine personendosimetrische Überwachung, sodass es bis heute schwer ist, zuverlässige Aussagen über individuelle Belastungen zu treffen.[27] Es gab Geigerzähler, die Bergleute nach der Schicht passieren mussten und die bei erhöhten Werten anschlugen, aber dabei ging es um die Unterbindung von Erzschmuggel. »Oft war jedoch nur die Arbeitskleidung radioaktiv kontaminiert, oder es hatten sich Erzkrümel in den Schuhsohlen verklemmt«, und in solchen Fällen konnte der Bergmann unbehelligt nach Hause gehen.[28]

Die sozialpolitischen Leistungen der Wismut konnten sich auch im internationalen Vergleich sehen lassen. »Noch in den siebziger

Jahren arbeiteten die Beschäftigten der britischen Firma Rössing im südwestafrikanischen Walfischbai zu schlechteren Bedingungen, als ihre ostdeutschen Kollegen in den vierziger und fünfziger Jahren«, bemerkte Ralf Engeln. »Staub- und Strahlenbelastung waren gewiß vergleichbar, aber von Bäderkuren, Sanatorien, Feriendienst oder Sozialversicherungsleistungen konnte in Südwestafrika keine Rede sein.«[29] Erst in den siebziger Jahren relativierten sich die Privilegien ein wenig, als eine kommode Rundumversorgung mit der Einheit von Wirtschafts- und Sozialpolitik zur Leitlinie der DDR-Politik wurde.[30] Zum Leben bei der Wismut gehörte auch ein enges Netzwerk der Bespitzelung. Westliche Geheimdienste verloren seit den späten vierziger Jahren das Interesse am Uranbergbau, aber das schmälerte nicht das Interesse der Staatssicherheit. 1974 gab es bei der Wismut etwa 1000 Inoffizielle Mitarbeiter und etwa 400 Gesellschaftliche Mitarbeiter, was einen überdurchschnittlichen konspirativen Anteil von mehr als drei Prozent der Beschäftigten bedeutete.[31]

Die Wismut unterlag auch der Umweltgesetzgebung der DDR, aber das war meist eher eine Formalität. Ein Umweltbericht von 1959 dokumentierte »zum Teil großflächige radioaktive Verschmutzungen«, und das besserte sich in den folgenden Jahrzehnten nur teilweise. Meist fehlte eine Abdeckung bei Halden und Absetzbecken, sodass radioaktive Partikel in die Landschaft geweht wurden. Abraum wurde unkontrolliert zu Bauzwecken verwendet. Neben den Gefahren der Radioaktivität gab es auch eine Belastung von Gewässern durch Arsen und Salz.[32] Letztlich zählte bei der Wismut nur die Produktion, und die lief auf Hochtouren. 1952 überholte die DDR die Erzfördermenge des Belgisch-Kongo und wurde größter Uranproduzent der Welt, eine Spitzenposition, die das Land bis 1957 behauptete.[33]

Am Ende produzierte die Wismut von 1946 bis 1990 etwa 231 000 Tonnen Uran, das wegen seiner Farbe nach der ersten Verarbeitung auch als »Yellowcake« bezeichnet wird.[34] Für das Produkt gab es nur einen Kunden: Die gesamte Förderung ging in die Sowjetunion, und dass ein gewisser Teil in Form angereicherter Brennelemente zurückkehrte, nützte der DDR nichts. Die reichen Erzlager waren an sich ein Anreiz zum Bau eines Schwerwasserreaktors, der Uran ohne die kostenträchtige Anreicherung verwenden konnte, und tatsächlich gab es in der DDR ein lebhaftes Interesse an diesem Reaktortyp, aber das blieb eine theoretische Diskussion.[35] Es wäre der DDR nicht leichtgefallen, das für einen Natururan-Reaktor erforderliche schwere Wasser zu organisieren, aber der entscheidende Grund waren die herrschenden Machtverhältnisse.[36] Ähnlich wie beim Uranbergbau war die DDR auch bei der Reaktortechnologie letztlich in der Hand der Sowjetunion.

6.2 Sowjetische Reaktoren

In der bundesdeutschen Atomgeschichte wird es leicht unübersichtlich, weil man mit drei Forschungszentren, etlichen Großkonzernen und über 20 Reaktoren jonglieren muss. Die nuklearen Projekte der DDR kann man hingegen in einem Satz zusammenfassen. Es gab Forschungsreaktoren am Zentralinstitut für Kernforschung in Dresden-Rossendorf, einen Versuchsreaktor in Rheinsberg, eine unvollendete Batterie von Leistungskraftwerken in Lubmin bei Greifswald und eine Baustelle an der Elbe bei Stendal sowie Planungen für weitere Reaktoren. Bis zur Wende produzierte die DDR auch keine Investitionsruinen, wie sie die Bundesrepublik in Niederaichbach, Kalkar, Hamm-Uentrop, Lingen, Wackersdorf und Mülheim-Kärlich in die Landschaft setzte. Im großen Überblick besitzt die Atomgeschichte der DDR eine Stringenz, die sich vom Wirrwarr im westlichen Kapitalismus spürbar abhebt. Das Problem war das Tempo. Anfang 1989 verfügte die DDR über fünf Kraftwerksblöcke mit einer elektrischen Gesamtleistung von 1800 Megawatt, und das waren etwa acht Prozent der nuklearen Generatorkapazität in der damaligen Bundesrepublik.[37]

Die Gründe für das gemächliche Bautempo lagen in den besonderen Bedingungen der sozialistischen Ökonomie. Die erste und wohl wichtigste Ursache war die Abhängigkeit vom großen Bruder. Wie die meisten Ostblockländer bezog die DDR ihre Kernkraftwerke schlüsselfertig aus der Sowjetunion. Diese hatte zwar 1954 den ersten kommerziellen Reaktor in Betrieb genommen, verfolgte die zivile Atomenergie aber zunächst ohne besondere Dringlichkeit. Anders als die DDR, wo nur die Braunkohle als einheimische Energiequelle ins Gewicht fiel, verfügte die Sowjetunion über große

Vorkommen an Kohle, Erdöl und Erdgas.[38] Zweitens zeigte sich in der Atomgeschichte der DDR das für die Planwirtschaft typische Mikromanagement, das immer wieder zu kostenträchtigen Änderungen zwang. Drittens litten die Bauprojekte unter der notorischen Ressourcenknappheit der Volkswirtschaften des Ostblocks, obwohl das nicht unbedingt ein Nachteil für die Gesamtentwicklung sein musste. Vermutlich gab es in der DDR bis zur Wende auch deshalb keine nuklearen Investitionsruinen, weil der real existierende Sozialismus sich so etwas nicht leisten konnte. Es deutet einiges darauf hin, dass die DDR im Umgang mit defizitärer sowjetischer Technologie eine gewisse Meisterschaft entwickelte, aber damit verband sich auch eine sicherheitstechnisch problematische Informalisierung der betrieblichen Prozesse. Im Juni 1990 konstatierte die Betriebsverwaltung des Kernkraftwerks Biblis nach zehn Treffen mit Delegationen aus Lubmin in einem Vermerk, »daß gerade auf dem Gebiet der Reglementierung von Betriebsabläufen ein großer Nachholbedarf besteht«.[39]

Die Kritik der Planwirtschaft gehört zu den Routineübungen der DDR-Wirtschaftsgeschichte, und das prägt auch die Literatur zur Geschichte der Kernenergie. Meist bleibt dabei ungesagt, dass der Kapitalismus bei der Atomwirtschaft auch nicht sonderlich gut aussah. Das peinliche Antichambrieren der Bundesregierung in den späten sechziger Jahren, als sie die Energieversorger mit immer generöseren Offerten aus der Reserve zu locken versuchte, ist nicht dazu angetan, Lobeshymnen auf die Überlegenheit des westlichen Wirtschaftsmodells zu inspirieren.[40] RWE war in den sechziger Jahren auch nicht gerade das, was man ein agiles kapitalistisches Unternehmen nennen konnte. Es gab seinerzeit noch nicht einmal regelmäßige Vorstandssitzungen, weil so viel Routine herrschte, dass alle wichtigen Entscheidungen im Umlaufverfahren getroffen wurden.[41] Manchmal denkt der nukleare Historiker an das Spätwerk Joseph Schumpeters, wo der Ökonom, der sonst gerne als Säulenheiliger des innovativen Unternehmertums zitiert wird, frohen Mutes dem »Marsch in den Sozialismus« entgegensah. Anders als der Kapitalismus könne eine sozialistische Bürokratie komplexe Produktionsprozesse mit mehr Planungssicherheit und ohne störende Konjunktureffekte organisieren.[42]

Planwirtschaft wird leicht zum analytischen Popanz, wenn man den Sinn für Nuancen verliert. Bis zur Inbetriebnahme von Block vier des Kernkraftwerks Lubmin bewegten sich die Probleme und Verzögerungen der DDR-Atomindustrie noch im Rahmen dessen, was sich auch in westlichen Volkswirtschaften beobachten ließ. Aber in den neuen Bauprojekten der siebziger Jahre zeigte sich dann eine andere Planwirtschaft, die durch endlose Verzögerungen auffiel. Das führte jedoch nicht zu einer entsprechenden Revision der Vorhaben, sondern ganz im Gegenteil zu einer planerischen Eskalation, der jegliche Basis in der Wirklichkeit fehlte. Nach Tschernobyl wurde daraus ein taumelnder bürokratischer Apparat, dem plötzlich auch Projekte mit westlichen Partnern denkbar erschienen. Während die realen Projekte von einer Krise zur nächsten stolperten, driftete die ostdeutsche Atomwirtschaft bei den Zukunftsplänen in eine Phantasiewelt ab, in der es bei allen ständigen Veränderungen eine bemerkenswerte Konstante gab: Die Zukunft war nuklear.

Das erste Kernkraftwerk der DDR ging am 9. Mai 1966 ans Netz. Es lag auf einer Landenge zwischen Stechlinsee und Nehmitzsee in der Nähe des brandenburgischen Rheinsberg, die seit 1938 als Naturschutzgebiet ausgewiesen war. Der Widerspruch der Naturschützer war folgenlos geblieben: Wissenschaft und Technik hatten in der DDR einen besonderen Rang.[43] Während des Baus hatte es Auseinandersetzungen gegeben, ob die Anlage primär als industrielles Versuchskraftwerk oder als Energielieferant konzipiert werden solle. Es gab auch unterschiedliche Meinungen über eine zweite Ausbaustufe mit 300 Megawatt Leistung, die am Ende nicht gebaut wurde. Deshalb blieb Rheinsberg mit einer Kapazität von 70 Megawatt energiewirtschaftlich marginal, 1969/70 steuerte die Anlage nur 0,7 Prozent zur ostdeutschen Stromproduktion bei. Der Liefervertrag mit der Sowjetunion datierte vom 17. Juli 1956, die Bauarbeiten zogen sich fünf Jahre länger hin als geplant, und es war teurer als erwartet. Als die DDR 1961 per Telegramm über die Kosten informiert wurde, vermuteten die Bürokraten zunächst einen Kommafehler.[44] Hinter den Verzögerungen steckten auch fluktuierende Zielvorgaben der Planer, aber das war eine lässliche Sünde in einer Zeit, in der es noch kaum Erfahrungen gab und nukleare Erwartungshorizonte weit und offen waren. Wie sich gezeigt hat, gab es selbst beim westdeutschen Kernkraftwerk Kahl, das in der heute kaum glaublichen Bauzeit von zwei Jahren hochgezogen wurde, zunächst sehr fluide Planungen.[45]

Im November 1955 beschlossen Politbüro und Ministerrat zudem die Gründung eines Zentralinstituts für Kernforschung in Rossendorf bei Dresden, das heute als Helmholtz-Zentrum fortexistiert. Vorausgegangen war ein Fehlstart, als sich die Mitarbeiter des 1950 bei der Akademie der Wissenschaften gegründeten Instituts für Atom- und Kernphysik in Miersdorf bei Zeuthen mehrheitlich gen Westen absetzten.[46] Es gab freilich einen wichtigen Unterschied zwischen Rossendorf und seinen westdeutschen Pendants. Die bundesdeutschen Forschungszentren verfolgten konkrete Reaktorprojekte. In Karlsruhe wurden zwei Schwerwasserreaktoren und der Prototyp des Schnellen Brüters gebaut, in Jülich der Hochtemperaturreaktor, und in Geesthacht wurde der Schiffsreaktor entwickelt, der dann von den Kieler Howaldtswerken in das Frachtschiff *Otto Hahn* eingebaut wurde. Die ostdeutschen Kollegen mussten hingegen parallel zur Entwicklungsarbeit mit der Staatsführung klären, ob sie eigene Reaktoren überhaupt bauen durften, und diese Gespräche führten letztlich zu einem negativen Beschluss. Der Rossendorfer Forschungsreaktor war wie alle ostdeutschen Reaktoren ein Import aus der Sowjetunion.

So bestand die Forschungsarbeit in Rossendorf zu erheblichen Teilen daraus, ohne praktische Folgen über mögliche Reaktoren nachzudenken. »Im Unterschied zur Bundesrepublik, wo es eine Vielzahl von Forschungsreaktoren gab, fand die Typendiskussion in der DDR im wesentlichen auf dem Papier statt«, schrieb Mike Reichert.[47] Eine besondere Magie entfaltete die Brütertechnologie: Die Faszination eines Reaktortyps, der mehr spaltbares Material produzierte als verbrauchte, schlug auch in der DDR Wissenschaftler in den Bann. Der Atomspion Klaus Fuchs, der 1959 vorzeitig aus britischer Haft entlassen worden war, gründete 1962 in Rossendorf eine Arbeitsgemeinschaft Schneller Brüter, aber der Forscherdrang kollidierte bald mit den politischen Realitäten.[48] In einer Besprechung in Moskau am 22. März 1967 »zeigte sich Breshnew erstaunt darüber, daß die DDR Überlegungen zum Bau schneller Reaktoren anstelle«, und das verhieß im Ostblock meist nichts Gutes.[49] Schnelle Brüter produzierten Plutonium, und die Sowjetunion konnte es einem Satellitenstaat kaum erlauben, auf eigene Faust Bombenstoff zu produzieren.

Der endgültige Beschluss des Politbüros, auf eine eigene Reaktorentwicklung zu verzichten, datiert von 1965.[50] Zwei Jahre später begannen in der Lubminer Heide bei Greifswald an der Ostsee die Vorbereitungen zum Bau des einzigen Kernkraftwerks, das einen substanziellen Beitrag zur Stromversorgung der DDR leisten würde. Das Projekt ging zügig voran, auch weil man aus den Verzögerungen von Rheinsberg gelernt hatte.[51] Es fiel zudem in die große Boomperiode des Kernkraftwerkbaus im Osten Europas. Zwischen 1975 und 1986 gingen in der Sowjetunion 33 Reaktoren mit einer Gesamtkapazität von 27764 Megawatt ans Netz. Zuvor waren in den zwei Jahrzehnten von 1954 bis 1974 nur 13 Reaktoren in Betrieb gegangen, deren Kapazität knapp über 4000 Megawatt lag.[52] In Lubmin lieferte der erste Block am 17. Dezember 1973 erstmals Strom, der zweite folgte ein Jahr später, und die Blöcke 3 und 4 gingen 1978 und Ende 1979 nach rund fünfjähriger Bauzeit in Betrieb. Selbst Wolfgang D. Müller, erklärtermaßen kein Freund des Sozialismus, attestierte den Anlagen rückblickend »sehr ordentliche Betriebsergebnisse hinsichtlich ihrer durchschnittlichen Stromerzeugung und Verfügbarkeit«, und in den achtziger Jahren steuerte die Atomenergie etwa elf Prozent zur Stromerzeugung der DDR bei.[53]

Das war allerdings auch die Folge eines betrieblichen Managements, das mit einer behutsamen, Technik und Material schonenden Fahrweise das Beste aus den Gegebenheiten zu machen suchte. Neben der Rücksicht auf die Grenzen sowjetischer Technologie sprach daraus auch das Wissen, dass es an höherer Stelle nicht allzu viel Verständnis für die alltäglichen Probleme des Kraftwerksbetriebs erwarten durfte. Als Korrosionsprobleme 1983 in Lubmin den Austausch aller Dampferzeuger nahelegten, statuierte das Politbüro ein Exempel und beschloss, »die komplette oberste Leitungsebene des Kombinats Kernkraftwerke« abzulösen. Diese habe sich »die Nichteinhaltung der vom Hersteller vorgegebenen Betriebsvorschriften« zuschulden kommen lassen.[54] Wie in vielen Bereichen der DDR ging es im Alltag der Atomwirtschaft in den achtziger Jahren in erster Linie darum, dass man irgendwie durchkam. Selbst die

Abb. 16: Innenansicht des Kernkraftwerks Lubmin bei Greifswald im Juni 1990. Foto: Klaus Lehnartz/Bundesbildstelle.

Staatssicherheit, die auch für die technische Sicherheit der Kernkraftwerke zuständig war, agierte mit wachsender Hilflosigkeit.[55]

In Lubmin begann noch während der Arbeiten an den Blöcken 3 und 4 der Bau von vier weiteren Reaktorblöcken, und die DDR setzte bis zu ihrem Ende unbeirrt auf einen Ausbau der Kernenergie. Aber brauchte sie den Atomstrom tatsächlich? Die Folgen des Braunkohlenbergbaus waren in der ostdeutschen Landschaft unverkennbar, aber die Braunkohle war im Osten auch eine Macht.[56] Außerdem verebbte die ambitionierte Umweltpolitik des sozialistischen Staates, die Anfang der siebziger Jahre noch durchaus existiert hatten, im Laufe der Zeit immer mehr.[57] Öl kam seit den sechziger Jahren per Pipeline aus der Sowjetunion und etwas später auch Erdgas, aber der Anstieg der Ölpreise in den siebziger Jahren dämpfte die Konsumfreude. Im Verlauf der siebziger Jahre zeigte sich zudem, dass auch die Sowjetunion nicht grenzenlos liefern konnte. Die heute heiß diskutierte Diskriminierung bei Erdgaslieferungen, bei denen osteuropäische Länder gegenüber westlichen Konsumenten benachteiligt werden, begann tatsächlich schon in der Zeit des Sozialismus.[58] Während im Westen seit der ersten Ölkrise allenthalben über Energiesparen geredet wurde und Doppelverglasung und Isolierung zum Standard wurden, öffneten DDR-Bürger in gut geheizten Zimmern einfach das Fenster. Im Sozialismus war Energie in erster Linie ein Produktionsproblem.

Einen Bedarf gab es im Osten Deutschlands also durchaus. Es ist nur nicht sicher, wie weit man mit solchen Kategorien in der Geschichte der DDR-Atomkraft kommt. Es wurde eifrig gebaut und geplant, aber wenn man genauer hinschaut, dann regen sich Zweifel, ob hier in erster Linie ökonomisch gedacht wurde. Seit den siebziger Jahren war Kernenergie in der DDR immer weniger eine Frage von Angebot und Nachfrage und immer mehr eine Frage der handlungsleitenden Interessen. Atomenergie war die einzige Option für alle, die sich nicht auf Gedeih und Verderb der Braunkohle ausliefern wollten. So wurde die DDR zu einem Realexperiment, was in einem autoritären Land passiert, wenn Atomenergie alternativlos wird.

6.3 Ausbaupläne

Ein Abkommen zwischen DDR und Sowjetunion von 1969 sah vor, »bis 1980 Kernkraftwerke mit einer Leistung von rund 5000 MW in Betrieb zu nehmen«.[59] Das war ein ambitioniertes Ziel zu einer Zeit, als auf dem Gebiet der DDR nur in Lubmin gebaut wurde, und die dortigen Reaktoren waren mit 440 Megawatt nicht besonders leistungsstark. Selbst wenn die DDR die für Lubmin geplanten acht Reaktoren tatsächlich vollendet hätte, wäre sie hinter der Vorgabe von 1969 deutlich zurückgeblieben. Ambitionierte Planungen waren freilich in Atomländern um 1970 nicht ungewöhnlich. Auch in der Bundesrepublik wurden seinerzeit überdimensionierte Bauprogramme entworfen, die nie Wirklichkeit wurden, von den 200 Atomkraftwerken, die der amerikanische Präsident Gerald Ford 1975 unter Verweis auf den Kraftakt der Rüstungswirtschaft im Zweiten Weltkrieg forderte, einmal ganz zu schweigen.[60] Im Frankreich des Messmer-Plans war der Takt deutlich höher als in der DDR, aber selbst dort nahm das Bautempo in den achtziger Jahren ab. In Ostdeutschland zeigte sich hingegen eine immer größere Kluft zwischen Visionen und Wirklichkeiten. Während sich bei den realen Bauprojekten eine wachsende Sklerose entwickelte, wurden die offiziellen Ziele immer radikaler.

Der Ministerrat der DDR beschloss am 1. Oktober 1981, den Anteil der Atomkraft an der Stromproduktion bis 1990 auf 21 Prozent und bis 2000 auf 48 Prozent zu steigern. Dazu sollten bis 1990 zusätzlich 4590 Megawatt und bis 2000 insgesamt 13500 Megawatt zur Verfügung stehen. In solchen Dimensionen wurde weiter geplant, 1983 gab es ein detailliertes Kernenergieprogramm, das vom Politbüro am 10. Januar 1984 bestätigt und am 27. August 1985 noch einmal erweitert wurde. Dabei dachten die Herren des SED-Staats nicht nur an Atomstrom, sondern auch an Fernwärme. In Berlin, Magdeburg, Halle, Leipzig, Erfurt, Dresden und Rostock sollten Kernheizwerke sowjetischen Typs gebaut werden, die jeweils zwei Einheiten mit einer thermischen Leistung von 500 Megawatt umfassten.[61]

Der Staatsführung war bewusst, dass sie damit in völlig neue Dimensionen vorstieß. 1975 hatte das Politbüro den Auftrag erteilt, zusätzlich zu Rheinsberg und Lubmin sowie der Baustelle bei Stendal einen vierten Standort für ein Kernkraftwerk zu finden. Die Wahl fiel auf Dessau sowie die Dahlener Heide östlich von Leipzig, aber diese zusätzlichen Orte reichten schon bald nicht mehr aus. Für die Pläne der frühen achtziger Jahre wurden deshalb weitere Bauplätze gesucht und gefunden. »Als mögliche Standorte für weitere neu zu errichtende Kernkraftwerke wurden deshalb die Bezirke Magdeburg, Halle, Leipzig, Dresden und Rostock sowie ggf. auch das Gebiet an der Oder vorgesehen«, schrieb Reichert.[62] Die entscheidenden Parameter waren die regionale Nachfrage und die Distanz zu den Braunkohlefeldern.

Dabei gab es zu dieser Zeit längst ein anschauliches Beispiel, was man mit überzogenen Plänen vor Ort anrichten konnte. Stendal war 1971 als Standort auserkoren worden, und 1974 war Baubeginn auf der Basis von 440-Megawatt-Reaktorblöcken. Zwei Jahre später schlug die Sowjetunion vor, stattdessen vier Einheiten mit jeweils 1000 Megawatt zu bauen, was Stendal zu einem der größten Kernkraftwerkskomplexe der Welt gemacht hätte. Daraufhin wurde umgeplant, 1981 war erneut Baubeginn, aber schon 1983 stand das Projekt wieder auf dem Prüfstand. Es durfte jedoch fortgesetzt werden, weil das Atomprojekt im Vergleich mit einem Braunkohlekraftwerk positiv abschnitt. Ein Jahrzehnt nach Biblis war die DDR damit ebenfalls bei den großen Einheiten angelangt, die für die Leichtwassertechnologie prägend wurden, aber der Vergleich mit westlichen Kernkraftwerken fiel ungünstig aus. In Hinblick auf Bauzeit, Arbeitskräfte und materiellen Gesamtaufwand lag Stendal »weit über den internationalen Bestwerten«.[63]

Es wurde in Stendal jede Menge Beton vergossen, und der erste Kühlturm war im Oktober 1988 fertig. Er ragte 150 Meter in die Höhe und war damit auf dem flachen Land entlang der Elbe durchaus eine Landmarke. Weniger glorreich sah es auf der Baustelle zu seinen Füßen aus. Die ständigen Änderungen der Pläne gingen den Kollektiven so sehr auf die Nerven, dass angeblich ein sarkastischer »Planungssong« die Runde machte:

> »Wir ändern morgen, wir ändern heut
> Wir ändern wütend und erfreut
> Wir ändern ohne zu verzagen
> An allen sieben Wochentagen.«

Zu den Gewinnern des Projekts gehörte die Stadt Stendal, wo ein neuer Stadtteil für die Kraftwerksarbeiter erbaut wurde und sich in der Folge die Wohnungssituation etwas entspannte. Das Kernkraftwerk blieb freilich unvollendet. Die Bauarbeiten liefen im Oktober 1990 aus, und da lagen Reaktor und Turbine noch in der Sowjetunion.[64] Als Inspektoren des Ministeriums für Kohle und Energie 1989 nach Stendal kamen, fanden sie »die Baustelle in einem verwahrlosten Zustand vor«.[65]

Es ist vor diesem Hintergrund wenig verwunderlich, dass die Literatur durchweg harsch über die Atomplanungen der DDR urteilt. »Der offensichtlich auf dem Reißbrett entstandene Plan läßt jede Einordnung der ambitionierten Vorhaben in die volkswirtschaftlichen Möglichkeiten der DDR vermissen«, schrieb Mike Reichert zum Staatsplan Kernenergie von 1983.[66] Johannes Abele und Eckhard Hampe wunderten sich über eine Realitätsverweigerung, die bis in die letzten Tage des Regimes reichte: »Bis 1989 reflektierten weder die politische Führung noch die wissenschaftlichen und technischen Beratergremien das Problem, daß das Kernenergieprogramm mit einem Leistungszuwachs von 7760 MW bis zur

Abb. 17: Die Baustelle des Atomkraftwerks Stendal im Herbst 1988.
Foto: Klaus Mehner/Bundesstiftung zur Aufarbeitung der SED-Diktatur/bpk.

Jahrtausendwende kaum realisiert werden konnte, wenn bereits der Bau der ersten fünf Kraftwerksblöcke mit insgesamt 2760 MW nur mit erheblichen Verzögerungen voranschritt.«[67] Die Frage nach den Ursachen bleibt dabei meist außerhalb des Blicks, obwohl sie sich geradezu aufdrängt. Es handelte sich bei der Atompolitik der Illusionen offenkundig nicht um eine singuläre Entgleisung, die sich als schlichte Fehlleistung einordnen ließe, sondern um ein Strukturmerkmal.

Für die Energiebilanz der DDR wäre es vermutlich sinnvoller gewesen, wenn sich die Kraftwerksbauer darauf konzentriert hätten, die einmal begonnenen Projekte möglichst rasch durchzuziehen. Anders als ihren westdeutschen Kollegen saß ihnen dabei auch nicht eine vom öffentlichen Unmut angeheizte Sicherheitsdebatte im Nacken, obwohl erwähnt werden sollte, dass die Bauarbeiten in Block 3 und 4 von Lubmin 1976 zeitweilig stillstanden, »nachdem die Sowjetunion neue Richtlinien erlassen hatte und ein neues Reaktorprojekt mit einer verbesserten Sicherheitskonzeption erarbeitete«.[68] In einer Planwirtschaft gab es jedoch noch ein anderes Kalkül. In der DDR präsentierten sich Kernenergie und Braunkohle seit den siebziger Jahren immer mehr als die einzigen energetischen Optionen, auf die man sich verlassen konnte, und da waren überoptimistische Prognosen ein Weg, einen möglichst großen Teil der knappen Ressourcen zu reklamieren. Die Kernenergie war auf dem Energiemarkt der DDR der Underdog, und wenn man bei den Plänen nicht klotzte, floss das Geld in die Braunkohle.

Es hätte vielleicht anders ausgesehen, wenn es Gegenkräfte jenseits der Planungsbürokratie gegeben hätte. Daran fehlte es freilich im totalitären SED-Staat. Es gab keine aufmüpfige Zivilgesellschaft, keine unabhängige Presse, die die Angaben der Energiewirtschaft nach westlichem Vorbild hinterfragte, keine Konkurrenz zwischen Bundes- und Landesregierungen und auch keine Verwaltungsgerichte, die den Bürokraten auf die Finger schauten. Vor marktwirtschaftlichen Mechanismen musste die Atomindustrie der DDR auch keinen übermäßigen Respekt mehr haben, seit sich die SED von dem Experiment des »Neuen Ökonomischen Systems« der sechziger Jahre verabschiedet hatte.[69] So bestand der Weg des geringsten Widerstands im Durchwursteln, aber in ganz anderer Weise als seinerzeit in der Bundesrepublik. Dort bemühten sich konträre Akteure, mit vielen kleinen Schritten einen eskalierten Konflikt wieder einzufangen, ohne die eigenen Interessen zu opfern. In der DDR trumpfte der nukleare Komplex mit markigen Versprechungen groß auf und versuchte dann, mit den realen Projekten nicht allzu weit dahinter zurückzubleiben, weil er ganz genau wusste, dass die DDR-Führung einen Atomausstieg nicht riskieren konnte.

Während die bundesdeutsche Atomwirtschaft auf den gesellschaftlichen Protest und die Folgen reagieren musste, machten die Vorkämpfer der Atomenergie in der DDR einfach weiter. Die öffentliche Akzeptanz der Kernenergie war augenscheinlich groß, was nur jene verwundert, die nie an einem Wintertag in der vom Braunkohlenrauch geschwängerten Luft einer ostdeutschen Großstadt einen tiefen Atemzug genommen haben. Selbst die Umweltbewegung im SED-Staat, die sich in den achtziger Jahren ziemlich rührig zeigte, entdeckte das Thema anscheinend erst durch Tschernobyl, und die Debatten und Aktivitäten blieben überschaubar und beschränkten sich im Wesentlichen auf kirchennahe Kreise.[70] Die größte atomkritische Leistung der ostdeutschen Umweltbewegung war die 60-seitige Studie *Pechblende* von Michael Beleites, die erstmals den Schleier des Geheimnisses über dem Uranbergbau der Wismut lüftete. Das Kirchliche Forschungsheim Wittenberg verlegte die Untersuchung im Juni 1988 in 1000 Exemplaren und provozierte damit heftige Reaktionen des SED-Staats. Die Staatssicherheit versuchte die Verbreitung zu unterbinden, aber das Echo war so groß, dass die Staatsgewalt zur Beruhigung der Bevölkerung mit eigenen Sachverständigen an die Öffentlichkeit ging. Beleites arbeitete unterdessen an einer zweiten Auflage der *Pechblende*, die im September 1989 fast fertig war. Zu dieser Zeit lief in der DDR aber bereits ein anderer Film.[71]

Die Wismut ist im hiesigen Zusammenhang auch deshalb bemerkenswert, weil sich dort ebenfalls jene spätsozialistische Realitätsverweigerung zeigte, die keineswegs Ausdruck individueller Verblendung war, sondern vielmehr ein Resultat der stillen Macht des Apparats. Die Megamaschine der Kernenergie lief nämlich im Sozialismus sogar dann noch weiter, wenn sie mit harten naturwissenschaftlichen Fakten kollidierte. Der Uranbergbau der Wismut hatte in den siebziger Jahren seinen Höhepunkt überschritten, als die reichhaltigsten Vorkommen abgebaut waren, der Aufwand pro Tonne stieg und die Spannungen über die Verteilung der Lasten wuchsen.[72] Es gab auch längst nicht mehr die Dringlichkeit der frühen Jahre. Der Anteil der Wismut an der Uranproduktion im Ostblock sank kontinuierlich und lag 1980 nur noch bei 21 Prozent, und der anfangs brennende Bedarf hatte sich so weit relativiert, wie das bei einem Bombenstoff nun einmal möglich war. Die USA hatten ihre Förderprogramme aufgrund von Überproduktion schon in den sechziger Jahren gestreckt und dann zurückgefahren, während die Sowjetunion bis in die achtziger Jahre stur auf Maximalproduktion setzte, obwohl sie schon 1978 Parität bei den nuklearen Sprengköpfen erreicht hatte.[73] Die Wismut kürzte 1977 erstmals ihren Produktionsplan, und bei den Verhandlungen über die Planziele für das Jahr 1983 zeigte sich »endgültig, dass die Ausgaben aufgrund der sich verschlechternden geologischen und bergbaulichen Bedingungen für die Uranproduktion stiegen und durch den Verkaufserlös in transferablen Rubeln nicht mehr gedeckt werden konnten«.[74]

Die Konsequenzen ähnelten frappierend der dynamischen Stagnation bei den Reaktorprojekten: Man machte weiter, obwohl man wusste, dass das von der Sache her keine gute Idee war. Die deutschsowjetischen Verhandlungen wurden damit zu einer geradezu tragikomischen Serie verpasster Gelegenheiten. »Zum Jahreswechsel 1985/86 hätte die SED in Anbetracht der schlechten Perspektiven und der mangelnden Rentabilität einen geordneten Ausstieg aus der Uranerzproduktion in die Wege leiten können, doch es fehlte an der nötigen Konsequenz«, schrieb Michael Meißner.[75] Tatsächlich gab es unter Gorbatschow Überlegungen der Sowjetunion, die Uranproduktion vollständig einzustellen, aber dann verständigte man sich 1987 auf eine Reduzierung der Planziele bis 1996.[76]

Der Abschied von der Maximalproduktion war übrigens keine Folge der Reaktorkatastrophe von Tschernobyl. Es waren vielmehr die horrenden Kosten der Rüstungswirtschaft, die eine behutsame Kurskorrektur zum Weg des geringsten Widerstands machten.[77] Wichtiger war Tschernobyl für die Entwicklung der Kernkraftwerke. Hinter den dürftigen Informationen, die die DDR über ihre offiziellen Kanäle verlautbaren ließ, verbarg sich eine beunruhigte SED-Führung, die ähnlich wie die Bundesregierung eine Überprüfung ihrer Kernkraftwerke initiierte.[78] Verschärfte Sicherheitsanforderungen liefen auf weitere Verzögerungen in Lubmin und Stendal hinaus, und die Verunsicherung über die sowjetische Kerntechnik führte zu einem Aufblühen von alternativen Plänen, die zum Teil sogar von der UdSSR initiiert wurden. Plötzlich sprach man über eine Zusammenarbeit mit der Tschechoslowakei und der Bundesrepublik und über einen Schnellen Brüter in der Dahlener Heide.[79] Greifbare Resultate hatte die interne Debatte nicht, aber vielleicht störte das auch niemanden mehr.

Als 1989 der 40. Geburtstag der DDR nahte, wurde noch einmal die Fassade poliert. Ein Aufsatz in der Fachzeitschrift *Kernenergie* plante für das kommende Jahrzehnt eine zusätzliche Atomstromkapazität von 7520 Megawatt, und in diesem Stil sollte es weitergehen bis zum Jahr 2040, in dem eine Gesamtleistung der Kernkraftwerke von 32 000 Megawatt zu erwarten stand und die Konkurrenz von der Braunkohle vollständig vom Strommarkt verdrängt sein würde.[80] Es ging ja nicht nur um die schnöde Ökonomie, sondern auch um das Klima: »Das CO_2-Problem kann dazu führen, daß in kommenden Jahrzehnten die Kernenergie wesentlich umfangreicher zum Einsatz gebracht werden muß, als es sich heute abzeichnet«, erklärte ein

Referent von der Akademie der Wissenschaften im Januar 1989 auf dem Kolloquium »50 Jahre Kernspaltung« in Rossendorf.[81] Man darf vermuten, dass die Autoren insgeheim wussten, dass sie mit fiktiven Zahlen hantierten. Im Umgang mit der Kluft zwischen großen Plänen und tristen Realitäten entwickelten die DDR-Bürger im Herbst des real existierenden Sozialismus eine gewisse Meisterschaft. Allerdings hat damals wohl keiner der Autoren erwartet, dass 14 Monate nach dem 40. Geburtstag der DDR der letzte ostdeutsche Reaktor vom Netz gehen würde.

6.4 Abwicklung

Bis zur Wende hielt sich die westdeutsche Atomwirtschaft mit Kommentaren über die Reaktoren der DDR vornehm zurück. Sie befürchtete, dass kritische Bemerkungen die Kritiker im Westen ermutigen würden, und außerdem hielt sich hartnäckig der Traum, im Osten Reaktoren der KWU zu bauen.[82] Man hegte freilich keine Illusionen, dass das östliche Sicherheitsniveau unzulänglich war. Deshalb herrschte nach der Wende zunächst Goldgräberstimmung. »Die DDR benötigt die Kernenergie noch dringender als andere Länder«, schrieb der Chefredakteur der *atw* im April 1990, und auch andere Autoren des westdeutschen Fachorgans freuten sich auf »das Engagement bundesdeutscher Unternehmen bei der Nachrüstung und Instandhaltung bestehender und vielleicht sogar bei der Errichtung neuer Kernkraftwerke in der DDR«.[83] Vielen Bundesbürgern grauste es bei dem Gedanken an sowjetische Reaktoren, aber jene, die unter der Auftragsflaute in der bundesdeutschen Atomwirtschaft litten, lockte ein gutes Geschäft.

Auf der Jahrestagung Kerntechnik im Mai 1990, die im Vorjahr noch unter dem Eindruck des Debakels von Wackersdorf gestanden hatte, machte sich jedenfalls ein neuer Optimismus bemerkbar. Der Vorsitzende der Kerntechnischen Gesellschaft Walter Weinländer erklärte, es sei »unsere moralische Pflicht, deutlich zu sagen, daß bei diesem Wiederaufbau der mitteldeutschen Energiewirtschaft der Kernenergie eine zentrale Rolle zukommen muß«. Zugleich begrüßte er die Gäste aus dem Osten Deutschlands in dem paternalistischen Tonfall, den sie in diesen Tagen öfter zu hören bekamen:

»Wir westdeutschen Kerntechniker sind bereit und, wie ich glaube, auch in der Lage hierbei mitzuhelfen. Ich würde mich freuen, wenn unsere Fachkollegen aus der DDR diese Botschaft von der Tagung mit nach Hause nehmen könnten.«[84] In Wirklichkeit lief zu diesem Zeitpunkt bereits eine Kette von Ereignissen, die schon bald und mit einer gewissen Unvermeidlichkeit das Ende der ostdeutschen Kernkraftwerke herbeiführten. Am 22. Januar 1990 hatte der *Spiegel* über eine bis dahin unbekannte Beinahe-Katastrophe in Lubmin berichtet, eine Woche später legte das Hamburger Wochenmagazin mit einer Titelgeschichte über die »Störfall-Protokolle aus dem AKW Greifswald« nach und erklärte schon auf der Titelseite, was aus den Rechercheergebnissen zu folgern sei: »Abschalten!«[85]

Nach anderthalb Jahrzehnten kam ans Licht, wie der Block 1 des Kernkraftwerks Lubmin am 7. Dezember 1975 haarscharf an einer Kernschmelze vorbeigeschrammt war. Ein Elektromeister hatte bei der Einweisung eines neuen Mitarbeiters versehentlich einen Kabelbrand ausgelöst, der die Notstromanlage des Reaktors lahmlegte. Dadurch fielen nicht nur sämtliche Anzeigen im Kontrollraum aus, sondern auch das Notkühlsystem, das nach einer Schnellabschaltung für die Ableitung der Restwärme sorgen sollte. Es funktionierte nur noch eine einzige Pumpe, die zufällig am Netz des benachbarten Blocks 2 angeschlossen war, und diese hielt so lange durch, bis die übrigen Pumpen nach acht Stunden durch ein rasch verlegtes Kabel wieder mit Strom versorgt werden konnten. Die Internationale Atomenergie-Organisation kategorisierte den Unfall rückblickend als Störfall der Stufe drei auf ihrer siebenstufigen INES-Bewertungsskala für nukleare Ereignisse.[86] Es ist bis heute der gravierendste Unfall der deutschen Atomgeschichte.

Die Umweltbewegung der DDR hätte die Stilllegung der ostdeutschen Reaktoren kaum aus eigener Kraft erreichen können. Als das Neue Forum und die DDR-Grünen am 16. Januar 1990 gegen die Kernenergie demonstrierten, kamen gerade einmal einhundert Menschen.[87] Laut der Protestchronik von Reimar Paul und Wolfgang Ehmke versammelten sich am 11. März 1990 etwa 5000 Menschen für die größte Anti-Atomkraft-Demonstration der DDR-Geschichte in Stendal, und darunter waren offenkundig zahlreiche Teilnehmer aus der Bundesrepublik.[88] Mit dem Bericht des *Spiegel* gewann der Zustand der ostdeutschen Kernkraftwerke jedoch eine ganz eigene Dringlichkeit. Ende Januar 1990 beschloss der Runde Tisch in Berlin eine Untersuchung der Blöcke 1 bis 4 von Lubmin durch eine unabhängige Expertengruppe. Zu den Mitgliedern gehörten die prominenten Atomkraftkritiker Michael Sailer und Klaus Traube. Die Bewertung fiel verheerend aus.[89]

Traditionell waren kritische Berichte bei der Atomwirtschaft nicht zwangsläufig ein Grund für entschlossene Reaktionen, aber bei den ostdeutschen Reaktoren war das anders. »Die Regierung der DDR, die westdeutschen [Energieversorgungsunternehmen] und die Umweltbewegung zogen an einem Strang, wenn es darum ging, die Kernkraftwerke so schnell wie irgend möglich vom Netz zu nehmen«, schrieb Reichert.[90] Die westlichen Stromgiganten scheuten das Haftungsrisiko und die ungewissen Kosten einer Investition, und außerdem konnten sie im Osten auch ohne neue Atomkraftwerke gute Geschäfte machen. Die Blöcke 2 und 3 von Lubmin gingen schon im Februar vom Netz, es folgte Block 4 im Juni und schließlich Block 1 als letzter ostdeutscher Leistungsreaktor am 18. Dezember 1990. Zuvor war mit Bundesmitteln ein neues Heizkraftwerk auf Erdölbasis gebaut worden, weil seit 1983 Greifswalder Wohnungen mit Fernwärme aus dem Block 1 des Kernkraftwerks Lubmin versorgt worden waren.[91] Die Arbeiten an den übrigen Reaktoren liefen aus, nachdem im Sommer 1990 zunächst weitergebaut worden war. »Die DDR glaubt, dadurch Fakten zu schaffen, während in Wirklichkeit spätere Nachrüstungschancen eher verbaut werden«, hieß es dazu in einem Vermerk des Bundesumweltministeriums.[92] Beim Kernkraftwerk Rheinsberg war schon vor der Wende die Stilllegung für das Jahr 1992 beschlossen worden. Die Anlage war im Herbst 1989 für Routinearbeiten abgeschaltet worden und ging nie wieder in Betrieb.[93]

Auch für den Uranbergbau bedeutete die Wende eine Zäsur. Es ging kaum anders: Mit der Sowjetunion verlor die Wismut ihren einzigen Kunden. Die Volkskammer kündigte das Wismut-Abkommen mit der Sowjetunion im Sommer 1990, am 16. Mai 1991 unterzeichneten das wiedervereinigte Deutschland und die UdSSR ein Abkommen zur Beendigung der Tätigkeit der SDAG Wismut, und zum Jahresende war die Sowjetunion auch als Staat Geschichte.[94]

Abb. 18: Hinterlassenschaften der Wismut in Ronneburg (Thüringen) im November 1990. Vergeblich forderte Michael Beleites, diese Abraumhalden als Denkmal zu erhalten. Bild: Jan Peter Kasper/Bundesarchiv.

Die Rekultivierung der Bergbaufolgelandschaften war ein Großprojekt, das mit deutscher Gründlichkeit durchgezogen wurde. Die Bundesrepublik konnte es sich auch leisten: Jenseits der Grenze in Tschechien, wo der Uranbergbau Anfang der neunziger Jahre ebenfalls auslief, fiel die Sanierung mangels Ressourcen weniger aufwendig aus.[95] Die Kosten wurden 1991 auf 12,243 Milliarden DM taxiert, was sich als durchaus tragfähige Schätzung erwies, aber anfängliche Hoffnungen, die radioaktiven Massen innerhalb von zwei Jahrzehnten zu sichern, haben sich inzwischen zerschlagen. Heute plant die Wismut GmbH bis zum Jahr 2045, und der finanzielle Rahmen wird auf etwa acht Milliarden Euro veranschlagt.[96] Die Bundesgartenschau 2007, die im thüringischen Ronneburg auf dem Gelände eines ehemaligen Tagebaus entstand, markierte einen Meilenstein der Rekultivierung. Aus der Fußballabteilung der Betriebssportgemeinschaft wurde der FC Wismut Aue, der seit der Saison 1993/94 als Erzgebirge Aue spielt, obwohl die Wismut noch gelegentlich in Sprechchören von der Tribüne nachhallte.[97]

Die Sanierung der strahlenden Hinterlassenschaften ging nicht ins kollektive Gedächtnis der Anti-Atomkraft-Bewegung ein. Sie war politisch unstrittig und in der Finanzierung nie gefährdet, und sie bot auch sonst wenig Ansatzpunkte für zivilgesellschaftlichen Protest. Die Trägergesellschaft bemühte sich um die Information der lokalen Bevölkerung und eine konstruktive Zusammenarbeit mit den betroffenen Gemeinden und Landkreisen, schon weil der Schatten der Geschichte auf dem Projekt lastete: »Die Informationsdefizite nach 40 Jahren Geheimhaltung und Desinformation sind bei der Bevölkerung, die eigenen Beschäftigten eingeschlossen, noch immer groß«, hieß es 1994 in einem Bericht.[98] Auch der Rest der DDR-Atomgeschichte kommt in der Eigenerzählung des Atomprotests nur am Rande vor, und der Grund ist offenkundig. Während der Atomausstieg bei den ostdeutschen Kernkraftwerken handstreichartig errungen wurde, ging der Kampf um die Reaktoren der alten Bundesrepublik noch mehr als zwei Jahrzehnte weiter. Das Ergebnis ist eine gespaltene Erinnerung, die nur deshalb nicht zum Diskursthema wurde, weil die ostdeutschen Traditionen überwiegend nostalgisch blieben und nie politisch virulent wurden. Im nuklearen Gedächtnis ist Deutschland weiterhin ein geteiltes Land.

Vielleicht wäre es anders gekommen, wenn man nach der Wende einem Vorschlag des *Pechblende*-Autors Michael Beleites gefolgt wäre. In seinem Buch *Altlast Wismut* von 1992 kritisierte er nicht nur die Weiterbeschäftigung belasteter Mitarbeiter bei der Sanierung, die Bürgerrechtlern ein Dorn im Auge war, aber sachlich durchaus nachvollziehbare Gründe hatte. Er schlug auch vor, die Kegelhalden von Ronneburg als Denkmal zu erhalten.[99] Die beiden Spitzkegelhalden der Stadt hatten sich zu einem Teil des vertrauten Landschaftsbilds gemausert – der Volksmund sprach in völliger Unkenntnis moderner Gendersprechweisen von den »Ronneburger Titten« –,[100] aber es ging nicht um eine postmontanwirtschaftliche Nostalgie, wie sie beispielsweise im Ruhrgebiet fröhliche Blüten trieb. Beleites ahnte, dass die Rekultivierung auch ein geschichtspolitisches Sanierungsprojekt war: »Man will einen großen Schleier ausbreiten mit Hilfe einer schnellen Oberflächenbegrünung und einer nostalgischen Beschreibung der Wismut-Geschichte.«[101] Wie konnte man die DDR-Atomgeschichte besser abschließen als mit einem milliardenschweren Akt der Buße, der das westliche Umwelt-Ego pflegte und am Ende unschuldige Parklandschaften und Golfplätze hinterließ? Nach drei Jahrzehnten kann man ohne jeden Vorbehalt konstatieren: Die Sanierung hat funktioniert.

7. Von Freunden verlassen, von Feinden umzingelt

Der akademische Historiker geniert sich ein wenig, ein Buch nach Jahrzehnten zu gliedern, aber bei der Atomkraft kommt man damit ganz gut durch. Die fünfziger Jahre waren in einer solchen Chronologie die Gründerzeit der Kernenergie, auf die in den sechziger Jahren die Mühen der Ebene folgten. Dann kam der Auftrag für Biblis, und die siebziger Jahre standen im Zeichen des Baubooms und des zivilgesellschaftlichen Protests. In den neunziger Jahren versuchte die Atomwirtschaft mit wachsender Verzweiflung, einen neuen Reaktor auf den Weg zu bringen, während parallel der Weg zum rot-grünen Atomkonsens begann, der dann, geschichtsdidaktisch geschickt, im Jahr 2000 unterzeichnet wurde. Dieser Atomkonsens blieb danach ein gutes Jahrzehnt politisch umstritten, bis 2011 nach Fukushima der zweite und diesmal dauerhafte Atomkonsens geschmiedet wurde. Das folgende Jahrzehnt dauerte eigentlich elfeinhalb Jahre und soll Ende 2022 seinen Abschluss finden, wenn das letzte deutsche Atomkraftwerk vom Netz geht. Das nukleare Projekt wurde natürlich nicht alle zehn Jahre neu erfunden, und es gab im Laufe der Zeit eine wachsende Zahl gebauter und gescheiterter Anlagen und die damit verbundenen Pfadabhängigkeiten. Aber wenn man eine gewisse chronologische Flexibilität mitbringt, lässt sich für jedes Jahrzehnt ein Leitmotiv identifizieren, das nicht übermäßig im Ruch der kalendarischen Willkür steht.

Die achtziger Jahre wirken bei dieser Übung wie ein Jahrzehnt zwischen den Zeiten. Es war einerseits von nuklearen Bauprojekten geprägt, die ihre Wurzeln in den siebziger Jahren hatten. Die letzten Atomkraftwerke wurden 1982 in Auftrag gegeben und bis 1989 fertiggestellt, und Wackersdorf war eigentlich eine Neuauflage des ursprünglich für Gorleben geplanten Nuklearen Entsorgungszentrums. Andererseits gab es eine anhaltende nukleare Kontroverse, die nach der Reaktorkatastrophe von Tschernobyl ein schrilles Crescendo erlebte, aber Überlegungen zu einem Atomausstieg blieben theoretischer Natur, solange im Bund eine Koalition aus CDU/CSU und FDP regierte. Da könnte es naheliegen, das Jahrzehnt mit ein paar pflichtschuldigen Bemerkungen über Wackersdorf und Tschernobyl abzuhandeln und dann zur Bundestagswahl 1998 vorzuspulen, als mit der rot-grünen Bundesregierung wieder Bewegung in die Atompolitik kam.

Tatsächlich fehlte es den achtziger Jahren an markanten Wendepunkten, die das nukleare Projekt in einen neuen Orbit katapultierten. Das international bedeutsamste Ereignis des Jahrzehnts – Tschernobyl – war eher ein *aspirierter* Wendepunkt, ein Ausdruck der nicht nur in der Bundesrepublik verbreiteten Hoffnung, dass man aus einer solchen Katastrophe lernen *sollte*. Diese Erwartung teilten allerdings vor allem Menschen, die der Atomkraft schon zuvor skeptisch gegenübergestanden hatten, und so fungierte die Reaktorkatastrophe in der Ukraine eher als Katalysator der zivilgesellschaftlichen Debatte. Die Befürworter waren nach Tschernobyl einige Zeit in der Defensive, aber an sich war die Atomwirtschaft gegen momentane Ereignisse ziemlich unempfindlich. Kernenergie war nicht einfach eine Idee, an die man glauben konnte oder auch nicht, sondern ein großtechnisches System, an dem milliardenschwere Investitionen, Abertausende Karrieren und ein erheblicher Teil der bundesdeutschen Stromversorgung hingen. All dies verschwand nicht einfach, wenn jenseits des Eisernen Vorhangs ein Reaktor explodierte.

Das folgende Kapitel will jedoch nicht nur den historischen Ort der Katastrophe von Tschernobyl bestimmen, sondern zugleich den

Blick auf die schleichenden Entwicklungen in den achtziger Jahren richten. Die Kritik der Atomkraft, in den siebziger Jahren noch eine von zahlreichen Aufwallungen des Unmuts links der Mitte, entwickelte sich zu einem Dauerbrenner in Medien und Zivilgesellschaft. Damit verband sich eine Verschiebung der Leitmotive, indem die Einstellung zur Kernenergie immer weniger von persönlichen Erfahrungen und der individuellen Betroffenheit geprägt war und zunehmend zu einer Frage kollektiver Identitäten wurde. Am Anfang steht jedoch der Wandel des nuklearen Projekts. In den achtziger Jahren verlor die Kernenergie endgültig ihre magische Qualität, und der Rückhalt in Politik und Wirtschaft begann auch in prinzipiell atomfreundlichen Kreisen zu bröckeln.

Um 1980 konnte man unter den Befürwortern der Atomkraft noch darauf hoffen, dass sich die Atomwirtschaft nach einer Phase der Turbulenzen wieder berappeln und nun ihr visionäres Potenzial als Energie der Zukunft entfalten würde. Aber dann wurden die nukleare Forschung und Entwicklung zurückgefahren, und dann kamen die unerwarteten Entscheidungen des Jahres 1989, das als »Annus horribilis« der bundesdeutschen Atomwirtschaft eine markantere Zäsur darstellte als der Reaktorunfall von Tschernobyl. In Wackersdorf scheiterte die Wiederaufarbeitungsanlage, in Hamm-Uentrop der Hochtemperaturreaktor, und der seit 1985 betriebsbereite Schnelle Brüter in Kalkar wurde 1991 endgültig stillgelegt. Damit hatten sich alle technologischen Visionen auf absehbare Zeit erledigt: Der nukleare Traum war ausgeträumt, denn Atomkraft war nun das, was man bereits hatte. Kernenergie bestand seither im Wesentlichen aus Leichtwasserreaktoren, und diese waren eine von mehreren fossilen Energiequellen, die sich auf dem Strommarkt zu behaupten hatte. Die Frage war nur noch, ob man neue Atomkraftwerke bauen sollte und ob es dafür die nötigen Verbündeten gab.

Es ist im Rückblick verlockend, von diesen Entwicklungen eine gerade Linie zum Atomausstieg zu ziehen. Das wäre sachlich auch gar nicht völlig falsch. Wenn keiner mehr Atomkraftwerke mit Leichtwassertechnologie bauen will und niemand in die Entwicklung alternativer Reaktorkonzepte investiert, dann kommt der Atomausstieg auf Dauer ganz von selbst, weil die bestehenden Reaktoren irgendwann an das Ende ihrer Laufzeit kommen. Das hätte

Abb. 19: Gewaltbereite Demonstranten waren in den achtziger Jahren unter Christdemokraten ein beliebtes Thema. Hier betrachteten Bundesinnenminister Friedrich Zimmermann, Bundeskanzler Helmut Kohl und Kanzleramtsminister Wolfgang Schäuble (von links) einige Gegenstände, die in Wackersdorf von der Polizei als Waffen beschlagnahmt worden waren. Es war eines der wenigen atompolitischen Themen, bei denen die Regierung Kohl so etwas wie Leidenschaft erkennen ließ. Foto: Lothar Kucharz/Süddeutsche Zeitung Photo.

sich allerdings hinziehen können – in den USA gibt es inzwischen Atomkraftwerke, die über eine Betriebserlaubnis für 80 Jahre verfügen –, und im zeithistorischen Kontext war das schlichte Abwarten ohnehin eine sehr theoretische Option. Bei allen Meinungsverschiedenheiten waren sich Befürworter und Gegner einig, dass in den achtziger Jahren wichtige Entscheidungen ins Haus standen. Umstritten war, in welche Richtung diese Entscheidungen weisen und wann sie fallen würden. Das nukleare »Annus horribilis« hat Befürworter und Gegner gleichermaßen überrascht.

Es lohnt sich deshalb, die achtziger Jahre in ihrer ganzen Vielfalt zu diskutieren, ohne die Widersprüchlichkeit der Entwicklungen mit den Mitteln der historischen Narration irgendwie abzumildern. Es gab auch jenseits von Wackersdorf und Tschernobyl eine Menge Ereignisse, Befürworter und Gegner erlebten Konjunkturen und

Krisen, aber dahinter zeichnete sich kein klarer Trend ab. Das nukleare Projekt verharrte gewissermaßen in der Schwebe. Die Atomwirtschaft war zu schwach, um neue Bauvorhaben oder Forschungen auf den Weg zu bringen, aber die bestehenden Kraftwerke und ein fester Zirkel von Firmen und Institutionen stellte zugleich sicher, dass die Atomkraft fürs Erste nicht verschwinden würde. Wenn das folgende Kapitel deshalb in der Gesamtschau ein wenig unschlüssig wirkt, dann ist das durchaus beabsichtigt. Die achtziger Jahre waren in der bundesdeutschen Atomgeschichte das Jahrzehnt, aus dem niemand klug wurde.

7.1 Wende

Als der langjährige Chefredakteur der *atw* Wolfgang D. Müller Ende 1984 mit einem Festkolloquium in den Ruhestand verabschiedet wurde, hielt der Siemens-Manager Karl Heinz Beckurts einen Vortrag über die bundesdeutsche Kernkraftgeschichte seit ihren Anfängen. »Kernenergie in Deutschland: Das ist ein echtes Stück Nachkriegsgeschichte«, erklärte Beckurts. Er sprach nicht nur von den Erfolgen, sondern auch von »Fehlschlägen«, von »manchmal zu kühnen Höhenflügen« und »sehr viel, manchmal zuviel Politik«. Am Anfang stand »eine fast euphorische Aufbruchsstimmung«, dann kamen der Bauboom und die Jahre von 1975 bis 1980, die er als »Zeit der Krise« titulierte. Das sollte jedoch nicht das letzte Wort bleiben: »Nach dem Wechselbad der 70er Jahre ist die Kernenergie in Deutschland in den 80er Jahren, soweit wir das bisher sagen können, in ruhigeres Fahrwasser gekommen, und ich habe die letzte Periode seit den Jahr 1980 mit der Überschrift ›Rückkehr zur Vernunft‹ überschrieben, allerdings mit einem Fragezeichen dahinter.«[1]

Es ist nicht schwer zu verstehen, warum Beckurts Mitte der achtziger Jahre dezent optimistisch war. Die Siemens-Tochter KWU war seit dem Rückzug von BBR auf dem bundesdeutschen Markt für Kernkraftwerke ohne Konkurrenz, und sie hatte eine attraktive Baureihe im Angebot. Die Konvoi-Anlagen, die KWU 1982 auf den Weg gebracht hatte, entwickelten sich zufriedenstellend. Die einstigen Sorgen um die Uranversorgung hatten sich erledigt, am Markt herrschte eher ein Überangebot. Auch bei den bestehenden Kernkraftwerken lief es rund. 1984 berichtete die *atw*, dass die bundesdeutschen Druckwasserreaktoren seit 1978 auf eine durchschnittliche Verfügbarkeit von 82 Prozent kämen, während der europäische Durchschnitt bei 67,5 und der US-amerikanische bei 64 Prozent liege.[2] Es gab eine Batterie von Leistungsreaktoren, die untereinander Erfahrungen und auch mal Ersatzteile austauschen konnten. Als 1983 ein Generatorständer im Block B von Biblis repariert werden musste und eine einjährige Zwangspause drohte, kaufte RWE kurzerhand für 31 Millionen DM einen Ständer aus dem Kernkraftwerk Bushehr im Iran, wo die Bauarbeiten seit der Islamischen Revolution ruhten.[3]

Auch das politische Umfeld wirkte etwas freundlicher. Zahl und Umfang der Proteste hatten seit der Gorleben-Entscheidung von 1979 abgenommen, und mit der Debatte über das Waldsterben hatte sich die Kritik verschoben. Für ein paar Jahre standen die Emissionen der Kohlekraftwerke im Mittelpunkt, während sich Kernkraftwerke als saubere Alternative bewerben ließen.[4] In Bonn regierten nicht mehr die unsicheren Kantonisten von der SPD, sondern ein christdemokratischer Bundeskanzler, und dessen liberaler Koalitionspartner hatte nach der Bonner Wende von 1982 nicht mehr viel Lust auf umweltpolitische Profilierung. Der niedersächsische Ministerpräsident Albrecht brachte 1982 sogar erneut eine Wiederaufarbeitungsanlage im Wendland ins Spiel, für die nun das Gelände einer Munitionsverbrennungsanlage in Dragahn vorgesehen war. Es gab weiterhin eine kritische Öffentlichkeit, aber sie besaß nicht mehr die Vehemenz der siebziger Jahre. Im November 1985 konstatierte ein Vermerk des Kanzleramts: »Die Nutzung der Kernenergie ist fast schon zur ›Selbstverständlichkeit‹ geworden. Der Höhepunkt der gesellschaftlichen Auseinandersetzungen dürfte überschritten sein.«[5]

Der Streit der siebziger Jahre hatte nicht nur im Gefühlshaushalt von Atommanagern seine Spuren hinterlassen. Als 1984 das Kernkraftwerk Krümmel bei Geesthacht an der Elbe ans Netz ging, waren nicht weniger als zwölf Jahre seit dem Lieferantrag vergangen. Eigentlich hatte die Anlage 1977 in Betrieb gehen sollen, aus den ursprünglich veranschlagten 1,7 Milliarden DM waren 3,5 Milliarden geworden, und damit zählte Krümmel »im Hinblick auf seine Leistungsgröße heute immer noch zu den kostengünstigen Anlagen«.[6] Das komplizierte Genehmigungsverfahren und die ständig steigenden Sicherheitsanforderungen hatten ihren Tribut gefordert, aber wenn ein Kernkraftwerk erst einmal fertig war und ordentlich lief, relativierten sich die Sorgen der Bauphase. Es wurde auch immer weniger gebaut. 1982 waren die letzten Atomkraftwerke der bundesdeutschen Geschichte in Auftrag gegeben worden, obwohl das seinerzeit natürlich niemand wissen konnte.

Die Atomwirtschaft hatte weiterhin Projekte. 1982 warnte der Vorsitzende der Vereinigung Deutscher Elektrizitätswerke Gerhard Hecker in einem Pressegespräch in Bonn vor »einem Defizit an Grundlastleistung von mehr als 10 000 MW« und sah Kernkraftwerke als einzige Option.[7] Hecker sprach von »einer wichtigen gesellschaftspolitischen Aufgabe«, letztlich ging es für ihn sogar um »die Fähigkeit unserer Demokratie, in dieser Lebensfrage handeln zu können«, aber andere waren da entspannter.[8] Ein suboptimaler Energiemix im Grundlastsegment hatte eine andere Dringlichkeit als die Wachstumsprognosen in der Zeit der ersten Ölkrise, die seinerzeit den Ausbau der Kernenergie beflügelt hatten, und einstige Visionen einer nuklearen Hegemonie hatten sich längst erledigt. Atomkraft hatte einen festen Platz als eine von mehreren Optionen auf dem Strommarkt, den fürs Erste niemand erschüttern konnte, und damit konnten Atommanager so zufrieden sein, wie das Manager von Berufs wegen nun einmal sind. Auch Beckurts war 1984 »der Überzeugung, daß wir weder an der Schwelle des totalen Atomzeitalters stehen, noch daß wir den Ausstieg aus der Kernenergie vorbereiten«.[9]

Wer genauer hinschaute, konnte jedoch schon erste feine Risse im Fundament der Atomwirtschaft erkennen, in denen sich der kommende Niedergang andeutete. Das galt vor allem für die politische Sphäre, in der der Rückhalt auch nach der Bonner Wende prekär blieb. Für die CDU war Energiepolitik vor Fukushima »eher realpolitische Notwendigkeit denn Herzensangelegenheit«, schrieb Nils Kleine in seiner politikwissenschaftlichen Dissertation. Die Partei wollte »einen klaren Gegenentwurf zu dem in ihren Augen unsteten Politikverständnis der SPD auf diesem Feld«, aber das bedeutete noch längst nicht, dass sich die Regierung Kohl mit Begeisterung in neue nukleare Abenteuer stürzte.[10] Im Dezember 1982 stimmte die neue Regierungskoalition für die Inbetriebnahme des Schnellen Brüters und beendete damit eine jahrelange parlamentarische Hängepartie, aber die wahren Prioritäten zeigten sich in der ersten Sitzung des Bundeskabinetts nach der gewonnenen Bundestagswahl vom 6. März 1983.[11] Auf Anregung von Rainer Barzel untersuchte das Bundesministerium des Innern »das Wählerverhalten bei der Bundestagswahl 1983 in Standorten von kerntechnischen Anlagen und Raketenstellungen«.[12] Das Ergebnis war nicht besorgniserregend – Standorteffekte ließen sich nur in den Bereichen Gorleben-Dragahn und Wyhl nachweisen –, aber es war eine bezeichnende Sorge nach einer Wahl, bei der die Union das zweitbeste Ergebnis ihrer Geschichte erzielte. Den Christdemokraten ging es bei der Atomkraft in erster Linie darum, politische Kollateralschäden zu vermeiden, und die turbulenten Anfangsjahre der Kohl'schen Kanzlerschaft waren auch nicht dazu angetan, Lust auf nukleare Initiativen zu wecken.

Helmut Kohl war nie ein Kanzler, der sich für die Atomenergie in die Bresche warf, und auch der ehemalige Atomminister Franz Josef Strauß agierte bei dem Thema inzwischen ohne Leidenschaft.[13] Dass im Wackersdorf-Konflikt ein anderer Eindruck entstand, war vor allem eine Projektion der Gegenseite: Im Bayern der achtziger Jahre war es für die Kritiker des CSU-Chefs eine zutiefst beglückende Erfahrung, den ewigen Parteivorsitzenden einmal straucheln zu sehen. Erhellend war seine energiepolitische Regierungserklärung vom 17. Juli 1986, mit der Strauß nach Tschernobyl wieder aus der Defensive kommen wollte. In dieser Rede sprach Strauß ausführlich über das Energiesparen und alternative Energien *made in Bayern*, während die Schließung des nuklearen Brennstoffkreislaufs nur ganz am Rande vorkam, obwohl dies für die Legitimation der Wiederaufarbeitungsanlage entscheidend war und die utopische Qualität der Kernenergie begründete. Nur wenn es um die Warnung »vor ideologisch-abergläubischer Besessenheit und parteipolitischem Fanatismus« ging, zeigte Strauß so etwas wie Begeisterung.[14] Die Regierungserklärung – für Horst Möller »eine der großen Strauß-Reden«[15] – war die programmatische Erklärung eines desillusionierten Mannes, der um die nuklearen Pfadabhängigkeiten wusste, die finanziellen und politischen Folgen einer Kapitulation scheute und das Beste daraus machen wollte.

Tatsächlich saß die Bundesregierung bei der Wiederaufarbeitung in der Falle, die sie durch das Entsorgungsjunktim von 1976 selbst geschaffen hatte. Wackersdorf war schließlich kein eigenes Bauvorhaben des Bundes, sondern vielmehr ein Projekt der DWK, die von den Stromversorgern getragen und finanziert wurde. Zu der milliardenschweren Investition waren die Energiekonzerne nur auf massiven Druck des Bundes bereit, und deshalb musste die Bundesregierung jeden Eindruck vermeiden, es gäbe Alternativen zur Wiederaufarbeitungsanlage. Das zeigte sich 1984, als die Volksrepublik China Bundeskanzler Kohl ein »Koppelgeschäft« vorschlug. Als Bezahlung für zwei Kernkraftwerke der KWU wollte China Nichteisenmetalle und Natururan nach Deutschland liefern und die daraus produzierten Brennelemente zur Entsorgung wieder zurücknehmen. Da dachte man im Kanzleramt gleich an Wackersdorf: »Entsorgungspolitisch kommt der chinesische Wunsch zu einem sehr ungünstigen Zeitpunkt; er könnte der Energiewirtschaft einen Anlaß geben, die Entscheidung zum Bau der deutschen Wiederaufarbeitungsanlage erneut zu verzögern«, hieß es in einem Vermerk.[16] So stand die Bundesregierung stur zu Wackersdorf und verbat sich jede Diskussion über andere Optionen, und wie es der Zufall so wollte, passte das ganz gut zur mentalen Befindlichkeit des bayerischen Ministerpräsidenten. Trotzig sammelte Strauß im Herbst seines Lebens »lauter Trostpreise«, wie sein Biograf Peter Siebenmorgen bemerkte.[17] Wackersdorf war einer davon.

Strauß glaubte nicht mehr an die atomare Zukunft, aber die Atomwirtschaft glaubte an Strauß. Der bayerische Ministerpräsident war der letzte verbliebene Politiker der Bundesrepublik, dem man zutraute, das leidige Entsorgungsprojekt tatsächlich durchzuziehen, und Strauß lieferte. Er stand unbeirrt zur Wiederaufarbeitungsanlage und machte die Landtagswahl 1986 zu einem Referendum über seine Großprojekte, zu denen neben Wackersdorf auch der neue Münchner Flughafen und der Rhein-Main-Donau-Kanal gehörten. Am Ende stand ein schaler Sieg: »Populär ist das, wofür er offen – mehr tollkühn als tapfer – geworben hat, durch seinen Wahlsieg nicht geworden«, schrieb Siebenmorgen.[18] Die Wiederauf-

Abb. 20: Im Landtagswahlkampf 1986 hielt Franz Josef Strauß unter massivem Polizeischutz eine Wahlkampfveranstaltung in Schwandorf in der Oberpfalz ab. Dort war sogar der Kreisverband der CSU gegen die Wiederaufarbeitungsanlage Wackersdorf. Foto: ap/dpa/picture alliance/Süddeutsche Zeitung Photo.

arbeitungsanlage überlebte ihren Schutzherrn gerade mal um ein halbes Jahr.

Das Ende von Wackersdorf war für die Atomwirtschaft nicht weniger schmerzhaft als die Umstände. Die Anlage wurde überflüssig, als der VEBA-Chef Rudolf von Bennigsen-Foerder einen Vertrag mit der französischen Wiederaufarbeitungsfirma COGEMA aushandelte, der eine kostengünstigere Entsorgung erlaubte, und die Bundesregierung vor vollendete Tatsachen stellte.[19] Das Angebot der COGEMA wurde im April 1989 öffentlich und schockierte weite Teile der nuklearen Community; der stellvertretende Vorstandsvorsitzende des Bayernwerks Jochen Holzer sprach einen Monat später auf der Jahrestagung Kerntechnik von einem »Vertrauensschaden«.[20] Das war umso dramatischer, als in diesen Monaten auch das Ende des Hochtemperaturreaktors besiegelt wurde. Der Prototyp in Hamm-Uentrop war im September 1983 kritisch geworden, ging jedoch erst zwei Jahre später ans Netz und erreichte im September 1986 zum ersten Mal Volllast. Als der Reaktor im September 1988 in Revision ging, zeigten sich Schäden im Heißgaskanal, im Betrieb gingen viel mehr der kugelförmigen Brennelemente zu Bruch als erwartet, und es gab Probleme in der Brennelementeversorgung. Als dann noch Verhandlungen zwischen der Industrie und dem Bund sowie dem Land Nordrhein-Westfalen über die Deckung der Betriebsverluste scheiterten, einigten sich die Betreiber im Mai 1989 auf die Stilllegung der Anlage. Aus dem erhofften Exportschlager war ein Milliardengrab geworden, die Baukosten, die anfangs auf 690 Millionen DM veranschlagt worden waren, beliefen sich schließlich auf über vier Milliarden DM.[21]

Manche brauchten einen Moment, um die volle Tragweite des Geschehens zu realisieren. Ausgerechnet im Mai 1989 referierte der Geschäftsführer der HTR-GMBH Gesellschaft für Hochtemperaturreaktoren, ein Gemeinschaftsunternehmen von Asea Brown Boveri und Siemens, auf der Jahrestagung Kerntechnik über die Marktchancen ihres Reaktortyps. Der Hochtemperaturreaktor sei an der Schwelle der Marktreife, es gebe Interessensbekundungen aus der Sowjetunion, der Volksrepublik China, den USA, Japan, Bangladesch, Indonesien, der Türkei und Bulgarien, und deshalb werde ein neues Tochterunternehmen die Vermarktung »als Langzeitstrategie« in Angriff nehmen.[22] In Wirklichkeit war in Hamm-Uentrop gerade die Referenzanlage gescheitert, an der die Exportchancen für die Hochtemperaturtechnologie hingen, und dieser Schritt war ebenso unwiderruflich wie das Ende von Wackersdorf. Selbst aus Frankreich kamen deprimierende Töne: »In der augenblicklichen Lage befindet sich die Kernenergie in einer Gefahr, die ihr Ende bedeuten könnte«, schrieb der stellvertretende Generaldirektor der Electricité de France in der *atw*.[23] 1989 war das »Annus horribilis« der bundesdeutschen Atomwirtschaft, und entsprechend war die Stimmung zum Jahresende. »Im Jahr 1989 sind zwei Bastionen der friedlichen Kernenergienutzung in der Bundesrepublik Deutschland gefallen«, schrieb der Chefredakteur der *atw* in einem Kommentar und diagnostizierte »eine lähmende Atmosphäre im Lager der Befürworter«.[24]

Das letzte verbliebene Zukunftsprojekt der Atomwirtschaft, der Schnelle Brüter in Kalkar, war zu diesem Zeitpunkt längst auf Notbeatmung. Seit April 1985 zirkulierte im Primärkreislauf das

Natrium, es fehlte nur noch das Beladen mit Brennelementen, aber dafür verweigerte die SPD-geführte Landesregierung die Genehmigung. Dahinter standen parteipolitische Kalküle – die nordrhein-westfälischen Sozialdemokraten wollten die Grünen aus dem Landtag heraushalten und achteten deshalb auf ihr umweltpolitisches Profil, und im Übrigen schlug das Herz für die Kohle –, aber man kann rückblickend kaum abstreiten, dass die Linie der Landesregierung auch von der Sache her vertretbar war. Schon 1977 hatte ein Vermerk für Bundeskanzler Helmut Schmidt betont, es gebe »nicht nur bei ›Linken‹« Vorbehalte gegen den Brüter, weil die Anlage nun einmal gefährlicher war als ein Leichtwasserreaktor, und so erfuhr der damalige Regierungschef der Bundesrepublik auf dem Dienstweg: »Unter gegenwärtigen Bedingungen [ist] schwer vorstellbar, daß [ein] kommerzieller SBR jemals atomrechtlich genehmigt werden kann.«[25] Ab 1985 stand das Brüterprojekt jedenfalls still, seit Juni 1987 wurden die Aktivitäten in Kalkar so weit wie möglich zurückgefahren, und das endgültige Ende kam im März 1991, als sich die Energieversorger weigerten, weiter ihren Beitrag zu den jährlichen Betriebskosten in Höhe von 105 Millionen DM zu leisten.[26] Ein Ausstieg anderer Art vollzog sich unterdessen in den Forschungszentren in Karlsruhe, Jülich und Geesthacht, die einst für das kommende Atomzeitalter gebaut worden waren. Es gab nun neue Zukunftstechnologien, die nach dem Willen der staatlichen Geldgeber intensiv erforscht werden sollten. Die wissenschaftliche Arbeit verlagerte sich deshalb auf andere Schwerpunkte, und nach dem Abschied von Brüter und Wiederaufarbeitung schwanden auch die Desiderate der Nuklearforschung. 1993 lag der Anteil der reaktortechnischen Arbeiten in Karlsruhe unter 20 Prozent, in Jülich unter zehn Prozent, und in Geesthacht gab es überhaupt keine Reaktorforschung mehr.[27]

All dies hatte eine Konsequenz, die für die Entwicklung der bundesdeutschen Atomkraft von kaum zu überschätzender Bedeutung war: Als technologische Utopie war die Kernenergie am Ende. Von dem breiten Anwendungsspektrum, das man in den fünfziger Jahren erträumt hatte, war nur die Stromerzeugung übrig geblieben – real war seit den siebziger Jahren nur noch die Prozesswärme im Gespräch, etwa für die Kohleveredelung in Hochtemperaturreaktoren, und das in Geesthacht konzipierte atomgetriebene Frachtschiff *Otto*

Hahn blieb ein Unikat –, und unter den vielen möglichen Reaktortypen hatte nur noch die Leichtwassertechnologie eine Chance. Auf absehbare Zeit würde sich Atomkraft nicht mehr groß verändern, und damit schwand auch jede Hoffnung auf Effizienzsprünge oder technologische Durchbrüche. Der Sargnagel war ein Positionspapier der kernkraftwerksbetreibenden Unternehmen der öffentlichen Stromversorgung, das der Vorstandsvorsitzende der PreussenElektra Hermann Krämer im Mai 1990 auf der Jahrestagung Kerntechnik präsentierte. Die Energiekonzerne standen zur Atomkraft und sprachen auch von einer neuen Generation von Reaktoren, aber diese sollten sich »wegen der hervorragenden Betriebserfahrungen der laufenden Leichtwasserreaktoren wahrscheinlich evolutionär aus den jetzigen Reaktorlinien, unter Nutzung bewährter Komponenten und Systeme, entwickeln«.[28]

Dieser technologische Konservatismus hing übrigens nicht am Mangel alternativer Reaktorkonzepte. Die kleinen modularen Reaktoren, die seit einigen Jahren als große Hoffnung der Atomwirtschaft gehandelt werden, gab es auf dem Papier schon in den achtziger Jahren. Sie scheiterten nicht aus wissenschaftlichen Gründen, sondern weil ihnen ein riesiger Komplex aus Experten und gebauten Infrastrukturen mit anderer Ausrichtung entgegenstand. Mit spürbarem Unmut kommentierte der Leiter des Brüterprojekts im Kernforschungszentrum Karlsruhe Willy Marth 1985 die Debatte, die damals nach einem Buch Alvin Weinbergs über ein zweites Atomzeitalter in den USA florierte. Für Marth entsprangen die neuen Modebegriffe »weniger der Reaktortheorie als der Reaktortheologie«, und nach einer intensiven Sicherheitsdebatte und 200 laufenden Reaktoren weltweit erübrige sich jede weitere Diskussion: »Es gibt gar keine Veranlassung, auf dieses ungeheuer umfangreiche und positive Erfahrungspotential zu verzichten, um auf Reaktorlinien überzuwechseln, die auf dem Papier die eine oder andere gute Eigenschaft aufweisen mögen, und sofern sie wirklich geplant werden, für lange Zeit als Unikate wenig an Betriebserfahrungen werden liefern können.«[29] Auch das Positionspapier der Energieversorger zeigte wenig Sympathie für »revolutionäre Neukonzepte«, die auch von der Generatorkapazität deutlich niedriger lagen als die vertrauten Anlagen. Solche Experimente hielten bundesdeutsche

Stromkonzerne »wegen der zu erwartenden hohen spezifischen Investitionskosten und der fehlenden Betriebserfahrungen für eine Umsetzung in der Bundesrepublik Deutschland derzeit für wenig wahrscheinlich«.[30]

Die Diskussion über kleine modulare Reaktoren wurde auch von der Einsicht befeuert, dass sich der hohe Kapitalbedarf der Großkraftwerke zum zentralen ökonomischen Manko der Atomkraft entwickelte. Selbst wenn ein Energieversorger keine Angst vor einem GAU hatte, stellte sich immer noch das Problem, dass jedes Kernkraftwerk riesige Investitionen erforderte und das Kapital auf Jahrzehnte gebunden blieb. Die kleinen modularen Reaktoren waren billiger, aber ob das auch niedrigere Kosten je Megawattstunde bedeutete, war durchaus offen. Von der Kapazität her ähnelten die kleinen modularen Reaktoren den Versuchskraftwerken der frühen Jahre, die nie Strom zu konkurrenzfähigen Preisen produziert hatten und deshalb zugunsten der großen Einheiten vernachlässigt worden waren, und die ökonomischen Defizite kleiner Anlagen waren in den achtziger Jahren nicht verschwunden. Der Vorstandsvorsitzende der Kraftwerk Union Klaus Barthelt, der die Entwicklungen auf dem Reaktormarkt naturgemäß mit Argusaugen verfolgte, berichtete 1987 auf der Jahrestagung Kerntechnik, es gebe ein »ernüchterndes Ergebnis all dieser Untersuchungen: Selbst im Bereich zwischen 600 und 1000 MW ist es für die Kernenergie schwer, gegen Weltmarktkohle zu konkurrieren.« Für Barthels war deshalb ausgemacht, dass »die großen Leichtwasserreaktoren [...] noch auf sehr lange Zeit die Arbeitspferde der nuklearen Stromerzeugung bleiben« würden.[31]

Der Erfahrungsschatz im Umgang mit den Leichtwasserreaktoren hieß freilich nicht, dass die bundesdeutschen Kernkraftwerke tatsächlich sicher waren. Im Zusammenspiel einer komplexen Technologie mit fehlbaren Menschen gab es so viele mögliche Szenarien für eine Katastrophe, dass auch die beste Sicherheitsphilosophie an Grenzen stieß.[32] Eindringlich zeigte das ein Störfall im Atomkraftwerk Biblis A am 16. Dezember 1987, bei dem radioaktives Wasser aus dem Sicherheitsbehälter entwich. In der Leitwarte hatten zwei Schichten beim Anfahren des Reaktors ein klemmendes Ventil übersehen, die dritte Schicht entdeckte das Problem und versuchte es mit einem improvisierten Trick zu beheben, der zum Kühlmittelverlust hätte führen können. Danach vertuschten die Reaktorfahrer den Vorfall, der erst ein Jahr später öffentlich wurde.[33] Den schmierigen Höhepunkt der bundesdeutschen Skandalchronik lieferte eine Tochter des Hanauer Brennelementeherstellers Nukem, den Ende der achtziger Jahre jeder Zeitungsleser kannte: Transnuklear.

Bis dahin hatten Atomskandale stets das Handicap, dass die nukleare Technologie einen gewissen Komplexitätsgrad hatte. Bei Transnuklear brauchte es jedoch keine Kenntnisse der Kernphysik. Es ging um die Bestechung von Strahlenschutzbeauftragten, schwarze Kassen, Bordellbesuche auf Firmenkosten und falsch deklarierten Atommüll, und all dies wurde nicht etwa durch penible Kontrollen der nuklearen Aufsichtsorgane aufgedeckt, sondern als Nebenfolge einer Betriebsprüfung durch das Finanzamt Hanau. Es war eine moralische Bankrotterklärung für den nuklearen Komplex. Unermüdlich hatte die Atomwirtschaft betont, wie viel sie seit den Anfängen gelernt hatte, und dann blühte bei der Entsorgung der strahlenden Abfälle die Korruption. Ein Diplomingenieur der PreussenElektra bezog von der Transnuklear mehr als eine halbe Million Schmiergeld, bis er aufflog und im April 1987 fristlos entlassen wurde. Zwei Wochen später warf er sich in Hannover vor einen Zug.[34]

Der Transnuklear-Skandal warf auch ein Schlaglicht auf die Hanauer Atomfabriken und damit auf den chemischen Teil des nuklearen Komplexes. Der Atomkonflikt hatte sich zunächst vor allem auf Reaktoren konzentriert, aber die waren nur ein Teil der Atomwirtschaft. Die visionäre Kraft der Kernenergie hing sogar ganz wesentlich an chemischen Verfahren. Der nukleare Brennstoffkreislauf ließ sich nur dann schließen, wenn mit den Mitteln der Chemie aus abgebrannten Brennelementen wieder spaltbares Material gewonnen wurde. Hier drohten aber zugleich besondere Sicherheitsrisiken, denn die Chemiker hantierten mit Plutonium, aus dem sich nicht nur Brennelemente, sondern auch Atombomben produzieren ließen. So verbarg sich hinter der Kontroverse um die Brennelementeproduktion in Hanau die Frage, über wie viel Anziehungskraft das Kreislaufideal, das einst die Träume eines kommenden Atomzeitalters beflügelt hatte, in den achtziger Jahren noch verfügte und ob der nukleare Komplex noch die moralische Autorität besaß, den Mutmaßungen über militärische Kalküle entgegenzutreten. Das Ergebnis war niederschmetternd: Der nukleare Komplex hat sich noch nicht einmal ernsthaft bemüht, die Plutoniumwirtschaft in der Öffentlichkeit zu verteidigen. Ein Referent des Bundespräsidialamts, der im Februar 1987 einen Vermerk über die Hanauer Nuklearfabriken für Richard von Weizsäcker schrieb, schloss seine Ausführungen mit dem resignativen Hinweis, es sei »wieder einmal so, daß von den Gegnern in sich schlüssige und plausible Bedenken massiv vorgetragen werden, während die regierungsamtliche Seite den untauglichen Versuch unternimmt, diese Diskussion totzuschlagen«.[35]

Unterdessen gab es in der Atomwirtschaft noch ein anderes Problem, das bislang in der Literatur kaum Beachtung gefunden hat. Es wurde zum Beispiel erkennbar, als Wolfgang D. Müller in einem seiner letzten Kommentare für die *atw* über die Wirtschaftlichkeit der Kernenergie philosophierte. Atomkraftwerke waren teurer geworden, aber der notorisch optimistische Chefredakteur sah für Investitionen günstige Konditionen »bei weiterer inflationistischer Tendenz«.[36] Die nuklearen Bauprojekte hatten auch von den hohen Inflationsraten der siebziger Jahre profitiert, weil sich die hohen Anfangsinvestitionen für Reaktoren so schneller rentierten. Während Kohlekraftwerke ihren Brennstoff zu Marktpreisen kaufen mussten, waren weitgehend abgeschriebene Atomkraftwerke dank niedriger Betriebskosten eine Goldgrube. Aber mit dem Siegeszug des Monetarismus sanken die Inflationsraten, und das machte die Finanzierung von Reaktorprojekten nicht leichter. Das war nicht nur ein Bilanzproblem der Gebietsmonopolisten. Seit den siebziger Jahren finanzierte RWE seine Kraftwerke über Leasingmodelle in Zusammenarbeit mit Großbanken, und die Konditionen für langfristige Investitionen wurden zwangsläufig schlechter, wenn Zeiten hoher Inflation unwahrscheinlicher wurden.[37]

Bei RWE war man jedenfalls Ende der achtziger Jahre der Ansicht, dass es für Investitionen bessere Optionen gab als nukleare Projekte. In einem aufsehenerregenden Schritt stieg das Essener Unternehmen 20 Jahre nach dem Gelsenberg-Debakel erneut ins Ölgeschäft ein und kaufte für 2,2 Milliarden DM die Deutsche Texaco. Der Stromkonzern verdiente mit seinen Beteiligungen jenseits der Elektrizität gutes Geld, 1987/88 kam bei RWE nur ein Drittel des Jahresüberschusses aus dem Energiesektor.[38] Auch andere Firmen stellten ihr Geschäftsmodell auf eine Zeit um, in der nicht mehr gebaut wurde. Die *atw* berichtete schon 1984, wie die Reaktorhersteller zunehmend auf Service setzten, weil die Aufträge für neue Kernkernkraftwerke ausblieben: »Die Zeit der großen Nachrüstungen, die sich aus nachträglichen Forderungen ergaben, wird bald der Vergangenheit angehören. Die Zeit der kleinen Verbesserungsschritte, die kontinuierlich für eine ständig gleichbleibende oder sogar steigende Effizienz der Anlagen sorgen sollen, beginnt gerade erst.«[39] Aus der Formulierung sprach der gezwungene Optimismus einer stagnierenden Branche, denn eine solche Umstrukturierung barg eigene Risiken. Ein paar Jahre später reagierte RWE alarmiert auf Pläne des Siemens-Konzerns, im Rahmen einer Umorganisation Personal abzubauen. Es stand zu befürchten, dass »bei der KWU im vitalen Interessenbereich der [Energieversorgungsunternehmen] hinsichtlich einer effizienten Betreuung der bestehenden Anlagen, einschließlich der vorzunehmenden Nachrüstungen bei den Altanlagen sogar Personalengpässe eintreten werden, bzw. mit überaltertem Personal gearbeitet wird«.[40]

Die neuen Zeiten verlangten nach neuen Köpfen, und kaum jemand verkörperte die neue Generation der nuklearen Macher besser als der Vorstandsvorsitzende der Deutschen Gesellschaft für Wiederaufarbeitung von Kernbrennstoffen Günther H. Scheuten. Er brachte in den achtziger Jahren die Wiederaufarbeitungsanlage Wackersdorf auf den Weg, war jedoch ein ganz anderer Manager als Mandel, obwohl Scheuten ebenso wie der Atompapst bei RWE groß geworden war. Während Mandel mit offenem Visier für die Kernenergie stritt, war Scheuten von Haus aus Jurist und äußerte sich grundsätzlich nicht zu den technologischen Problemen der Wiederaufarbeitung. Seine Aufgabe war die ordnungsgemäße Umsetzung des gesetzlich vorgeschriebenen Entsorgungsgebots, und dass es darüber eine gesellschaftliche Kontroverse gab, kümmerte ihn ebenso wenig wie tröstende Worte von hartgesottenen Journalisten. Mitleid war eigentlich keine Kategorie der Wirtschaftspresse, aber bei Scheuten machte die *Wirtschaftswoche* eine Ausnahme. Sie schrieb,

Scheuten habe »von Staats wegen einen der undankbarsten Jobs in der Bundesrepublik«.[41]

Die Zeit der charismatischen Häuptlinge, die für eine große Sache stritten, war vorüber. An ihre Stelle traten gesichtslose Funktionsträger, die auf die Regeln und die Hierarchien achteten und kein großes Interesse an Vorgängen jenseits des eigenen Kompetenzbereichs mehr hatten. Das spürten nicht zuletzt die Mitarbeiter der *atw*, die jeder Technikfeindschaft unverdächtig waren, aber zunehmend mit einem schwerfälligen Apparat zu kämpfen hatten. Der Chefredakteur klagte 1989, dass er »viel zu lange um authentische Aussagen ringen muß, weil immer wieder Kompetenzfragen für die Freigabe von längst verbreiteten Berichten auftauchen«.[42] Das war aufreibend für Menschen, die sich um die Zukunft der Kernenergie sorgten. Aber wie viele Menschen gab es im nuklearen Komplex der späten achtziger Jahre noch, die Atomkraft für eine Zukunftstechnologie hielten?

Als die Bundesregierung 1988 auf Betreiben des Leiters der Bayerischen Staatskanzlei Edmund Stoiber ihre Öffentlichkeitsarbeit überprüfte, ergab sich ein tristes Gesamtbild. Das Informationsmaterial war »schon vom Umfang her nicht überwältigend«, der Tenor war »wegen der schwierigen Akzeptanzfragen größtenteils defensiv«, und vor allem konzentrierte sich das Material »je nach Zuständigkeit auf Einzelaspekte«. Es gab »keine gezielten Veröffentlichungen über Zukunftsmöglichkeiten der Kernenergie«, obwohl die Bundesregierung damals mit dem Schnellen Brüter und der Wiederaufarbeitungsanlage zwei Schlüsselprojekte verfolgte. Die Zukunftstechnologie Atomkraft kam in der Außendarstellung der Bundesregierung gar nicht mehr vor: »Die Veröffentlichungen zur Kernenergie konzentrieren sich im wesentlichen auf die Erhaltung des bisherigen Standes.«[43] Und vielleicht war das ja nur das Spiegelbild einer nuklearen Community, die sich mit dem Gegebenen arrangiert hatte? Wer in erster Linie an die persönliche Zukunft dachte, fand in der Atomwirtschaft ein bequemes Auskommen. Seit den achtziger Jahren bot sie gut bezahlte Jobs, die nicht ins Ausland verlagert werden konnten, es gab klare Aufgaben und Anforderungsprofile, und man musste keine Angst vor Arbeitslosigkeit haben, solange man sich an die Regeln hielt. Die Kernkraftwerke liefen, und da musste man nicht mehr unbedingt für die Atomenergie kämpfen. Man musste sie nur noch verwalten.

7.2 Protest in Permanenz

Atomprotest war immer Ansichtssache. Nach jeder Großdemonstration gingen die Meinungen auseinander, ob man wirklich genug Menschen auf die Straße gebracht hatte und ob es wohl einen Eindruck über den Tag hinaus hinterlassen würde, und diese Diskussionen setzen sich heute in der historischen Literatur fort. Das gilt auch für die Veranstaltung, die am 14. Oktober 1979 im Bonner Hofgarten stattfand. Wenige Monate nach dem Gorleben-Treck nach Hannover strömten etwa 150 000 Menschen in die Bundeshauptstadt und forderten den Ausstieg aus der nuklearen Stromerzeugung. Aber war das ein Erfolg für die Atomkraftgegner? Für Christian Möller markierte die Großdemonstration in Bonn »einen vorläufigen Höhepunkt«, aber Reimar Paul und Wolfgang Ehmke äußerten sich in ihrer Chronologie der Bewegung skeptischer: »Die Politiker in Bonn und viele Medien beachten die Aktion überhaupt nicht, viele Initiativen fallen nach der kräftezehrenden Mobilisierung in eine Art Winterschlaf.«[44]

Jede soziale Bewegung operiert mit begrenzten Ressourcen, und die Anti-Atomkraft-Bewegung kämpfte mit einem besonders prekären Ungleichgewicht der Mittel. Sie hatte keine reichen Gönner und lebte vom Engagement einfacher Menschen, die meist noch einen Brotberuf hatten, und die dezentralen Strukturen in Verbindung mit dem Konsensprinzip liefen darauf hinaus, dass viel Zeit und Energie in die interne Verständigung investiert werden mussten. Auf der Gegenseite stand ein bestens vernetzter nuklearer Komplex, der seine finanzielle Potenz auch beim Werben um politische und öffentliche Unterstützung ausspielte. Was das praktisch bedeutete, wusste der von Gewerkschaftlern gegründete Aktionskreis Leben. Er entstand als Reaktion auf die erwähnte Großdemonstration des Deutschen Gewerkschaftsbunds im Dortmunder Westfalenstadion im November 1977.[45] Organisator dieser Veranstaltung war der Arbeitskreis Energie gewesen, der von Betriebsratsmitgliedern aus der Energiewirtschaft getragen und von der Atomlobby generös unter-

Abb. 21: 150 000 Menschen kamen am 14. Oktober 1979 zur Anti-Atomkraft-Demonstration im Bonner Hofgarten. Foto: Ludwig Wegmann/Bundesbildstelle.

stützt wurde. Den Teilnehmern der Kundgebung wurden Fahrtkosten, Lohnausfall und Spesen erstattet, außerdem schaltete der Arbeitskreis Energie fleißig teure Anzeigen in Tageszeitungen und der Gewerkschaftspresse, und alles, was die Skeptiker der Atomkraft dagegenhalten konnten, war der Ruf nach demokratischen Debatten: »Wir müssen uns dagegen wehren, wenn Teile der Gewerkschaften und der betrieblichen Interessenvertretung zum Instrument von Unternehmerinteressen gemacht werden.«[46] Aber was konnte unter diesen Umständen ein Aktionskreis Leben bewegen, der betont formlos agierte, weder Mitglieder rekrutierte noch Beiträge verlangte und angeblich noch nicht einmal einen Vorstand hatte?

Der nukleare Komplex hatte einen langen Atem, bei dem weniger engagierten Gegnern leicht die Puste ausging. Er hatte auch Übung darin, Niederlagen auszublenden. Bezeichnend war das Nachspiel der Volksabstimmung 1978 im österreichischen Zwentendorf: Sieben Jahre lang gingen die Mitarbeiter täglich zur Arbeit und simulierten ein Kraftwerk in Betrieb.[47] Ähnlich ausdauernd zeigte sich die Atomwirtschaft in Kalkar, wo das Kraftwerkspersonal sechs

Jahre lang den Stillstand verwaltete.[48] Auch die Wiederaufarbeitung war ein nukleares Projekt, das einfach nicht sterben wollte, bis Bennigsen-Foerder aus schnöden finanziellen Gründen den Stecker zog.[49] Mit kurzlebigen Aufwallungen des Unmuts kam man bei einem solchen Gegner nicht weit.

Neue soziale Bewegungen waren nach eigenem Anspruch dynamisch, vielfältig und hierarchiefrei, und das waren nicht die idealen Voraussetzungen für einen langjährigen Kampf. Es war auch nicht so, dass jeder Aktivist jahrzehntelang durchhielt. In Kalkar kapitulierte Bauer Maas im November 1985, nachdem er 13 Jahre lang gegen den Schnellen Brüter vor seiner Haustür prozessiert hatte. Die 30 Hektar seines Hofs erlaubten keine rentable Produktion mehr, und der lange Streit war auch nicht gut für das seelische Gleichgewicht.[50] Auch im Wendland wurde 1989 »über die Ursachen der geringen Beteiligung am Widerstand« diskutiert. Der Vorstand der Bürgerinitiative Umweltschutz Lüchow-Dannenberg konstatierte »Ermüdung nach 13 Jahren Widerstand und das Fehlen von neuen zündenen [sic] Ideen«.[51] Vier Jahre später erklärte der Vorstand, »daß es viele Menschen bei uns gibt, die sich seit langem mit dem Thema befassen, es oft kaum mehr aushalten, immer noch kämpfen und streiten zu müssen«, und das war nicht das einzige Problem, das die Bürgerinitiative seinerzeit umtrieb. Es wurde auch »angemerkt, daß Leute, die lange in der Bewegung mitwirken, nicht oder zu wenig merken, daß neue Leute einbezogen und integriert werden müssen«.[52]

Aus der Vogelperspektive wirkt die Bewegung im Wendland wie eine grandiose Erfolgsgeschichte. Der Atomprotest entwickelte sich rund um Gorleben zu einem Eckpfeiler der regionalen Identität, bis sogar die CDU in der ursprünglich tiefschwarzen Region keine Mehrheit mehr fand. Aber dahinter verbarg sich ein Bewegungsalltag, der immer wieder im Zeichen von Tristesse und Resignation stand: Jenseits der goldenen Momente war Atomprotest ein ständiges Wirtschaften mit begrenzten Ressourcen. Letztlich hielten die Aktivisten durch, aber das war keine ausgemachte Sache, und es gab auch kein Patentrezept für den jahrzehntelangen Kampf, sondern viele individuelle Wege, die wiederum das Resultat vieler einzelner Schritte waren. In mehr als einem Fall wurde der Atomprotest zum

Lebensprojekt, und wer kein Herz aus Stein hat, wird es den Aktiven nicht verdenken, dass sie darauf stolz waren. »Ich glaube, ich habe nicht umsonst gelebt«, sagte Lilo Wollny, die es als Hausfrau und Mutter vom Wendland bis in den Bundestag geschafft hatte, ein Jahr vor ihrem Tod.[53] Es gilt aber auch, was die langjährige Vorsitzende der Bürgerinitiative Lüchow-Dannenberg Marianne Fritzen rückblickend bemerkte: »Es ist gottseidank etwas, dass ich am Anfang nicht wusste – dass ich vierzig Jahre meines Lebens im Grunde genommen nur dieser Bewegung hier widmen würde.«[54]

Die Bonner Großdemonstration vom 14. Oktober 1979 markierte einen gewissen Abschluss nach einigen Jahren intensiver Mobilisierung. Bis Tschernobyl blieben Veranstaltungen mit mehr als 10 000 Teilnehmern rar, nur in Brokdorf strömten am 28. Februar 1981 noch einmal die Massen, nachdem der Baustopp von den Verwaltungsgerichten aufgehoben worden war. Eine Zusammenstellung des Frankfurter Arbeitskreises gegen Atomanlagen verzeichnet 1984 als Tiefpunkt, obwohl es auch in diesem Jahr noch zehn Protestereignisse gab.[55] Auffallend ist, dass es den Atomkraftgegnern auch in schlechten Zeiten gelang, gut besuchte Delegiertentreffen zu organisieren. Nach Paul und Ehmke brachte die größte Demonstration 1983 gerade einmal 5000 Menschen nach Hannover, aber im folgenden Jahr kamen 800 Teilnehmer zur Bundeskonferenz der Anti-Atomkraft-Bewegung nach Braunschweig.[56] Offenbar gab es in vielen Bürgerinitiativen engagierte Vorkämpfer, die sich nicht so leicht entmutigen ließen, und diese Gruppe – sie umfasste wohl auch bei optimistischer Schätzung nie mehr als ein paar tausend Mitglieder – war für die Resilienz der Bewegung von kaum zu überschätzender Bedeutung. Es gab in der Bundesrepublik eine Kerntruppe von politisch engagierten Menschen, für die Atomprotest zu einem zentralen Lebensinhalt wurde und die deshalb auch immer wieder zu den einschlägigen Konferenzen fuhren, weil es halt sein musste.

Auf solchen Delegiertentreffen ging es nicht immer harmonisch zu. Das konnte auch kaum anders sein, denn die Bewegung blieb vielfältig. Je nach lokalen Bedingungen und individuellen Neigungen verband sich Atomprotest mit anderen Anliegen. In Göttingen kämpften die Aktivisten zum Beispiel nicht nur gegen den Atomstaat, sondern auch gegen andere Umweltprobleme, die Startbahn West, das K-Gruppen-Verbot und die Räumung besetzter Häuser.[57] Im westfälischen Hamm richtete sich eine Demonstration vom September 1983 nicht nur gegen die Probeläufe des lokalen Hochtemperaturreaktors, die Bürgerinitiativen in der östlichsten Großstadt des Ruhrgebiets forderten auch »mehr wirbelschichtgefeuerte Kohlekraftwerke« und »umweltfreundliche Kohletechnologie«.[58] Im Umfeld der Hanauer Atomfabriken arbeiteten Aktivisten mit Dritte-Welt-Gruppen zusammen, um auf die Folgen des Uranimports aus Namibia und des Exports von Nukleartechnologie nach Südafrika aufmerksam zu machen und den »BRD-Imperialismus am Beispiel Hanau« zu beleuchten.[59]

Der Aufruf zur Bundeskonferenz 1984 in Braunschweig machte jedoch keinen Hehl daraus, dass die Bewegung schon bessere Zeiten gesehen hatte: »Mehrere Jahre stand die Atomenergie nicht mehr so im Mittelpunkt öffentlichen Interesses wie in den 70er Jahren.«[60] Eine besondere Bedeutung hatte in diesem Zusammenhang der Aufschwung der Friedensbewegung in den frühen achtziger Jahren. »Das Problem liegt m.E. darin, daß viele aktive Atomkraft-Gegner vor geraumer Zeit zur Friedensbewegung abgewandert sind«, schrieb das Anti-Atom-Büro im hessischen Diemelstadt im Juli 1983.[61] Es gab inhaltliche Berührungspunkte zwischen beiden Bewegungen – die militärische Dimension des bundesdeutschen Atomprogramms war weiterhin Gegenstand lebhafter Spekulationen –,[62] aber es war eine spannungsreiche Koexistenz. Die Friedensbewegung brachte deutlich mehr Menschen auf die Straße als die Kernenergie und markierte auch in der langen Geschichte pazifistischer Demonstrationen in Deutschland einen historischen Boom. »Auf dem Höhepunkt der Anti-Nachrüstungs-Kampagne, im Herbst 1983, demonstrierten an verschiedenen Orten der Bundesrepublik Deutschland zusammen etwa 1,3 Millionen Menschen gegen die ›Nachrüstung‹«, schrieb Wolfram Wette.[63] Aber vielleicht steckte dahinter ein schwacher ideologischer Überbau? In diesem Fall konnten sich die wackeren Kämpfer gegen die Atomkraft als Protestelite fühlen, die mit einer gewissen Herablassung auf die mobilisierten Massen schaute. Schon zeitgenössisch gingen die Meinungen auseinander, ob die Friedensbewegung dem Atomprotest nützte oder schadete, und manchmal finden sich sogar gegensätzliche Einschätzungen in aufeinanderfolgenden Sätzen. In einem Band *Atomkraft – Atombombe* des Verlags Freunde der Erde von 1983 findet sich die Bemerkung: »Ein Problem ist vielleicht, daß sich die Anti-AKW-Bewegung spätestens jetzt an die Tatsache gewöhnen muß, daß sie nicht immer der Nabel der Welt, des Widerstands und der gesellschaftlichen Auseinandersetzung ist. Diese Gewöhnung kann für die Anti-AKW-Bewegung nur positiv sein.«[64]

Die Permanenz des Atomprotests war auch deshalb unsicher, weil die Gewaltfrage weiterhin für kontroverse Debatten sorgte. Die Jugendorganisationen von Bund Naturschutz und LBV versuchten es in Wackersdorf mit einer Gratwanderung: »Die Landesjugendleitungen distanzieren sich von Leuten, die aus purer Lust an der Zerstörung Demonstrationen als Ventil persönlicher Aggression benutzen, sie distanzieren sich aber auch ausdrücklich von den Leuten, die versuchen, wirkliche Demonstranten als Randalierer abzustempeln.«[65] Das Problem solcher Erklärungen war freilich, dass eine Minderheit keine Lust auf solche Gratwanderungen hatte. Militante Kernkraftgegner mischten sich im Vorfeld einer Veranstaltung unter friedliche Demonstranten und gingen dann im Schutz der Gruppe – so etwa in Hamburg am Abend des 2. Februar 1981 – »mit Flaschen, Knallkörpern und Steinen gegen die Polizei und Sachen« vor. In diesem Fall gab es am Ende zwei verletzte Polizeibeamte, zwölf verletzte Demonstranten, 38 Festnahmen und einen hohen Sachschaden.[66]

Statistisch gesehen, war das Gewaltproblem nicht allzu gravierend. »Ende der 60iger Jahre war der Anteil unfriedlicher Demonstrationen weit höher als Ende der 70iger Jahre«, hieß es 1981 in einem Bonner Vermerk. »Damals lag der Anteil unfriedlicher Demonstrationen bei mehr als 20 %. Seit 1972 liegt er unter 10 %, z.T. erheblich darunter.«[67] Es gab freilich weiterhin konservative Scharfmacher, die über eine Verschärfung des Demonstrationsrechts sinnierten und nach der Bonner Wende eine Zeit lang Oberwasser hatten. Außerdem lernten die Demonstranten in puncto Taktik hinzu. 1984 musste die Polizei nach Blockade- und Sabotageaktionen im Wendland feststellen, »daß die gewaltaktiven Gruppierungen unter Nutzung gewonnener Ortskenntnisse und einer genauen Analyse der Einsatztaktiken der Polizei in der Lage waren, die Effektivität polizeilicher Abwehrmaßnahmen zu unterlaufen oder zumindest in Frage zu stellen«.[68] Außerdem hatten die Organisatoren der Großdemonstrationen gemerkt, dass motorisierte Verbindungsleute, die für straff organisierte Aktionen unverzichtbar waren, dann am besten durchkamen, wenn sie sich ostentativ an die Regeln hielten. In diesem Fall waren die Ordnungshüter nämlich machtlos, wie die Polizeidirektion Schleswig-Holstein West nach der Brokdorf-Demonstration vom 7. Juni 1986 nicht ohne Ingrimm notierte: »Diese Kradfahrer sind häufig polizeilich überwiegend nicht zu beanstanden, sie haben ordnungsgemäße Papiere, fahren nicht mit abgedeckten Kennzeichen, lassen sich kontrollieren, durchfahren polizeiliche Kontrollstellen und fahren dann häufig zurück, um ihre Informationen weiterzugeben.«[69]

Die Angst vor der Kriminalisierung relativierte sich in den achtziger Jahren, weil die Aktivisten gelernt hatten, wo die roten Linien waren. Auch Gespräche mit der Polizei waren nicht mehr tabu, wurden aber zum Beispiel in der Bürgerinitiative Umweltschutz Lüchow-Dannenberg vorab ausführlich diskutiert. »Die Frage ob der Ort, Polizeikaserne Lüchow akzeptiert werden soll, wird nach Diskussion mit ja entschieden«, hieß es zum Beispiel in einem Vorstandsprotokoll vom Juni 1993.[70] Nach den nervenaufreibenden Diskussionen der siebziger Jahre gab es nun eine gewisse Klarheit über die Grenzen des politischen Feldes, auf dem sich die Atomkraftgegner positionierten, aber bei allen Aktivitäten, aus denen nicht selten eine Menge Lebensfreude sprach, gab es auch ein vernehmliches Zähneknirschen. Wer jahrelang gegen ein Großprojekt von Staat und Industrie kämpfte, das einfach nicht verschwinden wollte, entwickelte mit einer gewissen Zwangsläufigkeit nagende Zweifel, ob man eigentlich noch in einer Demokratie lebte. Man habe »einen Lernprozeß durchgemacht, der an Bitterkeit kaum zu überbieten ist«, bilanzierte die Bürgerinitiative Umweltschutz Lüchow-Dannenberg nach zehn Jahren Gorleben-Protesten: »Jeder einzelne von uns mußte lernen, daß Politik nach einer Mechanik funktioniert, die nichts mit Gerechtigkeit zu tun hat.«[71] Zur gleichen Zeit erklärte die Redaktion der Zeitschrift *atom*, sie pflege »ein mehr oder weniger ausgeprägtes kritisches bis ablehnendes Verhältnis ›zum Staat‹ Bundesrepublik, seinen ihn tragenden und stützenden Strukturen und vor allem den hinter ihm stehenden ›Mächten‹, also dem Kapital«.[72]

Für die Verstetigung des Atomprotests spielte eine Schlüsselrolle, dass sich in den achtziger Jahren die Grünen als vierte Kraft im bundesdeutschen Parteienspektrum konsolidierten. Diese Aussage hätte die Aktiven der siebziger Jahre wohl mächtig überrascht, denn diese waren nicht allzu begeistert, als die neue Partei zu den ersten Wahlen antrat. Der Arbeitskreis Politische Ökologie der Hamburger Bürgerinitiative Umweltschutz Unterelbe schrieb, eine Beteiligung an Wahlen sei »schädlich für unseren Widerstand«, während im Vorstand des Bundesverbands Bürgerinitiativen Umweltschutz kontroverse Debatten über das richtige Verhältnis zu den Grünen geführt wurden.[73] Es war ein schwieriges Thema. Viele Mitglieder der Bewegung spürten, dass ein großer Teil ihrer Macht auf den Verbindungen mit anderen Gruppen wie Journalisten und kritischen Wissenschaftlern beruhte, aber das Bündnis mit einer politischen Partei hatte eine besondere Qualität. Anders als Bürgerinitiativen hatten Parteien stets einen Pluralismus von Anliegen, und es war offen, wie viel Rückhalt eine Partei bieten konnte, wenn sie beständig um die Fünf-Prozent-Hürde herumkrebste. Dieter Rucht schrieb 1980, dass »der aus der Bürgerinitiativbewegung erwachsene grün-bunte parlamentarische Zweig tendenziell eine Schwächung des Gesamtanliegens« sei, fügte jedoch im gleichen Atemzug hinzu, diese Einschätzung werde »sich letztlich nur rückwirkend prüfen lassen«.[74] Der Streit provoziert auch Jahrzehnte später noch bissige Bemerkungen. »Mit einer Spur Bosheit könnte man die Grünen als die Erbschleicher der Bewegung bezeichnen«, heißt es in einem Band aus der *Bibliothek des Widerstands*.[75]

Aus Sicht der Grünen sah die Sache eindeutiger aus. »In vielerlei Hinsicht war der Kampf gegen die Atomkraft der Schmelztiegel für die Formierung der Grünen«, schrieb Silke Mende.[76] Die Grünen der frühen Jahre waren eine ziemliche Chaostruppe, und da waren die Parteimitglieder für jedes Thema dankbar, bei dem alle an einem Strang zogen. Deshalb nutzte die Partei jede Gelegenheit, ihre Sympathie für den Atomprotest herauszustreichen. Als im Juni 1986 eine Großdemonstration in Brokdorf anstand, veranstalteten die schleswig-holsteinischen Grünen ihren Landesparteitag im nahe gelegenen Dorf Beidenfleth und fuhren per Autokorso zu einer Aktion am Atomkraftwerk.[77] Die anfänglichen Spannungen zwischen Bürgerinitiativen und Grünen relativierten sich im Laufe der Zeit, zumal der Ausgang vieler Gerichtsverfahren und Bauprojekte erahnen ließ, dass der Atomausstieg wohl nur durch parlamentarische Mehrheiten zu erzwingen war, aber es blieb eine wechselseitige Fremdheit. Die Spannungen brachen in der Zeit der rot-grünen Bundesregierung wieder auf, weil diese nicht den sofortigen Ausstieg brachte.

Die Grünen erreichten schon früh, was die Proteste der siebziger Jahre nie vermocht hatten: Sie fanden Eingang in die Kraftwerksplanung der Energieversorger. Mit Ausnahme von Wyhl hatten die Stromkonzerne in den siebziger Jahren alle gewünschten Kernkraftwerke tatsächlich bauen können, selbst wenn es wie in Brokdorf heftigen Widerstand aus der Zivilgesellschaft gab. Aber wenn eine atomkritische Partei Teil einer Landesregierung werden konnte, dann drohte eine politische Blockade, die Manager um ihre Investitionen bangen ließ. Erstmals spielten solche Überlegungen im Bundesland Hessen eine Rolle, wo die SPD unter Ministerpräsident Holger Börner seit der Landtagswahl 1982 einen jahrelangen Eiertanz um die Zusammenarbeit mit den Grünen vollführte, der als »hessische Verhältnisse« in das politische Vokabular der Bundesrepublik einging. Bei RWE gab es deshalb schon im Dezember 1982 Überlegungen, das umstrittene Reaktorprojekt Biblis C zugunsten eines Kernkraftwerks im rheinland-pfälzischen Neupotz zurückzustellen. RWE hatte zwar seit 1975 etwa 260 Millionen DM in Biblis C gesteckt, aber womöglich war das Projekt nun »aus politischen Gründen […] nicht realisierbar«.[78]

Seit 1985 wurden die Demonstrationen wieder zahlreicher und populärer, aber das wurde für die Bewegung zu einer zwiespältigen Erfahrung. Im Mittelpunkt stand die Wiederaufarbeitungsanlage in Wackersdorf, und in diesem Konflikt kämpften beide Seiten mit einer Erbitterung, die eine Demokratie auf Dauer nicht gut verträgt. Der Bauplatz wurde zur Kampfzone, und es gab zum ersten Mal in der Geschichte des bundesdeutschen Atomprotests Tote. Am 2. März 1986 starb die 61-jährige Erna Sielka während einer Demonstration an einem Herzinfarkt, vier Wochen später erlitt der 38-jährige Alois Sonnleitner einen tödlichen Asthmaanfall, nachdem die Polizei den umstrittenen Reizstoff CS eingesetzt hatte.[79] Später im Jahr starb auch ein Polizist, als ein Hubschrauber nach einer Kollision in Flammen aufging. Die Piloten hatten im Tiefflug Demonstranten gejagt und dabei einen Nahverkehrszug übersehen.[80]

Wackersdorf war der Tiefpunkt der nuklearen Kontroverse, und man konnte noch nicht einmal behaupten, dass dieser Tiefpunkt irgendwie unerwartet kam. Vor dem Hintergrund der Auseinandersetzungen seit den siebziger Jahren wirkt Wackersdorf wie ein Versuchsaufbau, bei dem alles auf den maximalen Knall ausgerichtet war. Die Entsorgungsfrage war ein Fixpunkt der Proteste, seit Ministerpräsident Albrecht im Februar 1977 Gorleben als Standort bekannt gegeben hatte. Nach der Flaute in den frühen achtziger Jahren gab es unter Aktivisten einen Hunger nach einem populären Anliegen, das der Bewegung einen neuen Kristallisationspunkt vermittelte. Die Polizei des Freistaats agierte betont hartleibig, was wiederum die Erbitterung unter den Gegnern anfachte. Es gab kein nennenswertes Expertengespräch wie in Gorleben und auch sonst keine Pause, weil nahezu jedes Wochenende Aktionen stattfanden. Über allem wachte ein Ministerpräsident Strauß, der mit der Bitterkeit des Alters noch einmal zum ideologischen Gefecht blies. Wackersdorf stand auch für große technische Bauprojekte unter staatlicher Ägide vom Rhein-Main-Donau-Kanal bis zur Magnetschwebebahn im Donauried, mit denen sich der Freistaat in geradezu babylonischer Manier den Weg in die Zukunft bauen wollte.[81] Mit dem brüsken Ende der Wiederaufarbeitungsanlage fanden alle Zweifel am Sinn des Projekts ihre Bestätigung. Ähnlich wie der Schnelle Brüter und der Hochtemperaturreaktor war die Wackersdorfer Anlage ursprünglich als Meilenstein auf dem Weg in eine nukleare Zukunft konzipiert worden, der dann jedoch so viele Probleme bereitete, dass sich alle Debatten über die folgenden Schritte erübrigten. »Die Wackersdorfer Anlage war immer als Demonstrationsanlage gedacht«, bemerkte die *atw* nach Bennigsen-Foerders Todesstoß.[82]

Der einzige Trost war die geographische Lage. Wackersdorf lag in der strukturschwachen Oberpfalz – der Ort hatte die Wiederaufarbeitungsanlage als Kompensation für einen moribunden Braunkohlentagebau erhalten – und damit an der Peripherie der Bundesrepublik. Es lag außerdem in Bayern, was für die mentale Verarbeitung des Geschehens nicht unwichtig war. Als die Grünen in Hamburg und Niedersachsen 1985 einen Sonderzug zu einer Wackersdorf-Demonstration in München organisierten, bat der Landesverband Niedersachsen, »kräftig die Werbetrommel zu rühren, damit auch Franz Strauss seine Landesfürsten-Idylle ein wenig gestört wird«.[83] Das traf die Stimmung ganz gut. Der Freistaat galt weithin als semikonstitutionelles Paralleluniversum zur bundesdeutschen Demokratie, in dem man vielleicht demonstrieren und eine eigene Meinung haben durfte, aber romantische Vorstellungen einer Staatsmacht, die der Unmut im Land tatsächlich rührte, konnte man sich von vornherein abschminken: Niemand erwartete im Reich des Franz Josef Strauß einen Leuchtturm der Demokratie. Der Konflikt um die Wiederaufarbeitungsanlage war eine schwärende Wunde im Organismus der bundesdeutschen Politik, aber die Ereignisse ließen sich auch als regionales Sonderphänomen verorten. Wyhl war überall. Wackersdorf war in Bayern.

Während in der Oberpfalz die Schlacht am Bauzaun tobte, feilten andere Polizeibeamte an ihren Deeskalationsstrategien. Die niedersächsische Polizei entwickelte gar Ende der achtziger Jahre eine »Konzeption für Lautsprecherdurchsagen«, die auch Empfehlungen zur »Musikbeschallung« enthielt. Die Ordnungshüter empfahlen »heitere, entkrampfende, beruhigende Musik, wie bei Film/Werbung, ohne Texte« – eine Playlist ist leider nicht überliefert.[84] Auch Aktivisten diskutierten mit Leidenschaft über Konzeptpapiere für den Widerstand. Die Bürgerinitiative Umweltschutz Lüchow-Dannenberg präsentierte 1988 nach ausführlicher Debatte ein »300-Leute-Konzept« für »eine Blockade-Aktion mit mindestens 300 Leuten«, die vorab ihre Beteiligung an einer Protestaktion gegen einen Castor-Transport schriftlich zusagen sollten.[85] Ein knappes Jahr später gab es auf der Mitgliederversammlung der Bürgerinitiative die freudige Mitteilung, dass das 300-Leute-Konzept »inzwischen zum über 700-Leute-Konzept gewachsen sei«.[86] In Lüneburg verständigten sich Atomkraftgegner unterdessen, »den Transport auf seiner Fahrt an einem Punkt vor dem Umladen in Dannenberg möglichst nachhaltig zu behindern, ohne [dass] dabei das Risiko für die/den Einzelne/n unkalkulierbar wird«. An die Stelle der Platzbesetzung, die unvermeidlich auf eine Konfrontation mit der Staatsgewalt hinauslief, trat ein pragmatisches Konzept, das der Polizei taktische Spielräume bot: »Unser Ziel muß es sein, die Transporte langfristig unmöglich zu machen, indem wir den politischen und ökonomischen Preis in die Höhe schrauben.«[87]

Es waren freilich nicht nur Konzeptpapiere, die die Proteste im Wendland prägten. Es gab auch eine emsige Selbstdokumentation, die fließend in eine Selbsthistorisierung der Gorleben-Proteste überging. Die zahlreichen Publikationen, oft bei Zweitausendeins verlegt, sorgten dafür, dass die Aktivisten – allen voran die Bürgerinitiative Umweltschutz Lüchow-Dannenberg – immer auch im Schatten ihrer eigenen Geschichte agierten.[88] Ereignisse wie der Gorleben-Treck von 1979 und die Platzbesetzung am Bohrloch 1004 im folgenden Jahr hatten sich ins kollektive Gedächtnis eingebrannt: 1004 wurde »zur Kultstätte, die Zahl zur Chiffre«.[89] So gab es im Wendland ein Erbe des hartnäckigen, kreativen und gewaltlosen Widerstands, das über Jahre gewachsen und Verpflichtung für alles Weitere war. Manchmal mokierten sich Aktivisten über »die verklärten Exkurse« von Veteranen, die – so 1988 ein Beitrag in *atom* – »wortreich die derzeitige Krise des Wendland-Widerstands an vergangenen Hochzeiten wie 1004-Besetzung, Wendland-Blockade oder Tag X« maßen.[90] Auch die nukleare Erinnerungskultur war nie unumstritten, aber letztlich war allen klar, dass man das Erbe des gewaltfreien Protests nicht leichtfertig aufs Spiel setzen sollte.

Nach dem Ende von Wackersdorf wurde es ein paar Jahre still um die Anti-Atomkraft-Bewegung. Es gab keine großen Bauprojekte mehr, die zum Protest gereizt hätten, und das wiedervereinigte Deutschland war zunächst mit anderen Dingen beschäftigt. Aber dann kam 1995 der erste Castor nach Gorleben, und das Wendland wurde zum unbestrittenen Zentralort des Atomprotests. Entschlossenheit, Gewaltfreiheit, Besonnenheit – die Demonstrationen gegen die Castor-Transporte zeigten, wie man klar und unmissverständlich seine Stimme erhebt und dabei auch rechtliche Grenzen überschreitet, ohne sich am Geist der Demokratie zu versündigen. Polizisten waren Gegner, aber keine Feinde, und sie verdienten Respekt: »Wir werden keinen Menschen verletzen oder beschimpfen«, mahnte eine Broschüre von 1996.[91] Eine gründliche Vorbereitung und verbindliche Absprachen sollten dafür sorgen, dass niemand Blessuren erlitt, und dabei dachten die Aktivisten nicht nur an die körperliche Unversehrtheit. Sie wollten auch »sicherstellen, daß keineR aufgrund von Gruppendruck oder eigener Nervosität an Handlungen teilnimmt, die sie/er später bereut«.[92]

Das funktionierte nur, weil die Polizei mitspielte und auf Deeskalation setzte. Es half der Fortschritt der Polizeitechnik. In den siebziger Jahren waren Einsätze von Wasserwerfern noch so brachial, dass eine polizeiinterne Analyse nach der Brokdorf-Demonstration vom 28. Februar 1981 mahnte, die Bedienung sollte »aufgrund der besonderen Gefährlichkeit dieses Einsatzmittels […] nur ein erfahrener Beamter des gehobenen Dienstes« übernehmen. Als die Polizei beim dritten Castor-Transport 1997 eine Blockade des Verladekrans in Dannenberg auflösen wollte, setzte sie zunächst nicht auf die Wasserkeule, sondern auf Berieselung, sodass die Demonstranten bei niedrigen Außentemperaturen vollkommen durchnässt wurden. Erst als die Aktion erfolglos blieb, kam es zu üblen Szenen und einem umstrittenen Kommandoeinsatz, bei dem Polizisten nach einer Blockadeaktion mit Traktoren per Helikopter einflogen und Schlepperreifen zerstachen, ohne den Schaden zu ersetzen. Die Aktivisten organisierten daraufhin eine Spendenaktion mit einer Bäuerlichen Solidar-Aktie (»Treckerreifen-Sonderausgabe«), damit die Landwirte nicht auf den Kosten sitzen blieben.[93] Schlepperreifen sind nicht billig, aber wenn 20 000 Demonstranten auf 30 000 Polizisten treffen, kann es Schlimmeres geben als ein paar kaputte Reifen.

Zu den Castor-Protesten gehörten spektakuläre, auf maximale mediale Wirkung ausgerichtete Blockadeaktionen, mit denen sich einzelne Verbände zu profilieren suchten. Für die meisten Teilnehmer waren andere Dinge wichtiger. Man sieht auf Videos die emotionale Betroffenheit, wenn der Castor am Ende der Schlacht ins Zwischenlager einbog, aber man sieht auch kostümierte Menschen, die Spaß an Geländespielen hatten: Die Gorleben-Demonstrationen waren auch ein Happening. Auch das war eine Entwicklung der achtziger Jahre. Aus den »Latschdemos« der siebziger Jahre (damals ein Gegenbegriff zu militanten Aktionen) wurden Ereignisse, die

Abb. 22: Dieses Plakat von Uta-Helene Götz aus dem Jahr 1983 ermunterte zu Blockadeaktionen gegen Atommülltransporte in das Zwischenlager in Gorleben. Abbildung: Uta-Helene Götz/Gorleben-Archiv e.V.

bei aller Bedeutung des politischen Anliegens auch eine kulturelle Dimension besaßen. In München gab es im Oktober 1985 eine Podiumsdiskussion über die Entsorgungsfrage im Schwabingerbräu, die mit Ludwig Trautmann-Popp, Hans Kolo und Jens Scheer prominent besetzt war und vom Wissenschaftsredakteur der *Süddeutschen Zeitung* Martin Urban moderiert wurde, und dann am folgenden Tag an gleicher Stelle eine »FETE wider den WAAhn« mit dem Kabarettisten Helmut Ruge und Ottfried Fischer als Franz Josef Strauß.[94] In Hamburg stieg im September 1986 die »SUPER-GAUdi«, ein »großes Kulturfest im Hamburger Stadtpark«, was umso wichtiger war, als die Hansestadt wenige Monate zuvor mit dem »Hamburger Kessel« – einem rechtswidrigen Polizeieinsatz gegen Demonstranten – bundesweit Schlagzeilen gemacht hatte. Bei der SUPER-GAUdi gab es viel Musik und Theater, Filmvorführungen und Spiele, und zugleich bekamen Umweltgruppen »die Möglichkeit [...], ihre Aktionsform darzustellen, denn wir finden, das [sic] jede Gruppe ihre Aktionsform durchführen sollte, die sie für richtig befindet«.[95] Als Bundesvorstand und Bundestagsfraktion der Grünen im April 1989 einen »Energiewendekongress« in Castrop-Rauxel veranstalteten, sah das Programm auch einen »Anti-AKW-Kulturabend« mit Kabarett, Theater und Musik vor.[96] Auch in Wackersdorf gab es ein friedliches Intermezzo, als für das »Anti-WAAhnsinns-Festival« im Juli 1986 Rio Reiser, Wolf Maahn, BAP, Herbert Grönemeyer und viele andere Interpreten nach Burglengenfeld in der Oberpfalz kamen. Mit rund 100 000 Teilnehmern wurde es eines der größten Festivals der bundesdeutschen Geschichte, und für ein Wochenende blieb es am Bauzaun ruhig; die Künstler hatten immer wieder zur Zurückhaltung gemahnt. Die peniblen Polizeikontrollen und die Versuche der Staatsregierung, die Veranstaltung im Vorfeld zu verbieten, wurden Teil des Mythos.[97]

So mischte sich in die Betroffenheit und den angestrengten Aktionismus, der die Proteste der siebziger Jahre getragen hatte, ein neues Element: Es machte Spaß, gegen Atomkraftwerke zu sein. Das war wohl nicht nur Ausdruck einer florierenden Eventkultur, sondern auch eine Reaktion auf die intellektuelle und politische Flaute der achtziger und neunziger Jahre. Von der Sache her war das Thema nicht mehr schrecklich spannend, Gespräche und Entscheidungen folgten vertrauten Mustern, und nach den aufregenden siebziger Jahren schien sich die Atomenergie zu einem der bundesdeutschen Streitthemen zu entwickeln, die mit schöner Regelmäßigkeit verhandelt wurden, ohne dass sich praktisch etwas bewegte. Es gab von der Bildungspolitik bis zum Tempolimit auf Autobahnen eine Menge bundesdeutscher Debatten, die wie in einer Zeitschleife gefangen wirkten. Über lange Jahre wirkte es so, als ob sich die Atomkraft da einreihen würde, und anders als zum Beispiel die Mitglieder der Kultusministerkonferenz wurden Aktivisten nicht für die Arbeit im Hamsterrad bezahlt.

Kann man aus dem Atomprotest für das 21. Jahrhundert lernen? Das Institut für Didaktik der Demokratie an der Leibniz Universität Hannover war dieser Ansicht und organisierte deshalb ein Projekt über den Gorleben-Treck 1979 samt Sonderausstellung im Historischen Museum Hannover. Die Konzentration auf das charismatische Ereignis ging so weit, dass im Aufsatzband zum Projekt sogar das zeitgleiche Gorleben-Hearing nur am Rande vorkommt.[98] Das ist die ideale Erinnerungskultur für ein Zeitalter der sozialen Medien, wo Realität nur noch häppchenweise konsumiert wird, aber wer sich auch für Kontexte und Sinnzusammenhänge interessiert, erkennt das Fiktionale der Narration: Ohne jahrzehntelange Kärrnerarbeit in der Region wäre der Gorleben-Treck ein folgenloses Happening geblieben. Für effektiven Protest brauchte es etwas mehr als Kreativität und 400 Traktoren, und vielleicht profitierte die Bewegung auch davon, dass es immer wieder Pausen gab. Es wurde schnell hitzig, wenn Protestereignisse in schneller Folge stattfanden wie 1976/77 in Brokdorf und später in Wackersdorf, aber im Wendland blieb eine solche Eskalation nach der Mobilisierung von 1979 aus. Nach jedem Castor-Transport kehrte wieder Ruhe im Wendland ein, die Nerven konnten sich bis zur nächsten Runde entspannen, und das war nicht die unwichtigste Voraussetzung für das Charisma des Gorleben-Protests. Vermutlich wird es darüber nie eine Ausstellung geben, aber die Resilienz des Atomprotests hing auch daran, dass er für die meisten Menschen nie zum alleinigen Lebensinhalt wurde.

7.3 Aus Tschernobyl lernen

Wer 35 Jahre nach der Katastrophe über Tschernobyl schreibt, sollte sich zunächst klarmachen, dass narrative Unbefangenheit eine Illusion ist. Jeder Autor steht unter dem Eindruck einer Flut von Eindrücken und Erzählungen über die Ereignisse in der Nacht zum 26. April 1986 und die Folgen. Es gibt die Bilder des explodierten Reaktors und der todgeweihten Strahlenkranken hinter Plastikfolien, aber auch zahllose individuelle Geschichten. Es kursieren apologetische Legenden von lediglich 54 Todesopfern und die Spekulationen über höhere Zahlen, es gibt eine anhaltende Flut von Medienberichten und den gruseligen Realismus der collagierten Zeitzeugenberichte von Swetlana Alexijewitsch, die 2015 mit dem Literaturnobelpreis ausgezeichnet wurde.[99] Dabei geht es nicht nur um die Risiken der Atomkraft, sondern auch um den sklerotischen Staatssozialismus der späten Sowjetunion und das Schicksal der Reformpolitik Michail Gorbatschows, der zum Zeitpunkt der Katastrophe gerade ein Jahr als Generalsekretär der KPdSU im Amt war. Die Weiterungen der Populärkultur umfassen das Computerspiel *S.T.A.L.K.E.R*, eine preisgekrönte Miniserie des Fernsehsenders HBO von 2019 und zahllose Berichte von Touristen.

Die Flut der Narrative bedeutet durchaus nicht, dass alle Mysterien der Katastrophe geklärt wären. Das gilt insbesondere für die Zahl der Opfer, zu denen es vermutlich nie verlässliche Informationen geben wird. Dafür kennen wir den Grund unseres Unwissens: Der sowjetische Staat hatte weder die Ressourcen noch das Interesse, eine gründliche Untersuchung der gesundheitlichen Folgen zu initiieren. Es gab noch nicht einmal eine systematische Erfassung der sogenannten Liquidatoren, die bei den Aufräumarbeiten hohen Strahlendosen ausgesetzt waren. Kate Brown hat nachgezeichnet, wie die sowjetische Bürokratie nach der Explosion ihre Energie in Anweisungen zum Umgang mit allen möglichen Problemen investierte, ohne sich um eine gründliche Eindämmung der Folgen zu bemühen. Wo tatsächlich entschlossene Maßnahmen getroffen wurden, handelte es sich zumeist um Initiativen einzelner Personen mit Rückgrat.[100] Der Bürokratismus umfasste auch die nachträgliche Würdigung der Arbeit der Liquidatoren. Auf Wikipedia konnte man zum Zeitpunkt der Drucklegung dieses Buches lesen, dass die Liquidatoren »später für ihre Arbeit mit einer Medaille gewürdigt« wurden, aber es fehlt der Hinweis, dass nicht alle Liquidatoren die abgebildete Medaille erhielten.[101] Es gab wohl mehr als eine halbe Million Menschen, die in Tschernobyl ihre Gesundheit riskierten, aber laut Paul Josephson wurden lediglich 5400 Exemplare des Verdienstordens produziert. Erst als es an die Erstellung von Listen für die Verteilung ging, lief der Sowjetstaat zu großer Form auf.[102]

Die radioaktiven Partikel aus dem Reaktor verteilten sich ohne Rücksicht auf nationale Grenzlinien, aber die Reaktionen auf die Katastrophe fielen je nach Land unterschiedlich aus. Mit guten Gründen hat Melanie Arndt die These vertreten, dass »der viel zitierte ›anthropologische Schock‹, den der Soziologe Ulrich Beck nach Tschernobyl ausgemacht hat, langfristig stärker in Westeuropa wirkte als in den am meisten vom radioaktiven Fallout betroffenen Ländern Ost- und Ostmitteleuropas«.[103] Es gab freilich auch westlich des Eisernen Vorhangs beträchtliche Unterschiede. Karena Kalmbach hat gezeigt, dass das Narrativ von Tschernobyl in Frankreich auch auf die abgehobenen Nukleokraten des Landes zielte und deshalb in der Debatte »auf der Oppositionsseite auch stets eine Kritik an der (Eliten-)Zentralisierung des französischen politischen Systems« mitschwang.[104] In Großbritannien erwies sich die Katastrophe hingegen als nicht anschlussfähig an laufende gesellschaftliche Diskurse, sodass Tschernobyl dort kein atomkritischer Erinnerungsort wurde und allenfalls humanitäre Initiativen auf den Plan rief.[105] Es blieb in der atomaren Community nicht unbeachtet, dass Großbritannien im März 1987 als erstes Land nach Tschernobyl einen neuen Reaktor in Auftrag gab.[106]

In der Bundesrepublik provozierte die Wolke aus Tschernobyl eine Welle der Angst, die bis in die Familie des CSU-Chefs Franz Josef Strauß schwappte. Seine Tochter Monika war schwanger und sorgte sich wie viele andere Menschen über kontaminierte Milchprodukte.[107] Mit einer gewissen Fassungslosigkeit registrierte der Polizeiplanungs- und Führungsstab Niedersachsen, dass »auch staatsbejahende Bürger in einer für amtliche Stellen unvorhersehbaren emotionalen Vielfalt und Stärke gegen den Kernenergiebereich in seiner Gesamtheit« demonstrierten.[108] »Tschernobyl ist der vorerst letzte Tiefpunkt einer Technologie, die überall auf der

Welt als sicher ausgegeben wurde, die sich jetzt aber endgültig als mörderisch erwiesen hat«, erklärten die Grünen im Bundestag in einem Pressebulletin vom Juni 1986.[109] In einem Frauenstadtteilzentrum in Berlin-Kreuzberg war die Diskussion da schon weiter, sodass lebhaft diskutiert wurde, ob Frauen vielleicht »so lange keine Kinder in die Welt setzen [sollten], bis in der Bundesrepublik alle AKW's abgeschaltet sind«.[110] In München wurde sogar die Junge Union wankelmütig und positionierte sich gegen den weiteren Ausbau der Kernenergie.[111] Das Echo setzte sich auf dem Buchmarkt fort. Ulrich Beck landete mit seiner *Risikogesellschaft*, die schon vor Tschernobyl fertig geschrieben war und hastig auf den Buchmarkt geworfen wurde, einen soziologischen Bestseller. Die Uneingrenzbarkeit und Unbeherrschbarkeit moderner Umweltgefahren schien nun schlechterdings unabweisbar zu sein.[112] Ein Jahr später erschien Gudrun Pausewangs Jugendbuch *Die Wolke*, das sich um eine Katastrophe im Atomkraftwerk Grafenrheinfeld drehte und in mehreren Bundesländern zur Pflichtlektüre an Schulen wurde.[113]

Selbst atomfreundliche Politiker gingen davon aus, dass Tschernobyl eine Zäsur sein würde. »Tschernobyl wird noch lange nachwirken. Der Schock sitzt tief«, schrieb der energiepolitische Sprecher der CDU/CSU-Bundestagsfraktion Ludwig Gerstein sechs Wochen nach der Katastrophe.[114] Da wirkte es auf den ersten Blick hoffnungslos, wenn die Informationszentrale der Elektrizitätswirtschaft in der Juni-Ausgabe ihrer monatlichen Postille *Stromthemen* erklärte, man müsse »mit kühlem Kopf Bilanz ziehen« und weiter an der Sicherheit der Kernkraftwerke arbeiten: »Es wäre hochmütig, nur auf die Nachlässigkeiten anderer zu verweisen und die eigene Sicherheit als abgeschlossenes Kapitel zu betrachten.«[115] Aber fünf Jahre nach Tschernobyl hieß es in der *atw* abgeklärt: »Die Welt hat sich seither nicht geändert, der Stellenwert der Reaktorsicherheit ist jedoch weltweit bewußter geworden.«[116] Nach einiger Zeit relativierte sich der Schock selbst nach einer solchen Katastrophe.

Die Kritik an der Kernenergie war auch nach Tschernobyl kein Selbstläufer. Anderthalb Jahre nach der Katastrophe widmete sich das Oktoberheft 1987 von *atom* der »Krise der Bewegung«: »Selbst die unermüdlichsten Optimisten haben inzwischen begonnen, einzusehen, daß trotz Tschernobyl den Herrschenden auch in Sachen

Atomenergie der Boden keineswegs unter den Füßen wankt sondern stabil genug ist, das Atomprogramm fortzusetzen, als habe es niemals den Super-GAU gegeben.«[117] Auch die Polizei bilanzierte zum Jahresende 1987, dass sich »dem erneuten starken mehrmonatigen Auftrieb der Anti-AKW-Bewegung« nach der Katastrophe vom April 1986 »wieder eine ›Ruhephase‹ im Hinblick auf größere Protestdemonstrationen angeschlossen« habe.[118] Es war noch nicht einmal klar, dass persönliche Betroffenheit zu einer kritischen Haltung führen musste. Arndt hat darauf hingewiesen, dass »die Mehrheit der ›Tschernobylkinder‹ […] Atomenergie für eine sichere, saubere und notwendige Energiequelle« hielt.[119] Inzwischen hat die globale Environmental-Justice-Bewegung auch deutlich gemacht, dass die von Beck behauptete Universalisierung ökologischer Gefahren ein westlicher Mythos war. »Not ist hierarchisch, Smog ist demokratisch«, schrieb Beck in seiner *Risikogesellschaft*.[120] Wer heute durch Beijing oder Neu-Delhi geht, kann darüber nur den Kopf schütteln. Aber solche Perspektivierungen lagen im Frühjahr 1986 noch in einer fernen Zukunft. In den Wochen nach der Katastrophe war eine klare Haltung gefragt, aber das musste nicht zwangsläufig auf eine Ablehnung der Kernenergie hinauslaufen.

Die nukleare Kontroverse tobte seit mehr als einem Jahrzehnt, und deshalb gab es etablierte Wege, die Argumente der Gegenseite zurückzuweisen. Die Bundesregierung reagierte deshalb auf Tschernobyl mit einer gewissen Gemütsruhe. »Ich bin gegen jede Bagatellisierung und Beschwichtigung, aber ebenso wende ich mich entschieden gegen das Schüren von Katastrophenstimmung«, erklärte Bundeskanzler Kohl am 14. Mai 1986 vor dem Bundestag.[121] Drei Wochen später präsentierte er Walter Wallmann als ersten Bundesumweltminister und signalisierte mit der Einrichtung eines neuen Ministeriums, dass Umweltthemen nun stärkere Beachtung finden sollten.[122] Unermüdlich wurde zugleich das Sicherheitsniveau der bundesdeutschen Kernkraftwerke betont: »Es macht keinen Sinn, wenn man bei uns die Reaktoren mit den besten Sicherheitsvorkehrungen abschaltet, während die weniger sicheren in anderen Ländern weiter betrieben werden«, erklärte Kohl in einer Rede.[123] Als Beleg ihres technologischen Selbstbewusstseins initiierte die Bundesregierung eine Sondersitzung des Gouverneursrats der Internationalen Atomenergie-Organisation und regte dort eine weltweite Verständigung auf verbindliche Sicherheitsstandards an. Das war klassische Schaufensterpolitik, denn von den diplomatischen Verwerfungen bekam der gemeine Zeitungsleser nichts mit. Selbst die französischen Nachbarn zeigten sich *not amused*. Eine diplomatische Depesche berichtete über eine »spürbare Irritation unserer französischen Freunde«, weil Frankreich »seine Souveränität in empfindlicher Weise bedroht« sah.[124]

Neun Monate nach Tschernobyl war Bundestagswahl, und es gab lebhafte Zweifel an der Regierungsfähigkeit einer möglichen rotgrünen Koalition. Als Kohl am 28. Mai von Dieter Kronzucker für das *heute-journal* interviewt wurde, setzte er deshalb auf Besonnenheit als Alternative zur kopflosen Ängstlichkeit der Kritiker: »Angst ist im privaten Leben, Herr Kronzucker, kein guter Ratgeber, und Angst kann auch in der Politik kein guter Ratgeber sein.«[125] »Die Nutzung der Kernenergie ist nicht nur eine Sachfrage, sondern eine politische Frage mit hoher Öffentlichkeitsrelevanz, an der sich die Fähigkeit (oder Unfähigkeit) zu verantwortlichem Handeln beispielhaft zeigt«, hieß es in einem Vermerk des Kanzleramts, und in dieser Hinsicht sah die Bundesregierung im Vergleich zur Opposition noch recht gut aus: »Die SPD ist in der Kernenergiefrage gespalten.«[126] Da bot sich die Chance zur parteipolitischen Profilierung: »Die SPD fährt Schlangenlinien, wenn es um ihre Haltung zur Energiepolitik geht«, verkündete der stets kampfbereite CDU-Generalsekretär Heiner Geißler in einer Presseerklärung.[127] Es war Ansichtssache, ob man das überzeugend fand, aber die Bundestagswahl im Januar 1987 hat Kohl gewonnen.

Die Folgen für atomare Bauprojekte waren deshalb in der Bundesrepublik überschaubar. In Wackersdorf wurde weiter für die Wiederaufarbeitung gebaut, und unter den Demonstranten war spätestens seit Herbst 1987 »ein Ermüdungseffekt« erkennbar.[128] Im Herbst 1986 ging das Atomkraftwerk Brokdorf ans Netz, obwohl der Erste Bürgermeister der Freien und Hansestadt Hamburg Klaus von Dohnanyi in einem Brief an den schleswig-holsteinischen Ministerpräsidenten Uwe Barschel unter mehrfachem Verweis auf Tschernobyl gebeten hatte, die Genehmigung zu versagen.[129] Beim Schnellen Brüter in Kalkar gab es hingegen längst die politische Blockade der nordrhein-westfälischen Landesregierung, die fünf Jahre später zum endgültigen Aus führte.[130] Während in Italien nach Tschernobyl per Volksabstimmung der Ausstieg aus der Kernenergie beschlossen wurde, scheiterte in Nordrhein-Westfalen eine »Aktion Volksbegehren NRW gegen Atomanlagen«.[131]

Die wichtigsten bundesdeutschen Reaktionen auf Tschernobyl fanden im gesellschaftlichen Diskurs statt. Die langfristig folgenreichste war der Beschluss der SPD auf ihrem Nürnberger Parteitag im August 1986, einen Atomausstieg innerhalb von zehn Jahren anzustreben.[132] Eigentlich war das aber nur der Endpunkt einer Entwicklung, die sich ein Jahrzehnt lang angebahnt hatte. Außerdem wird in der Mythologie, die den Nürnberger Parteitagsbeschluss bis heute umgibt, meist vornehm übergangen, dass die Sorgen der Sozialdemokraten nicht nur um die nukleare Sicherheit kreisten, sondern auch um die Steinkohlesubventionen: »In der Stromerzeugung verdrängt Kernenergie die Kohle«, klagte die Bundestagsfraktion der SPD 1987 in einem Antrag zur Kohlevorrangpolitik.[133] Ähnlich war die Situation bei den evangelischen Kirchen, die nach Tschernobyl die Kraft fanden, sich eindeutig gegen die Atomkraft zu stellen.[134] In beiden Fällen führte Tschernobyl dazu, eine laufende Debatte zu beschleunigen und zu einem Abschluss zu bringen. Alle Argumente waren längst ausgetauscht, offen war nur, wo man individuell und kollektiv stand.

Für den Atomausstieg gab es schon vor Tschernobyl konkrete Modelle. Die grüne Bundestagsfraktion hatte 1984 ihren Gesetzentwurf für die sofortige Stilllegung aller bundesdeutschen Atomanlagen mit einem 94-seitigen Gutachten untermauert, das wiederum vom Kernforschungszentrum Karlsruhe, der Kernforschungsanlage Jülich und der Vereinigung Deutscher Elektrizitätswerke kritisch kommentiert wurde.[135] Nach der Katastrophe ließ das Bundeswirtschaftsministerium zwei entsprechende Studien schreiben und erteilte dabei erstmals einen Auftrag an das Öko-Institut in Freiburg; ein paar Monate zuvor hatte Bundeswirtschaftsminister Martin Bangemann »aufgrund massiver Vorhaltungen im Haushaltsausschuß« versprochen, auch alternative Institute bei Ausschreibungen zu berücksichtigen.[136] Als die Gutachten vorlagen, wusste man im Kanzleramt aber schon, dass ein Atomausstieg grundsätzlich möglich war. Ein Referent hatte im Mai 1986 vier Szenarien durchgerechnet und kam zu dem Schluss, dass man schon durchkäme, wenn die Laufzeit bestehender Anlagen auf 25 Betriebsjahre beschränkt würde: »Während im Fall des Sofortausstiegs die Stromversorgung nicht mehr als sicher angesehen werden kann und die Versorgungskosten ganz erheblich ansteigen, erscheinen die Folgen der ›sanften‹ Ausstiegsszenarien weit weniger schwerwiegend.« Wenn man zusätzlich die Konvoi-Anlagen früher abgeschaltet oder gar nicht in Betrieb genommen hätte, wäre der Atomausstieg auf diesem Wege bis 2011 abgeschlossen gewesen.[137]

Solche Modellrechnungen gab es nach Tschernobyl in beträchtlicher Zahl. Im Oktober 1986 kannte das Kanzleramt neben den beiden Studien des Wirtschaftsministeriums »noch 6 weitere Ausarbeitungen aus neuerer Zeit, die sich mit Konsequenzen eines Ausstiegs aus der Kernenergie befassen«, und weitere waren in Arbeit. Diese Vielfalt war gleichermaßen erhellend und verwirrend. Ein Vergleich war »nur sehr bedingt möglich, da Untersuchungsbereich, Methoden und Prämissen sehr unterschiedlich sind«, und letztlich jonglierte jeder Gutachter mit einer Vielzahl von Unbekannten.[138] Das Freiburger Öko-Institut, das seine Stellungnahme in Zusammenarbeit mit dem Institut für ökologische Wirtschaftsforschung in Berlin verfasste, mokierte sich in einer hellsichtigen Bemerkung über den Zahlenfetischismus der einschlägigen Studien: »Die Diskussion über Nutzen und Gefahren der Atomkraft hat sich u.E. bereits zu lange auf der Ebene von Modellrechnungen bewegt, deren mathematische Präzision in keinem Verhältnis zu dem Subjektivismus ihrer Prämissen steht.«[139]

Zweifellos wäre ein Atomausstieg nach Tschernobyl teuer geworden. Der Aufsichtsrat von RWE diskutierte im Juli 1986 ein Szenario, das für die Bundesrepublik »mit einer Erhöhung der Strompreise um 25 bis 30 %« rechnete und »die volkswirtschaftlichen Verluste für die teurere Ersatzstrombeschaffung und die Kapitalvernichtung bei Stillegung der Kernkraftwerke« auf etwa 200 Milliarden taxierte.[140] Solche Zahlen waren naturgemäß anfechtbar – RWE neigte aus offenkundigem Eigeninteresse zu besonders dramatischen Zahlen –, aber bei einer kurzfristigen Stilllegung innerhalb weniger Jahre hätten selbst nach Einschätzung kritischer Gutachter erhebliche Verwerfungen gedroht. Ein Ausstiegsszenario, mit dem das hessische Ministerium für Umwelt und Energie unter Joschka Fischer am 22. Mai 1986 vorpreschte, setzte »Stromeinsparungen von 15 % innerhalb der nächsten 5 Jahre« voraus und gab freimütig zu, dass die damit verbundene Unsicherheit »allerdings nur politisch beantwortet werden« könne: »Die Nichterreichbarkeit dieser Vorgabe würde die technische Machbarkeit des Szenarios für die nächsten Jahre als problematisch erscheinen lassen.«[141]

So warf Tschernobyl ein Schlaglicht auf den Stand des nuklearen Projekts Mitte der achtziger Jahre. Die Atomwirtschaft hatte den Segen der Bundesregierung und eine Infrastruktur, die ein Drittel des bundesdeutschen Stroms lieferte, aber bei den Argumenten sah es dürftig aus. Der Bundestagsabgeordnete Gerstein schloss eine zehnseitige Ausarbeitung über die »Folgen des Reaktorunglücks Tschernobyl auf die Energiepolitik« mit der Mahnung, man möge »auch nicht vergessen, daß wir in einer unvollkommenen Welt mit Mängeln leben und daß daher absolute Lösungen in jeder nur denkbaren Weise nicht verlangt werden können«.[142] Selbst der Präsident des Bundesverbands der Deutschen Industrie Hans Joachim Langmann erklärte auf der Jahrestagung seines Verbands, es stehe »außer Zweifel, daß eine Bewußtseinsänderung im Lande eingetreten ist«.[143] Die beschwichtigenden Rechnungen, in denen die Zahl der Tschernobyl-Toten mit anderen Opferzahlen verglichen wurde, hatten noch nicht einmal unter den Freunden der Atomenergie einen durchschlagenden Erfolg. »Eines darf jedoch nicht übersehen werden: Eine neue Katastrophe wie in Tschernobyl wird die zivile Kernenergienutzung wohl nicht mehr überstehen«, hieß es in einem Bericht der *atw* über die Wintertagung des Deutschen Atomforums im Januar 1990.[144]

Tschernobyl war nicht der Moment, der alles veränderte. Wenn deshalb in den Monaten nach der Katastrophe der Wunsch geäußert wurde, man möge aus Tschernobyl lernen, dann war das in erster Linie der Ausdruck einer Hoffnung. Kritische Zeitgenossen hegten die Erwartung, dass eine derartige Katastrophe zwingend ein Umdenken nach sich ziehen müsse. Auch in der historischen Literatur wird Unfällen wie Harrisburg, Tschernobyl und Fukushima gerne ein Zäsurcharakter zugeschrieben,[145] aber die Wirkung solcher Ereignisse relativierte sich durch das Trägheitsmoment der nuklearen Technologie und die politische Ökonomie der Atomkraft. Es war aus Sicht der Atomwirtschaft gewiss unerfreulich, wenn eine Mehrheit der Bevölkerung die Kernenergie ablehnte, aber entscheidend waren stets rechtliche Bedingungen, finanzielle Anreize und günstige institutionelle Arrangements. So war Tschernobyl in Wirklichkeit eher ein Katalysator laufender Entwicklungen. Die Debatten im Frühjahr und Sommer 1986 wirkten wie ein Durchlauferhitzer oder besser noch als Überhitzer, wie man sie aus der Dampfkesseltechnologie kannte: Eine längst köchelnde Debatte wurde zusätzlich angefacht und damit auf lange Sicht stabiler.

Die *atw* hatte sich 1984 über die »nüchterne Sachlichkeit« gefreut, als die Jahrestagung Kerntechnik ohne Störungen in der Alten Oper in Frankfurt stattfinden konnte und die angemeldete Gegendemonstration kurzerhand abgesagt wurde.[146] Das erwies sich gleich in zweifacher Beziehung als falsch. Zum einen waren Vertreter von Bürgerinitiativen und Grünen trotz des happigen Eintrittspreises von 385 DM bei der Konferenz dabei und berichteten per Rundbrief von Tendenzen, dass »die Sicherheitsmaßnahmen rigoros gesenkt werden [sollen], um die Kosten zu minimieren«.[147] Zum anderen verloren Demonstrationen zunehmend die herausragende Bedeutung, die sie in den siebziger Jahren noch besessen hatten. Der Name des sowjetischen Atomkraftwerks wurde zum Schibboleth aller Kritiker der Atomkraft, und Tschernobyl beschleunigte den laufenden Umbruch im gesellschaftlichen Diskurs. Was in den siebziger Jahren noch Anliegen sozialer Protestbewegungen gewesen war und politisch und diskursiv erst einmal erkämpft werden musste, wurde zunehmend zum selbstverständlichen Glaubenssatz jedes kritischen Bürgers.

7.4 Von Energiefragen zu Identitätsfragen

Die Gorleben-Proteste waren in den neunziger Jahren ein wohlorganisiertes Projekt. Das galt nicht nur für die Bewegungsprofis im Wendland, sondern zum Beispiel auch in Kirchheim am Neckar, wo sich Aktivisten im Februar 1997 auf einen Castor-Transport aus dem Kernkraftwerk Neckarwestheim vorbereiteten. Ein Flugblatt riet zum Eintrag in die Telefonkette, nannte die Treffpunkte am »Tag X3« – die genauen Termine wurden stets aus taktischen Gründen kurzfristig festgelegt –, und außerdem bestand »vorher die Möglichkeit an Trainings teilzunehmen, in denen man Formen des zivilen Ungehorsams besprechen und üben kann«.[148] Für Fortgeschrittene gab es einen »Rohrschweisswerkshop« in Lüneburg, damit bei der Gleisblockade alles rundlief. »Jede und jeder hat die Möglichkeit, den nächsten Atomtransport auf der Schiene alleine oder paarweise angekettet, effektiv zu behindern«, hieß es im Flugblatt der Lüneburger Initiative gegen Atomanlagen. Außerdem lockte »die Chance auch andere Aktionsgruppen aus der BRD oder sonstwo kennenzulernen, Erfahrungen auszutauschen und (nicht nur) Pläne zu schmieden und zu schweißen«. Es gab auch eine Beratung über juristische Fragen und die Möglichkeit, mit Schlafsack und Isomatte zu übernachten, und die nötigen Materialien wurden gestellt: »Der Kostenbeitrag beträgt DM 50,– pro Rohr.«[149]

Es war nicht jedermanns Sache, sich an einem Schienenstrang festzuschweißen. Man musste in den neunziger Jahren aber nicht mehr unbedingt ins Wendland fahren, wenn man Gegner der Atomenergie war. Was in den siebziger Jahren mühsam auf der Straße und in endlosen Debatten erkämpft worden war, galt zunehmend als intellektuelle Selbstverständlichkeit, die man nicht mehr durch die Teilnahme an Demonstrationen unterfüttern musste. Man brauchte auch nicht mehr Bücher von Holger Strohm im Regal oder überhaupt neue Argumente: In der atomkritischen Populärliteratur, die es weiterhin gab, war ein Niveauverlust unverkennbar, und daran störte sich kaum jemand. Die Kritik der Atomkraft war nicht mehr links oder alternativ, sondern Teil des gesellschaftlichen Mainstreams, eine Entwicklung, die sich bis in den gesellschaftlichen Sprachgebrauch verfolgen ließ. Matthias Jung schrieb in seiner Analyse des Atomdiskurses, dass die Anti-Atom-Sprache seit Tschernobyl nicht mehr eindeutig soziolektal identifizierbar sei.[150]

Von der einst so legendigen Debattenkultur war deshalb in den neunziger Jahren nicht mehr viel zu spüren. Wer trotzdem einen Diskussionsvorschlag lancierte, kam damit nicht weit. Als der Wissenschaftsjournalist Gero von Randow mit einem Leitartikel in der *Zeit* versuchte, neun Jahre nach Tschernobyl eine neue Atomdebatte anzuschieben, gab es prompt eine Replik von Joschka Fischer unter dem Titel »Atomkraft – nein danke!«, und das Echo war eindeutig. »Fischers klarem und fundiertem Widerspruch gegen Randows Befürwortung der Kernenergie pflichte ich dankbar bei«, hieß es in einem Leserbrief, ein anderer erklärte gar, ihm habe »der Artikel von Joschka Fischer den Glauben an die unabhängige *Zeit* wiedergegeben«.[151] Das Diskursprojekt Atomenergie war faktisch am Ende, weil alles Relevante längst gesagt war. Offen war nur noch, welche Seite die Mittel haben würde, ihre Sicht der Dinge durchzusetzen.

Die Veteranen des Atomprotests waren mit dieser Entwicklung nicht unbedingt zufrieden. Es war schon etwas billig, wenn man seine Haltung lediglich per Aufkleber dokumentieren konnte, und alternde Linke vermissten zudem den revolutionären Furor der siebziger Jahre: »Viele ›Neue‹ sind in den Anti-AKW-Kampf eingestiegen, ohne vom 68er Widerstand (geschweige denn von der historischen Entwicklung in Deutschland/BRD) eine Vorstellung zu haben, ohne sich je vorher mit Kommunismus oder anderen gesellschaftlichen Utopien auseinandergesetzt zu haben, sondern eher noch den bürgerlichen Anti-Kommunismus mit sich herumschleppten«, klagte eine »Situationsbeschreibung« von 1988.[152] Es hatte jedoch für die Gegner der Atomkraft gewisse Vorzüge, dass sich Energiefragen in Identitätsfragen verwandelt hatten. So kam die Bewegung durch die Flaute in den frühen neunziger Jahren, und das Thema war für die Mobilisierung in Wahlkämpfen nicht ungeeignet. Schwieriger wurde es, wenn Entscheidungen anstanden. Als Eckpfeiler persönlicher Identitäten gewann das Thema eine Unerbittlichkeit, die jeden Kompromiss, ja jede Perspektivierung der eigenen Sichtweise zu einem heiklen Unterfangen machte. Fragen nach Rechtssicherheit, Versorgungssicherheit oder der Macht der Energiekonzerne verblassten hinter der anerkannten Notwendigkeit, den nuklearen Wahnsinn so schnell wie möglich zu beenden. Die Konsequenzen zeigten sich nach dem rot-grünen Atomkonsens von 2000, der von den Aktivisten nie akzeptiert wurde, und das war mehr als eine politische Meinung: Seither waren Vertreter von SPD und Grünen auf Anti-Atomkraft-Demonstrationen unerwünscht. Jeder Jurist konnte den Aktivisten erklären, dass ein früherer Atomausstieg nur noch um den Preis milliardenschwerer Entschädigungszahlungen zu haben wäre. Aber man musste halt nicht mit einem Juristen reden, wenn man das nicht wollte.

Ein ähnlicher Prozess vollzog sich im Lager der Befürworter. Öffentliche Stellungnahmen lieferten endlose Wiederholungen der immer gleichen Argumente – Sicherheit, Versorgungsanteil, Treibhauseffekt –, verbunden mit der stereotypen Forderung, der breiten Öffentlichkeit mit mehr naturwissenschaftlicher Aufklärung deutlich zu machen, warum die Atomwirtschaft recht hatte. Das war offenkundig mehr als eine taktische Haltung: Es ging um die Ratifikation des Lebenssinns einer Gemeinschaft von Experten. Als zwei langjährige Redakteure der *atw* aufgrund eines Verlagswechsels zum Jahresende 1998 ausschieden, erklärten sie bilanzierend zum Ziel ihrer journalistischen Arbeit, in einem feindlichen Umfeld »Argumentationshilfe zu geben«. Sie sprachen von »einer wachsenden Flut der Technik-Verteufelung«, mit der sich die Kernenergie seit 25 Jahren konfrontiert sah und die sich jeder rationalen Debatte entzog: »Der tiefere Grund für diese Situation ist eine aus irrationalen Motiven entspringende Technikfeindlichkeit großer Bevölkerungskreise, die das einst mit großem Elan angefangene Kernenergieprogramm der Bundesrepublik ins Stocken brachten und es im Gewirr von Genehmigungsprozeduren, Gerichtsentscheiden, politischen Kontroversen und einer Entsorgungshysterie aufzureiben drohen.«[153]

Schon Joachim Radkau hat bemerkt, dass unter den nuklearen Experten der achtziger Jahre eine neue Atmosphäre zu spüren war. Die Kämpfe der siebziger Jahre hatten den traditionell fragilen Zusammenhalt befördert, aber das Ergebnis war »eine Zwangsgemeinschaft mit Bunkermentalität, eine ›Community‹ ohne Charisma«.[154] Wie schwer es der Atomwirtschaft fiel, mit der Welt jenseits des Bunkers ins Gespräch zu kommen, zeigte sich im April 1989, als der Vorstandsvorsitzende der Kraftwerk Union Klaus Barthelt für ein Gespräch über Öffentlichkeitsarbeit ins Kanzleramt kam. Ein interner Vermerk monierte, die »Argumentationspapiere« von Barthelt seien »zu defensiv, humorlos und langweilig«, und das war keine Frage des schriftstellerischen Talents: »Man spürt zu sehr die durchaus verständliche Frustration derjenigen, die sich seit Jahren mit den Gegnern der Kernenergie herumschlagen und den Glauben an die Zukunft dieser Technik verloren haben.«[155] Im ständigen Kampf um die öffentliche Meinung kam die Befähigung zu einem ernsthaften Gespräch immer mehr unter die Räder. Für den nuklearen Komplex waren abweichende Meinungen nur noch dazu da, niedergerungen zu werden, zur Not mit den Mitteln des Rechtsstaats. »Nach jeder Fernsehsendung zur Kernenergie wagt der Atomjurist sich einige Tage lang nicht mehr unter seine technischen Kollegen, denn er weiß, was ihn erwartet«, hieß es 1989 in der Rechtskolumne der *atw*.[156]

Im Rückblick wirkt diese Entwicklung durchaus folgerichtig. Ein Grundprozess der bundesdeutschen Geschichte ist der sukzessive Verlust von Gesellschaft als handlungsleitender Kategorie, und das scheint ein allgemeiner Trend in westlichen Ländern zu sein. »There is no such thing as society«, lautete ein berühmter Ausspruch Margaret Thatchers.[157] Das in den Wirtschaftswunderjahren noch allgegenwärtige Gefühl, dass letztlich alle in einem Boot sitzen, schwand seit den siebziger Jahren, und spätestens seit der Wiedervereinigung war klar, dass dahinter mehr stand als eine kurzlebige Aufwallung der Alternativkultur. Längst wird diese Entwicklung in der Diskussion über die Zukunft der Demokratie kritisch diskutiert. Für Pierre Rosanvallon kann der Weg aus der Krise zum Beispiel »nur darin bestehen, die Vision einer gemeinsamen Welt wiederherzustellen, den Glauben zurückzugewinnen, dass es möglich ist, die Zersplitterung und Fragmentierung zu überwinden«.[158]

Der Atomkonflikt war, so gesehen, auch ein Experiment, ob eine demokratische Gesellschaft sich noch auf gemeinsame Wege verständigen kann, wenn sie nur noch von politischen Regeln und Infrastrukturen zusammengehalten wird. Seit den achtziger Jahren hingen die Bundesbürger weiterhin am selben Stromnetz, aber ansonsten ging der Trend zu separaten Arbeits-, Lebens- und Sinnwelten, die meist nur noch im Modus der negativen Abgrenzung interagierten. Es gab im Atomkonflikt freilich eine gewisse Asymmetrie der Folgen. Während der kritische Habitus der Atomkraftgegner ein verbreitetes urbanes Lebensgefühl traf, mussten die Freunde der Kernenergie nach Verbündeten suchen. Der nukleare Komplex war von der Zahl der Beschäftigten her überschaubar, und der einstige

Nimbus der Zukunftstechnologie war verflogen. Die neue Technikeuphorie, die sich in den achtziger Jahren in Informatikkursen und Wissenschaftskolumnen verbreitete, drehte sich um Computer und Gentechnik.

Der Streit um die Atomkraft ging weiter, aber er gewann einen neuen Charakter. Es ging nicht mehr um konkrete Bauprojekte oder den zukünftigen Kurs der Energieversorgung, sondern um symbolisches Kapital. Dass nukleare Kontroversen auch dann bitter sein konnten, wenn es nicht mehr um milliardenschwere Investitionen ging, erfuhr das Deutsche Museum in München im Herbst 1986, als sich eine Auseinandersetzung um die museale Präsentation der Atomenergie zu einer Staatsaffäre auswuchs. Auf der einen Seite stand ein Kreis um den damaligen Aufsichtsratschef der Siemens AG Bernhard Plettner, der mit selbst gestrickten Broschüren von überschaubarem Niveau für die Atomkraft warb und das Buch eines Museumsmitarbeiters aus dem Verkehr ziehen lassen wollte. Auf der Gegenseite stand eine Kuratorin mit Rückgrat, die lebhafte Unterstützung von Journalisten und Kollegen aus anderen deutschen Technikmuseen erhielt, die sich mit einem Protestschreiben solidarisch erklärten. Zwischen den Stühlen saß der Generaldirektor des Deutschen Museums Otto Mayr, der vergeblich nach Worten suchte, mit denen beide Seiten leben konnten. Der Grad der öffentlichen Erregung stand in keinem Verhältnis mehr zum Anlass des Streits, und das schien keinen der Kontrahenten wirklich zu stören. Es ging um Haltungspunkte im Kampf für eine gute Sache.[159]

Dieser Wandel ließ erahnen, dass es auf absehbare Zeit keine Entspannung in der nuklearen Kontroverse geben würde und auch keinen Kompromiss, mit dem beide Seiten leben konnten. Auf Dauer würde sich eine der Seiten durchsetzen müssen: Atomkraft war und blieb eine Frage von Ja oder Nein. Es lief jedoch auf eine subtile Verschiebung der Gewichte hinaus, wenn sich der Streit nun in erster Linie um Identitäten drehte. Wenn die Kritik nicht mehr an Protesten und Demonstrationen hing, sondern fest im Selbstbild zahlreicher Zeitgenossen verwurzelt war, gewann sie eine Wucht und Resilienz, die über das für Bewegungsthemen übliche Maß deutlich hinausging. Auf der Gegenseite schwand hingegen die Macht des nuklearen Komplexes. Es war nun kein Zeichen der

Beruhigung mehr, wenn das Thema für einige Zeit aus den Medien verschwand, und Kulturkämpfe waren ausgesprochen unangenehm, wenn man neue Investitionen auf den Weg bringen wollte. Solche Investitionen standen in den neunziger Jahren zur Debatte, und damit erhielt der Kampf um die kulturelle Hegemonie eine ganz konkrete Dimension. Die Atomwirtschaft drängte auf ein neues Reaktorprojekt, um einen »Fadenriss« zu verhindern, während die Gegner der Atomkraft jeden Schritt in diese Richtung vehement attackierten. Die Atomwirtschaft hatte weiterhin viel Geld und ein Netz von Verbündeten, von dem die Kritiker nur träumen konnten, aber es hatte sich etwas verändert: Erstmals seit den siebziger Jahren lief die Uhr gegen die Kernenergie. Die Identitätsfrage würde sich vielleicht erst erledigen, wenn die in den siebziger und achtziger Jahren sozialisierte Generation in den Ruhestand gehen würde. Das konnte nach Lage der Dinge ein paar Jahrzehnte dauern, und so viel Zeit hatte die Atomwirtschaft nicht. Das wäre auch dann eine prekäre Situation gewesen, wenn die Kinder des Atomprotests in den neunziger Jahren nicht auf dem Weg zur Macht gewesen wären.

8. Der lange Abschied

Im September 2012 versprach der französische Präsident François Hollande, das Atomkraftwerk in Fessenheim am Rhein werde zum Jahresende 2016 abgeschaltet. Tatsächlich ging der letzte der beiden Reaktoren dann im Sommer 2020 vom Netz, obwohl die deutsche Regierung immer wieder auf die Stilllegung gedrängt hatte. Es war ein Vorgeschmack auf die Konflikte der kommenden Jahrzehnte. Derzeit sind in Frankreich 56 Atomkraftwerke in Betrieb, und auch die jüngeren Anlagen kommen so langsam in die Jahre; der letzte Reaktor ging noch vor der Jahrtausendwende ans Netz. Der französische Atomgigant EDF beschloss 2006, einen neuen Reaktor in Flamanville zu bauen, dessen Inbetriebnahme immer noch aussteht, und ob die sechs zusätzlichen Reaktoren, dessen Bau Emmanuel Macron im Präsidentschaftswahlkampf 2022 versprach, tatsächlich realisiert werden, steht in den Sternen. Macron versprach einen Baubeginn erst für 2028, und ein Finanzierungsmodell war zum Zeitpunkt der Drucklegung allenfalls in Umrissen erkennbar. Ein Niedergang der Atomkraft ist damit auch in Frankreich absehbar, und offen ist lediglich, wie dramatisch der Absturz ausfallen wird. Um die aktuelle Reaktorkapazität zu erhalten, bräuchte es 40 Anlagen von der Größe von Flamanville.[1]

Es gehört in Deutschland zu den Gemeinplätzen des Kommentariats, dass der Atomausstieg eine bundesdeutsche Besonderheit sei. Aber wenn man die Entwicklung der Kernenergie in anderen marktwirtschaftlichen Demokratien in den Blick nimmt, sieht das Bild anders aus. Überall stehen alternde Reaktoren, die über kurz oder lang vom Netz gehen werden, und falls nicht neue Anlagen in ähnlicher Zahl gebaut werden – worauf derzeit nichts hindeutet –, ist die Entwicklung absehbar. Ohne ein massives Bauprogramm wird Atomenergie zur Mitte des 21. Jahrhundert in Europa eine Nischentechnologie sein. Vor diesem Hintergrund ist der deutsche Weg nicht mehr ganz so ungewöhnlich. Viele Länder stehen vor der Frage, wie sie auf das absehbare Schwinden der Atomstromkapazitäten reagieren sollen. Da kann man entweder auf lange Sicht planen oder kurzfristiges Krisenmanagement betreiben, wie es derzeit in Frankreich zu besichtigen ist. Im Unterschied zu anderen Ländern hat die Bundesrepublik ihre Entscheidung getroffen, und diese Entscheidung ist rechtssicher, folgt einem dauerhaft stabilen und schrittweise umsetzbaren Konzept und wird von einem breiten gesellschaftlichen Konsens getragen. Vielleicht wird Deutschland diese Errungenschaft erst dann zu würdigen verstehen, wenn in den kommenden Jahren in anderen atomaren Demokratien das große Improvisieren beginnt.

Das folgende Kapitel diskutiert den Weg zu diesem Atomkonsens und die verbleibenden Herausforderungen, die nach sieben Jahrzehnten nuklearer Geschichte übrig bleiben. Dieser Weg war keine Einbahnstraße, und das ist mehr als die Binsenweisheit einer Geschichtswissenschaft, die von Berufs wegen auf der Offenheit jeder historischen Situation insistiert. Dem rot-grünen Atomkonsens von 2000 gingen aufreibende Verhandlungen voraus, aber ihn umwehte auch eine gewisse Aura der Folgerichtigkeit. In den neunziger Jahren erwies sich die atomkritische Haltung von SPD und Grünen als unerschütterlich, und die Begeisterung bei CDU, CSU und FDP war überschaubar. Als Angela Merkel in ihrer Zeit als Bundesumweltministerin noch einmal auf Atomkraft setzte, wirkte das wie aus der Zeit gefallen. Selbst die Stromversorger zeigten sich gegenüber Merkels Initiative reserviert. Es war nicht zu erkennen, dass ein Energiekonzern bereit gewesen wäre, Milliarden in eine nukleare Renaissance zu investieren, und die volkswirtschaftliche

Gesamtsituation war erst recht entmutigend. Ein Land, das unter den Kosten der Einheit ächzte, hatte für solche Abenteuer kein Geld.

Es hätte schon einer tollkühnen Wende bedurft, um auf lange Sicht einen Atomausstieg zu vermeiden, und es fehlte wohl schon am notwendigen Impuls. Im großen chronologischen Überblick fällt auf, dass es in der Atomwirtschaft seit 1990 kaum noch unerwartete Ereignisse gab, sehr im Unterschied zu früheren Jahrzehnten. In den siebziger Jahren wurde Energie im Zuge der Ölkrise ein Politikum, RWE wurde vom größten Skeptiker zum Atomkonzern par excellence, es entstand aus dem Nichts eine Protestbewegung, die Linke verabschiedete sich von einem Jahrhundert emphatischer Technikgläubigkeit, die Sowjetunion wurde zum Uranlieferanten, weil die USA nicht zuverlässig genug waren, und mit dem Entsorgungsjunktim in der Novelle zum Atomgesetz von 1976 sorgte eine atomfreundliche Bundesregierung dafür, dass der Atommüll in Deutschland mehr als in anderen Ländern zum Politikum wurde. In den achtziger Jahren gab es noch Tschernobyl, Transnuklear und den plötzlichen Abschied von Wackersdorf, aber danach gab es keine großen Überraschungen mehr. Der Atomkonsens war nicht unvermeidlich, aber es gab einen kräftigen Sog in diese Richtung.

Das wird vor allem deutlich, wenn man das Schicksal des Gegenprojekts bedenkt, das der nukleare Komplex in den neunziger Jahren verfolgte. Seit 1982 gab es in der Bundesrepublik einen Auftragsstopp, und alle Versuche, einen neuen Reaktor auf den Weg zu bringen, endeten auf geradezu jämmerliche Weise. Die seit den achtziger Jahren laufende Klimadebatte brachte der Atomwirtschaft manchen PR-Erfolg, aber auf Dauer wog schwerer, dass sich die Vision einer Stromproduktion aus regenerativen Quellen in eine gebaute Realität verwandelte. Damit fiel der Nimbus der Unersetzbarkeit, der das nukleare Projekt seit den siebziger Jahren umgeben hatte. Schließlich gab es eine Serie von politischen Entscheidungen, die mit der Bundestagswahl 1998 begann und nach Fukushima ihren Abschluss fand. Am Ende waren es Männer, die Geschichte machten, und 2011 auch eine Frau, aber sie machten ihre Geschichte nicht aus freien Stücken. Das nukleare Projekt, das der Bundestag am 30. Juni 2011 beerdigte, war tatsächlich seit den neunziger Jahren moribund.

8.1 *Auftragsstopp*

Im Mai 1989 hielt Norbert Blüm eine Rede vor der Jahrestagung Kerntechnik in Düsseldorf. Man darf vermuten, dass die Teilnehmer den Worten des Bundesarbeitsministers besonders aufmerksam lauschten. Blüm war seinerzeit Landesvorsitzender der CDU in Nordrhein-Westfalen und designierter Herausforderer des Ministerpräsidenten Johannes Rau, dessen SPD-Regierung seit Jahren die Inbetriebnahme des Schnellen Brüters blockierte. Wenn es noch eine Hoffnung für Kalkar gab, dann war es ein Ministerpräsident Blüm nach der kommenden Landtagswahl im Mai 1990. Nach dem Ende von Wackersdorf und Hamm-Uentrop war die Stimmung finster, und alles, was Blüm seinen Zuhörern bot, waren Kalendersprüche. »Wir müssen sorgsamer umgehen mit der Energie«, ließ der Bundesminister verlauten. Die Naivität der Kernkraftgegner wurde pflichtgemäß gegeißelt, aber bei der Zukunft wurde es wolkig: »Unsere Kohle wird nur überleben in einer Mischkalkulation mit dem billigeren Atomstrom.«[2] Die Landtagswahl hat Blüm dann auch krachend verloren, aber das lag wohl nicht an seiner Düsseldorfer Rede.

Blüm war nicht der einzige Unionspolitiker, der damals ein klares Wort zur Zukunft der Atomenergie vermied. Auch der CSU-Ministerpräsident Max Streibl äußerte sich windelweich, als ihn VEBA-Chef Bennigsen-Foerder Anfang 1989 in der Münchner Staatskanzlei besuchte und nach den Perspektiven von Wackersdorf fragte. Daraufhin unterschrieb Bennigsen-Foerder den Vertrag mit der französischen COGEMA.[3] Andere waren zu dieser Zeit schon freimütiger. Im April 1988 berichtete die *Wirtschaftswoche*, das neue Zauberwort sei »Übergangsenergie«. Mit diesem Wort ließ sich Helmut Haussmann zitieren, damals Generalsekretär der FDP und wenig später Bundeswirtschaftsminister, und der baden-württembergische Ministerpräsident Lothar Späth äußerte sich ähnlich. »Die Energiepolitiker in der CDU/CSU und der FDP wissen, daß die Kernenergie nicht mehr viele Hiobsbotschaften vertragen kann«, schrieb die *Wirtschaftswoche* und merkte an, »daß es sich kein Politiker mehr leisten kann, die Argumente der Kernkraftwerksbauer bedingungslos zu übernehmen«.[4] Ein Jahr später fand sich das Wort »Übergangsenergie« auch erstmals in einem Posi-

Abb. 23: Wie wirbt man im Wahlkampf mit der Atomkraft, wenn die utopische Kraft erschöpft ist? Die CSU versuchte es bei der Bundestagswahl 1980 mit diesem Plakat. Foto: Storz/Bundesbildstelle.

tionspapier der PreussenElektra.[5] Außerdem formierte sich in dieser Zeit ein Christlich-Demokratischer Arbeitskreis Kernenergie, der »CDU/CSU-Mitglieder für die Überwindung der Kernenergie« versammelte, was bei RWE mit einer Mischung aus Unglauben und Verzweiflung quittiert wurde: »Nun formiert sich auch noch in der CDU ein Kreis, der sich gegen die Kernenergie stellt, soweit aus der Unterlage zu entnehmen in ziemlicher Unkenntnis der Fakten.«[6]

Wie prekär die Lage der Atomwirtschaft inzwischen war, zeigte sich im Zuge der Wiedervereinigung. Es war eigentlich eine unverhoffte Chance. Die DDR-Reaktoren gingen aufgrund ihrer Sicherheitsprobleme vom Netz, die Folgen der Braunkohle waren in der ostdeutschen Landschaft unübersehbar, auch die Klimadebatte machte wenig Lust auf weitere Investitionen in die Braunkohle, die neuen Bundesländer suchten händeringend nach Investoren, und schnell wurde auch klar, dass für den Aufbau Ost eine Menge Geld fließen würde. Im Januar 1991 hoffte der Chefredakteur der *atw* auf vier Konvoi-Kraftwerke, um »die Elektrizitätswirtschaft im Osten auf eine moderne, umweltfreundliche Grundlage zu stellen« und »ein bedenkenswertes Modell der Neugestaltung für ganz Deutschland« zu schaffen, aber schon wenige Monate später herrschte Katerstimmung.[7] »Noch Anfang dieses Jahres schien ein Bauentschluß für zwei große Kernkraftwerksblöcke als Ersatz für die stillgelegten ostdeutschen Anlagen sowjetischer Bauart sehr nahe im Bereich des Wahrscheinlichen zu liegen – noch in diesem Jahr, hieß es. Im Verlauf ganz kurzer Zeit ist eine erhebliche Ernüchterung eingetreten«, berichtete die *atw* über die Jahrestagung Kerntechnik im Mai 1991.[8]

Wenn man den verfügbaren Akten trauen darf, hatte vor allem Siemens/KWU auf eine Renaissance der Kernkraft im Osten gedrängt. Die Überlegungen, die Heinrich von Pierer als Bereichsvorstand präsentierte, zielten ausdrücklich über den ostdeutschen Rahmen hinaus: »Im Hinblick auf die weitere Kernenergiepolitik in einem gesamten Deutschland halten wir strategische Entscheidungen, die eine rationelle Fertigstellung der Anlagen ermöglichen, für dringend erforderlich«, schrieb Siemens/KWU.[9] Von Pierers Konzept ließ freilich eine ausgeprägte Angst vor dem unternehmerischen Risiko erkennen. »Das Kostenrisiko wird vollständig der staatlichen Seite angelastet«, befand das Bundesumweltministerium, und die

Verfahrensvorschläge liefen auf »ein im Atomgesetz nicht vorgesehenes ›Vorverfahren‹« hinaus, das offenkundig darauf ziele, »das anschließende Genehmigungsverfahren bundesaufsichtlich zu präjudizieren«.[10] Auch bei RWE war man unbeeindruckt: Die Berechnungen der Gesamtkosten seien »sicherlich zu niedrig angesetzt«.[11]

So wurde die Abwicklung der DDR-Kernkraftwerke zu einem Charaktertest der deutschen Atomszene. Sie schaute nicht mehr unternehmenslustig in die Zukunft, sondern taxierte nüchtern alle erkennbaren Unsicherheiten, und die gab es beim Weiterbau der DDR-Anlagen zuhauf. Laut RWE war »der wesentliche Unsicherheitsfaktor […], daß den derzeitigen Kalkulationen keine umfassenden detaillierten Systemuntersuchungen und Bewertungen zugrunde liegen«.[12] In der Atomwirtschaft regierten nicht mehr die visionären Häuptlinge, die kommende Märkte im Blick hatten, sondern penible Juristen und Kostenrechner, die streng auf die rechtlichen Risiken und die Gewinnmarge schauten und auch mal auf die eigene Karriere. Zwei Jahre nach der DDR-Offerte wurde Heinrich von Pierer Siemens-Chef, und das hätte vielleicht nicht geklappt, wenn sich von Pierer mit einem riskanten Atomprojekt verzockt hätte. Während Reaktoren in den Anfangsjahren der Kernenergie zu Discountpreisen angeboten worden waren, um einen Fuß in den sich entwickelnden Markt zu bekommen, mussten Aufträge nun kostendeckend sein. Da wurde es bei der Atomkraft sehr rasch sehr teuer.

Die Aussichten verdüsterten sich weiter, als die Europäische Union 1996 ihre Mitgliedsländer per Richtlinie auf eine Neuregelung der Strommärkte verpflichtete. Ab 1998 fielen deshalb die Gebietsmonopole, von denen die deutschen Stromkonzerne seit 1935 profitiert hatten, und der Wettbewerb auf dem europäischen Binnenmarkt sorgte kurzfristig für einen Verfall der Strompreise.[13] Energieversorger konnten sich deshalb in ihren Planungen nicht mehr auf gesicherte Absatzmärkte verlassen, und das betriebswirtschaftliche Profil der Atomenergie lief auf ein unüberwindliches Handicap hinaus. Atomkraftwerke sind teuer im Bau, billig im Betrieb und dann wieder teuer im Abriss, und das machte sie zu Ladenhütern. »Auf deregulierten Elektrizitätsmärkten schneiden die weniger kapitalintensiven Stromerzeugungsanlagen auf der Grundlage des Erdgaseinsatzes bei Investitionsentscheidungen günstiger als kapitalintensive Kohle- und Kernkraftwerke ab«, hieß es 1998 in der *atw*.[14] Hinzu kamen die Überkapazitäten, die es auf dem europäischen Strommarkt weiterhin gab.

Aus wirtschaftlichen Gründen wollte deshalb in den neunziger Jahren niemand mehr ein neues Atomkraftwerk bauen. Es ging vielmehr um den Erhalt der fachlichen Kompetenz: Es müsse »ein technologischer Fadenriß vermieden werden«, mahnte ein Aufsatz in einem Band zur »Zukunft der Energieversorgung« 1992.[15] Einer der beiden Autoren war pensioniertes Vorstandsmitglied der Kraftwerk Union, und das ließ erahnen, dass sich hinter den Warnungen vor einem Fadenriss knallharte Industriepolitik verbarg. Auch ein Weltkonzern wie Siemens konnte es sich auf Dauer nicht leisten, nukleare Entwicklungsabteilungen zu unterhalten, wenn die Aufträge ausblieben, und ein neues Kernkraftwerk in den Grenzen der Bundesrepublik war mit Blick auf die Exportmärkte die ideale Referenz. So waren die Wünsche der Atomwirtschaft in den neunziger Jahren auf das kleinstmögliche Niveau gesunken, auch wenn das aus Pietätsgründen nur selten offen ausgesprochen wurde: Mit einem einzelnen Kernkraftwerk wären wir schon ganz zufrieden.

Das war der Hintergrund für die Initiative, mit der Bundesumweltminister Klaus Töpfer im Juni 1993 in den laufenden Energiekonsensgesprächen aufwartete. Er forderte, »den Fadenriss in der Technologie zu vermeiden und den Neubau von Prototyp-Kernkraftwerken zuzulassen, die einer neuen Qualität der Reaktorsicherheit genügten«.[16] Die Grünen verließen daraufhin die seit März 1993 laufenden Gesprächsrunden, und die SPD zog im Oktober nach, als sich das Parteipräsidium entschieden gegen einen Referenzreaktor aussprach; zwei Tage später waren die Energiekonsensgespräche auch offiziell gescheitert. Der niedersächsische Ministerpräsident Gerhard Schröder, der die Energiekonsensgespräche mit initiiert hatte und in der Präsidiumssitzung über den Stand der Gespräche berichtete, sprach sich dafür aus, den Bau eines Referenzreaktors zu akzeptieren, drang damit aber nicht durch. Oder hatte Schröder die Abfuhr von vornherein einkalkuliert? Er konnte sich mit der kontroversen Debatte im Parteipräsidium als Stimme der Vernunft profilieren und dem frisch gewählten SPD-Vorsitzenden Rudolf Scharping das Leben schwer machen. Tatsächlich kam Scharping in der Debatte gehörig ins Schwimmen, auch weil er ohne Not die Frage aufwarf, »ob die SPD selbst bei einem Wahlsieg 1994 über ein umfangreiches Energiesparprogramm hinaus Atomkraftwerke angesichts der zu erwartenden gewaltigen Entschädigungssummen überhaupt sofort abschalten könne«.[17] Es wäre auch nicht das erste Mal gewesen, dass Schröder über Bande spielte. Im Januar 1993 hatte Schröder seine rot-grüne Koalition in Hannover riskiert, als er für ein kontroverses U-Boot-Geschäft mit Taiwan eintrat, weil er ahnte, dass der Rüstungsexport in ein Spannungsgebiet im Bundessicherheitsrat scheitern würde.[18] So oder so war das Scheitern der Energiekonsensgespräche auch Teil des Pokerspiels, das Schröder 1998 ins Kanzleramt brachte.

In der Debatte im Parteipräsidium ging es um die Kluft zwischen hehren Prinzipien und Realpolitik, die die SPD in dieser Zeit öfter umtrieb. Bezeichnenderweise stellte Schröder seinen Bericht unter das mahnende Motto »Nicht die Absicht schon für die Tat nehmen«. Im Kern zielte der Bericht auf das, was ein paar Jahre später als »Reformstau« in den bundesdeutschen Wortschatz einging. »Energiepolitik wird in der Bundesrepublik Deutschland seit zehn Jahren nicht mehr betrieben«, konstatierte Schröder und wies darauf hin, dass dies auch auf Kosten des geplanten Umbaus der Energiewirtschaft gehe. Der Stillstand der Politik blockierte auch die Entwicklung einer regenerativen Stromerzeugung: »Der Aufbau einer alternativen Energieversorgungsstruktur auf Basis alternativer Energien, Energiesparen und Energieeffizienz hat nicht stattgefunden.«[19]

Die Verhandlungen drehten sich auch um die Steinkohlesubventionen, die den Sozialdemokraten weiterhin am Herzen lagen und von der Bundesregierung als Faustpfand genutzt wurden. Aber wenn man über die Streitthemen hinausschaute, dann zeigten sich Umrisse einer möglichen Einigung: Ein parteienübergreifender Konsens, wie er dann 2011 nach Fukushima geschmiedet wurde, war schon 1993 im Bereich des Denkbaren. Auf dem Tisch lag etwa die Idee eines Neubauverbots, das nur mit breiter Mehrheit – »z. B. mindestens einer 2/3-Mehrheit des Bundestages« – zu revidieren gewesen wäre.[20] Solche Vorschläge waren nur möglich vor dem Hintergrund der Lernprozesse, die alle Beteiligten seit den frühen siebziger Jahren durchlaufen hatten, und diese Entwicklung wirkte noch einmal etwas spektakulärer, wenn man bedenkt, dass durch die traurigen Ereignisse von Wackersdorf und das unschlüssige Tändeln der frühen Kohl-Jahre viel Zeit vergeudet worden war. Im Lichte der einstigen Konflikte wirkten Laufzeiten und ein Referenzreaktor wie vergleichsweise harmlose Streitthemen, und es ist schon etwas seltsam, dass sich die bundesdeutsche Politik hier so hartnäckig verhakte. Schwanden die einst florierende Gesprächskultur und das Gefühl, in einem Boot zu sitzen? Für die neue Politikergeneration war es nicht mehr zwangsläufig ein Problem, wenn ein Thema auf ewig in der Schwebe blieb. Gerhard Schröder war auch deshalb umstritten, weil er eine Entscheidungsfreude verkörperte, die für Politiker nicht mehr selbstverständlich war.

Letztlich sprach aus Schröders Agieren bei den Energiekonsensgesprächen der Macher, der auch mal zockte. Ein Referenzreaktor konnte bei konsequent machiavellistischer Betrachtung ein akzeptabler Preis für einen großen Kompromiss sein, und vielleicht wäre er sogar weniger eine Konzession als eine Steilvorlage für die nächsten heroischen Kämpfe geworden. Es stand schließlich zu erwarten, dass der Referenzreaktor der Anti-Atomkraft-Bewegung einen neuen Fixpunkt beschert und einen verlässlichen Strom kontroverser Nachrichten geliefert hätte. Der Atomprotest schwächelte in den frühen neunziger Jahren ja auch deshalb, weil es seit dem Ende von Kalkar keine aktiven Bauprojekte mehr gab. In den Konsensgesprächen wurde zudem ein Sicherheitsniveau gefordert, das über damalige Reaktorkonzepte hinausging. Außerdem hätte ein neuer Reaktor viele Milliarden gekostet, und eine solche Investition war in den Jahren nach der Wiedervereinigung, als in den öffentlichen Haushalten Ebbe herrschte, nur schwer zu legitimieren. Schröder sprach im Parteipräsidium von einem Reaktor, »der ohnehin aus ökonomischen Gründen nicht gebaut würde«.[21] Aber taktische Kalküle waren stets heikel, wenn Identitäten verhandelt wurden, und die SPD ging mit Blick auf die nahende Bundestagswahl lieber auf Nummer sicher. Auf dem SPD-Parteitag im November 1993 bekräftigte die Partei den Ausstiegsbeschluss von 1986 und beschloss ein Verbot, über den Referenzreaktor auch nur zu reden.[22]

Entsprechend nervös zeigte sich die Atomwirtschaft im Vorfeld der Bundestagswahl 1994. Sie wusste inzwischen aus eigener

Erfahrung, wie unbequem rot-grüne Landesregierungen waren. In Hessen gab es zum Beispiel einen jahrelangen Konflikt zwischen Siemens und dem Umweltministerium, der am Ende zur Stilllegung der Hanauer Brennelementefabriken führte.[23] »Bereits jetzt zeigt sich, daß die roten bzw. rot-grünen Länder wieder härtere Bandagen anlegen, wenn es um Fragen der Kernenergienutzung geht«, klagte der Vorstandsvorsitzende des Bayernwerks Otto Majewski auf der Wintertagung des Deutschen Atomforums im Januar 1994.[24] Zeitweise war die Stimmung so schlecht, dass die Kerntechnische Gesellschaft im November 1993 auf einer Nachwuchstagung – einer Nachwuchstagung! – über das Thema »Wo landen wir mit dem totalen Ausstieg?« diskutieren ließ.[25] Als die Regierung Kohl im Oktober 1994 ein letztes Mal wiedergewählt wurde, schrieb die *atw* in einem Kommentar: »Die Kompromißfindung geht weiter.«[26]

Die Bundestagswahl bescherte der Atomwirtschaft noch einmal eine Umweltministerin, die von der Zukunft der Atomenergie überzeugt war. Sie war von Haus aus Physikerin, hieß Angela Merkel und legte sich mächtig ins Zeug. »Die ist von keinerlei Zweifeln angerührt«, erklärte Gerhard Schröder nach einer Verhandlungsrunde mit Merkel, während sich Joschka Fischer laut *Spiegel* im notorischen Wessi-Stil der neunziger Jahre über den Kenntnisstand der ostdeutschen Ministerin mokierte: »Der fehlen 20 Jahre Anti-Atom-Erfahrung.« Im Ministerium gaben wieder die nuklearen Hardliner den Ton an, und Merkel ließ sie gewähren: »Die übernimmt immer alles eins zu eins von ihren Referenten«, berichtete ein Insider.[27] Nachdem eine weitere Runde der Energiekonsensgespräche ergebnislos verlaufen war, brachte Merkel eine Novelle zum Atomgesetz auf den Weg, die so konzipiert war, dass sie im Bundesrat nicht zustimmungspflichtig war. Deshalb gab es seit November 1997 im Atomgesetz »ein standortunabhängiges Prüfverfahren durch behördliche Sachverständige schon während der Entwicklungsphase«.[28]

Merkels Atomnovelle war nicht nur deshalb ein Pyrrhussieg, weil die CDU binnen Jahresfrist eine Bundestagswahl verlor und Rot-Grün das Zepter übernahm. Von der Finanzierung über den Träger bis zum Standort waren eigentlich alle Fragen rund um den neuen Referenzreaktor offen, und die Begeisterung für neue atomare Abenteuer war selbst bei Bayernwerk-Chef Majewski überschaubar.

Hoffnung machte allenfalls die zeitgenössische Debatte über den »Standort Deutschland«, in der unter anderem der Präsident des Bundesverbands der Deutschen Industrie Hans-Olaf Henkel für einen neuen deutschen Reaktor plädierte.[29] Aber konnte man sich wirklich vorstellen, aus bloßer Standortpanik ein neues Atomkraftwerk zu bauen? Das Schicksal des Transrapids, der ebenfalls mit Standort-Argumenten propagiert wurde und dann sogar im CSU-regierten Bayern scheiterte, spricht hier eine deutliche Sprache – vom Debakel des Berliner Flughafens einmal ganz zu schweigen. In der Stromwirtschaft überwog jedenfalls längst das Interesse an Investitionssicherheit, und die gab es nur um den Preis der parteipolitischen Verständigung. In ihrem Positionspapier von 1990 hatten die kernkraftwerksbetreibenden Unternehmen der öffentlichen Stromversorgung beteuert, sie seien »zu jedem zielführenden Dialog in dieser zukunftsentscheidenden Fragestellung bereit«.[30] Auch nach der Bundestagswahl 1998 gaben sich die Energieversorger gesprächsbereit.[31] Die Nagelprobe würde nicht lange auf sich warten lassen.

8.2 Treibhauspolitik

Der *Spiegel*-Titel vom 10. August 1986 ist ein Mythos der deutschen Umweltdebatte. Das Titelbild zeigt einen Kölner Dom, der durch das Schmelzen der Polkappen zur Hälfte im Meer versunken ist, und dieses Bild markiert nach gängiger Ansicht den Durchbruch des Klimawandels als öffentliches Thema.[32] Weniger bekannt ist die Vorgeschichte des legendären Motivs. Die Titelgeschichte ging zurück auf eine Warnung des Arbeitskreises Energie der Deutschen Physikalischen Gesellschaft, der damit nicht nur den Forschungsstand der Klimaforschung zu popularisieren versuchte. Der Vorstoß sollte »vor allem den langfristigen Ausbau der Atomenergie gewährleisten«, schrieben Peter Weingart, Anita Engels und Petra Pansegrau.[33] In den Monaten nach Tschernobyl bot der Klimawandel den Freunden der Kernenergie eine Chance, wieder aus der Defensive zu kommen.

Das Titelbild sollte nicht der letzte PR-Erfolg bleiben, den die Atomwirtschaft mit dem Treibhauseffekt erzielte. Seit den siebziger Jahren gehörten Sicherheit, Verlässlichkeit und niedrige Kosten zum Mantra der nuklearen Lobby, und da reihte sich in den achtziger

Abb. 24: Ein PR-Erfolg: Dieser Spiegel-Titel setzte im August 1986 den Klimawandel auf die Agenda der bundesdeutschen Umweltpolitik und verschaffte damit der Atomwirtschaft in den Monaten nach Tschernobyl etwas Luft. Copyright: DER SPIEGEL 33/1986.

Jahren der anthropogene Klimawandel ein. Es passte einfach zu gut: Atomkraft war seit jeher die favorisierte Energiequelle all jener, die in die ferne Zukunft schauten. Ein Kernkraftwerk war zwar nicht wirklich klimaneutral – schon der üppig verbaute Beton sorgte für einen fetten ökologischen Fußabdruck –, aber im Vergleich mit Stein- und Braunkohle, in der Bundesrepublik traditionell die wichtigste Konkurrenz, sah Atomstrom schon sehr gut aus. So fand sich der apokalyptische Tonfall, den die Atomwirtschaft stets unter den Kritikern moniert hatte, nun auch auf der Gegenseite: »Es muß alles menschenmögliche getan werden, um den Eintrag von Kohlendioxid in die Atmosphäre zu verringern oder gar zu stoppen. Und immer mehr Leute begreifen, daß dies ohne die Nutzung der Kernenergie wohl nicht geht«, erklärte der Vorsitzende der Kerntechnischen Gesellschaft Walter Weinländer 1990 auf der Jahrestagung Kerntechnik.[34]

Die Geschichte der Atomenergie seit 1945 zeigte freilich nachdrücklich, dass ein reines Prinzip für die Entwicklung einer neuen Energiequelle ziemlich unzulänglich war. Man brauchte Träger, Investoren, Märkte, Expertennetzwerke und nicht zuletzt günstige Umstände. In der Bundesrepublik wurde seit 1970 nur deshalb so eifrig gebaut, weil sich RWE im Ölgeschäft verspekuliert hatte, die Bundesregierung immer energischer auf nukleare Bauprojekte drängte, die Ölkrise die Energiefrage zum Politikum machte, die Steinkohle nach Subventionen rief und hohe Inflationsraten die Kapitalkosten erträglich machten. Eine ähnliche Ballung günstiger Umstände gab es seit den achtziger Jahren nicht mehr, und die Zahl der Freunde in Politik und Wirtschaft war auch überschaubar. Das Klimaargument nahm man gerne mit, Franz Josef Strauß erwähnte es zum Beispiel in seiner Regierungserklärung nach Tschernobyl: »Ein Zurück zu fossilen Energieträgern wäre ein Verbrechen an der Menschheit und an der Umwelt«, ließ der bayerische Ministerpräsident verlauten.[35] Andere äußerten sich eher lauwarm. »Die Kernenergie ist sicher kein Königsweg zur Lösung der Klimafrage«, erklärte Bundeswirtschaftsminister Haussmann im Oktober 1989 im Bundestag.[36] Nur naive Beobachter konnten glauben, dass die zahlreichen Probleme des nuklearen Projekts im Zeichen der Treibhauspolitik plötzlich verschwinden würden.

Seit ihren Anfängen war die Atomenergie eine Lösung auf der Suche nach dem Problem gewesen, und diese Tradition setzte sich in der Klimadebatte nahtlos fort. Meist blieb es wolkig, wenn von der klimaschonenden Kernenergie die Rede war, und jene, die sich einmal an eine überschlägige Rechnung machten, kamen zu horrenden Zahlen. Wolf Häfele erklärte vor der Jahrestagung Kerntechnik im Mai 1989, man müsse von der damaligen weltweiten Kraftwerkskapazität von 0,57 Terawatt auf 3,7 Terawatt im Jahre 2030 kommen. Wenn man das auf die Kapazität des größten deutschen Reaktors Isar 2 umrechnete, kam man auf einen Bedarf von etwa 2500 Meilern.[37] Häfele erklärte, mit einer solchen Expansion werde »nicht nur eine neue Stufe technischer Anstrengung einhergehen müssen, sondern vor allem auch eine institutionell-politische«, und die gebaute Realität blieb dann auch weit dahinter zurück.[38] Bis heute waren weltweit nie mehr als 450 Leistungsreaktoren im Betrieb, und die globale Kapazität verharrt bei etwa zwölf Prozent der von Häfele anvisierten Zahl.[39] Über die genauen Zahlen konnte man naturgemäß streiten, aber an den Proportionen war nicht zu rütteln. Wenn die Atomkraft einen substanziellen Beitrag zum Kampf gegen den globalen Klimawandel leisten sollte, brauchte es ein Bauprogramm, das alle historischen Erfahrungen in den Schatten stellte.

Der Treibhauseffekt war insofern ein problematisches Argument für einen nuklearen Komplex, dessen Ambitionen sich in den neunziger Jahren auf den Fadenrissreaktor konzentrierten. Wenn die deutsche Atomwirtschaft ihr klimapolitisches Engagement tatsächlich ernst gemeint hätte, dann hätte sie auf Investitionen in ganz anderen Größenordnungen drängen müssen. Dafür fehlten die Kraft, die Verbündeten, das Geld, ja eigentlich alles, was es für einen nennenswerten Beitrag gebraucht hätte: Das Klimaargument war für die deutsche Atomwirtschaft nie mehr als eine frei schwebende Luftblase ohne jeden Bezug zu realen Plänen. Es ist freilich offen, ob ein klimapolitisch inspiriertes Atomprogramm zu einer Erfolgsgeschichte geworden wäre. Einen solchen Versuch initiierte der britische Premierminister Tony Blair 2005, um sein Land im Vorfeld des Klimagipfels von Kopenhagen zu profilieren. Daraus wurde ein Fiasko von Weltklasse. Nach 17 Jahren ist daraus lediglich ein einziges Bauprojekt hervorgegangen, und das ist für seine Kosten längst notorisch. Der Ökonom Simon Taylor hat das britische Kernkraftwerksprojekt Hinkley Point C 2016 als »das teuerste Kraftwerk der Welt« bezeichnet.[40]

Dieses Resultat ist umso bemerkenswerter, als die Atomwirtschaft in Großbritannien in mancherlei Hinsicht im Vorteil war. Die zivile Nutzung der Atomenergie war und ist gesellschaftlich weithin unumstritten, weil sich die öffentliche Debatte auf Sinn und Zweck der britischen Atombomben konzentriert, und ein zentralistisches politisches System ermöglicht eine Stringenz des Regierungshandelns, von dem man im föderalistischen Deutschland nur träumen kann. Es gelten freilich dieselben ökonomischen Gesetze, und so erinnerten die Verhandlungen um Hinkley Point C frappierend an die bundesdeutschen Verhandlungen in den späten sechziger Jahren. Damals war die Bundesregierung für die Entwicklung der Atomenergie in Vorleistung getreten und drängte auf den Bau von Reaktoren, während Stromkonzerne sich zögerlich zeigten und abwarteten, wie hoch die Morgengabe werden würde. Heute ist der Markt für Atomstrom fest in den Händen eines Oligopols, und wer sich von vornherein auf Kernkraft festlegt, verhandelt unvermeidlich aus einer schwachen Position. Die Atomwirtschaft weiß um die ökonomischen Risiken und verlangt deshalb großzügige Konditionen, und die britische Regierung kann nur schwer mit dem Wechsel zu einem anderen Anbieter drohen.

Nach aktuellem Stand soll Hinkley Point C 2026 ans Netz gehen, ein Termin, der neun Jahre nach dem 2007 anvisierten Datum liegt. Das Atomkraftwerk wird zwischen 22 und 23 Milliarden Pfund kosten und Strom zu einem Garantiepreis liefern, der bei 92 Pfund pro Megawattstunde liegt und laufend an die Inflation angepasst wird. Zum Vergleich: Die neuesten Offshore-Windparks liefern Strom für etwa 40 Pfund pro Megawattstunde.[41] Aus heutiger Sicht ist offenkundig, dass die regenerativen Energien der große Gewinner der Klimadebatte sind. Während die nukleare Renaissance im Zeichen des Treibhauseffekts eine bloße Vision blieb, entwickelten sich alternative Energiequellen zu ernsthaften Konkurrenten auf dem Strommarkt.

Die Hoffnung auf Sonne und Windkraft war schon den Atomkraftgegnern der siebziger Jahre geläufig. Damals war das freilich nicht viel mehr als ein Ausdruck der Hoffnung, obwohl manche die alternative Energiezukunft bereits als gesichertes Projekt hinstellten. Man könne 70 Prozent des bundesdeutschen Strombedarfs mit Windenergie decken, erklärte im Mai 1977 Werner Haverbeck, der seinerzeit als Präsident der deutschen Sektion des Weltbunds zum Schutze des Lebens zur Anti-Atomkraft-Bewegung gehörte und heute vor allem für seine rechtsextremen Auslassungen in Erinnerung ist.[42] Ein Markt für regenerativ erzeugten Strom entwickelte sich erst im Gefolge des Einspeisegesetzes, das im Jahr der Wiedervereinigung unauffällig durch den Bundestag rutschte und Mindestvergütungen sowie einen garantierten Zugang zum Netz schuf. »Das Einspeisegesetz war der Startpunkt der Energiewende Anfang der 90er Jahre«, schrieb Klaus-Dieter Maubach.[43] Die Initiative kam bezeichnenderweise aus dem Bundestag und nicht von der Bundesregierung, und damit fanden auch die Bemühungen ihr Ende, die Gebietsmonopolisten zu einer freiwilligen Selbstbindung zu bewegen. 1991 lag der Anteil der erneuerbaren Energien an der Stromversorgung bei 3,5 Prozent, aber dieser Wert stieg in den folgenden Jahrzehnten rasant.[44]

Der Boom der erneuerbaren Energien beschleunigte sich, nachdem die rot-grüne Koalition 2000 ein Erneuerbare-Energien-Gesetz durch den Bundestag gebracht hatte. Im Jahr 2000 lag der Anteil der Stromerzeugung auf regenerativer Basis bei fünf Prozent, ein Jahrzehnt später waren 17 Prozent überschritten, und das war nicht die Grenze des Wachstums.[45] Für die Atomenergie war dies insofern relevant, als damit der Nimbus der Unersetzbarkeit hinfällig war, der die nukleare Stromerzeugung nach dem Ende der großen Visionen immer noch umgeben hatte. Beispielhaft erwähnt sei die Koalitionsvereinbarung für die schwarz-gelbe Bundesregierung von 1991, die zur Kernenergie bemerkte, diese solle »auch weiterhin einen substantiellen Beitrag zur Stromerzeugung leisten, solange andere vergleichbar vorsorgungssichere [sic], umweltfreundliche und preisgünstige Energieträger nicht zur Verfügung stehen«.[46] Dieser Vorbehalt erledigte sich in den folgenden zwei Jahrzehnten, und das war nicht der unwichtigste Teil des langen Abschieds von der Atomkraft. Seither konnte man nicht einmal mehr für die nukleare Stromerzeugung plädieren, weil sie klimapolitisch das kleinere Übel war.

8.3 Exit

Es wurde spät im Kanzleramt, aber am Ende lenkten die Strombosse ein. Die Gespräche in der Nacht vom 14. auf den 15. Juni 2000 besiegelten einen Atomkonsens, über den Bundesregierung und

Energiewirtschaft 18 Monate lang verhandelt hatten. Für alle deutschen Kernkraftwerke wurden Reststrommengen vereinbart, die einer Regellaufzeit von 32 Jahren entsprachen. Bis dahin hatten die Stromkonzerne über zeitlich unbegrenzte Genehmigungen für ihre Reaktoren verfügt, und dieses Privileg war nun hinfällig, ohne dass der Bund Schadensersatz zahlen musste. Im Gegenzug erhielt die Atomwirtschaft die Zusicherung, dass die Bundesregierung keine kostenträchtigen Verschärfungen bei der nuklearen Sicherheit fordern würde. Außerdem versprach die Bundesregierung, sie werde »keine Initiative ergreifen, mit der die Nutzung der Kernenergie durch einseitige Maßnahmen diskriminiert wird«.[47]

Der Atomkonsens von 2000 schuf nicht nur einen Fahrplan für die Abschaltung laufender Reaktoren. Er zielte auf einen umfassenden Rahmen zur Regelung aller Herausforderungen, die sich mit dem Atomausstieg verbanden, sofern dies zum damaligen Zeitpunkt möglich war. Bei den Kernkraftwerken sollten so rasch wie möglich Zwischenlager errichtet werden, um die Zahl der kontroversen Castor-Transporte nach Gorleben zu minimieren. Der Atomkonsens setzte auf die direkte Endlagerung radioaktiver Abfälle und beendete die Wiederaufarbeitung, was den Ausstieg aus der Plutoniumwirtschaft bedeutete. Für die Erkundung des Gorlebener Salzstocks wurde ein Moratorium vereinbart, sodass die kontroverse Entsorgungsfrage für ein paar Jahre vertagt war. Der Abschied von der Kernenergie wurde durch ein Neubauverbot abgesichert, das 2002 in einer Novelle zum Atomgesetz fixiert wurde.

Die Verhandlungen hatten die Staatssekretäre Rainer Baake für das Bundesumweltministerium und Alfred Tacke für das Bundesministerium für Wirtschaft und Technologie geführt, zu denen sich später Kanzleramtschef Frank-Walter Steinmeier gesellte. Zugleich handelte es sich um ein Projekt des Bundeskanzlers Gerhard Schröder, der ein Jahrzehnt lang auf eine solche Vereinbarung hingearbeitet hatte. Der Weg zum Atomkonsens begann am 24. Juli 1990, als der frisch gewählte Ministerpräsident von Niedersachsen den VEBA-Chef Klaus Piltz zum Abendessen beim Italiener traf. Es folgten vier weitere Treffen in vertraulicher Runde, die erwähnten Energiekonsensgespräche 1993 und 1995 und dann das Mandat für die Gespräche nach der Wahl der rot-grünen Bundesregierung

Abb. 25: Der Kanzler strahlte. Im Juni 2000 verkündete Gerhard Schröder zusammen mit Dietmar Kuhnt (RWE, rechts) und Ulrich Hartmann (VEBA) das Ergebnis der Atomkonsensgespräche. Foto: Christian Stutterheim/Bundesbildstelle.

1998.[48] Die Verhandlungen waren damit auch ein Erfolg des Kanzlers Schröder, der mit anderen Konsensrunden wie etwa dem Bündnis für Arbeit deutlich weniger glücklich wurde.

In einem solchen Verhandlungsmarathon gab es zwangsläufig eine Menge Winkelzüge. Baake rettete die Gespräche über einen toten Punkt, indem er anstelle starrer Termine flexibilisierte Laufzeiten für die Reaktoren vorschlug, die von alten auf neue Reaktoren übertragen werden konnten.[49] Das eröffnete den Strommanagern taktische Spielräume. Es ging um eine Menge Geld und politisches Kapital, und die Verhandlungen fanden in der erwähnten Juninacht auch keineswegs ihren Abschluss. Der Atomkonsens musste danach unter den Mitgliedern der Koalitionsparteien durchgesetzt werden, was insbesondere bei den Grünen, seit jeher auf einen sofortigen Atomausstieg eingeschworen, ein veritabler Kraftakt war. Vermutlich stimmten Atomkraftgegner wie Stromkonzerne am Ende auch deshalb zu, weil sie im Stillen auf Nachbesserungen im jeweils eigenen Sinne hofften. Auch ein mühsam ausgehandelter Kompromiss ist in der Politik nicht zwangsläufig das letzte Wort, und das erst recht nicht, wenn er zwanzig Jahre in die Zukunft weist.

Es saßen Verhandlungsprofis am Tisch, und deshalb will es etwas heißen, wenn Steinmeier rückblickend von den intensivsten und langwierigsten Gesprächen seines politischen Lebens sprach.[50] SPD und Grüne hatten sich in den Koalitionsverhandlungen auf konsensorientierte Verhandlungen und einen schadensersatzfreien Ausstieg verständigt, und es war klar, dass die Zustimmung der Stromversorger ihren Preis haben würde.[51] Zugleich waren die Konzerne naturgemäß auch Konkurrenten, zumal seinerzeit auf dem gerade deregulierten Strommarkt der Wettbewerb tobte. Konsensgespräche mussten unvermeidlich scheitern, wenn nur einer der Akteure den Überblick oder die Nerven verlor, und vermutlich kamen die Verhandlungen nur deshalb zu einem erfolgreichen Abschluss, weil sie auf allen Seiten mit großer Ernsthaftigkeit verfolgt wurden. »Den Ausweg durch Abbruch, der leicht zu provozieren gewesen wäre, hat keiner gesucht«, schrieb Steinmeier.[52] In den ersten Monaten drangen keine Details aus den Verhandlungen an die Öffentlichkeit, eine kommunikative Disziplin, die man sich im geschwätzigen Berliner Politikbetrieb der Gegenwart nur noch schwer vorstellen kann.[53] Auf dem Weg zum Atomkonsens wurden Schmerzgrenzen ausgelotet und überschritten, aber es waren auch Verhandlungen, bei denen alle Beteiligten gute Gründe hatten, auf einen Kompromiss hinzuarbeiten.

Für die Grünen und Teile der SPD war der Atomausstieg ein Generationenprojekt, und für Politiker wie Joschka Fischer und Jürgen Trittin, die sich zuvor in Landesregierungen am Widerstand der Atomwirtschaft die Zähne ausgebissen hatten, waren Verhandlungen auf Bundesebene eine einmalige Chance. Zugleich waren die Grünen »verdammt zum Erfolg«, wie Baake im Vorfeld der Bundestagswahl in einem »Vorschlag für eine GRÜNE Strategie zum Ausstieg aus der Atomkraft« schrieb. Baake begann sein Konzept mit einem Ausblick auf die Bundestagswahl 2002, bei der die Chancen einer rot-grünen Bundesregierung an der Energiepolitik hängen würden: »Wir können uns auf einigen Politikfeldern Niederlagen leisten. Beim Ausstieg aus der Atomkraft und dem ökologischen Umbau unserer Energieversorgung müssen wir erfolgreich sein.« Das Strategiepapier enthielt nicht nur Eckpunkte, die sich dann auch in der Einigung mit den Stromkonzernen wiederfanden, sondern auch eine Warnung vor großen Umgestaltungsplänen, die »unseren zahlreichen Gegnern offene Flanken bieten«: »Auf keinen Fall sollten wir den Versuch unternehmen, daß [sic] gesamte Atomgesetz neu zu schreiben.«[54] Das war der Spagat, den atomkritische Realpolitiker vollführen mussten: Regelungen mussten praxistauglich und rechtssicher sein, sie durften keine ungeplanten Folgen wie etwa zusätzliche Atomtransporte mit sich bringen, aber zugleich musste das Ergebnis den Ansprüchen einer Klientel genügen, die jedes zusätzliche Betriebsjahr eines Atomkraftwerks als Affront verstand. Forsch versprach Baake im Entwurf eines Atomausstiegsgesetzes vom Juni 1998 eine maximale Reaktorlaufzeit von 25 Jahren nach Inbetriebnahme, die jedoch in keinem Fall mehr als fünf Jahre über das Inkrafttreten des Gesetzes hinausreichen würde: »Das heißt, nach 5 Jahren wäre der Atomausstieg geschafft!«[55]

Hinter Baakes Strategiepapier verbargen sich ausführliche Gespräche mit juristischen Experten, die sich um die Frage drehten, ob eine Befristung der Laufzeit eine entschädigungspflichtige Enteignung oder vielmehr eine Einschränkung des Eigentumsrechts im Sinne des Gemeinwohls darstellte, die nach dem Grundgesetz zulässig war. Nach dem rot-grünen Wahlsieg verhandelte Baake intensiv mit den Verfassungsressorts, bis ihm Innen- und Justizministerium formlos signalisierten, dass sie eine Beschränkung der Reaktorlaufzeiten auf 30 Jahre mittragen würden. Mühsame Überzeugungsarbeit brauchte es auch beim Wirtschaftsminister Werner Müller, der bei RWE und VEBA Karriere gemacht hatte, zu Schröders persönlichem Netzwerk gehörte und anstelle einer gesetzlichen Regelung öffentlich-rechtliche Verträge vorschlug.[56] Auch sonst gab es in der SPD viele Politiker, denen am Einvernehmen mit den Energiekonzernen gelegen war, und das nicht nur aus ökonomischen Gründen, sondern auch mit Blick auf die darbende Steinkohle. Zugleich brauchten aber auch die Sozialdemokraten eine Abmachung vor dem Ende der Legislaturperiode, denn nur so konnte die Regierung Schröder ihr Wahlversprechen halten, den Reformstau der späten Kohl-Jahre aufzulösen.

In jedem Fall zielte das Regierungshandeln weniger auf die Aktivisten, die seit jeher auf einen sofortigen Atomausstieg program-

Abb. 26: Während Kerstin Müller auf der Bundesdelegiertenkonferenz von Bündnis 90/Die Grünen im Oktober 1998 für den rot-grünen Koalitionsvertrag warb, protestierten Aktivisten gegen den geplanten Atomkonsens. Foto: Arne Schambeck/Bundesbildstelle.

miert waren. Schon die Energiekonsensgespräche waren in diesen Kreisen mit charakteristischer Kompromisslosigkeit kommentiert worden. »Den Grünen muß klar gemacht werden, daß eine Unterschrift unter ein Konzept, daß [sic] die Laufzeit von AKW's sichern hilft, ihr politischer Tod ist«, hieß es in einer Diskussionsvorlage, die Wolfgang Ehmke für eine Sitzung des Erweiterten Vorstands der Bürgerinitiative Umweltschutz Lüchow-Dannenberg im Februar 1993 schrieb.[57] Die Empörung der Aktivisten gehörte deshalb zur Begleitmusik der Verhandlungen. »Ein Jahr völlig verfehlter rot-grüner Politik haben aus unseren Hoffnungen und Erwartungen Wut und Entschlossenheit gemacht«, erklärte ein Demonstrationsaufruf vom November 1999.[58] Applaus aus der Bewegung konnte die rot-grüne Bundesregierung nicht erwarten, aber das hat sie auch wohl nicht ernsthaft erhofft. Die Koalition hatte vielmehr die breite Öffentlichkeit im Blick, die die Atomenergie weiterhin skeptisch sah.

Die Stromkonzerne verzichteten ungern auf die unbefristeten Genehmigungen, denn diese waren faktisch eine Lizenz zum Gelddrucken. Nie sind Atomkraftwerke so profitabel wie am goldenen Ende, wenn die hohen Anfangsinvestitionen abgeschrieben sind. In der Energiewirtschaft brauchte es jedoch auch Planungssicherheit, und das Interesse an einem parteienübergreifenden Konsens war seit dem Positionspapier von 1990 bestens dokumentiert. Nach einem Jahrzehnt vergeblicher Reaktorplanungen gab es wohl auch ein Interesse an einem Schlussstrich, denn solche Gedankenspiele banden Mitarbeiter und Ressourcen. Kernkraftwerke kosteten auch dann Geld, wenn sie nie gebaut wurden, und das konnte teurer werden als die 260 Millionen DM, die RWE zwei Jahrzehnte zuvor in Biblis C versenkt hatte.[59]

Für vorausschauende Manager schien es Ende der neunziger Jahre günstiger, die Aufmerksamkeit auf den deregulierten Strommarkt und die Chancen bei den regenerativen Energien zu richten. Hinzu kam das Drohpotenzial einer rot-grünen Bundesregierung, die auch die Kontrolle über den nuklearen Apparat übernahm. Mit verschärften Sicherheitsvorkehrungen konnte man der Stromwirtschaft das Leben schwer machen, und es gab inzwischen genug Menschen in einflussreicher Stellung, die über das nötige Wissen verfügten. Seit 1998 stand ein Kernenergiekritiker an der Spitze des Bundesamts für Strahlenschutz, Gleiches galt für den Vorsitz der Reaktor-Sicherheitskommission und der Entsorgungskommission, und es war durchaus nicht so, dass es keine Leichen im Keller gegeben hätte. In Hessen hatte sich die rot-grüne Landesregierung mit RWE jahrelang um Nachrüstungen für das Atomkraftwerk Biblis A gestritten, wo unter anderem eine verbunkerte Notwarte fehlte, und im Juni 1998 wurden im Atomkraftwerk Unterweser »massive Manipulationen am Sicherheitsschlüsselsystem für die Frischdampfarmaturen« entdeckt.[60] Es drohte ein jahrelanger Kleinkrieg, der nicht nur teuer werden konnte, sondern auch der gängigen Sicherheitsphilosophie widersprach.

Darüber hinaus verfügte die Bundesregierung auch über einen Hebel, der den laufenden Betrieb der Atomkraftwerke ganz unmittelbar tangierte. Sie konnte Atomtransporte untersagen – gerade hatte es einen Skandal um kontaminierte Castor-Behälter gegeben –, und wenn die Zwischenlager für Brennelemente an einem Kraftwerk voll waren, musste es zwangsläufig vom Netz gehen.

Einem Bundesumweltminister Trittin traute man eine solche »Verstopfungsstrategie« durchaus zu, und wer konnte schon wissen, was aus den fälligen Schadensersatzklagen geworden wäre?[61] Nach den Energiekonsensgesprächen 1993 und 1995 wusste man in der Stromwirtschaft, wie unangenehm das Scheitern solcher Verhandlungen war, und so gesehen, ging es beim Atomkonsens um die vielleicht letzte Chance der Kraftwerksbetreiber, an der politischen Front langfristig Klarheit zu gewinnen. Wenn es nicht möglich war, eine Einigung mit einem sozialdemokratischen Kanzler zu erzielen, der seit einem Jahrzehnt auf einen Energiekonsens hingearbeitet hatte, dann würde es einen solchen Konsens wohl nie geben.

Die Opposition geißelte den Atomkonsens in jener brachialen Manier, die in rot-grünen Zeiten zu ihrem Markenkern wurde. Im Bundestag attackierte die inzwischen zur CDU-Vorsitzenden avancierte Angela Merkel sogar das Neubauverbot. »Meines Wissens ist es in der deutschen Geschichte zum ersten Mal der Fall, dass der Bau eines ganz bestimmten Typs von Anlagen grundsätzlich und per Gesetz verboten wird«, klagte Merkel und erklärte, nach einem Regierungswechsel 2002 wolle sie »der Kernenergie in Deutschland wieder eine Perspektive geben«.[62] Als es bei CDU und CSU an die Formulierung des »Regierungsprogramms« für die Bundestagswahl 2002 ging, klang das Bekenntnis jedoch schon deutlich schwächer. »Zeit für Taten«, lautete der Titel, aber das galt nicht für die Atomenergie. »Wir werden auch in Zukunft die Option auf die Nutzung der Kernenergie offen halten«, hieß es da vage, »obwohl es derzeit keine Planungen für neue Kernkraftwerke in Deutschland gibt.«[63] Da konnte man den Eiertanz der späteren Merkel-Regierungen bereits erahnen. Nukleare Kompetenz hing an Menschen und technologischen Artefakten, und die konnte man nicht einfach einfrieren bis zu einem unbestimmten Termin in ferner Zukunft, an dem sie tatsächlich gebraucht würden.

Die Kerntechnische Gesellschaft plante jedenfalls deutlich konkreter, als sie mit einem Positionspapier zur Bundestagswahl 2002 an die Öffentlichkeit ging. Sie forderte nicht nur die Aufhebung des Neubauverbots und der Restlaufzeiten, weil nur auf diesem Wege »Deutschland endlich wieder zu einem führenden, kompetenten Wirtschaftsstandort für Hochtechnologien werden« könne. Die

Kerntechnische Gesellschaft richtete auch eine direkte Aufforderung an die Energieversorger: Diese würden »trotz neuem Atomgesetz mit Neubauverbot konkrete Neubauprojekte planen und darüber öffentlich diskutieren müssen«.[64] Es war der Auftakt zum letzten Kapitel der atomtechnischen Debatte in Deutschland, und diese Debatte wurde ausschließlich im Konjunktiv geführt. Mit der Wirklichkeit hatten die Diskussionen des neuen Jahrtausends nicht mehr viel zu tun. Die Realität der Atomenergie in Deutschland waren alternde Reaktoren, die irgendwann vom Netz gehen mussten, und das stand vollkommen unvermittelt neben Träumereien über das, was man hätte tun können, wenn die Zeiten besser gewesen wären: wenn es kein Neubauverbot gegeben hätte, keine skeptische Öffentlichkeit, kein Schrumpfen der einst vielfältigen Entwicklungsarbeit, die nur noch große Leichtwasserreaktoren als genehmigungsfähige Projekte übrig ließ, und keine Stromkonzerne, denen längst die Lust auf neue nukleare Abenteuer vergangen war.

Im Rückblick ist offenkundig, dass das Positionspapier der Kerntechnischen Gesellschaft eine der letzten Zuckungen einer sterbenden Industrie war. Die Frage ist lediglich, ob das den damaligen Autoren bewusst war. Hofften sie tatsächlich auf eine dramatische Wende nach der Bundestagswahl 2002? Hatten sie wirklich nicht bemerkt, dass die mächtigen Verbündeten in Politik und Wirtschaft, die das nukleare Projekt einst auf den Weg gebracht hatten, nur noch der Form halber hinter der Atomkraft standen? Oder zielte das Positionspapier eher nach innen und diente vor allem als Beleg für die Menschen der Atomwirtschaft, dass die Kerntechnische Gesellschaft wirklich alles versucht habe, den Niedergang aufzuhalten? Vielleicht war es für viele Menschen im nuklearen Komplex noch zu früh, das Scheitern ihres Lebensprojekts zu akzeptieren, und womöglich hatte das Wunschdenken ja auch einen heilsamen Nebeneffekt. So stand die Atomwirtschaft weiterhin unter Druck, ihr Sicherheitsniveau zu halten.

Die Probe aufs Exempel blieb aus, weil die rot-grüne Koalition auch nach der Bundestagswahl 2002 weiterregierte. Auch die folgende Wahl 2005 führte nicht zu einem atompolitischen Kurswechsel. Weil sich CDU/CSU und SPD bei dem Thema nicht einigen konnten, blieb vorerst alles beim Alten.[65] Im Vorfeld der Bundestagswahl 2009 spekulierte die Energiewirtschaft jedoch unverkennbar auf einen Regierungswechsel. Weil bei den Atomkraftwerken Neckarwestheim 1, Biblis A und Isar 1 der Tag der Stilllegung nahte, wurde mit allerlei Mitteln getrickst. Die Stromerzeugung wurde gedrosselt und Revisionen in die Länge gezogen, damit die Anlagen keinesfalls vor der Wahl ihr verbliebenes Reststromkontingent aufbrauchten. Für Lothar Hahn, ehemals Kernenergieexperte am Öko-Institut und von 1999 bis 2002 Vorsitzender der Reaktor-Sicherheitskommission, hatte das Schauspiel »schon etwas Groteskes: Die Atomwirtschaft suchte von der Störanfälligkeit ihrer eigenen Technik zu profitieren!«[66]

Als nach der Wahl eine Bundesregierung aus CDU/CSU und FDP übernahm, wirkte das Thema reichlich unzeitgemäß. Das beherrschende Thema waren 2009 die Folgen der Weltfinanzkrise, und die erneuerbaren Energien waren ein boomender Wirtschaftszweig, dem man in schwierigen Zeiten keinesfalls das Lebenslicht ausblasen wollte. Das Neubauverbot wollte die Koalition deshalb nicht mehr antasten und konzentrierte sich auf eine Laufzeitverlängerung. Die Atomkraftwerke sollten länger am Netz bleiben und ein Teil der dadurch anfallenden Gewinne durch eine Steuer auf Brennelemente abgeschöpft werden. Während beim Atomkonsens von 2000 noch schwierige Vorhaben wie der Ausstieg aus der Plutoniumwirtschaft und die Zwischenlagerung bei den Kraftwerken verhandelt werden mussten, ging es nun um eine weitaus schlichtere Operation. Im Koalitionsvertrag wurde die Kernenergie als »Brückentechnologie« tituliert, was terminologisch an das Reden von einer »Übergangsenergie« Ende der achtziger Jahre anschloss, aber das war im Oktober 2009 nur noch Augenwischerei: Die Zukunft der Energie musste man nicht mehr erfinden.[67] Es ging darum, das goldene Ende der Atomkraft zu verlängern und dabei möglichst viel Geld zu verdienen.

Es kommt in der Politik nicht oft vor, dass ein großer Geldtopf lockt, ohne dass es Regeln oder Traditionen gibt. Als die Bundestagswahl 1957 nahte, berief die CDU/CSU ein Gremium zur Verteilung sozialpolitischer Wohltaten, der als »Kuchen-Ausschuss« bekannt wurde, und ähnlich frohgemut gingen die Politiker auch 2010 ans Werk.[68] Angeblich fragte »der Spitzenmann einer Re-

Abb. 27: Kurz vor der Einigung über die Laufzeitverlängerung besuchte Bundeskanzlerin Angela Merkel im August 2010 die Leitwarte des Atomkraftwerks Emsland. Mit dabei (von links): Johannes Teyssen, Vorstandsvorsitzender von E.ON; Norbert Röttgen, Bundesminister für Umwelt, Naturschutz und Reaktorsicherheit; Jürgen Großmann, Vorstandsvorsitzender der RWE AG; Gerd Jäger, Vorstandsmitglied RWE Power AG. Foto: Steffen Kugler/Bundesbildstelle.

gierungsfraktion« in den Verhandlungen ganz direkt in Richtung der Finanzvorstände der Atomkonzerne: »Wie viel wollt ihr denn zahlen?«[69] Das mochte stimmen oder auch nicht, gab die Stimmung jedoch treffend wieder. Es ging neben dem Geld und der Gunst der Energiekonzerne auch um Karrieren, so etwa um die Ambitionen des Bundesumweltministers Norbert Röttgen, der auf eine möglichst kurze Verlängerung drängte. Das Einzige, worum es nur am Rande ging, war die nukleare Technologie. Die war nur noch die Zitrone, die man auspressen wollte.

Die Vereinbarungen vom September 2010 stießen nicht nur bei jenen auf wütenden Protest, die auf den weiteren Ausbau der regenerativen Energien gehofft hatten. Sie waren auch handwerklich ziemlicher Murks. Das zeigte sich spätestens im Juni 2017, als das Bundesverfassungsgericht entschied, dass die Brennelementesteuer verfassungswidrig sei.[70] Für die Laufzeitverlängerung gab es nicht einmal den Anschein einer sicherheitstechnischen Begründung, obwohl einzelne Reaktoren mit über 50 Jahren Laufzeit in Dimensionen vorgestoßen wären, für die Erfahrungswerte fehlten.[71] SPD-geführte Länder kündigten Klagen an, »um die Mitwirkung der Länder an der Laufzeitverlängerung prüfen zu lassen«.[72] Die Bundesregierung zögerte unter dem Eindruck des öffentlichen Unmuts, auf den Preissturz bei der Solarenergie mit einer Anpassung der generösen Förderung nach dem Erneuerbare-Energien-Gesetz (EEG) zu reagieren, sodass sich die EEG-Umlage in den schwarz-gelben Jahren durch den Boom der Photovoltaik mehr als verdoppelte.[73]

Erst als die Bundestagwahl 2013 nahte, gab es dann hektische Diskussionen über eine Strompreisbremse. Die Verhandlungen provozierten auch Großdemonstrationen, die zahlenmäßig weit über die vertrauten Castor-Transporte nach Gorleben hinausgingen. Zum 24. Jahrestag der Katastrophe von Tschernobyl bildeten über 100 000 Menschen eine Menschenkette, die vom Atomkraftwerk Krümmel über Brokdorf bis nach Brunsbüttel reichte.[74]

So hätten die Entscheidungen von 2010 vermutlich weitere Kontroversen nach sich gezogen, wenn nicht am 11. März 2011 vor der japanischen Küste die Erde gebebt hätte. Der Tsunami verursachte eine Katastrophe im Atomkraftwerk Fukushima Daiichi, und Merkel vollzog eine spektakuläre Kehrtwende. In ihrer Regierungserklärung vom 9. Juni 2011 formulierte es die Bundeskanzlerin so: »Das Restrisiko der Kernenergie habe ich vor Fukushima akzeptiert, weil ich überzeugt war, dass es in einem Hochtechnologieland mit hohen Sicherheitsstandards nach menschlichem Ermessen nicht eintritt. Jetzt ist es eingetreten.«[75] Drei Wochen später beschloss der Bundestag mit breiter Mehrheit den endgültigen Ausstieg aus der Kernenergie. Acht Anlagen wurden sofort stillgelegt, für die verbliebenen Reaktoren wurde ein festes Enddatum vereinbart. Es war die erste Abstimmung über atompolitische Fragen im Bundestag seit dem Einzug der Grünen 1983, bei der es eine breite fraktionsübergreifende Mehrheit gab.

Auch der zweite Atomkonsens von 2011 wurde im Kanzleramt besiegelt, aber damit waren die Ähnlichkeiten bereits erschöpft. Gerhard Schröder hatte auf die rot-grüne Vereinbarung jahrelang hingearbeitet und dazu mit zahlreichen Partnern ein konsensfähiges Gesamtpaket geschnürt. Bei Angela Merkel ging es hingegen um eine einsame Entscheidung: Aus der Umweltministerin, die leidenschaftlich für die Zukunft der Kernenergie focht, wurde quasi über Nacht eine Kanzlerin, die der bundesdeutschen Atomwirtschaft den Todesstoß verpasste. Während Schröders Atomkonsens ein Jahrzehnt lang politische Ränkespiele inspirierte, blieb der Bundestagsbeschluss vom 30. Juni 2011 das letzte Wort. Beide Kanzler bewiesen Mut, aber auf ganz unterschiedliche Weise. Schröder hatte in langen Verhandlungen eine Menge politisches Kapital riskiert. Merkel zeigte in aller Öffentlichkeit, dass sie sich geirrt hatte.

Das Erdbeben in Japan und die nukleare Katastrophe von Fukushima waren tatsächlich aufwühlend. Noch nie hatte die Weltöffentlichkeit einen explodierenden Atomreaktor gesehen. Hatte die Atomwirtschaft nach Tschernobyl noch lebhaft betont, dass es in Deutschland keine graphitmoderierten Atomkraftwerke gab, fiel die Relativierung nun schwer. In Fukushima versagte dieselbe Leichtwassertechnologie, die auch in Deutschland Strom produzierte. Der Politikstil der Merkel-Jahre legt freilich nahe, dass in den entscheidenden Stunden auch parteitaktische Motive durch die Köpfe spukten. Mit Fukushima verabschiedete sich die Kanzlerin von einer Laufzeitverlängerung, die nicht den erhofften Aufbruch aus der Agonie der schwarz-gelben Koalition, sondern vielmehr einen ganzen Strauß neuer Probleme gebracht hatte. Der Kurswechsel eröffnete auch Optionen für die Zukunft. Die schwarz-grünen Sondierungen nach der Bundestagswahl 2013 hätte sich die Kanzlerin wohl schenken können, wenn sie nach Fukushima weiter auf Atomkraft gesetzt hätte.[76] Die Wut der Wähler gefährdete auch die Strategie der asymmetrischen Demobilisierung, mit der Merkel bei Bundestagswahlen operierte.[77] Parteitaktische Kalküle besaßen nach Fukushima besondere Dringlichkeit, weil zwei Wochen nach der Reaktorkatastrophe eine Landtagswahl in Baden-Württemberg anstand. Dort hatte die CDU seit 1953 den Ministerpräsidenten gestellt, aber der Amtsinhaber Stefan Mappus stand durch das Bahnprojekt Stuttgart 21 und andere kontroverse Positionen unter Druck, und zu allem Überfluss war er auch noch einer der letzten glühenden Anhänger der Atomkraft in der Union. Für Peter Altmaier war diese Konstellation mit entscheidend für die Geschwindigkeit und die Vollständigkeit des Kurswechsels, den er rückblickend als »historische Wende«

im bürgerlichen Lager tituliert: »Wenn diese Wahl erst Monate oder Jahre später stattgefunden hätte, wäre die Debatte in der Union über die Rückgängigmachung der Laufzeitverlängerung, die sofortige Stilllegung der sieben ältesten Meiler und den endgültigen Ausstieg 2022 wesentlich härter und langwieriger verlaufen«, meint Altmaier, der seinerzeit als erster Parlamentarischer Geschäftsführer der CDU/CSU-Bundestagsfraktion in die Diskussionen eingebunden war.[78] Die Wahlkampfhilfe auf den letzten Metern verfehlte bekanntlich ihr Ziel, und so regiert in Baden-Württemberg seither der grüne Ministerpräsident Winfried Kretschmann, aber ansonsten hat sich der Atomkonsens von 2011 für Merkel durchaus gelohnt.

Die Bundestagswahl 2013 war die erste seit Menschengedenken, in der die Kernenergie keine Rolle spielte. In der folgenden Legislaturperiode einigte sich die Bundesregierung nach komplizierten Verhandlungen mit den Betreibern der Kernkraftwerke auf eine Neuregelung der nuklearen Entsorgung. Die Verantwortung für die strahlenden Hinterlassenschaften verschlechterte die Kreditwürdigkeit der Stromkonzerne, zugleich gab es Sorgen um die milliardenschweren Rückstellungen, die bei einer Unternehmenspleite in Gefahr gewesen wären. Deshalb wurden die Gelder in einen Stiftungsfonds übertragen, sodass Zwischen- und Endlagerung seither in der Verantwortung des Bundes liegen, während der Rückbau der stillgelegten Reaktoren weiterhin von den Betreibern finanziert werden muss. Als Chef des Bundeskanzleramts setzte sich Altmaier nachdrücklich für den Fonds ein, weil dies aus seiner Sicht »der letzte Mosaikstein war, der uns fehlte, um dieses Thema gesellschaftlich zu befrieden«.[79]

Um die Lösung auch parteipolitisch abzusichern, bemühte sich Altmaier, den Grünen-Politiker Jürgen Trittin für eine Kommission zur Überprüfung der Finanzierung des Kernenergieausstiegs zu gewinnen. So wurde der ehemalige Bundesumweltminister, der für den Atomkonsens von 2000 noch Kritik von allen Seiten hatte einstecken müssen, anderthalb Jahrzehnte später zu einem der drei Vorsitzenden einer Kommission, die das neue Einvernehmen dann auch mit einem einstimmigen Ergebnis unterstrich – »nach mehreren Nachtsitzungen und Hängen und Würgen«, wie Altmaier bilanziert.[80]

Inzwischen sind auch die Schadensersatzforderungen, die sich aus der Entscheidung von 2011 ergaben, in rechtssicherer Form beigelegt. Im März 2021 einigten sich Bundesregierung und Stromkonzerne auf eine Entschädigungszahlung in Höhe von 2,43 Milliarden Euro für entgangene Gewinne und Investitionen, die nach der Laufzeitverlängerung von 2010 beschlossen und nach dem erneuten Kurswechsel wertlos wurden.[81] Zum Jahresende 2021 sind die Reaktoren in Brokdorf, Grohnde und Gundremmingen C vom Netz gegangen, zum Ende des laufenden Jahres sollen Neckarwestheim, Emsland und Isar 2 folgen.[82]

Die Ethik-Kommission »Sichere Energieversorgung«, die von der Bundesregierung nach Fukushima berufen wurde, hatte übrigens einen anderen Weg aus der Atomkraft angeregt. Sie hatte vorgeschlagen, »das Amt eines unabhängigen Parlamentarischen Beauftragten für die Energiewende beim Deutschen Bundestag einzurichten und ein Nationales Forum Energiewende zu schaffen«. In diesem Fall wäre der Abschied innerhalb eines Jahrzehnts durch ein »umfassendes Projektmanagement« erreicht worden, bei dem die Energiewende flexibel Schritt für Schritt vollzogen und »im Monitoring-Prozess jährlich überprüft« worden wäre.[83] Das war eine jener intellektuell bestechenden Ideen, mit der man in Expertenrunden brillieren kann und die dann unvermeidlich in den Flachgewässern der Realpolitik Schiffbruch erleiden. Nach Fukushima hatten Regierung, Aktivisten und Energiekonzerne aus ganz unterschiedlichen Gründen ein gemeinsames Interesse an klaren Terminen, und ob starre Regeln gehobenen regulierungsästhetischen Ansprüchen genügten, interessierte in diesem Moment niemanden. Nach Fukushima wollte man Sicherheit. Aber konnte es die bei der Atomkraft überhaupt geben?

8.4 Restbestände

Wenn das Atomkraftwerk Isar 2 vom Netz geht, beginnt ein aufwendiger Abriss. Wie das Ergebnis in 15 oder 20 Jahren aussehen wird, kann man schon jetzt nebenan besichtigen. Ein Gedenkstein ist alles, was vom Kernkraftwerk Niederaichbach übrig geblieben ist, das hier 1973 in Betrieb ging und nach kurzer Zeit stillgelegt wurde.

Nach dem Atomgesetz sind die Betreiber zum vollständigen Rückbau verpflichtet und müssen dabei alle kontaminierten Anlagenteile entsorgen, sodass am Ende nur noch eine leere Betonhülle in der Landschaft steht. Manchmal hat ein kuppelförmiger Reaktorbau einen gewissen Reiz. Deshalb wurde das Garchinger Atom-Ei 1997 als erstes Gebäude seiner Art unter Denkmalschutz gestellt, nachdem der Reaktor mit allen dazugehörigen Einrichtungen aus dem Innern entfernt worden war.[84] Ob Isar 2 diesem Vorbild folgen wird, ist freilich unsicher, auch weil sich für das verbleibende Betonmonster nicht leicht ein neuer Verwendungszweck finden lässt. Außerdem brauchen Gemeinden im dicht besiedelten Deutschland Platz für Gewerbegebiete und andere Dinge.

Die Kernenergie wird mit dem Atomausstieg nicht aus der bundesdeutschen Landschaft verschwinden. Es gibt sogar Überlegungen zu einer »Route der Kernindustrie-Kultur«, die zum Beispiel vom Deutschen Museum in München über Garching und das Franziskus-Marterl bei Wackersdorf ins Gebiet der Wismut führen könnte und von da über den Schacht Konrad (denkmalgeschützter Förderturm!) nach Lingen, wo die letzte Brennelementfertigungsanlage Deutschlands in Betrieb ist und momentan auch noch das Atomkraftwerk Emsland.[85] Die Reise könnte auch zur URENCO Deutschland GmbH im westfälischen Gronau führen, wo in Zentrifugen Uran angereichert wird, oder nach Greifswald, wo im Block 6 des Kernkraftwerks Lubmin, der aufgrund des Untergangs der DDR nie in Betrieb ging, 2000 eine Besucherroute geschaffen wurde, die jährlich über 10 000 Besucher anzieht.[86]

Der langlebigste Erinnerungsort der Kernenergie wird freilich der Atommüll sein. Für hochradioaktive Abfälle soll laut Gesetz bis 2031 ein Endlager gefunden werden, und wenn das tatsächlich klappt, wäre es das erste Mal in der bundesdeutschen Atomgeschichte, dass ein langfristiger Plan aufgeht. Die Sanierung des Salzbergwerks Asse, wo bis 1978 Fässer mit schwach- und mittelradioaktivem Abfall deponiert wurden, hat sich schon jetzt zu einer unendlichen Geschichte ausgewachsen. Man muss kein Hellseher sein, um zu erahnen, was künftige Generationen über die strahlenden Hinterlassenschaften des Atomzeitalters sagen werden, aber es gibt auch Herausforderungen in den kommenden Jahrzehnten. Die nukleare Kompetenz verschwindet derzeit schneller als die Bauten der Atomwirtschaft.

Nachwuchssorgen gibt es im nuklearen Komplex seit den achtziger Jahren, als sich die Zukunft der Atomwirtschaft zu verfinstern begann.[87] Sie wuchsen mit dem rot-grünen Atomkonsens, der mit den Laufzeiten auch die beruflichen Karrieren vieler Experten einer Befristung unterwarf. Weil in der Abmachung mit den Stromkonzernen auch das Sicherheitsniveau eingefroren wurde, kamen die Entwicklungsarbeiten im Bereich der Reaktorsicherheitstechnik praktisch zum Stillstand.[88] Das Interesse sinkt auch in der ökologischen Zivilgesellschaft. Noch gibt es am Öko-Institut einen Bereichsleiter Nukleartechnik und Anlagensicherheit, aber ob sich für deutsche Experten noch genug Aufträge finden lassen, wenn Reaktoren nur noch im Ausland laufen? Auf absehbare Zeit wird in der Bundesrepublik vor allem Kompetenz im Entsorgungsbereich gefragt sein, und dafür braucht es anderes Expertenwissen als für die Reaktorsicherheit.

Auch nach dem Atomausstieg sind Bundesbürger von den Folgen eines nuklearen GAU bedroht. In 17 europäischen Ländern wird es weiterhin Reaktoren gehen, darunter die bundesdeutschen Nachbarn Frankreich, Belgien, Tschechien und die Schweiz. Viele dieser Anlagen sind alt und entsprechend reparaturanfällig, und ob Kernkraftwerke auch nach mehr als 50 Jahren Laufzeit sicher betrieben werden können, weiß im Moment niemand: Es gibt kaum Erfahrungen mit Anlagen dieses Alters. Das Sicherheitsproblem wird sich weiter zuspitzen, wenn die Kernenergie auf ihrem derzeitigen Entwicklungspfad zur Nischentechnologie bleibt. Die Sicherheit der bundesdeutschen Atomkraftwerke hing auch an einem wohlorganisierten Erfahrungsaustausch, und der ist nur noch begrenzt möglich, wenn es lediglich eine Handvoll Reaktoren gibt. Ob die Atomwirtschaft weiterhin im kritischen Blick von Aufsichtsbehörden und Zivilgesellschaft bleiben kann, wenn sie nur noch marginal zur Stromversorgung beiträgt, ist erst recht offen. Es ist gut möglich, dass Kernkraft in Europa zu einer weitgehend vergessenen Energiequelle werden wird, bis es zum Knall kommt.

Schon jetzt gibt es einen dramatischen Wissensverlust, der seinen vielleicht deutlichsten Ausdruck in der seltsam verschwommenen Atomdebatte findet, die neuerdings auch durch seriöse Medien schwappt. Da wirkt die Kernenergie wie ein bloßes Prinzip, als ob man einen Reaktor einfach ein- und ausschalten könnte wie eine Kaffeemaschine, und jede Kritik wird als Ausdruck irrationaler Angst verbucht.[89] Anscheinend schwindet das Bewusstsein, dass Atomenergie keine bloße Idee ist, sondern eine technologische Realität mit komplizierten Reaktoren, Legionen von Experten, mächtigen Großkonzernen und politischen Verbündeten. Jede Entscheidung über die Entwicklungsrichtung des nuklearen Komplexes hat Folgen für die Energiewirtschaft als Ganzes. Inzwischen sind 45 Jahre vergangen, seit Amory Lovins seinen Aufsatz über weiche und harte Energiepfade veröffentlichte, und nach den Erfahrungen der vergangenen Jahrzehnte ist offenkundig, dass der Weg der Atomenergie tatsächlich ein besonders harter Entwicklungspfad war: Die Pfadabhängigkeiten liefen auf einen extrem engen Korridor für politische Entscheidungen hinaus.[90] Reaktoren sind teuer, aufwendig im Bau und im Abriss, und das dafür erforderliche Expertenwissen lässt sich kaum auf andere Aufgaben übertragen, wenn man keine Atombombe bauen mag. All dies verleiht der Kernenergie ein enormes Trägheitsmoment, und das macht die Steuerung dieser Technologie zu einer politischen Herausforderung erster Güte.

Es gibt keine Garantie, dass eine Demokratie dieser Herausforderung gewachsen ist. Nach 67 Jahren bundesdeutscher Atomgeschichte drängt sich allerdings noch eine zweite Einsicht auf: Ohne Demokratie und Marktwirtschaft wäre es erst recht finster geworden. Es waren die Gegenkräfte aus Politik und Gesellschaft und nicht zuletzt die Macht des ökonomischen Wettbewerbs, die in den siebziger Jahren ein überdimensioniertes Bauprogramm verhinderten, und danach brauchte es viel demokratische Kleinarbeit und ein paar couragierte Entscheidungen von Spitzenpolitikern, um das nukleare Projekt gesellschaftlich, politisch und ökonomisch unter Kontrolle zu bringen. Die atomare Demokratie war tatsächlich ein Gemeinschaftswerk, das seine Kraft aus dem Zusammenspiel ganz unterschiedlicher Menschen bezog: Demonstranten und Journalisten, Experten und Gegenexperten, Manager und Aktivisten, Richter und politische Entscheider. Es war ein Balanceakt, bei dem mehr als einmal der Absturz drohte, und dass er gelang, war nicht das Resultat einer einzelnen Kraftanstrengung, sondern ein generationenübergreifendes Großprojekt. Mit dem Atomausstieg kommt dieser Balanceakt zu einem gewissen Abschluss. Offen bleibt die Frage, ob wir aus der Erfahrung etwas gelernt haben.

Zusammenfassung: Aus dem Leben einer Verhandlungsdemokratie

T*here will be pictures.* In wenigen Monaten sollen die letzten bundesdeutschen Atomkraftwerke vom Netz gehen, und es fällt nicht schwer, den Tenor der Berichte zu erahnen. Bildredaktionen werden Aufnahmen der Demonstrationen liefern, und die Texte werden den Bogen schlagen von Wyhl und Brokdorf über Wackersdorf und Tschernobyl bis Fukushima. Wenn es gut läuft, gibt es noch ein paar freundliche Worte über den rot-grünen Atomkonsens von 2000 und einen Rückblick auf ferne Zeiten, als Menschen auf die Urkraft des Atoms hofften. Umweltverbände und Bürgerinitiativen werden stolz auf den jahrzehntelangen Kampf verweisen sowie auf die strahlenden Altlasten, die noch einmal beweisen, wie berechtigt das eigene Anliegen war.

Die Vorlage für diese Erzählung fand sich seit dem Frühjahr 1979 in den Buchläden der westdeutschen Alternativkultur. *Asterix und das Atomkraftwerk* hieß der Untergrundcomic, den »U. Raub« und »G. Druck« im »Verlag Plutonium« veröffentlichten. Die Geschichte dreht sich um Julius Cäsars Plan, im Dorf der Gallier einen Reaktor zu errichten, was letztlich am Widerstand der wackeren Kämpfer scheitert.[1] Damals klagte Albert Uderzo gegen die Verletzung des Urheberrechts, was die Verbreitung freilich kaum behinderte –

vermutlich zirkulierten allein von der deutschen Auflage mehr als 150 000 Exemplare –,[2] und ähnlich hoffnungslos wirkt heute der Hinweis, dass eine gerade Linie von den Protesten der siebziger Jahre zum Ausstiegsbeschluss von 2011 auf eine brutale Vereinfachung eines vier Jahrzehnte langen Konflikts hinausläuft. Wieder einmal werden wir eine Konstellation erleben, die für Demokratien im 21. Jahrhundert charakteristisch ist. Auf der einen Seite steht eine eingängige Erzählung, die ein Körnchen Wahrheit enthält und alles, was irgendwie nicht passt, einfach herausschneidet. Auf der anderen Seite stehen Menschen, die um eine kompliziertere Wirklichkeit wissen, die aber nicht in Videos von zwei Minuten Länge passt.

Demokratie ist kompliziert, lebt aber von der Vereinfachung. Von daher könnte man mit der Fokussierung auf die wackeren Demonstranten vielleicht leben, wenn es nicht auf einen fatalen Irrtum über das Wesen der bundesdeutschen Demokratie hinausliefe. Die Erzählung nährt die Illusion, gesellschaftlicher Wandel sei vor allem das Produkt mutiger Menschen, die ihre Meinung sagen. Tatsächlich ging es beim Streit um die Atomkraft auch um Experten und Gegenexperten und deren Ressourcen, um Weichenstellungen für Wirtschaft und Wissenschaft, um billige, jederzeit verfügbare Energie, um Politiker und Richter, die Entscheidungen treffen mussten, und nicht zuletzt ging es um zahlreiche Menschen, die in den Leitständen der Kraftwerkszentralen und andernorts gewissenhaft ihre tägliche Arbeit machten. Was auf den ersten Blick wie ein Kampf zwischen zwei Lagern wirkte, drehte sich in Wirklichkeit um einen Pluralismus legitimer Anliegen. Die Angst vor einer nuklearen Katastrophe stand ebenso auf der Agenda wie die Rechtssicherheit für milliardenschwere Investitionen, die Annehmlichkeiten des Massenkonsums, Gesundheit und Leben von Demonstranten und Polizisten sowie die Stabilität einer Wirtschaftsordnung, in der miteinander verflochtene Großunternehmen als »Deutschland AG« für Wohlstand und Sicherheit sorgten. Nur passt diese Vielfalt nicht zur gewünschten Linearität einer medienkompatiblen Erzählung, und das gilt erst recht, wenn diese Erzählung mit Bildern unterlegt werden soll.

Die verschiedenen Dimensionen unterscheiden sich nicht nur in ihrer visuellen Attraktivität. Der Unterhaltungswert einer Gerichtsverhandlung oder einer Haushaltsdebatte war in aller Regel überschaubar. Man brauchte auch eine gewisse Kompetenz, um die Details der nuklearen Technologie oder des Atomrechts angemessen zu bewerten. Der Atomkonflikt war auch ein Stresstest für das Netzwerk der Deutschland AG, die ein hohes Maß von Disziplin und intensive Kommunikation erforderte. Es stand eine Menge auf dem Spiel, wenn es in der Bundesrepublik um die Atomkraft ging, nur gab es dafür einfach keinen Film – eine Formulierung, die man durchaus wörtlich verstehen sollte.

Das vorliegende Buch ist deshalb nicht nur eine Darstellung der atomaren Kontroverse. Es möchte auch zeigen, wie ein wissenschaftliches Buch Wege zum Verständnis einer lebendigen Demokratie eröffnen kann, die über gängige Narrative der elektronischen Medienwelt hinausreichen. Immer wieder hat sich die vorliegende Darstellung aus dem Getümmel der Tagespolitik ausgeklinkt, um die Ereignisse auf unterschiedlichen Ebenen zu verorten, und stets ging es dabei um die Verbindungen zwischen den unterschiedlichen Entwicklungssträngen, die sich im Atomkonflikt miteinander verbanden. So ließ sich ein Knäuel narrativer Stränge analytisch entwirren, ohne den Blickwinkel einzelner Beteiligter zu privilegieren oder gar zum archimedischen Punkt zu erklären, und damit wurde erkennbar, was der entscheidende Trumpf der bundesdeutschen Demokratie im Atomkonflikt war. Die Bundesrepublik hatte Meinungsfreiheit, eine offene und vielfältige Medienlandschaft und ein modernes Demonstrationsrecht, Letzteres sogar als direktes Produkt des Atomkonflikts, aber vor allem war die Bundesrepublik eine Verhandlungsdemokratie.[3]

Protest ist das gute Recht jedes mündigen Bürgers, aber er ist zugleich eine Zumutung für den Rest der Gesellschaft. Er hat etwas Rohes, Ungehobeltes, und das kann vielleicht auch gar nicht anders sein. Menschen gehen nur dann auf die Straße, wenn sie ihrem Anliegen nicht auf anderen Wegen Geltung verschaffen können. Protest steht auf längere Sicht auch in der Gefahr der Radikalisierung: durch das Gruppenerlebnis, die Echokammern, in denen man nur die eigene Meinung hört, und durch das Unverständnis gegenüber jenen Menschen, die sich nicht einreihen möchten. Der Atomprotest war eine Wanderung auf einer schiefen Ebene, und es gab neben verklärten Erlebnissen – Stichwort Freundschaftshaus Wyhl – auch Momente, in denen man nicht weit vom Abgrund balancierte. Der Tiefpunkt war Wackersdorf, wo sich Bürger und Obrigkeit in einem hässlichen Stellungskrieg verbissen und niemand mehr redete.

Dafür wurde an anderen Orten geredet, und das mit enormer Ausdauer; die schriftlichen Hinterlassenschaften der Anti-Atomkraft-Bewegung sprechen in dieser Hinsicht eine deutliche Sprache. Das schuf nicht nur ein Gemeinschaftsgefühl und Verständnis für individuelle Betroffenheiten, sondern ermöglichte auch jene Lernprozesse, die den Atomkonflikt zu einer Schlüsselkontroverse der bundesdeutschen Geschichte werden ließen. Es war nicht ungewöhnlich, dass die Ansiedlung großer Industriebetriebe nachbarschaftlichen Protest auslöste, und seit jeher hing über solchen Auseinandersetzungen der Verdacht, dass hier in erster Linie individuelle Gefühls- und Interessenlagen verhandelt wurden. Im Streit um die Atomkraftwerke zeigten sich jedoch Sicherheitsrisiken, die Energieprognosen, mit denen die neuen Reaktoren begründet wurden, erwiesen sich als durchaus unzuverlässig, und wenn die Experten keine guten Antworten hatten, stellte sich die Frage, warum Energiefragen in der Bundesrepublik traditionell nur von Funktionseliten verhandelt wurden. Für einige Zeit strömten auch linke Gruppierungen zu den Bauplätzen, die die Kapitalisten auf dem Feld der Atompolitik für besonders verwundbar hielten, aber es kamen auch Sinnsucher und andere Menschen auf der Suche nach alternativen Lebensentwürfen. So wurde die nukleare Kontroverse zu einem Diskursprojekt, in dem die großen Themen verhandelt wurden: demokratische Teilhabe, Widerstandsrecht, Rechtsstaatlichkeit und Entscheidungsbefugnisse, Energie, Risiken für Mensch und Umwelt und die Frage, wie wir in Zukunft leben wollen.

Jeder große Protest entwickelt seine eigene Mythologie, und es ist durchaus bezeichnend, dass Wyhl zum Symbolort der Anti-Atomkraft-Bewegung wurde. Da richtete sich der Blick nicht auf das Aussteigertum im Wendland, die spätmarxistischen Grabenkämpfe von Brokdorf oder die Brutalität von Grohnde, sondern auf einen Ort in der Provinz, an dem sich unterschiedliche Menschen zum gemeinsamen Kampf zusammenfanden und am Ende auch noch Erfolg hatten. Das verlieh dem Atomprotest, der auch von sektiererischen

Kreisen getragen wurde, einen mächtigen Zug in die Mitte der Gesellschaft, und das war der entscheidende Grund seiner Stärke und Resilienz: Als Diskursprojekt gewann die Bewegung eine Größe, die sie von der Zahl der Mitglieder oder Demonstranten her nie besaß. Zugleich gab es in der Bundesrepublik keinen Mechanismus, um kontroverse Fragen einfach per Mehrheitsbeschluss zu klären. Eine Volksabstimmung nach österreichischem oder italienischem Vorbild ließ das Grundgesetz nicht zu, und nach Tschernobyl scheiterte in Nordrhein-Westfalen die Aktion Volksbegehren NRW gegen Atomanlagen. Die bundesdeutsche Demokratie konnte die dräuenden Fragen nicht in einem einzigen großen Kampf entscheiden, sondern nur im gesellschaftlichen Gespräch.

Man darf getrost bezweifeln, dass sich Politiker und Konzernmanager in den siebziger Jahren auf den Dialog mit einer kritischen Gesellschaft freuten. Grundsätzlich war Gesprächsbereitschaft jedoch seit den Anfangsjahren der Bundesrepublik eine Grundvoraussetzung für alle, die zu den Funktionseliten zählen wollten. Es ging halt nicht anders: In einem föderalen System mit vielen Koalitionsregierungen und einer konsensorientierten Wirtschafts- und Gesellschaftsordnung waren alle politischen Akteure zu ständigen Verhandlungen verdammt. Das prägte auch die frühe Entwicklung der Atomkraft in der Bundesrepublik, die wesentlich an der Fähigkeit hing, sich auch bei konträren Interessen auf eine gemeinsame Linie zu verständigen. Der Tribalismus, der dem nuklearen Komplex in der Bundesrepublik mehr als in anderen Ländern innewohnte, hätte sonst nur zu leicht zur Sklerose geführt. Für Max Weber brauchte ein Politiker vor allem Leidenschaft, Augenmaß und Verantwortungsgefühl, aber in der Bundesrepublik umfasste das Anforderungsprofil noch ein paar andere Dinge: Sitzfleisch, Bereitschaft zum Zuhören und zur Vernetzung, taktisches Gespür und ein solides Nervenkostüm.[4]

Wenn sich deshalb Politiker unter dem Eindruck des Atomprotests eine Gesprächs- und Denkpause verordneten, dann war das im Prinzip nur die Fortsetzung einer permanenten Praxis des Kommunizierens und Verhandelns unter neuen Vorzeichen. Weiterhin saßen in der Bundesrepublik alle in einem Boot, nur war es nun etwas größer, und die Passagiere redeten nicht mehr nur über die Sache, sondern auch über die Spielregeln. Zugleich mussten aber weiterhin Entscheidungen getroffen werden, weil in den siebziger Jahren an zahlreichen Orten am Aufbau einer Atomwirtschaft gewerkelt wurde, und immer wieder spürten die nuklearen Macher bei diesen Entscheidungen, dass sich der Boden unter ihren Füßen bewegte. Von der komplizierten Sicherheitstechnik über die Terrorgefahr bis zur Uranversorgung – was in den fünfziger und sechziger Jahren allenfalls technische Probleme für Expertenzirkel gewesen waren, avancierte nun zu politischen Themen, die in aller Öffentlichkeit unter engagierter Beteiligung einer kritischen Presselandschaft verhandelt wurden.

Es war jedoch nicht nur die öffentliche Sphäre, die sich radikal veränderte, sondern auch die Atomwirtschaft selbst. Die Visionen der fünfziger Jahre unterschieden sich von Forschung und Entwicklung in den sechziger Jahren, mit dem Bauboom der siebziger Jahre gab es wiederum neuartige Herausforderungen, und so war das atomare Projekt, das von außen oft wie ein Monolith wirkte, tatsächlich ein *work in progress*. Man kann den Atomkonflikt nur verstehen, wenn man bedenkt, dass es nicht nur eine Dynamik der Öffentlichkeit und der Medien gab, sondern auch eine dynamische Entwicklung des nuklearen Projekts, die erst seit den siebziger Jahren von den wachsenden Pfadabhängigkeiten überlagert wurde. Der Atomprotest traf auf einen nuklearen Komplex, der ganz anders aussah als geplant und mit zahlreichen unerwarteten Problemen vom Genehmigungsrecht bis zur Entsorgung zu kämpfen hatte. Es waren diese internen Probleme und die resultierende Verunsicherung der Atomwirtschaft, die der Anti-Atomkraft-Bewegung ihre eigentliche Durchschlagskraft verliehen. Wenn die nukleare Stromerzeugung tatsächlich so einfach und billig gewesen wäre, wie man sich das in den fünfziger Jahren erhofft hatte, dann hätten die Bürgerinitiativen der siebziger Jahre nicht den Hauch einer Chance gehabt.

Gespräche sind das Lebenselixier der bundesdeutschen Demokratie, und zugleich umweht sie in mehrfacher Hinsicht ein Mysterium, das sich auch retrospektiv nur sehr begrenzt auflösen lässt. Das liegt in der Natur des Gegenstands. Gespräche sind vor allem dann effektiv, wenn der Kreis der Teilnehmer überschaubar ist, sie sind aufs Engste mit individuellen Erfahrungen und medialer Kommunikation verflochten, sie sind so zahlreich, dass sie sich jeder ernsthaften Analyse entziehen, und außerdem gibt es nur selten eine brauchbare Dokumentation des Gesagten. Im Zeitalter der sozialen Medien ist die Analyse digitaler Meinungsäußerungen zu einem eigenen Forschungsfeld geworden, aber selbst wenn für den Atomkonflikt vergleichbares Quellenmaterial zur Verfügung stünde, wäre der Erkenntniswert vielleicht nicht allzu groß. Die entscheidenden Vorgänge blieben nicht selten unter der Schädeldecke verborgen.

Es gab Männer wie Klaus Traube, die im Laufe der Gespräche die Seiten wechselten, aber derlei war die Ausnahme. Oft war schon etwas gewonnen, wenn man am Ende einer Debatte über ein paar neue Informationen verfügte oder eine Verständigung über Fakten und Verfahrensweisen erzielt hatte. Bei kontroversen Debatten stand am Ende oft das, was Diplomaten als »*agree to disagree*« bezeichnen, aber man konnte aus hitzigen Auseinandersetzungen ja auch mit dem Gespür hervorgehen, dass auch die Gegenseite ein Anliegen hatte und vielleicht sogar Argumente. Es gab auch etliche Zeitgenossen, die keinen Bock auf kontroverse Debatten hatten. Die Tagungen in Evangelischen Akademien, in denen die bundesdeutsche Gesprächskultur ihren vielleicht markantesten Ausdruck fand, waren keine Massenveranstaltungen. Mit Blick auf die alte Bundesrepublik spricht jedoch viel dafür, dass es stets in allen Teilen der Bevölkerung eine erhebliche Zahl von Menschen gab, die reden wollten. Es ist eine der Grundfragen unseres demokratischen Gemeinwesens, inwiefern sich das in der Berliner Republik geändert hat.

In jedem Fall lief das immerwährende Gespräch auf eine kognitive Unschärfe hinaus, die sich auch aus der historischen Distanz nicht auflösen lässt. Was haben Gespräche und Verhandlungen tatsächlich bewirkt? Am ehesten kann man die Resultate dort studieren, wo sich kurzfristige Veränderungen im kollektiven Verhalten zeigten. Dass der Protest in Brokdorf nach den »Schlachten« vom 30. Oktober und 13. November 1976 nicht weiter eskalierte, lag an zahllosen Debatten in Besprechungsräumen, Privatwohnungen und Kneipen in Hamburg und Umgebung. Auch das Gorleben-Hearing und die Enquete-Kommission »Zukünftige Kernenergie-Politik« des Deutschen Bundestags waren goldene Momente des Dialogs.

Hier wurde spürbar, dass man mit Worten tatsächlich etwas bewegen konnte.

Auf Dauer werden Gespräche und Verhandlungen jedoch schal, wenn sie keine Ergebnisse hervorbringen. In dieser Hinsicht sah es für die Gegner der Atomkraft zunächst nicht allzu rosig aus. Das Nukleare Entsorgungszentrum in Gorleben war 1979 gestorben, aber das galt nicht für das dortige Lager für Atommüll, und was aus den gerichtlich verfügten Baustopps in Wyhl und Brokdorf werden würde, konnte um 1980 niemand wissen. Aber während große Erfolge vorerst Mangelware blieben, entfaltete das Diskursprojekt Atomkraft auf einer niedrigeren Ebene seine Wirkung. Es waren die Mikroprozesse der Demokratie, die ständigen Gespräche und Verhandlungen, die in den siebziger Jahren eine Eskalation des Konflikts verhinderten. Nur so gelang unter den Demonstranten der Ausstieg aus einer Spirale der Gewalt, ohne dass es zu einer Zersplitterung der Anti-Atomkraft-Bewegung kam, und die radikalen Pläne für einen sofortigen Atomausstieg blieben auch nicht das letzte Wort. So wurde die nukleare Kontroverse nach und nach in den Mühlen der Verhandlungsdemokratie auf politisch handhabbare Dimensionen zerkleinert, ohne dass die Anti-Atomkraft-Bewegung ihr Gesicht verlor. Am Ende standen die Protestaktionen gegen die Atommülltransporte nach Gorleben: ein wiederkehrendes Event, medienwirksam und nervenaufreibend, aber zeitlich und räumlich begrenzt, und jeder wusste, wo die roten Linien waren. So etwas konnte der Organismus der bundesdeutschen Demokratie problemlos verdauen.

Die Deeskalation gelang wohl nur, weil sich auch im nuklearen Komplex eine gewisse Besonnenheit durchsetzte. Überdimensionierte Bauprogramme wurden eingedampft, Kalkar und Wackersdorf zähneknirschend beerdigt, und bei der Reaktorsicherheit wurde kräftig investiert. Das Ergebnis war eine Batterie von Kernkraftwerken, die mit wenigen Ausnahmen ziemlich gut funktionierte, und vielleicht ist es an der Zeit, auch dies als einen Beleg für die Leistungskraft der bundesdeutschen Verhandlungsdemokratie anzuerkennen. Die nukleare Kontroverse hat die Stromversorgung zu keinem Zeitpunkt ernstlich gefährdet, und es kam im Energiesektor auch sonst nie zu einer kritischen Situation mit ungewissen

Folgen. Was wäre wohl passiert, wenn ein Großkonzern wie RWE oder Siemens durch Verluste im Atomgeschäft in eine finanzielle Schieflage geraten oder mangels Kraftwerkskapazität Stromsperren erforderlich geworden wären? Ein solcher Stresstest blieb der Bundesrepublik erspart, und das war keine triviale Leistung. Man muss nur auf die Insolvenz von Westinghouse und British Energy schauen oder auf die Dauerkrise des französischen Atomgiganten EDF, um zu erahnen, dass eine stabile Energiewirtschaft alles andere als selbstverständlich war.

Es war keine Einbahnstraße, die zum Atomkonsens führte. Es gab ein paar haarsträubende Pannen und Unfälle sowie einen Transnuklear-Skandal, der für alle Zeiten die Ansicht widerlegte, es könne in einem großtechnischen System wie der Atomkraft so etwas wie einen allgemeinen Lernprozess geben. Es gab auch Wackersdorf, wo die Bundesrepublik für ein paar Jahre hinter alles zurückzufallen schien, was man in mühevoller demokratischer Kleinarbeit seit den siebziger Jahren erreicht hatte. Seit den achtziger Jahren zeigte sich auch eine neue Generation, für die Atomprotest kein politisches Anliegen mehr war, sondern fester Teil der Identität, und in solchen Situationen kam die Verhandlungsdemokratie an die Grenzen ihrer Möglichkeiten. Über Identitäten kann man nicht verhandeln.

Unter den Entscheidungsträgern in Wirtschaft und Politik wurde jedoch weiterhin geredet, und dadurch eröffnete sich ein Weg, den jahrzehntelangen Konflikt mit breiter gesellschaftlicher Zustimmung beizulegen. Der rot-grüne Atomkonsens von 2000 war schließlich kein Beschluss der amtierenden Bundesregierung, sondern eine Übereinkunft mit den Energieversorgern, die erst nach der Unterzeichnung des Vertrags gesetzlich abgesichert wurde. Vorausgegangen waren harte Verhandlungen, in denen es um Milliarden ging, und im Hintergrund stand die Drohung, dass ein Bundesumweltministerium unter grüner Leitung dem nuklearen Komplex das Leben schwer machen konnte. Es waren jedoch keine Unbekannten, die da am Verhandlungstisch saßen, und es gab Gesprächsfäden, die über die rot-grüne Regierungszeit hinausreichten. Vielleicht hätte es für einen Atomkonsens zwischen Politik und nuklearem Komplex nicht gereicht, wenn es nicht zuvor in den neunziger Jahren gemeinsame Gespräche über einen Energiekonsens gegeben hätte. So war langsam auf allen Seiten die Einsicht gereift, dass man auf Dauer vielleicht besser fahren würde, wenn man sich zusammenraufte und so eine tragfähige Basis für künftige Investitionen schuf.

In freiheitlichen Gesellschaften kann man ein Gespräch nicht erzwingen, aber es gibt Anreize und Regeln. In den Anfangsjahren der Bundesrepublik war das neben einer Verfassungs- und Wirtschaftsordnung, die einem kraftvollen Durchregieren enge Grenzen setzte, vor allem der Schatten von Weimar. Wer sich der Diskussion verweigerte, riskierte einen zweiten Totalschaden der Demokratie in Deutschland. Das wurzelte freilich in einer persönlichen Lebenserfahrung, die sich nicht reproduzieren ließ, und in der nuklearen Kontroverse war die NS-Erfahrung vor allem in der Rhetorik der Atomkraftgegner präsent, so etwa im »Atomstaat« oder in der Debatte über das Widerstandsrecht. Seither gilt auch für die Kultur des Gesprächs, was der Verfassungsrichter Ernst-Wolfgang Böckenförde in seinem berühmten Diktum kondensierte: »Der freiheitliche, säkularisierte Staat lebt von Voraussetzungen, die er selbst nicht garantieren kann.«[5]

Böckenförde war bekennender Katholik, und deshalb stand hinter seinem Diktum die Frage, »ob nicht auch der säkularisierte weltliche Staat letztlich aus jenen inneren Antrieben und Bindungskräften leben muß, die der religiöse Glaube seiner Bürger vermittelt«.[6] Seit den sechziger Jahren hat sich die Bedeutung des Christentums für die bundesdeutsche Gesellschaft relativiert, und an die Stelle des konfessionellen Kitts trat eine demokratische Zivilreligion, die zu wechselseitigem Respekt und Dialogbereitschaft mahnte. Nach den Erfahrungen der jüngsten Vergangenheit ist offenkundig, wie fragil Demokratie in der Welt des 21. Jahrhunderts ist, aber der Atomkonflikt zeigt noch etwas anderes, das im politischen Alltag gerne unter den Tisch fällt: Demokratie ist unheimlich anstrengend. Sie braucht Ausdauer, Disziplin und die Bereitschaft, ein Anliegen immer wieder neu in das Mahlwerk der Politik einzuspeisen. Bewusst wurden in diesem Buch nicht nur vorbildhafte Aktivisten erwähnt, die Demokratie über Jahrzehnte lebten, sondern auch Menschen, denen das Engagement gegen die Atomkraft zum persönlichen Verhängnis wurde. In solchen Schicksalen wird greifbar, wie viel eine freiheitlich-demokratische Grundordnung ihren Akteuren abver-

Abb. 28: Fukushima macht's möglich: ein Sozialdemokrat, ein Christdemokrat, ein Grüner und ein gemeinsames Ergebnis. Im April 2016 übergaben Matthias Platzeck, Ole von Beust und Jürgen Trittin den Abschlussbericht der Kommission zur Überprüfung der Finanzierung des Kernenergieausstiegs an den Chef des Bundeskanzleramts Peter Altmaier. Nicht im Bild: die Sitzungs- und Recherchearbeit für den Bericht. Foto: Guido Bergmann/Bundesbildstelle.

langt, jedenfalls dann, wenn man unter Engagement mehr versteht als ein paar Twitter-Nachrichten pro Tag.

Man versagt den langjährigen Aktivisten deshalb nicht den Respekt, wenn man darauf hinweist, dass die wackeren Gallier den Atomstaat nicht aus eigener Kraft besiegten. Im Gegenteil: Man kann politisches Engagement wohl nur dann angemessen würdigen, wenn man auch über den Preis redet. Demokratie ist kompliziert, sie strapaziert die Nerven und einiges mehr, und wenn sie etwas zurückgibt, dann sind es nicht selten Spin-offs: Gemeinschaftsgefühl, Lebenssinn, Wissen und Kompetenz, manchmal auch Jobs. Es kann durchaus bereichernd sein, einen Beitrag zum Leben einer Verhandlungsdemokratie zu leisten, aber der Lohn der Mühen sieht anders aus als bei Asterix, wo sich die Dorfgemeinschaft am Ende regelmäßig um das Lagerfeuer versammelt. Es ist historiographisch wie politisch fatal, wenn sich der Blick auf Einzelereignisse wie den Gorleben-Treck von 1979 fokussiert, als ließe sich daraus eine Essenz destillieren, die man dem lahmenden Organismus der bundesdeutschen Demokratie im Stile einer Frischzellenkur injizieren könnte.[7] Letztlich läuft das auf eine Entkontextualisierung hinaus, die nicht nur das Wesen der Demokratie parodiert, sondern auch das Wesen des Atomprotests.

Die Anti-Atomkraft-Bewegung entwickelte sich seit den siebziger Jahren zu einem Generationenprojekt, in dem es neben den goldenen Momenten auch jede Menge Kärrnerarbeit gab, und diese wurde oft von Menschen geleistet, deren Namen nur die Insider kannten. Das sieht man zum Beispiel in dem vorzüglichen Band des Gorleben-Archivs zum 40. Jubiläum des Gorleben-Trecks 1979. Dieser dokumentiert nicht nur eine stolze Protestbewegung, sondern auch ganz verschiedene Menschen, die noch ein Leben jenseits des geplanten Endlagers hatten: Bauern mit Vollzeitjobs, resolute Hausfrauen, Akademiker auf der Suche nach dem ländlichen Idyll, Kommunalpolitiker zwischen den Fronten und den Chef des bundesdeutschen Marktführers bei Biosäften, der im schönsten Managerdeutsch über das »innovative Potential« des Wendlands schwärmt.[8] Es geht eine Menge Wirklichkeit verloren, wenn die Aktiven der Anti-Atomkraft-Bewegung nur als Schachfiguren in einer jahrzehntelangen Hängepartie oder als Laiendarsteller in aufreibenden Schlachten am Bauzaun fungieren, und man kann von diesen Menschen viel mehr lernen, wenn man über deren Leben in ihrer Gesamtheit spricht. Im Atomkonflikt ging es nicht um den heldenhaften Kampf eines heiligen Georg, der mit seiner Lanze den Drachen ersticht. Es ging eher – um im Bilde zu bleiben – um ein zähes Ringen von durchaus durchschnittlichen Mittelschichtsbürgern, die im Laufe der Zeit lernten, mit einem halben Dutzend Drachen von unterschiedlichen Temperamenten zurechtzukommen, und am Ende eines jahrzehntelangen Kampfs stand kein heroischer Drachenstich, sondern ein geregeltes Ableben.

Mit anderen Worten: Es geht hier nicht nur um ein Problem der historischen Analyse, sondern auch um eine klaffende Lücke in unserer politischen Metaphorik. Bei Asterix war stets klar, wer auf welcher Seite steht und wer am Ende gewinnt. Eine solche Übersichtlichkeit hat eine Verhandlungsdemokratie nicht zu bieten. Hier entwickeln sich Entscheidungen aus dem Wechselspiel vielfältiger

Impulse – zivilgesellschaftlich, politisch, ökonomisch, technologisch, konsumistisch – und dem umsichtigen Management der Funktionseliten. Es ist nicht das geringste Problem der bundesdeutschen Demokratie, dass es für dieses Zusammenspiel keine eingängige Bildersprache gibt. Verhandlungsdemokratie ist in der Bundesrepublik seit Jahrzehnten Praxis, aber die Spuren in der politischen Alltagssprache sind überschaubar. Es gibt kein eingängiges politisches Vokabular, sondern allenfalls farblose Begriffe wie »Durchsetzungsvermögen« oder »Sitzungsmarathon« und politikwissenschaftliche Wortungetüme wie »Mehrebenensystem«. So reden wir im öffentlichen Diskurs weiterhin von Gewinnern und Verlierern und widmen uns individuellen Biografien und Einzelgeschichten, und am Ende werden wir daraus ähnlich klug wie die Männer in der Fabel von den Blinden und dem Elefanten, die jeweils einzelne Körperteile ertasten, während das Tier als Ganzes im Dunkeln bleibt.

Es ist nicht leicht, in einer Verhandlungsdemokratie über Erfolge und Misserfolge zu reden. Wenn es letztlich auf Verständigung und Kompromissfähigkeit ankommt, stehen individuelle Zuschreibungen leicht im Ruch der Willkür. Zugleich sind solche Kategorien unvermeidbar, sofern man sich nicht auf blutleere akademische Betrachtungen beschränken möchte. Bald werden die letzten bundesdeutschen Atomkraftwerke vom Netz gehen, und da steht unvermeidlich die Frage im Raum, inwiefern dies das Resultat einer sozialen Bewegung ist, die seit den siebziger Jahren den Atomausstieg forderte. Wer von Politik reden will, darf vom Erfolg nicht schweigen.

Der wichtigste Erfolg der Anti-Atomkraft-Bewegung war zweifellos, dass sie über Jahrzehnte aktiv blieb. Das war von einer selbsternannten neuen sozialen Bewegung nicht unbedingt zu erwarten, und ohne einen langen Atem kam man im Kampf mit dem nuklearen Komplex nicht weit. Die Atomwirtschaft war eine milliardenschwere Branche, politisch bestens vernetzt und Lieferant eines Schlüsselprodukts moderner Industriegesellschaften, und kurzlebigen Protest schwitzte so ein Apparat ganz einfach aus. Die Atomkraftgegner hatten vielleicht auch das Glück, dass sie nicht so erfolgreich waren, wie sie das gerne gewesen wären. Das Hasardspiel eines abrupten Atomausstiegs mit seinen unkalkulierbaren Folgen für Großunternehmen und Konsumenten blieb der Bundesrepublik erspart. Letztlich hing der Erfolg einer Bewegung, die – pace Asterix – zu keinem Zeitpunkt übermächtig oder gar unbesiegbar wirkte, am Wechselspiel mit anderen Akteuren: Journalisten, Politikern, Richtern, alternativen Denkern und Forschern, Skeptikern der Energiewirtschaft. Der öffentliche Widerspruch, der in Wyhl seinen charismatischen Ausgang nahm, war der notwendige Impuls, der einen Raum für neue Debatten schuf, und seit den siebziger Jahren wuchs den Aktivisten ein Pluralismus der Funktionen zu, der sie zu unverzichtbaren Teilnehmern der nuklearen Kontroverse machte. Sie waren Resonanzboden, Drohkulisse, Träger der kritischen Wissenschaft, Ikonen des Protests, Medienstars, Gesprächs- und Verhandlungspartner, Stachel im Fleisch der Verhandlungsdemokratie und lebendiges Memento, dass die Probleme des Atomstaats weiterhin ungelöst waren. Protest war im Atomkonflikt nicht alles, aber ohne den Protest war alles nichts.

Demokratie legitimiert sich traditionell aus ethischen Überzeugungen, aber nach den Erfahrungen der vergangenen Jahre deutet einiges darauf hin, dass das im 21. Jahrhundert nicht mehr ausreicht: Demokratie legitimiert sich auch durch Leistung. Es gibt deshalb auch in politischer Beziehung gute Gründe, die Geschichte der atomaren Demokratie in Deutschland als eine Erfolgsgeschichte zu betrachten – und zwar nicht nur für die soziale Bewegung gegen die Atomenergie, sondern für die Gesamtheit der bundesdeutschen Gesellschaft. Das gilt keineswegs nur im Wissen um die finale Entscheidung nach Fukushima, sondern auch schon im zeitgenössischen Kontext. Der Atomkonflikt war schließlich nicht nur ein Streit um die Vor- und Nachteile der Kernenergie, der nach langen Auseinandersetzungen und durchaus unerwartet in einen rechtssicheren, von einer breiten Mehrheit getragenen Weg aus einer umstrittenen Technologie mündete. Es gab auch noch ein paar andere Erfolge: die intellektuellen und institutionellen Innovationen, die eine kompetente gesellschaftliche Debatte über Energiepolitik und Risikotechnologien ermöglichen, die Stärkung des Rechtsstaats durch ein modernes Demonstrationsrecht, ein neuer Konsens, dass technische Großprojekte öffentlich kommuniziert und im Ausgleich mit zahlreichen Interessen umgesetzt werden müssen, eine Polizeitaktik, die gleichermaßen auf öffentliche Sicherheit und die

Wahrung des Demonstrationsrechts zielt, und eine Energiewirtschaft, die nicht mehr nur als Kartell operiert, aber zugleich keine schmerzhaften Pleiten oder Verluste von Arbeitsplätzen verzeichnen musste. All dies war nicht nur das Werk von Menschen und Instanzen, sondern vor allem ein Gemeinschaftswerk, ein Produkt von Gesprächen, von langwierigen Lernprozessen und der Bereitschaft, das eigene Verhalten auch mal aus einem anderen Blickwinkel zu betrachten. Der Atomausstieg war auch ein Triumph von Umsicht, Dialogbereitschaft, Wissen und Kompetenz, nur fehlt es bislang an einem Satz, der all dies in medienkompatibler Form zusammenfasst. Aber vielleicht liegt das auch nur daran, dass sich bislang niemand an einer solchen Formulierung versucht hat.

Es war gut, dass wir darüber geredet haben.

Historiographisches Nachwort: Atome für die Zeitgeschichte

Als sich Joachim Radkau 1981 mit einer Studie zur Geschichte der bundesdeutschen Atomwirtschaft an der Universität Bielefeld habilitierte, lag das Thema im Abseits der historischen Forschung. Vier Jahrzehnte später ist die Atomgeschichte ein etabliertes Themenfeld. Die Auseinandersetzungen der siebziger Jahre erwiesen sich als Auftakt zu einer anhaltenden öffentlichen Kontroverse, und anfängliche Vermutungen, der Atomprotest sei vielleicht nur eine kurzfristige Aufwallung des öffentlichen Unmuts, haben sich damit erledigt. Der Atomkonflikt entwickelte sich zu einer Schlüsselkontroverse der Bundesrepublik, und eine stattliche Zahl akademischer Qualifikationsschriften zeigt, dass dessen facettenreiche Geschichte an zahlreichen Fakultäten ernst genommen wird. Inzwischen verstecken sich Historiker auch nicht mehr so bereitwillig hinter den Sperrfristregeln bundesdeutscher Archive, die Aktenbestände erst nach drei Jahrzehnten für die wissenschaftliche Forschung zugänglich machen.

Deshalb ist heute eine breite akademische Literatur zur deutschen und internationalen Atomgeschichte verfügbar, die das empirische Rückgrat der hiesigen Studie darstellt. Das ist eine bemerkenswerte Leistung der Fachwissenschaft, denn eigentlich handelt es sich um ein sprödes Thema. Die nukleare Technologie ist kompliziert und bleibt ohne ein gewisses Maß naturwissenschaftlicher und ingenieurwissenschaftlicher Kenntnisse unverständlich, und die Beschäftigung mit dem Innenleben der Technik ist ebenso zeitraubend wie unvermeidlich. Man muss sich schon einmal mit den Details eines Notkühlsystems beschäftigt haben, um zu verstehen, wie prekär der Siegeszug der Leichtwasserreaktoren in sicherheitstechnischer Hinsicht war. Auch der Atomprotest war auf seine eigene Weise kompliziert, da er weder ein dominantes Leitmotiv, einen einzelnen Ort noch eine feste Organisationsform besaß und ständigen Veränderungen unterlag. Außerdem hatten viele Gegner der Atomenergie ein ausgeprägtes Mitteilungsbedürfnis und produzierten deshalb einen voluminösen Quellenkorpus, das auch emsige Forscher einzuschüchtern vermag. Rasch fühlt man sich bei Archivrecherchen, als werde man in einen gigantischen Fuchsbau eingesogen, und es ist nicht leicht, die Komplexität der nuklearen Technologie in lesbare Formulierungen zu fassen. Schon bei einfachen Begriffen wie »Baubeginn« oder »Betrieb« verspürt der gründlich arbeitende Historiker ein Bedürfnis, in einer ausführlichen Fußnote zu dokumentieren, dass er um die Simplifizierungen hinter diesen Worten weiß.

Es liegt wohl auch an diesen Rahmenbedingungen, dass sich die historische Forschung zunehmend auf Einzelthemen konzentriert hat. Während Radkau die bundesdeutsche Atomwirtschaft noch in ihrer Gesamtheit analysiert hatte, machen es Forscher in jüngerer Zeit lieber zwei Nummern kleiner. Das hat eine beeindruckende Zahl quellengesättigter Spezialstudien hervorgebracht. Wer sich über Wyhl oder Wackersdorf informieren möchte, die Versicherung der Atomgefahr oder Medienarbeit nach Tschernobyl, kann deshalb auf kompetente Spezialstudien jüngeren Datums zurückgreifen.[1] Es sind nicht zuletzt Nachwuchsforscher, die sich im Zweifelsfall den Imperativen der wissenschaftlichen Arbeitsökonomie beugen, und gelegentlich ist auch ein Streben nach intellektueller Risikominimierung zu spüren.

Es ist durchaus nicht ungewöhnlich, dass sich Wissensfelder im Zuge ihrer Expansion ausdifferenzieren, und das ist meist ein zutiefst ambivalenter Prozess. Der amerikanische Historiker Brian Balogh hat in der wachsenden Spezialisierung der atomaren Expertise sogar einen Grund für den Niedergang des nuklearen Komplexes in den USA erkannt.[2] Auch in der Geschichte der Atomenergie führte der Boom nicht nur zu einem Anwachsen des Wissens. Es hat einen Preis, wenn historische Forschung vor allem in der Form eng umgrenzter Einzeluntersuchungen betrieben wird. Die großen Linien werden zunehmend unscharf, und es wächst die Unklarheit darüber, welche Fragen eigentlich im Mittelpunkt des wissenschaftlichen Interesses stehen sollten. Fallstudien lassen sich problemlos als geschlossene akademische Einheiten schreiben, und das fällt umso leichter, wenn sich beim Blick auf die große Chronologie ein klares Muster aufdrängt. In der bundesdeutschen Atomgeschichte spricht scheinbar alles für einen großen chronologischen Spannungsbogen, der von den Hoffnungen der fünfziger Jahre zu den Bauprojekten und den Protesten reichte und am Ende in den Atomausstieg mündete. Es gibt nicht viele Erzählmuster, die mit der narrativen Wucht von »Aufstieg und Fall« mithalten können, und so wirken Detailstudien nicht selten wie einzelne Aufzüge in einem großen Drama. Die deutsche Atomgeschichte hat ja tatsächlich alles, was es für die Oper braucht: epische Kämpfe, moralische Verwicklungen, krisenhafte Zuspitzungen und jede Menge Haupt- und Nebenschauplätze, und seit Fukushima ist auch endgültig klar, auf welches Finale das Ganze zusteuert. Am Ende aller Ränkespiele findet die Atomgeschichte der Bundesrepublik ihren Abschluss, *not with a bang but with a whimper*.

Geschichte schreibt sich gewöhnlich leichter, wenn es ein klares Ende gibt, und deshalb gibt es auch aus historiographischer Sicht wenig Grund, den Beschluss des Bundestags vom 30. Juni 2011 zu bedauern. Die Hitze des Atomkonflikts prägte lange Zeit auch die wissenschaftliche Literatur, und oft merkte man schon nach wenigen Seiten, auf welcher Seite ein Autor stand. Inzwischen ist eine gewisse Fiebersenkung erkennbar, aber manchmal braucht es nur einen Moment, und die Vergangenheit ist wieder lebendig. So ging es Jens Brinkmann vom Potsdamer Zentrum für zeithistorische Forschung, als er 2018 Oliver Haffners Film *Wackersdorf* für *Zeitgeschichte Online* rezensierte. Die Hauptfiguren erinnerten ihn arg an wandelnde Klischees: »Das Gute und Böse sind hier manchmal vielleicht doch etwas zu eindeutig verteilt.« Dann hörte er eine vertraute Stimme, das Bild zeigte Franz Josef Strauß, wie er mit hochrotem Kopf die

Bürger von Schwandorf zurechtwies, »und man fragt etwas verlegen in sich hinein: Vielleicht gab es in diesem Konflikt damals doch auch einfach Gut und Böse?«[3] Die nukleare Odyssee der Bundesrepublik ist auf absehbare Zeit keine bewältigte Geschichte, die sich mit dem distanzierten Blick des Historikers sezieren ließe. Sie ist eher – um es mit den Begriffen der Atomtechnik zu formulieren – eine Geschichte im Abklingbecken, wo Brennelemente keine unmittelbare Gefahr mehr darstellen, aber weiterhin Restwärme ausstrahlen.

Bei ordnungsgemäßer Entsorgung wandern Brennelemente nach einiger Zeit aus dem Abklingbecken ins Zwischenlager und von dort irgendwann ins Endlager. Letzteres ist in der Realität der nuklearen Technologie ebenso utopisch wie eine abschließende historische Bilanz des Atomkonflikts, aber vielleicht haben sich inzwischen doch manche Verkrampfungen gelockert. Es gab ein paar Themen, die sich lange Zeit einer Diskussion jenseits von Apologie und Anklage entzogen. Es war eine durchaus beachtliche Leistung der bundesdeutschen Atomwirtschaft, dass nie ein Großkonzern in Schieflage geriet, aber eine solche Aussage stand lange im Ruch der Parteinahme für die verantwortlichen Manager. Inzwischen darf man wohl auch offen sagen, dass es eine keineswegs triviale Zahl gewaltbereiter Demonstranten gab, die mit Begeisterung in die Schlacht am Bauzaun zogen. Während lange darüber gestritten wurde, ob die Aktivisten der Anti-Atomkraft-Bewegung Helden der Demokratie oder antimodernistische Hysteriker waren, kann man jetzt darüber reden, dass sie meist ganz normale und verantwortungsbewusste Menschen waren, die auch noch ein Leben jenseits des politischen Kampfes hatten.

In den Hochzeiten des Atomkonflikts wurde gelegentlich im Stil von Glaubenskonflikten über die Terminologie gestritten. Sollte man das Vokabular des nuklearen Komplexes verwenden und von *Kern*energie reden, oder sprach man lieber mit den Gegnern von *Atom*energie?[4] Inzwischen kann man hoffentlich über Störfälle und Restrisiken reden, ohne dass man in einer langen Fußnote dokumentieren muss, dass man sich der problematischen Begriffsgeschichte bewusst ist. Es ist bemerkenswert, dass Nachwuchswissenschaftler in diesen Dingen entspannter sind als ältere Generationen, und dahinter steckt vermutlich eine Generationenerfahrung. Wer nach 1980 geboren wurde, musste vielleicht nie eine kontroverse Debatte über das Pro und Kontra der Atomkraft durchstehen, wie sie der Verfasser dieses Buches zum Beispiel Ende der achtziger Jahre mit seinem Physiklehrer ausfechten durfte. Kurz: Es ist an der Zeit, dass sich die historische Forschung von den Konfliktlinien der Vergangenheit ein Stück weit befreit, und das gleichermaßen aus fachinternen wie politischen Gründen. Die Gefahr ist nicht gering, dass sich die Atomgeschichte ansonsten in Debatten verliert, die in erster Linie für Veteranen der einstigen Schlachten von Interesse sind.

Viel wichtiger ist heute die Auseinandersetzung mit einem Narrativ, in dem der Atomausstieg als selbstverständlicher Fluchtpunkt der nuklearen Geschichte fungiert. »Aufstieg und Fall« ist ein mächtiges erzählerisches Leitmotiv, aber dahinter steckt im Moment nicht mehr als das explanatorische Surrogat der reinen Chronologie. Die zeitliche Folge der Ereignisse bietet aus sich heraus noch keine Erklärung, sondern nährt lediglich die Illusion, dass es so oder so ähnlich halt kommen musste. Das analytische Vakuum füllt sich bei der Atomenergie leicht. Es gibt eine Überfülle nuklearer Geschichten mit ganz unterschiedlichen Protagonisten: Reaktoren, Physikern und Managern, Aktivisten, Autoren. Längst gibt es auch eine umfängliche Literatur von Augenzeugen, und vor allem gibt es Bilder. Man kann die Literatur über den Atomkonflikt auch als ein Realexperiment betrachten, ob sich das Sachbuch im Zeitalter der visuellen Medien noch zu behaupten vermag.

Einige Bilder haben sich ins kollektive Gedächtnis eingebrannt wie etwa die Aufnahmen des zerstörten Reaktors von Tschernobyl. Es gibt auch Genreszenen wie etwa die Demonstranten am Bauzaun und Momente der Gewalt, die an die Ikonographie der Kriegsfotografie erinnern. Der Atomkonflikt war auch ein Kampf der Bilder, und so waren die Aufnahmen meist Teil eines Skripts. Die Aufnahmen der Atomkraftgegner dokumentieren Entschlossenheit, die Menschen des Widerstands und Momente, die persönliche Erinnerungen wachrufen, und das in großer Zahl. Allein das Gorleben-Archiv im wendländischen Lüchow verfügt über mehr als 90 000 Fotos und Dias.[5] Im Gegenzug dokumentierte die Polizei Gewalttäter in Aktion oder auch die eigenen Vorbereitungen für eine Großdemonstration. Letzteres stärkte das Sicherheitsgefühl der Bevölkerung und war zugleich eine Ansage an die Atomkraftgegner. Man

Abb. 29: Marianne Fritzen, langjährige Vorsitzende der Bürgerinitiative Lüchow-Dannenberg, im Blickkontakt mit Beamten des Bundesgrenzschutzes am 19. März 1979. Wenig später wurde sie zusammen mit anderen Teilnehmern einer Straßenblockade verhaftet und verhört. Foto: Günter Zint/Gorleben-Archiv e.V.

darf nicht vergessen, dass die Ordnungshüter bei großen Demonstrationen meist hoffnungslos in der Unterzahl waren, und deshalb waren sie im Vorfeld bemüht, in Film und Bild Stärke zu beweisen. Die Polizeikette war nicht einfach eine taktische Maßnahme, sondern auch eine optische Drohgebärde.

In der Konfrontation mit dem visuellen Überangebot gerät der Zeithistoriker leicht in die Defensive. Es ist historiographisch gut dokumentiert, dass im bundesdeutschen Polizeiapparat seit den Schwabinger Krawallen über Deeskalation diskutiert wurde, aber das kann man sich alles schenken, wenn man im Film sieht, wie Hubschrauber des Bundesgrenzschutzes im Tiefflug Demonstranten jagen. Die Sanitätsaktion des Polizeihauptkommissars Michaelis wurde nicht fotografisch dokumentiert, und vermutlich hätte es für die Aufnahme auch keine kulturelle Rahmung gegeben. Ikonographisch gab der Polizeiapparat nur dann etwas her, wenn es um den Mythos des starken Staats ging oder um eine Drohkulisse, vor

Abb. 30: Ein Bild als Ikone: Martin Mombaur wirbt im niedersächsischen Landtagswahlkampf 1982 für die Grünen. Foto: Lothar Kucharz/Süddeutsche Zeitung Photo.

der sich der heroische Widerstand der Zivilgesellschaft aufbauen konnte.

Es gibt ein legendäres Bild der Gorleben-Kämpferin Marianne Fritzen vor einer Phalanx der Polizei, und der Gorleben-Treck nach Hannover lieferte ebenfalls faszinierende Fotos. In aller Regel gab gewaltfreier Protest jedoch optisch weniger her als die Bilder der Schlacht mit Wasserwerfer, Castor und Bauzaun. Bei Gesprächen und Anhörungen wird es visuell erst recht schwierig. Bertram Verhaag drehte *Restrisiko oder die Arroganz der Macht*, den zweiten Teil seiner Atomkrafttrilogie, über den Erörterungstermin zur zweiten atomrechtlichen Teilgenehmigung der Wiederaufarbeitungsanlage Wackersdorf im Sommer 1988, aber das funktioniert dramaturgisch nur deshalb, weil die Anhörung im Grunde genommen eine Farce war.

Für Buchautoren ist es verlockend, die Herausforderung der visuellen Medien mit ähnlich eindringlichen Schilderungen zu kontern. Das kann bei talentierten Autoren durchaus unterhaltsam werden. Ein Beispiel ist Rick Perlsteins Werk über den Aufstieg des Neokonservatismus in den USA. Es liest sich wie eine schnelle Abfolge gut gemachter Videos. Munter wechselt Perlstein Orte und Perspektiven, es gibt ein paar Hauptfiguren und jede Menge Nebendarsteller, der Autor schaltet zu Patty Hearst und *Saturday Night Live*, nach Saigon und Teheran, Watergate und Harrisburg, und zwischendurch gibt es auch etwas Entspannung, wenn Jimmy Carter beim Angeln von einem wilden Kaninchen angegriffen wird. Es ist das Kaleidoskop einer Zeitenwende, und es traf einen Nerv. *The Nation* ernannte Perlstein zum »überkoffeinierten Herodot des amerikanischen Jahrhunderts«.[6]

Der Vorteil der Darstellung ist, dass sich Analyse und Schreibstil in aufschlussreicher Weise vermischen. So kann man bei der Lektüre nachempfinden, wie seinerzeit im Wirbel der Ereignisse die Dinge unscharf wurden. Der Nachteil ist, dass die Probleme einer visuellen Erinnerungskultur bei Perlstein eher noch deutlicher hervortreten. Da ist zum einen die Entkontextualisierung. Visuelle Medien liefern immer nur kurze Ausschnitte und blenden vorhergehende und folgende Ereignisse prinzipiell aus, und das ist auch bei einem kenntnisreichen Autor wie Perlstein nicht anders. Immer wieder kommen Zusammenhänge unter die Räder, weil sie entweder gar nicht erwähnt werden oder durch den Wiedererkennungswert vertrauter Ereignisse in den Hintergrund treten, allem voran die Macht des Geldes. Zum anderen leidet die Darstellung unter dem hypnotischen Effekt der Überfülle. Perlsteins Werk umfasst vier Bände mit 3600 Seiten, und da ist die Kapitulation der Interpretation vorprogrammiert.

Dabei sind mehrere tausend Seiten eigentlich ausgesprochen wenig, wenn es um zwei ereignisreiche Jahrzehnte geht. Die konservative Wende Amerikas von 1960 bis 1980 umfasst zahllose Menschen und Ereignisse, die Perlstein notgedrungen unerwähnt lassen muss, und ähnlich unübersichtlich ist es in der Geschichte der Atomenergie. Es gab mehr als zwei Dutzend Orte, an denen im großen Stil für das Atomzeitalter gebaut wurde, es gab zahlreiche Machtzentren und ein kaum überschaubares Tableau der Akteure, und beim Anblick der Papiermassen in den Archiven zerstieben alle Ambitionen, die riesige Zahl der Ereignisse in Wort und Tat zu reproduzieren. Eine kaleidoskopartige Darstellung gerät da leicht zu einem Rüstungswettlauf, bei dem von vornherein absehbar ist, dass es keine Gewinner geben kann. Es passierte einfach viel mehr, als zwischen zwei Buchdeckel passt.

Wie aber wird man einem wuseligen Atomkonflikt gerecht, der zeitgleich auf ganz unterschiedlichen Ebenen spielte, die auf komplizierte Weise miteinander verflochten waren? Wie schreibt man eine Geschichte, die einerseits vom enormen Trägheitsmoment von Institutionen und Technologien geprägt war, aber auch immer wieder von spektakulären Ereignissen, in denen sich der Trubel der Zeit zu einem kakophonischen Crescendo steigerte? Wie geht man mit den Blickverengungen um, die sich mit visuellen Medien unvermeidlich verbinden? Und wie schreibt man Demokratiegeschichte, wenn diese sich zu wesentlichen Teilen in den Köpfen der Menschen abspielte oder in endlosen Gesprächen in Kneipen und WG-Küchen, bei denen niemand Protokoll führte? Der Weg, den die hiesige Darstellung verfolgt hat, lässt sich in drei Punkten zusammenfassen: Verzicht auf narrative Spannungsbögen, gewollte Unschärfe und konsequentes Problematisieren der eigenen Argumentation.

Der Atomkonflikt bietet, dramaturgisch gesehen, ein reichhaltiges Angebot en gros und en détail, aber es lohnt sich, auf diesem Basar der Erzählungen Abstinenz zu wahren. Das begann in diesem Buch schon auf der ersten Seite, wo die Sanitätsaktion des Polizeihauptkommissars Michaelis bewusst so erzählt wurde, dass der Leser nicht mitfiebern kann. Nur so wird deutlich, dass sich in der Aktion ein wichtiger Aspekt der nuklearen Demokratie manifestierte – die Macht der Mikroprozesse, mit denen sich eine lebendige Demokratie fortwährend selbst korrigiert –, und die Frage, ob Michaelis Held oder Bösewicht war, wird in der Darstellung konsequent umschifft, bis es dazu ganz am Ende eine klare Aussage gibt. Wer die Schlachten um Brokdorf und Grohnde noch einmal schlagen oder sich am Lagerfeuer des Freundschaftshauses von Wyhl wärmen will, geht in diesem Buch leer aus. Heimelige Narrative erklären ja noch nicht, warum es im Freundschaftshaus von Wyhl so kuschelig war.

Es läuft auf eine gewisse kognitive Unschärfe hinaus, wenn Erzählfragmente an die Stelle einer linearen historischen Erzählung treten, und das ist ein durchaus willkommener Effekt. Er wird noch dadurch verstärkt, dass im Text gewisse Dinge bewusst in der Schwebe gehalten wurden. So bleibt im Unterkapitel über Wyhl offen, wann der Konflikt eigentlich zu Ende ging: Das wussten die Menschen am Kaiserstuhl nämlich nicht, und bei der Landesregierung sah das womöglich (sic!) nicht anders aus. Verhandlungsdemokratien haben eine inhärente Unschärfe, wenn es um Entscheidungsprozesse und Verantwortungen geht, und die darf in der Darstellung durchaus spürbar werden – vorausgesetzt, das Stilelement bleibt in seiner analytischen Funktion erkennbar. Das erreicht man wiederum am besten, indem man auf mehr als einer Ebene diskutiert.

Die Anti-Atomkraft-Bewegung hat das im Prinzip bereits vorexerziert. Zum vielstimmigen Chor der siebziger Jahre gehörten auch Aktivisten, die nach der Demonstration analysierten, warum sie sich gerade so und nicht anders verhalten hatten. Wyhl wurde zur Zäsur, weil parallel zu den Protesten ein Narrativ geschmiedet wurde, das bundesweit einen Nerv traf. Die Entwicklung der Atomwirtschaft war nicht nur von einer Folge von Ereignissen geprägt, sondern auch von fluiden Mythologien, und das spannungsvolle Wechselspiel von Realgeschichte und Diskurswelten zieht sich durch den Atomkonflikt. Es wird in Darstellungen leicht unübersichtlich, wenn sich unterschiedliche Kausalketten auf unterschiedlichen Ebenen verschränken. Da hilft es, wenn man die narrative Unübersichtlichkeit explizit thematisiert.

Deshalb wurde die vorliegende Darstellung immer wieder durch Kommentierungen der Erzählweise unterbrochen. Bilder sind weniger verführerisch, wenn man ihre Eigenmacht direkt anspricht, und Ähnliches gilt für die permanente Konstruktion historischer Erzählungen, die von Anfang an zur Geschichte der Atomkraft gehörten. Der Historiker versteht einfach mehr, wenn man Mythologien nicht einfach analytisch zusammenstutzt, sondern zugleich in ihren mentalen und praktischen Konsequenzen ernst nimmt, und der Leser versteht auch mehr, wenn man all dies mit gebührender Klarheit ausspricht.

Man sollte sich dabei keine Sorgen machen, dass solche Einschübe den Erzählfluss stören. »Das klingt alles zu glatt«, lautete ein Kommentar, als ich dieses Forschungsprojekt in einem Kolloquium zur Diskussion stellte. Das traf einen wunden Punkt: Die Spannung zwischen Analyse und Schreibstil ist in der Demokratiegeschichte prinzipiell unauflösbar. Politische Verhandlungen sind langatmig, voller Nebengeräusche und in aller Regel stinklangweilig, und wer derlei stilistisch nachempfindbar machen will, ist auf dem besten Wege, ein unlesbares Buch zu schreiben. Die quälende Trägheit einer jahrzehntelangen Debatte lässt sich narrativ nicht reproduzieren, solange man sich weigert, enorme publizistische Kollateralschäden zu akzeptieren. Der Franz Steiner Verlag hätte diesen Band wohl kaum in seine Sachbuchreihe aufgenommen, wenn ich 2000 Seiten mit zahlreichen Schauplätzen und Nebenerzählungen abgeliefert hätte. Da kommt man nur weiter, wenn man nicht einfach erzählt, sondern auch über das süße Gift der Narration redet.

All dies ist nicht nur eine Methodenreflexion für Zeithistoriker. Das Gewusel des Atomkonflikts bildet schließlich nicht nur eine retrospektive Herausforderung für Chronisten, sondern war zugleich ein kognitiver Stresstest für die Zeitgenossen. Im Prinzip befanden sie sich in einer ähnlichen Situation wie die Leser der Perlstein'schen Bücher. Sie sahen sich mit einer Fülle paralleler Ereignisse und Entwicklungen konfrontiert, die aber wiederum nur ein Ausschnitt einer noch viel chaotischeren Wirklichkeit waren, und wenn die zeitgenössischen Akteure nicht in politischer Apathie verharren wollten, mussten sie sich im Sturm der Zeit irgendwie einen Reim darauf machen. Heroische Eigennarrative waren da eher ein Balancierstab, mit dem sich die Zeitgenossen durch die Ambivalenzen der realhistorischen Situation bewegten, und keineswegs der Rohentwurf einer Geschichte, die nur noch auf Ratifikation und Veredelung durch eine akademische Zeitgeschichtsforschung wartet.

Man kann die Leitgedanken der hiesigen Darstellung deshalb auch als Impulse für die Gesellschaft der Gegenwart verstehen. Der Alltag einer Verhandlungsdemokratie verweigert sich Erzählungen von kristallklarer moralischer Reinheit, bei denen es am Ende eindeutige Sieger und Verlierer gibt, demokratische Politik ist nur selten so klar und eindeutig, wie sie an Wahlabenden oder bei parlamentarischen Abstimmungen wirkt, und mit diesen und weiteren Herausforderungen kann man souveräner und umsichtiger umgehen, wenn man eine Kultur der Selbstbeobachtung pflegt. In der Bundesrepublik ist Demokratie jahrzehntelange Praxis, und deshalb gibt es Erfahrungen und Routinen, die im Politikbetrieb der Gegenwart nachwirken. Man kann die aktuelle Krise der Demokratie auch als Chance betrachten, sich neu über die Grundregeln des demokratischen Miteinanders zu verständigen. Das klappt aber nur dann, wenn man diese Regeln als ein komplexes und spannungsvolles Knäuel betrachtet, das sich letztlich nur historisch entwirren lässt.

Eine solche Konvergenz zeithistorischer und zivilgesellschaftlicher Kalküle ist eine großartige Chance für die Geschichtswissenschaft. Sie braucht jedoch Forscher, die sich über das sichere Terrain thematisch und konzeptionell abgrenzbarer Fallstudien hinauswagen. Die neue Demokratiegeschichte braucht die Solidität der empirischen Forschung und den Mut, große Linien zu ziehen, auch wenn sich diese fußnotentechnisch nicht wasserdicht absichern lassen. Sie übt Respekt vor Menschen, die nicht sympathisch sind und nicht immer druckreif sprachen. Sie schaut auf das große Ganze, auch wenn damit unangenehme Aspekte in den Blick kommen, sie nimmt sich selbst ernst, aber nicht zu wichtig, und nicht zuletzt strebt sie nach einer Flughöhe, bei der man einen Überblick bekommt, ohne dass die Luft zu dünn wird. Für den Fachhistoriker ist das eine Gratwanderung, und die birgt stets größere Gefahren als das Wandern im flachen Gelände. Aber das ist im Leben einer Demokratie ja nicht anders.

Atomkraft in Deutschland. Eine Chronologie

16. 7. 1945	Die erste Atombombe explodiert in der Wüste von New Mexico. Am 6. 8. wird Hiroshima bombardiert, am 9. 8. Nagasaki.
Mai 1947	In Moskau wird die Sowjetische Aktiengesellschaft Wismut für die Förderung von Uranerz in Sachsen und Thüringen gegründet. Der Konzern wird rasch zum weltweit größten Unternehmen im Uranerzbergbau. Er wird 1954 in Sowjetisch-Deutsche Aktiengesellschaft (SDAG) Wismut umbenannt, als die DDR zur Hälfte Miteigentümerin wird, und ist bis zur Wende tätig.
8. 12. 1953	US-Präsident Dwight D. Eisenhower hält vor der Generalversammlung der Vereinten Nationen seine Rede »Atome für den Frieden«.
17. 1. 1955	Die *Nautilus*, das erste atomgetriebene U-Boot der Welt, sticht in See.
August 1955	Erste Genfer Atomkonferenz.
21. 10. 1955	Franz Josef Strauß wird zum ersten Bundesminister für Atomfragen ernannt.
1956	Gründung des Kernforschungszentrums Karlsruhe.

12. 4. 1957 Mit dem Göttinger Manifest protestieren 18 Atomforscher gegen die atomare Bewaffnung der Bundeswehr.

1957/58 Protestbewegung »Kampf dem Atomtod«.

1958 Grundsteinlegung für die Kernforschungsanlage Jülich.

1960 Beginn der Brüterentwicklung in Karlsruhe.

13. 11. 1960 Nach nur zweijähriger Bauzeit wird das Versuchskraftwerk Kahl mit einer Nennleistung von 15 Megawatt erstmals kritisch.

1966 In Gundremmingen geht das erste bundesdeutsche Leistungskernkraftwerk mit einer Nettoleistung von 250 Megawatt in Betrieb.

1967 Baubeginn für das Kernkraftwerk Lubmin bei Greifswald. Der erste Reaktor geht 1973 ans Netz, drei weitere folgen bis 1979.

1969 RWE erteilt den Auftrag für Biblis A, das erste deutsche Kernkraftwerk mit einer Nennleistung über 1000 Megawatt.

28. 11. 1969 Die Bundesrepublik Deutschland unterzeichnet den Atomwaffensperrvertrag.

1970 Baubeschluss für einen heliumgekühlten Hochtemperaturreaktor (THTR-300) in Hamm-Uentrop.

16. 3. 1972 Das Würgassen-Urteil des Bundesverwaltungsgerichts legt fest, dass der Schutz vor den Gefahren der Kernenergie Vorrang vor der Kernkraftnutzung hat, und schafft damit eine Grundlage für die folgenden juristischen Auseinandersetzungen.

1973 Erstausgabe von *Friedlich in die Katastrophe. Eine Dokumentation über Kernkraftwerke* von Holger Strohm.

18. 2. 1975 Der Protest gegen das geplante Kernkraftwerk in Wyhl eskaliert mit der Besetzung des Bauplatzes. Nach der Räumung durch die Polizei kommt es am 23. 2. zu einer erneuten Besetzung, die bis zum 7. 11. 1975 andauert.

21. 3. 1975 Das Verwaltungsgericht Freiburg hebt die Teilerrichtungsgenehmigung für Wyhl auf und erwirkt damit einen vorläufigen Baustopp.

1975	Bundesforschungsminister Hans Matthöfer initiiert den »Bürgerdialog Kernenergie«.
7. 12. 1975	Beinahe-Katastrophe im Kernkraftwerk Lubmin.
30. 8. 1976	Die vierte Novelle zum Atomgesetz fordert für neue Kernkraftwerke den Nachweis einer geregelten Entsorgung (Entsorgungsjunktim).
30. 10. 1976	Eine Demonstration in Brokdorf führt zur vorübergehenden Besetzung des Bauplatzes. Nach einer zweiten Großdemonstration am 13. 11. 1976 kommt es am 19. 2. 1977 zu zwei getrennten Demonstrationen, weil sich Teile der Kernkraftgegner vom gewaltsamen Protest distanzieren.
13. 1. 1977	Bei einem Störfall erleidet Block A des Kernkraftwerks Gundremmingen einen Totalschaden.
22. 2. 1977	Die niedersächsische Landesregierung erklärt ihre Absicht, in Gorleben ein nukleares Entsorgungszentrum zu bauen. 18 Tage später findet dort die erste Demonstration von Atomkraftgegnern statt.
19. 3. 1977	Großdemonstration in Grohnde (»Schlacht um Grohnde«).
24. 9. 1977	Eine Demonstration gegen den Schnellen Brüter in Kalkar führt zum bis dahin größten Polizeieinsatz der bundesdeutschen Geschichte.
17. 10. 1977	Das Oberverwaltungsgericht Lüneburg verhängt aufgrund der ungeklärten Entsorgungsfrage einen unbefristeten Baustopp für das Atomkraftwerk Brokdorf.
28. 3. 1979	Im Kernkraftwerk Three Mile Island in Harrisburg (USA) geschieht der bis dahin schwerste Unfall in einem kommerziellen Kernkraftwerk.
16. 5. 1979	Nach dem Gorleben-Hearing erklärt der niedersächsische Ministerpräsident Ernst Albrecht den Verzicht auf eine Wiederaufarbeitungsanlage im Landkreis Lüchow-Dannenberg.
1979–80	Enquete-Kommission »Zukünftige Kernenergie-Politik« des Deutschen Bundestags unter der Leitung des SPD-Politikers Reinhard Ueberhorst.

28. 2. 1981 Großdemonstration in Brokdorf. Die juristischen Auseinandersetzungen um die Veranstaltung führen 1985 zum Brokdorf-Beschluss des Bundesverfassungsgerichts zum Versammlungsrecht.

1982 Baubeginn der letzten bundesdeutschen Leistungsreaktoren: Isar 2, Emsland, Neckarwestheim 2.

4. 2. 1985 Die Deutsche Gesellschaft für Wiederaufarbeitung von Kernbrennstoffen beschließt den Bau einer Wiederaufarbeitungsanlage in Wackersdorf.

1985 Der Schnelle Brüter in Kalkar wird fertiggestellt, geht jedoch nie in Betrieb. Das Projekt wird 1991 endgültig aufgegeben.

26. 4. 1986 Reaktorkatastrophe von Tschernobyl.

16. 12. 1987 Gravierender Störfall im Kernkraftwerk Biblis A. Die Öffentlichkeit erfährt davon erst ein Jahr später.

9. 9. 1988 Das Kernkraftwerk Mülheim-Kärlich geht aufgrund eines Urteils des Bundesverwaltungsgerichts vom Netz. Nach langjährigen Gerichtsverfahren wird der Reaktor auf der Grundlage des rot-grünen Atomkonsenses 2001 endgültig stillgelegt.

15. 4. 1989 Mit Neckarwestheim 2 nimmt der letzte bundesdeutsche Leistungsreaktor den kommerziellen Betrieb auf.

April 1989 Ein Vertrag des Energiekonzerns VEBA über die Aufarbeitung abgebrannter Brennelemente in Frankreich besiegelt das Ende der Wiederaufarbeitungsanlage Wackersdorf.

Mai 1989 Die Betreiber einigen sich auf die Stilllegung des Hochtemperaturreaktors in Hamm-Uentrop.

1990 Die Kernkraftwerke auf dem Gebiet der DDR werden stillgelegt.

1993 Erste Energiekonsensgespräche. Sie bleiben ebenso ergebnislos wie eine zweite Gesprächsrunde 1995.

25. 4. 1995 Der erste Castor-Transport erreicht das Zwischenlager Gorleben. Es folgen zwölf weitere Transporte bis 2011.

14. 6. 2000 Die rot-grüne Bundesregierung vereinbart mit den Energiekonzernen den Atomkonsens, der für alle

	Kernkraftwerke Reststrommengen auf der Grundlage von 32 Jahren Regellaufzeit festlegt.
2003	In Stade wird der erste Reaktor aufgrund des rot-grünen Atomausstiegs abgeschaltet. Obrigheim folgt 2005.
28. 6. 2007	Transformatorbrand im Kernkraftwerk Krümmel.
28. 10. 2010	Der Deutsche Bundestag beschließt mit den Stimmen von CDU, CSU und FDP, die Laufzeit der deutschen Atomkraftwerke zu verlängern.
11. 3. 2011	Ein Tsunami löst die Nuklearkatastrophe im japanischen Kernkraftwerk Fukushima Daiichi aus.
30. 6. 2011	Der Deutsche Bundestag stimmt mit breiter Mehrheit für die Abschaltung der letzten Leistungskraftwerke zum Jahresende 2022.
2017	Ein Fonds zur Finanzierung der kerntechnischen Entsorgung übernimmt die Verantwortung für die Zwischen- und Endlagerung des radioaktiven Abfalls. Die Verantwortung für Stilllegung und Rückbau der Reaktoren verbleibt bei den Kraftwerksbetreibern.
5. 3. 2021	Bundesregierung und Energiekonzerne einigen sich auf eine milliardenschwere Entschädigung für den vorzeitigen Atomausstieg.

Anmerkungen

1. Showdown in Brokdorf. Perspektiven einer neuen Demokratiegeschichte

1 Staatsarchiv Hamburg 136–1 Nr. 3938, Verlaufsbericht, Einsatz der 4. (St.) BPAH am 30./31. 10. 1976 zum Schutze der Baustelle des Kernkraftwerkes (KKW) Brokdorf anläßlich geplanter Demonstrationen, 3. November 1976, S. 5. Der Name Michaelis ist ein Pseudonym, das aus Gründen des Persönlichkeitsschutzes gewählt wurde.

2 Ebd. Zitate S. 8, 9.

3 Staatsarchiv Hamburg 136–1 Nr. 3938, Brokdorf 30. Oktober 1976, Presseerklärung der Bürgerinitiative Umweltschutz Unterelbe (undatiert).

4 Ebd.

5 Landesarchiv Schleswig-Holstein Abteilung 621 Nr. 474, Karlheinz Müller, Polizeieinsatz im Rahmen des Baubeginns des Kernenergiekraftwerks Brokdorf, S. 11.

6 Staatsarchiv Hamburg 136–3 Nr. 35, KPD-Rote Hilfe, Regionalkomitee Wasserkante, Kein Atomkraftwerk in Brokdorf und auch nicht anderswo! (Dezember 1976), S. 15–17.

7 Heinrich August Winkler, Der lange Weg nach Westen. Zweiter Band: Deutsche Geschichte vom »Dritten Reich« bis zur Wiedervereinigung, München 2000, S. 350.

8 Karl R. Popper, Die offene Gesellschaft und ihre Feinde. 2 Bände Tübingen 1992.

9 Vgl. Norbert Frei, Vergangenheitspolitik. Die Anfänge der Bundesrepublik und die NS-Vergangenheit, München 1996.

10 Vgl. Detlef Siegfried, 1968. Protest, Revolte, Gegenkultur, Ditzingen 2018; Robert Grünbaum, Jens Schöne, Heike Tuchscheerer (Hg.), Das doppelte 1968. Hoffnung – Aufbruch – Protest, Berlin 2019; Norbert Frei, 1968. Jugendrevolte und globaler Protest, München 2017.

11 Dolores L. Augustine, Taking on Technocracy. Nuclear Power in Germany, 1945 to the Present, New York 2018, S. 131.

12 Vgl. etwa Timothy Snyder, On Tyranny. Twenty Lessons from the Twentieth Century, London 2017; Hedwig Richter, Demokratie. Eine deutsche Affäre. Vom 18. Jahrhundert bis zur Gegenwart, München 2020; Magnus Brechtken, Der Wert der Geschichte. Zehn Lektionen für die Gegenwart, München 2020.

13 Ute Daniel, Postheroische Demokratiegeschichte, Hamburg 2020.

14 Vgl. etwa Paul Nolte, Was ist Demokratie? Geschichte und Gegenwart, München 2012, insbes. S. 425; Pierre Rosanvallon, Die Gegen-Demokratie. Politik im Zeitalter des Misstrauens, Hamburg 2017; Jan-Werner Müller, Contesting Democracy. Political Ideas in Twentieth-Century Europe, New Haven 2011; ders., Freiheit, Gleichheit, Ungewissheit. Wie schafft man Demokratie?, Berlin 2021; Joachim Raschke, Die Erfindung der modernen Demokratie. Innovationen, Irrwege, Konsequenzen, Wiesbaden 2020.

15 Bernd-A. Rusinek, Wyhl, in: Etienne François, Hagen Schulze (Hrsg.), Deutsche Erinnerungsorte II, München 2001, S. 652–666.

16 Staatsarchiv Hamburg 136–3 Nr. 35, Kommunistische Partei Deutschlands, Das Atomkraftwerk in Brokdorf muss verhindert werden! (November 1976), S. 2.

17 Archiv Grünes Gedächtnis Berlin E. 11 Nr. 1, Erklärung des Kommandos »Oliver Hardy«, Zum Tortenanschlag auf Josef »Jo« Leinen, Saarbrücken, 10. März 1985.

18 Willi Baer, Jens Renner, Vorwort, in: Lieber heute aktiv als morgen radioaktiv. Die AKW-Protestbewegung von Wyhl bis Brokdorf. Bd. 1, Hamburg 2011, S. 15–18; S. 15. Vgl. auch Gorleben-Archiv e.V. (Hg.), »Mein lieber Herr Albrecht …!« Wie der Gorleben-Konflikt eine Region veränderte. 34 Gespräche mit Zeitzeugen, Lüchow 2019; Susanne Kamien, Max Rheinländer, ÜberMacht & Phantasie. Geschichte(n) des Gorleben Widerstands, Lüchow o.J. (2008?); Bernhard Gelderblom, 40 Jahre »Schlacht um Grohnde« 1977–2017, Holzminden 2017; Lieber heute aktiv als morgen radioaktiv. Die AKW-Protestbewegung von Wyhl bis Brokdorf. Bd. 1, Hamburg 2011; Lieber heute aktiv als morgen radioaktiv Bd. 2–5, Hamburg 2012/13, 2016.

19 Ulrich Herbert, Liberalisierung als Lernprozeß. Die Bundesrepublik in der deutschen Geschichte – eine Skizze, in: ders. (Hg.), Wandlungsprozesse in Westdeutschland. Belastung, Integration, Liberalisierung 1945–1980, Göttingen 2002, S. 7–49; S. 14.

20 Staatsarchiv Hamburg 136–1 Nr. 3938, Verlaufsbericht, Einsatz der 4. (St.) BPAH am 30./31. 10. 1976 zum Schutze der Baustelle des Kernkraftwerkes (KKW) Brokdorf anläßlich geplanter Demonstrationen, 3. November 1976. Zitate S. 4, 5.

21 Vgl. Frank Biess, Republik der Angst. Eine andere Geschichte der Bundesrepublik, Reinbek 2019, S. 372–383. Die Darstellung ist ein Festival täterloser Satzkonstruktionen, sodass die emotionsgeschichtliche Analyse merkwürdig unpersönlich ausfällt.

22 Joachim Radkau, Aufstieg und Krise der deutschen Atomwirtschaft 1945–1975. Verdrängte Alternativen in der Kerntechnik und der Ursprung der nuklearen Kontroverse, Reinbek 1983, S. 248, 256.

23 Joachim Radkau, Die Ära der Ökologie. Eine Weltgeschichte, München 2011, S. 445.

24 Engels geht von 300 000 Demonstranten 1977 und 400 000 zwei Jahre später aus. (Jens Ivo Engels, Naturpolitik in der Bundesrepublik. Ideenwelt und politische Verhaltensstile in Naturschutz und Umweltbewegung 1950–1980, Paderborn 2006, S. 346.)

25 Zum Gorleben-Treck umfassend Detlef Schmiechen-Ackermann u.a. (Hg.), Der Gorleben-Treck 1979. Anti-Atom-Protest als soziale Bewegung und demokratischer Lernprozess, Göttingen 2020.

26 Ute Hasenöhrl, Zivilgesellschaft und Protest. Eine Geschichte der Naturschutz- und Umweltbewegung in Bayern 1945–1980, Göttingen 2011, S. 420, 466.

27 Landesarchiv Schleswig-Holstein Abt. 611 Nr. 8784, Polizeidirektion Schleswig-Holstein West, Itzehoe, Anlagen zu Verlaufs- und Erfahrungsbericht Polizeieinsatz Brokdorf, 28. Februar 1981, Anlage 1, Übersicht über die größeren Demonstrationen gegen das KKW Brokdorf seit Oktober 1976.

28 Staatsarchiv Hamburg 136–1 Nr. 3938, Verlaufsbericht über den Einsatz der 4. (St.)/BPAH am 13. 11. 1976 auf dem Gelände der Baustelle des Kernkraftwerkes (KKW) bei Brokdorf anläßlich einer politischen Großkundgebung mit Demonstrationsmarsch, 14. November 1976, S. 5.

29 Staatsarchiv Hamburg 136–1 Nr. 3940, Bericht über den Ablauf der Demonstration am 19. 2. 1977 in Schleswig-Holstein, 25. Februar 1977, S. 9.

30 Landesarchiv Schleswig-Holstein Abt. 611 Nr. 8784, Polizeidirektion Schleswig-Holstein West, Verlaufs- und Erfahrungsbericht, Polizeieinsatz Brokdorf, 28. Februar 1981, S. 23f.

31 Frank Uekötter, Der deutsche Kanal. Eine Mythologie der alten Bundesrepublik, Stuttgart 2020, S. 41.

32 Augustine, Taking on Technocracy, S. 128; Matthias Jung, Öffentlichkeit und Sprachwandel. Zur Geschichte des Diskurses über die Atomenergie, Opladen 1994, S. 96.

33 Radkau, Aufstieg und Krise.

34 Staatsarchiv Hamburg 131–21 Nr. 5271, Vermerk vom 14. April 1980, S. 2.

35 Staatsarchiv Hamburg 136–1 Nr. 3938, Sozialdemokratische Partei Deutschlands, Kreis Hamburg-Nord an Senator Werner Staak, Behörde für Inneres, 2. November 1976.

36 Staatsarchiv Hamburg 131–21 Nr. 5271, Hamburger Behörde für Wirtschaft, Verkehr und Landwirtschaft, Vermerk vom 19. November 1976, S. 1.

37 Ebd., Vermerk vom 14. April 1980, S. 3.

38 Knut Kübler, Was ist eigentlich aus dem ersten CO_2-Minderungsziel der Bundesregierung geworden?, in: Energiewirtschaftliche Tagesfragen 67 (2017), Heft 12, S. 42–46; S. 43.

39 Kernkraftwerk Brokdorf, im Internet verfügbar unter https://www.preussenelektra.de/de/unsere-kraftwerke/kraftwerkbrokdorf.html (zuletzt aufgerufen am 22. Oktober 2021).

40 Simon Taylor, The Fall and Rise of Nuclear Power in Britain. A History, Cambridge 2016, S. 38f., 45.

41 Terry Macalister, Hinkley Point C nuclear project in crisis as EDF finance director resigns, in: The Guardian vom 7. März 2016, online verfügbar unter https://www.theguardian.com/environment/2016/mar/07/hinkleypoint-c-nuclear-project-in-crisis-as-edf-finance-director-resigns (zuletzt aufgerufen am 22. Oktober 2021).

42 Diane Cardwell, Jonathan Soble, Westinghouse Files for Bankruptcy, in Blow to Nuclear Power, in: New York Times vom 29. März 2017, online verfügbar unter https://www.nytimes.com/2017/03/29/business/westinghouse-toshiba-nuclear-bankruptcy.html (zuletzt aufgerufen am 22. Oktober 2021).

43 Stephan Geier, Schwellenmacht. Bonns heimliche Atomdiplomatie von Adenauer bis Schmidt, Paderborn 2013, S. 389. Vgl. auch Dennis Romberg, Atomgeschäfte. Die Nuklearexportpolitik der Bundesrepublik Deutschland 1970–1979, Paderborn 2020.

44 http://www.world-nuclear.org/info/Country-Profiles/CountriesA-F/Brazil (zuletzt aufgerufen am 22. Oktober 2021).

45 Landesarchiv Schleswig-Holstein Abt. 611 Nr. 8784, Polizeidirektion Schleswig-Holstein West, Itzehoe, Anlagen zu Verlaufs- und Erfahrungsbericht Polizeieinsatz Brokdorf, 28. Februar 1981, Anlage 1, Übersicht über die größeren Demonstrationen gegen das KKW Brokdorf seit Oktober 1976.

46 Hartmut Albers, Gerichtsentscheidungen zu Kernkraftwerken, Villingen 1980, S. 73.

47 Landesarchiv Schleswig-Holstein Abteilung 621 Nr. 451, Der Innenminister des Landes Schleswig-Holstein, 18. Februar 1981, S. 1.

48 Als Überblick zu den Brokdorfer Aktivitäten bis 1981 vgl. Reimar Paul, Wolfgang Ehmke, Lieber heute aktiv als morgen radioaktiv II. Chronologie einer Bewegung, Hamburg 2012, S. 10–33.

49 Staatsarchiv Hamburg 136–3 Nr. 1174, Arbeitskreis Politische Ökologie, BUU Hamburg, Bilanz und Perspektiven zum Widerstand gegen Atomanlagen, September 1978, S. 8.

50 Vgl. S. 130.

51 Numerius Negidius, Eine Rüge für Mainz, nicht für Mülheim-Kärlich, in: atomwirtschaft 33 (1988), S. 507.

52 Eike Roth, Mülheim-Kärlich, ein deutsches Trauerspiel, in: atw 43 (1998), S. 162–166.

53 Frühe Sünden, in: Der Spiegel Nr. 37 (12. September 1988), S. 28–29; S. 28.

54 Bundesarchiv Koblenz B 136/25614, Regierungserklärung des Herrn Ministerpräsidenten zum Bau des Kernkraftwerks Süd im Landtag am 13. Oktober 1982, S. 2.

55 Oliver Lepsius, Versammlungsrecht und gesellschaftliche Integration, in: Anselm Doering-Manteuffel, Bernd Greiner, Oliver Lepsius, Der Brokdorf-Beschluss des Bundesverfassungsgerichts 1985. Eine Veröffentlichung aus dem Arbeitskreis für Rechtswissenschaft und Zeitgeschichte an der Akademie der Wissenschaften und der Literatur, Mainz, Tübingen 2015, S. 113–165; S. 114.

56 Staatsarchiv Hamburg 136–1 Nr. 3938, Günther Jansen, Plädoyer für eine Denkpause. Zum Atomenergiebeschluß der SPD Schleswig-Holsteins. SPD-Pressedienst vom 4. November 1976.

57 Tony Judt, Geschichte Europas von 1945 bis zur Gegenwart, München 2006, S. 540.

58 Heinz Maier-Leibnitz, Atomminister für ein Jahr, in: Friedrich Zimmermann (Hg.), Anspruch und Leistung. Widmungen für Franz Josef Strauß, Stuttgart-Degerloch 1980, S. 33–49.

59 Vgl. Herfried Münkler, Populismus, Demokratismus, Cäsarismus. Die Herausforderung der liberalen Demokratie, in: Merkur Jg. 75 Heft 863 (April 2021), S. 26–41; S. 35.

60 Joachim Radkau, Mandel, Heinrich, in: Neue Deutsche Biographie Bd. 16, Berlin 1990, S. 9f.

61 »Meine Worte fallen in einem Sumpf«. Spiegel-Gespräch mit Heinrich Mandel, in: Der Spiegel Nr. 50 (11. Dezember 1978), S. 92–108; S. 100.

62 https://de.wikipedia.org/wiki/Deutsches_Atomforum (zuletzt aufgerufen am 22. Oktober 2021).

63 Bertolt Brecht, Gesammelte Werke in 20 Bänden (werkausgabe edition suhrkamp), Bd. 3, Frankfurt am Main 1967, S. 1329.

2. Am Schwanz des Drachens

1 Richard Rhodes, Die Atombombe oder Die Geschichte des 8. Schöpfungstages, Nördlingen 1988, S. 618.

2 Vgl. Bruce Cameron Reed, The History and Science of the Manhattan Project, 2. Aufl. Berlin 2019; Cynthia C. Kelly (Hg.), The Manhattan Project. The Birth of the Atomic Bomb in the Words of Its Creators, Eyewitnesses, and Historians, New York 2007.

3 Rhodes, Atombombe, S. 41.

4 Brigitte Röthlein, Mare Tranquillitatis, 20. Juli 1969. Die wissenschaftlich-technische Revolution, München 1997, S. 74.

5 Mark Walker, Die Uranmaschine. Mythos und Wirklichkeit der deutschen Atombombe, Berlin 1990. Vgl. auch Rainer Karlsch, Hitlers Bombe. Die geheime Geschichte der deutschen Kernwaffenversuche, München 2005.

6 Lawrence S. Wittner, One World or None. A History of the World Nuclear Disarmament Movement Through 1953, Stanford 1993, 158–160; Klaus Gottstein, Die Amaldi Konferenzen, in: Christian Forstner, Götz Neuneck (Hg.), Physik, Militär und Frieden. Physiker zwischen Rüstungsforschung und Friedensbewegung, Wiesbaden 2018, S. 231–259; S. 247.

7 Richard P. Feynman, »Sie belieben wohl zu scherzen, Mr. Feynman!« Abenteuer eines neugierigen Physikers, München 1993, S. 175.
8 Peter Goodchild, Edward Teller. The Real Dr. Strangelove, London 2004.
9 So Mark Walker, Otto Hahn. Verantwortung und Verdrängung (Ergebnisse. Vorabdrucke aus dem Forschungsprogramm »Geschichte der Kaiser-Wilhelm-Gesellschaft im Nationalsozialismus« Heft 10), Berlin 2003, S. 53.
10 Zur Kritik dieser Erinnerungskultur Ruth Lewin Sime, The Politics of Memory. Otto Hahn and the Third Reich, in: Physics in Perspective 8 (2006), S. 3–51.
11 Maier-Leibnitz, Atomminister, S. 35.
12 Ray Monk, Inside the Centre. The Life of J. Robert Oppenheimer, London 2012; Kai Bird, Martin J. Sherwin, J. Robert Oppenheimer. Die Biographie, Berlin 2009.
13 Dazu Susanne Rehn-Taube, Der Kernspaltungstisch im Deutschen Museum, in: Vera Keiser (Hg.), Radiochemie, Fleiß und Intuition. Neue Forschungen zu Otto Hahn, Diepholz 2018, S. 63–82.
14 Franz Josef Strauß, Die Erinnerungen, Berlin 1989, S. 236. Vgl. Radkau, Aufstieg und Krise, S. 37–45. Zu Heisenberg David C. Cassidy, Werner Heisenberg. Leben und Werk, Heidelberg 1995, und Cathryn Carson, Heisenberg in the Atomic Age. Science and the Public Sphere, New York 2010.
15 Vgl. Alfred D. Chandler, Strategy and Structure. Chapters in the History of the Industrial Enterprise, Cambridge, Mass. 1962, und ders., The Visible Hand. The Managerial Revolution in American Business, Cambridge, Mass. 1977.
16 Lorna Arnold, Windscale 1957. Anatomy of a Nuclear Accident, Basingstoke 2007, S. 154.
17 Joachim Radkau, Der »Größte Anzunehmende Unfall«, in: Frank Uekötter (Hg.), Ökologische Erinnerungsorte, Göttingen 2014, S. 50–60; S. 55. Umfassend zum Thema David Okrent, Nuclear Reactor Safety. On the History of the Regulatory Process, Madison, Wisc. 1981.
18 Feynman, Sie belieben, S. 180.
19 David Fischer, History of the International Atomic Energy Agency. The First Forty Years, Wien 1997.
20 Andreas Lutsch, Westbindung oder Gleichgewicht? Die nukleare Sicherheitspolitik der Bundesrepublik Deutschland zwischen Atomwaffensperrvertrag und NATO-Doppelbeschluss, Berlin 2020, S. 272 (Zitate), 331, 342f., 534.
21 Hans-Peter Schwarz, Adenauer. Der Staatsmann: 1952–1967, Stuttgart 1991, S. 394–401. Vgl. auch Michael Knoll, Atomare Optionen. Westdeutsche Kernwaffenpolitik in der Ära Adenauer, Frankfurt am Main 2013, S. 255–278.
22 Hans-Peter Schwarz, Adenauer und die Kernwaffen, in: Vierteljahreshefte für Zeitgeschichte 37 (1989), S. 567–593; S. 569.
23 Zu diesem Thema ist eine umfängliche Literatur verfügbar. Vgl. Geier, Schwellenmacht; Peter Fischer, Atomenergie und staatliches Interesse. Die Anfänge der Atompolitik in der Bundesrepublik Deutschland 1949–1955,

Baden-Baden 1994; Mark Cioc, Pax Atomica. The Nuclear Defense Debate in West Germany during the Adenauer Era, New York 1988; Beatrice Heuser, NATO, Britain, France and the FRG. Nuclear Strategies and Forces for Europe, 1949–2000, London 1997; Matthias Küntzel, Bonn und die Bombe. Deutsche Atomwaffenpolitik von Adenauer bis Brandt, Frankfurt am Main 1992; Christoph Bluth, Britain, Germany, and Western Nuclear Strategy, Oxford 1995. Unbefriedigend hingegen Tilmann Hanel, Die Bombe als Option. Motive für den Aufbau einer atomtechnischen Infrastruktur in der Bundesrepublik bis 1963, Essen 2015; dazu überzeugend Stephan Geier: Rezension zu: Hanel, Tilmann: Die Bombe als Option. Motive für den Aufbau einer atomtechnischen Infrastruktur in der Bundesrepublik bis 1963. Essen 2015, in: H-Soz-Kult vom 29. Mai 2015, im Internet verfügbar unter https://www.hsozkult.de/publicationreview/id/reb-22492 (zuletzt aufgerufen am 5. August 2021).

24 Fischer, Atomenergie, S. 283.

25 Vgl. Christoph Hoppe, Zwischen Teilhabe und Mitsprache. Die Nuklearfrage in der Allianzpolitik Deutschlands 1959–66, Baden-Baden 1993.

26 Vgl. S. 76.

27 Robert Jungk, Der Atomstaat. Vom Fortschritt in die Unmenschlichkeit, München 1977, S. xi.

28 Radkau, Aufstieg und Krise, S. 193.

29 Wolfram Wette, Von der Anti-Atombewegung zur Friedensbewegung (1958–1984), in: Michael Salewski (Hg.), Das nukleare Jahrhundert. Eine Zwischenbilanz, Stuttgart 1998, S. 174–187. Vgl. auch Alice Holmes Cooper, Paradoxes of Peace. German Peace Movements since 1945, Ann Arbor 1996; Susanne Schregel, Der Atomkrieg vor der Wohnungstür. Eine Politikgeschichte der neuen Friedensbewegung in der Bundesrepublik 1970–1985, Frankfurt am Main 2011; Christoph Becker-Schaum u.a. (Hg.), »Entrüstet Euch!« Nuklearkrise, NATO-Doppelbeschluss und Friedensbewegung, Paderborn 2012; Eckart Conze, Martin Klimke, Jeremy Varon (Hg.), Nuclear Threats, Nuclear Fear, and the Cold War of the 1980s, New York 2017.

30 Klaus Traube, Einleitung, in: ders. u.a. (Hg.), Der Atom-Skandal. Alkem, Nukem und die Konsequenzen, Reinbek 1988, S. 7–11; S. 8.

31 Richard Rhodes, Energy. A Human History, New York 2018, S. 288.

32 R.F. Pocock, Nuclear Power. Its Development in the United Kingdom, Old Woking 1977, S. 47.

33 Radkau, Aufstieg und Krise, S. 202.

34 Allan M. Winkler, Life under a Cloud. American Anxiety about the Atom, Urbana 1999, S. 140.

35 So Leo Brandt, Atomenergie als wirtschaftliche Kraftquelle auch für Deutschland?, in: Forschen und Gestalten. Reden und Aufsätze von Leo Brandt 1930–1962, Köln 1962, S. 475–527; S. 488. Im Original kursiv.

36 Joachim Radkau, Lothar Hahn, Aufstieg und Fall der deutschen Atomwirtschaft, München 2013, S. 82.

37 Hans-Ulrich Wehler, Deutsche Gesellschaftsgeschichte, Fünfter Band: Bundesrepublik und DDR 1949–1990, München 2008, S. 53.

38 Die Bedeutung der Atomenergie für die öffentliche Elektrizitätsversorgung in Bayern. Studie der Obersten Baubehörde im Bayerischen Staatsministerium des Innern und der Bayernwerk AG, Bayerische Landeselektrizitätsversorgung, München, im Januar 1956, S. 17.

39 Zitiert nach Thomas Dannenbaum, »Atom-Staat« oder »Unregierbarkeit«. Wahrnehmungsmuster im westdeutschen Atomkonflikt der siebziger Jahre, in: Franz-Josef Brüggemeier, Jens Ivo Engels (Hg.), Natur- und Umweltschutz nach 1945. Konzepte, Konflikte, Kompetenzen, Frankfurt am Main 2005, S. 268–286; S. 279.

40 Falk Illing, Energiepolitik in Deutschland. Die energiepolitischen Maßnahmen der Bundesregierung 1949–2013, Baden-Baden 2012, S. 31; Hans Dieter Hellige, Entstehungsbedingungen und energietechnische Langzeitwirkungen des Energiewirtschaftsgesetzes von 1935, in: Technikgeschichte 53 (1986), S. 123–155.

41 Vgl. Walker, Uranmaschine, und Wolf Schäfer, Plutoniumbombe und zivile Atomkraft. Carl Friedrich von Weizsäckers Beiträge zum Dritten Reich und zur Bundesrepublik, in: Leviathan 41 (2013), S. 383–421.

42 Robert Jungk, Heller als tausend Sonnen. Das Schicksal der Atomforscher, Stuttgart 1956. Als mea culpa vgl. Robert Jungk, Vorwort, in: Walker, Uranmaschine, S. 7–10.

43 Ulrich Herbert, Geschichte Deutschlands im 20. Jahrhundert, München 2014, S. 801. Vgl. Leo Brandt, Die zweite industrielle Revolution, in: Vorstand der SPD (Hg.), Protokoll der Verhandlungen des Parteitags der Sozialdemokratischen Partei Deutschlands vom 10. bis 14. Juli 1956 in München, Bonn o.J., S. 148–166.

44 Fritz Sänger, Grundsatzprogramm der SPD. Kommentar, Berlin und Hannover 1960, S. 115.

45 Ernst Bloch, Das Prinzip Hoffnung. Zweiter Band, Frankfurt am Main 1973, S. 775.

3. Planen, Verhandeln, Bauen

1 Radkau und Hahn, Aufstieg und Fall, S. 40, 114, 300.

2 Walker, Uranmaschine, S. 69, 185.

3 Richard G. Hewlett, Jack M. Holl, Atoms for Peace and War, 1953–1961. Eisenhower and the Atomic Energy Commission, Berkeley 1989, S. 72, 227.

4 US-Informationsdienst München, Amerikanisches Generalkonsulat (Hg.), »Atom-Kraft für den Frieden«. Sonderschau im Deutschen Museum München. 17. Oktober bis 6. November 1955. Veranstaltet vom Kuratorium der Ausstellung »Atom«. Presse-Buch, München 1955, S. 27 (Zitat).

5 Vgl. C. N. Hill, An Atomic Empire. A Technical History of the Rise and Fall of the British Atomic Energy Programme, London 2013.

6 Desmond Dinan, Europe Recast. A History of the European Union, Basingstoke 2004, S. 68–76.

7 Radkau, Aufstieg und Krise, S. 138.

8 Archiv für Christlich-Soziale Politik München, Nachlass Franz Josef Strauß Fam 658, Redemanuskript 1955/1956, S. 1, 2.

9 Peter Siebenmorgen, Franz Josef Strauß. Ein Leben im Übermaß, München 2015, S. 108, 112–114. Vgl. auch Horst Möller, Franz Josef Strauß. Herrscher und Rebell, München 2015, S. 149–160.

10 Robert Lorenz, Protest der Physiker. Die »Göttinger Erklärung« von 1957, Bielefeld 2011, S. 32.

11 Jimmy Carter, Why Not the Best? The First Fifty Years, Fayetteville 1996, S. 57. Zu Rickover vgl. Francis Duncan, Rickover. The Struggle for Excellence, Annapolis 2011, und Norman Polmar, Thomas B. Allen, Rickover. Controversy and Genius, New York 1982.

12 Dazu Frank Uekötter, Im Strudel. Eine Umweltgeschichte der modernen Welt, Frankfurt am Main 2020, S. 567–580.

13 Vgl. Cooper, Paradoxes of Peace, S. 25–81.

14 Radkau, Aufstieg und Krise, S. 145.

15 Ebd., S. 262.

16 Dinan, Europe Recast, S. 76 (Zitat); François Duchêne, Jean Monnet. The First Statesman of Interdependence, New York 1994, S. 264–266.

17 Ulrich Kirchner, Der Hochtemperaturreaktor. Konflikte, Interessen, Entscheidungen, Frankfurt am Main 1991, S. 26, 186.

18 Thomas Wieland, Neue Technik auf alten Pfaden? Forschungs- und Technologiepolitik in der Bonner Republik. Eine Studie zur Pfadabhängigkeit des technischen Fortschritts, Bielefeld 2009, S. 106, 118 (Zitat).

19 Radkau, Aufstieg und Krise, S. 202.

20 Dietmar Bleidick, Pionier der deutschen Kernenergie. Geschichte des VAK Kahl 1958–2010, Essen 2010, S. 24, 27 f., 91, 93.

21 Zur Technologie der Kernenergie sind zahlreiche Publikationen verfügbar. Vgl. etwa Enzo de Sanctis, Stefan Monti, Marco Ripani, Energy from Nuclear Fission. An Introduction, o.O. (Schweiz) 2016.

22 Paul R. Josephson, Red Atom. Russia's Nuclear Power Program from Stalin to Today, Pittsburgh 2005, S. 39.

23 Bleidick, Pionier, S. 24, 27.

24 Zitiert nach Gabrielle Hecht, The Radiance of France. Nuclear Power and National Identity after World War II, Cambridge, Mass. 1998, S. 231.

25 Weltweit erstes schwimmendes Atomkraftwerk legt Richtung Arktis ab, in: Spiegel Online vom 23. August 2019, im Internet verfügbar unter https://www.spiegel.de/wissenschaft/technik/russland-schwimmendes-atomkraftwerk-akademik-lomonossow-legt-ab-a-1283371.html (zuletzt aufgerufen am 22. Oktober 2021).

26 Joachim Radkau, Fragen an die Geschichte der Kernenergie. Perspektivenwandel im Zuge der Zeit (1975–1986), in: Jens Hohensee, Michael Salewski (Hg.), Energie – Politik – Geschichte. Nationale und internationale Energiepolitik seit 1945, Stuttgart 1993, S. 101–126; S. 119.

27 Friedrich Münzinger, Atomkraft. Der Bau von Atomkraftwerken und seine Probleme. Eine Einführung für Ingenieure, Energiewirtschaftler und Volkswirte, 2. Aufl. Berlin u.a. 1957, S. III.

28 Radkau, Aufstieg und Krise, S. 154.

29 Otto Keck, Der Schnelle Brüter. Eine Fallstudie über Entscheidungsprozesse in der Großtechnik, Frankfurt am Main 1984, S. 311f.

30 Hecht, Radiance, S. 273.

31 Sonja D. Schmid, Producing Power. The Pre-Chernobyl History of the Soviet Nuclear Industry, Cambridge, Mass. 2015, S. 117.

32 Radkau, Aufstieg und Krise, S. 73 (Zitat), 317–320.

33 Wolfgang D. Müller, Geschichte der Kernenergie in der Bundesrepublik Deutschland. Band II: Auf der Suche nach dem Erfolg – Die Sechziger Jahre, Stuttgart 1996, S. 408.

34 Vgl. S. 150f.

35 Martin V. Melosi, Atomic Age America, Boston 2013, S. 223.

36 Bleidick, Pionier, S. 27.

37 Thomas P. Hughes, American Genesis. A Century of Invention and Technological Enthusiasm 1870–1970, New York 1989, S. 435–438.

38 Vgl. Kirchner, Der Hochtemperaturreaktor.

39 Vgl. Whistleblowerpreis 2011 für Dr. Rainer Moormann, Aachen. Begründung der Jury, im Internet verfügbar unter https://vdw-ev.de/wp-content/uploads/2016/07/begruendung_whistleblower_moormann_de.pdf (zuletzt aufgerufen am 22. Oktober 2021).

40 Dieter Helm, Energy, the State, and the Market. British Energy Policy since 1979, überarb. Aufl. New York 2008, S. 103.

41 Hill, Atomic Empire, S. 221.

42 Melosi, Atomic Age America, S. 223.

43 Radkau und Hahn, Aufstieg und Fall, S. 139f. Jahreszahlen nach ebd., Aufstieg und Fall, S. 407.

44 Hill, Atomic Empire, S. 345.

45 Vgl. Boris Dänzer-Kantof, Félix Torres, L'Énergie de la France. De Zoé aux EPR, une histoire du programme nucléaire français, Paris 2013.

46 Dazu ausführlich Uekötter, Der deutsche Kanal.

47 Werner Abelshauser, Die BASF seit der Neugründung von 1952, in: ders. (Hg.), Die BASF. Eine Unternehmensgeschichte, München 2002, S. 359–637; S. 509–513.

48 Joachim Radkau, Das RWE zwischen Braunkohle und Atomeuphorie 1945–1968, in: Dieter Schweer, Wolf Thieme (Hg.), »Der gläserne Riese«. RWE – ein Konzern wird transparent, Wiesbaden 1998, S. 173–196; S. 188.

49 Radkau, Aufstieg und Krise, S. 140–144. Zum wechselnden Zuschnitt des Ressorts vgl. Peter Weingart, Niels C. Taubert, Das Bundesministerium für Bildung und Forschung, in: dies. (Hg.), Das Wissensministerium. Ein halbes Jahrhundert Forschungs- und Bildungspolitik in Deutschland, Weilerswist 2006, S. 11–29.

50 Heinz Maier-Leibnitz, Der Forschungs-Reaktor München. Herausgegeben anläßlich der Übergabe der Reaktorstation Garching des Laboratoriums für Technische Physik der Technischen Hochschule München. Verfasst von Mitwirkenden an dem Projekt, München 1958, S. 6. Zur Kritik vgl. Armin Simon, Das atomare Kuckucksei. Überflüssig, teuer und Bomben-gefähr-

lich: Die bayerische »Erfolgsgeschichte« des Forschungsreaktors München II, München 2005.

51 Vgl. Hecht, Radiance, S. 297.

52 Vgl. Bernd-A. Rusinek, Leo Brandt. Ein Überblick, in: ders., Bernhard Mittermaier (Hg.), Leo Brandt (1908–1971). Ingenieur – Wissenschaftsförderer – Visionär. Wissenschaftliche Konferenz zum 100. Geburtstag des nordrhein-westfälischen Forschungspolitikers und Gründers des Forschungszentrums Jülich, Jülich 2009, S. 11–27; Jürgen Brautmeier, Leo Brandt als Forschungspolitiker, in: ebd., S. 29–38.

53 Kirchner, Der Hochtemperaturreaktor, S. 186. Vgl. Peter Armbruster, Schulten, Rudolf, in: Neue Deutsche Biographie Bd. 23, Berlin 2007, S. 692.

54 Als chronologischen Überblick vgl. Helmut Overbeck, Der Schnelle Brüter in Kalkar. Planung, Bau, vornukleare Inbetriebnahme, Stillegung, Düsseldorf 1992.

55 Joachim Radkau, Geschichte der Zukunft. Prognosen, Visionen, Irrungen in Deutschland von 1945 bis heute, München 2017, S. 155.

56 Radkau, Mandel.

57 Christopher Kirchberg, Marcel Schmeer, The »Traube Affair«. Transparency as a Legitimation and Action Strategy between Security, Surveillance and Privacy, in: Stefan Berger, Dimitrij Owetschkin (Hg.), Contested Transparencies, Social Movements and the Public Sphere. Multi-Disciplinary Perspectives, Cham 2019, S. 173–196.

58 Cornelia Altenburg, Kernenergie und Politikberatung. Die Vermessung einer Kontroverse, Wiesbaden 2010, S. 116.

59 Historisches Konzernarchiv RWE HKR 43001, RWE Hauptverwaltung Abt. KA an Prof. Mandel, 2. August 1978, S. 1.

60 Historisches Konzernarchiv RWE HKR 43000, Heinrich Mandel an die Bilanz-Redaktion des Zweiten Deutschen Fernsehens, 2. Dezember 1977.

61 Zitiert nach Rusinek, Brandt, S. 12.

62 Alvin M. Weinberg, Social Institutions and Nuclear Energy, in: Science 177 (1972), S. 27–34; S. 34.

63 »Meine Worte fallen in einem Sumpf«. Spiegel-Gespräch mit Heinrich Mandel, in: Der Spiegel Nr. 50 (11. Dezember 1978), S. 92–108; S. 98.

64 Rusinek, Brandt, S. 14, 23.

65 Brandt, Die zweite industrielle Revolution, S. 153.

4. Krisenjahre

1 Richard F. Hirsh, Power Loss. The Origins of Deregulation and Restructuring in the American Electric Utility System, Cambridge, Mass. 1999, S. 66f., 172.

2 Radkau und Hahn, Aufstieg und Fall, S. 407.

3 Einen Eindruck von der Vielfalt der Ansätze vermitteln Rüdiger Graf, Öl und Souveränität. Petroknowledge und Energiepolitik in den USA und Westeuropa in den 1970er Jahren, Berlin 2014; Meg Jacobs, Panic at the Pump. The Energy Crisis and the Transformation of American Politics in the

1970s, New York 2016; Christopher R.W. Dietrich, Oil Revolution. Anticolonial Elites, Sovereign Rights, and the Economic Culture of Decolonization, Cambridge 2017; Jens Hohensee, Der erste Ölpreisschock 1973/74. Die politischen und gesellschaftlichen Auswirkungen der arabischen Erdölpolitik auf die Bundesrepublik Deutschland und Westeuropa, Stuttgart 1996; Daniel Yergin, The Prize. The Epic Quest for Oil, Money and Power, New York 1992.

4 Müller, Geschichte der Kernenergie Bd. 2, S. 405.

5 Radkau, Das RWE 1945–1968, S. 185–187, 189, 192.

6 Joachim Radkau, Das RWE zwischen Kernenergie und Diversifizierung 1968–1988, in: Dieter Schweer, Wolf Thieme (Hg.), »Der gläserne Riese«. RWE – ein Konzern wird transparent, Wiesbaden 1998, S. 221–244; S. 223–228.

7 Datierung nach Radkau und Hahn, Aufstieg und Fall, S. 407.

8 Robert Gerwin, Kernkraft heute und morgen. Kernforschung und Kerntechnik als Chance unserer Zeit, Stuttgart 1971, S. 22.

9 Ebd., S. 43.

10 Der Bundesminister für Bildung und Wissenschaft, 4. Atomprogramm der Bundesrepublik Deutschland für die Jahre 1973–1976. Entwurf, o.O. 1972, S. 68.

11 Wolfgang D. Müller, Geschichte der Kernenergie in der Bundesrepublik Deutschland. Anfänge und Weichenstellungen, Stuttgart 1990, S. 466.

12 Bundesminister für Bildung und Wissenschaft, 4. Atomprogramm, S. 16, 68.

13 Weinberg, Social Institutions, S. 31.

14 Keck, Der Schnelle Brüter, S. 200.

15 Dazu jüngst Nuno Luís Madureira, Reckless Proliferation and Guardianship Proliferation. The Fast Breeder Nuclear Reactor and the Plutonium Economy, in: Technology and Culture 60 (2019), S. 833–865.

16 Gerwin, Kernkraft heute und morgen, S. 49.

17 Staatsarchiv Hamburg 131–21 Nr. 4507, Landgrebe, Probleme der Kernenergie, S. 15.

18 Alvin M. Weinberg, The First Nuclear Era. The Life and Times of a Technological Fixer, New York 1994, S. 278.

19 Hendrik Ehrhardt, Stromkonflikte. Selbstverständnis und strategisches Handeln der Stromwirtschaft zwischen Politik, Industrie, Umwelt und Öffentlichkeit (1970–1989), Stuttgart 2017, S. 263.

20 Als jüngste Beiträge vgl. Natalie Pohl, Atomprotest am Oberrhein. Die Auseinandersetzung um den Bau von Atomkraftwerken in Baden und im Elsass (1970–1985), Stuttgart 2019; Stephen Milder, Greening Democracy. The Anti-Nuclear Movement and Political Environmentalism in West Germany and Beyond, 1968–1983, New York 2017; Andrew S. Tompkins, Better Active than Radioactive! Anti-Nuclear Protest in 1970s France and West Germany, Oxford 2016.

21 Hans-Helmut Wüstenhagen, Bürger gegen Kernkraftwerke. Wyhl – der Anfang?, Reinbek bei Hamburg 1975.

22 Niedersächsisches Landesarchiv Hannover Nds. 147, Acc. 153/95 Nr. 42, Vortragsveranstaltung für Regierungs-/Verwaltungspräsidenten, Polizei-

präsidenten und Vertreter, Abteilungsleiter 2 und Dezernenten 201, 202, 203 und 205 der Regierungsbehörden, Direktor des LKPA, Abteilungsleiter der Polizeidirektionen, Leiter der Polizeieinrichtungen, leitende Wirtschaftsverwaltungsbeamte, Beamte des höheren Dienstes der Schutz- und Kriminalpolizei am 16. Juni 1976 in Hannover, S. 17.

23 Archiv Soziale Bewegungen Freiburg Dok. 2957, Initiativgruppe »Verwandelt euren Haß in Energie«, Leistet Widerstand gegen das in Wyhl geplante Atomkraftwerk, 4. Juli 1974, S. 2.

24 Pohl, Atomprotest, S. 337.

25 Milder, Greening Democracy, S. 89.

26 Pohl, Atomprotest, S. 97, 102f.

27 David Häni, Kaiseraugst besetzt! Die Bewegung gegen das Atomkraftwerk, Basel 2018, S. 74, 77. Zu Kaiseraugst auch Patrick Kupper, Atomenergie und gespaltene Gesellschaft. Die Geschichte des gescheiterten Projektes Kernkraftwerk Kaiseraugst, Zürich 2003.

28 Pohl, Atomprotest, S. 237, 241.

29 Vgl. S. 172f.

30 Engels, Naturpolitik, S. 354.

31 Staatsarchiv Hamburg 136–3 Nr. 35, Was Wir Wollen Jg. 3 Nr. 7 (12. Mai 1976), S. 8.

32 Staatsarchiv Hamburg 136–1 Nr. 3938, Die Kampagne gegen den Bau des Kernkraftwerks Brokdorf. Hintergrundbericht und Analyse der Agitation und Aktivitäten in Hamburg, 26. November 1976, S. 3.

33 Vgl. S. 13–15.

34 Vgl. Gelderblom, 40 Jahre »Schlacht um Grohnde«.

35 Archiv Grünes Gedächtnis Berlin E. 11 Nr. 1, BI Fechenheim Info I, Juni 1980.

36 Gelderblom, 40 Jahre »Schlacht um Grohnde«, S. 121–140; Michael Stricker, Grohnde. Dokumentation der Polizeieinsätze anlässlich der Demonstration gegen das Kernkraftwerk Grohnde am 19. 03. 1977 und der Räumung des besetzten Kühlturmgeländes am 23. 08. 1977, Frankfurt am Main 2014, S. 235–250.

37 Niedersächsisches Landesarchiv Hannover Nds. 120 Hannover Acc. 103/85 Nr. 134/2, Schreiben der Bezirksregierung Hannover vom 12. Oktober 1978, S. 2.

38 Milder, Greening Democracy, S. 41, 71.

39 Pohl, Atomprotest, S. 408.

40 Philipp Gassert, Bewegte Gesellschaft. Deutsche Protestgeschichte seit 1945, Stuttgart 2018, S. 149.

41 So jedenfalls Wolfgang Sternstein, »Atomkraft – nein danke!« Der lange Weg zum Ausstieg, Frankfurt am Main 2013, S. 64f.

42 Andrew Tompkins, Towards a »Europe of Struggles«? Three Visions of Europe in the Early Anti-Nuclear Energy Movement 1975–79, in: Christian Wenkel u.a. (Hg.), The Environment and the European Public Sphere. Perceptions, Actors, Policies, Winwick 2020, S. 124–146; S. 130.

43 Milder, Greening Democracy, S. 72.

44 Staatsarchiv Hamburg 136–3 Nr. 35, Was Wir Wollen Jg. 3 Nr. 7 (12. Mai 1976), S. 8.
45 Engels, Naturpolitik, S. 346.
46 Staatsarchiv Hamburg 131–21 Nr. 5271, Vermerk vom 14. April 1980, S. 11.
47 Battelle-Institut, Bürgerinitiativen im Bereich von Kernkraftwerken. Bericht für das Bundesministerium für Forschung und Technologie, Bonn 1975, S. III.
48 Spencer R. Weart, The Rise of Nuclear Fear, Cambridge, Mass. 2012, S. 213.
49 Andreas Pettenkofer, Die Entstehung der grünen Politik. Kultursoziologie der westdeutschen Umweltbewegung, Frankfurt am Main 2014. Zitat S. 133. Es ist nicht ohne Ironie, dass Pettenkofer seinen Ansatz nicht zuletzt durch ständige Seitenhiebe auf konkurrierende Erklärungsansätze legitimiert.
50 Kurt Steinhaus, Jörg Heimbrecht, Energiekrise und Bonner Atomprogramm, Frankfurt am Main 1979, S. 148.
51 Gretchen Dutschke (Hg.), Rudi Dutschke. Jeder hat sein Leben ganz zu leben. Die Tagebücher 1963–1979, Köln 2003, S. 278.
52 Engels, Naturpolitik, S. 360.
53 Staatsarchiv Hamburg 136–3 Nr. 1174, BUU Hamburg, Atomkraft? Nein Danke. Informationen zur Atomenergie, Mai 1977, unpaginiertes Vorwort.
54 Staatsarchiv Hamburg 136–3 Nr. 1212; Staatsarchiv Hamburg 136–3 Nr. 35, Kommunistische Partei Deutschlands, Das Atomkraftwerk in Brokdorf muss verhindert werden! (ca. November 1976), S. 3; Paul und Ehmke, Lieber heute aktiv, S. 28.
55 Pohl, Atomprotest, S. 237.
56 Paul und Ehmke, Lieber heute aktiv, S. 78.
57 Joachim Radkau, Die Kernkraft-Kontroverse im Spiegel der Literatur. Phasen und Dimensionen einer neuen Aufklärung, in: Armin Hermann, Rolf Schumacher (Hg.), Das Ende des Atomzeitalters? Eine sachlich-kritische Dokumentation, München 1987, S. 307–334; S. 318.
58 Die Offenheit bundesdeutscher Medien für atomkritische Sichtweisen zeigte sich nach Tschernobyl, als sich französische Journalisten überwiegend an offizielle Stellen hielten, während ihre bundesdeutschen Kollegen das ganze Spektrum der Meinungen wiedergaben. Dazu Katrin Jordan, Ausgestrahlt. Die mediale Debatte um »Tschernobyl« in der Bundesrepublik und in Frankreich 1986/87, Göttingen 2018.
59 Bundesarchiv Koblenz B 106/146517, Flugblatt »Universität Bremen UNI-PRESS – Lehre und Forschung« vom 17. Dezember 1975, S. 3.
60 Staatsarchiv Hamburg 136–3 Nr. 858, Stadtteilinfo Nr. 2, undatiert (ca. Januar 1977), S. 1.
61 Holger Strohm, Friedlich in die Katastrophe. Eine Dokumentation über Atomkraftwerke, Frankfurt am Main 1981.
62 Sven Reichardt, Authentizität und Gemeinschaft. Linksalternatives Leben in den siebziger und frühen achtziger Jahren, Berlin 2014, S. 161.
63 Frank Uekötter, 100 Jahre Bund Naturschutz in Bayern. Fragen an eine bewegte Geschichte, in: Bund Naturschutz Forschung 11 (2013), S. 7–19; S. 16.
64 Radkau, Ära der Ökologie, S. 144.

65 Christoph Wehner, Die Versicherung der Atomgefahr. Risikopolitik, Sicherheitsproduktion und Expertise in der Bundesrepublik Deutschland und den USA 1945–1986, Göttingen 2017, S. 292.
66 Dirk H.R. Spennemann, Keeping it out of the Open. The Production and Collections History of *Asterix und das Atomkraftwerk* as an Example of the Liminality of Underground Literature, in: Leipziger Jahrbuch zur Buchgeschichte 24 (2016), S. 161–201; S. 171, 176.
67 Jungk, Der Atomstaat.
68 Dazu auch Susanna Schrafstetter, The Long Shadow of the Past. History, Memory and the Debate over West Germany's Nuclear Status, 1954–69, in: History and Memory 16 (2004), S. 118–145.
69 Archiv Grünes Gedächtnis Berlin E. 11 Nr. 1, Umwelt Akut Nr. 15 (November 1977), S. 2.
70 Bayerisches Hauptstaatsarchiv München SDW 931, Bund Naturschutz in Bayern, Kernenergie – eine Gefahr für die Demokratie. Rede vom Juli 1976, S. 2.
71 Staatsarchiv Hamburg 136–3 Nr. 1174, »Wir kommen Wieder!« Dokumentation zum Kampf gegen das Atomkraftwerk in Brokdorf, undatiert (ca. Januar 1977), S. 64.
72 Ebd., Brokdorf, ein Exempel. Zur Strategie und Taktik des Polizeieinsatzes, undatiert (ca. Januar 1977), S. 39.
73 Archiv Soziale Bewegungen Freiburg Dok. 2887, Flugblatt »Frauen schlagen Alarm!«
74 Frauen gegen AKW's, Standortsuche, in: Detlef Witt, Verena Lorenz-Meyer (Hg.), Atomkraft – Atombombe. Technische, Wirtschaftliche und personelle Verknüpfung der Atommafia – Anti-AKW-Bewegte kritisieren die Friedensbewegung, Berlin 1983, S. 82–86; S. 85. Zum Thema auch Astrid Mignon Kirchhof, Frauen in der Antiatomkraftbewegung. Am Beispiel der Mütter gegen Atomkraft, in: Ariadne 64 (2013), S. 48–57.
75 Staatsarchiv Hamburg 136–3 Nr. 1174, Arbeitskreis Politische Ökologie, BUU Hamburg, Bilanz und Perspektiven zum Widerstand gegen Atomanlagen, September 1978, S. 49.
76 Dieter Rucht, Von Wyhl nach Gorleben. Bürger gegen Atomprogramm und nukleare Entsorgung, München 1980.
77 Gassert, Bewegte Gesellschaft, S. 138.
78 Tompkins, Better Active, S. 23. Für den Beitrag des Verfassers zu diesem Projekt siehe Frank Uekötter, Wie Neu sind die Neuen Sozialen Bewegungen? Revisionistische Bemerkungen vor dem Hintergrund der umwelthistorischen Forschung, in: Mitteilungsblatt des Instituts für soziale Bewegungen 31 (2004), S. 109–131.
79 Staatsarchiv Hamburg 136–3 Nr. 1174, Adressbuch gegen Kernenergie, 2. Aufl. 1977, S. 2.
80 Archiv Grünes Gedächtnis Berlin E. 11 Nr. 1, Kein Atomkraftwerk mit unserem Geld. Informationsblatt Nr. 5 vom Februar 1980, S. 1.
81 Staatsarchiv Hamburg 136–3 Nr. 35, Amtliche Bekanntmachung, Der Freie Senat der Hansestadt Hamburg, Der Senator für Inneres, 21. Januar 1977.

82 Ebd., Das kleine Brokdorf-Spiel »Je Ka Mi«.
83 Gelderblom, 40 Jahre »Schlacht um Grohnde«, S. 183–185. Vgl. Niedersächsisches Landesarchiv Hannover Nds. 120 Hannover Acc. 2010/086 Nr. 8.
84 Paul und Ehmke, Lieber heute aktiv, S. 34.
85 Sternstein, Atomkraft, S. 124.
86 Staatsarchiv Hamburg 136–3 Nr. 1174, Adressbuch gegen Kernenergie, 2. Aufl. 1977, S. 115.
87 Staatsarchiv Hamburg 136–3 Nr. 858, Erklärung des Kommunistischen Bundes an die Mitglieder der Hamburger Bürgerinitiativen der AKW-Gegner, undatiert (Januar 1977), S. 1.
88 Sternstein, Atomkraft, S. 106.
89 Bayerisches Hauptstaatsarchiv München SDW 930, Hartmut Gründler, Eine intelligente Energiepolitik wird möglich, 29. April 1976, S. 1.
90 Archiv Grünes Gedächtnis Berlin E. 11 Nr. 1, Frankfurter Rundschau vom 6. Februar 1978, S. 14; hier auch weitere Materialien.
91 Rucht, Wyhl, S. 217f.
92 Einen unübertroffenen Einblick in die Vielfalt der globalen Protestbewegungen liefert der von Joan Martinez Alier initiierte Environmental Justice Atlas: https://ejatlas.org.
93 Staatsarchiv Hamburg 136–1 Nr. 3938, Aktionen von KKW-Gegnern in Brokdorf/Unterelbe, hier: Unterstützung der Polizei SH durch Polizei Hamburg, 30. Oktober 1976, S. 3.
94 Vgl. Andreas Kühn, Kalkar 1977. Anti-Atomkraft-Bewegung und Polizei im Wandel, in: Geschichte im Westen 22 (2007), S. 269–289; S. 278f.; Dolores L. Augustine, Wyhl, Brokdorf, Seabrock. Die Bekämpfung von Anti-AKW-Protesten zwischen Reform und Remilitarisierung der Polizei, in: Alexandra Jaeger, Julia Kleinschmidt, David Templin (Hg.), Den Protest regieren. Staatliches Handeln, neue soziale Bewegungen und linke Organisationen in den 1970er und 1980er Jahren, Essen 2018, S. 155–179.
95 Staatsarchiv Hamburg 136–1 Nr. 3939, Bürgerinitiative Umweltschutz Unterelbe an Senator Staak, Januar 1977 (Eingangsstempel vom 7. Februar 1977).
96 Staatsarchiv Hamburg 136–1 Nr. 3938, Flugblatt der Bürgerinitiative Umweltschutz Unterelbe, Willkommen in Brokdorf!, 30. Oktober 1976, S. 2.
97 Staatsarchiv Hamburg 136–3 Nr. 35, Bürgerinitiative Umweltschutz Unterelbe/Hamburg, Erklärung zum 19. Februar 1977.
98 Staatsarchiv Hamburg 136–3 Nr. 858, Stadtteilinfo Nr. 2, undatiert (ca. Januar 1977), S. 2.
99 Staatsarchiv Hamburg 136–1 Nr. 3938, Flugblatt der Bürgerinitiative Umweltschutz Unterelbe, Willkommen in Brokdorf!, 30. Oktober 1976, S. 2.
100 Staatsarchiv Hamburg 136–1 Nr. 3939, Bürgerinitiative Umweltschutz Unterelbe, Januar 1977, S. 1.
101 Staatsarchiv Hamburg 136–1 Nr. 3940, Informationsbericht der Fachdirektion 7 – Staatsschutz – Nr. 17 vom 14. Februar 1977, S. 3.
102 Staatsarchiv Hamburg 136–1 Nr. 3939, Rudolf Titzck, Innenminister des Landes Schleswig-Holstein, 8. Februar 1977, S. 2.

103 Ebd., Telex des Chefs des Bundeskanzleramts vom 8. Februar 1977, S. 2.

104 Ebd., Bericht über die Vorbereitung extremistischer KKW-Gegner für die geplante Demonstration am 19. Februar 1977 gegen das Kernkraftwerk Brokdorf, Kiel, 11. Februar 1977, S. 17. Ähnliche Reaktionen gab es nach der Schlacht um Grohnde; vgl. Niedersächsisches Landesarchiv Hannover Nds. 100 Acc. 149/97 Nr. 117, Vermerk der Kriminalpolizeiinspektion Hameln vom 26. April 1977, S. 4.

105 Staatsarchiv Hamburg 136–3 Nr. 35, Flugblatt des Liberalen Hochschulverbands, Brokdorf oder Itzehoe?

106 Staatsarchiv Hamburg 136–3 Nr. 890, ASTA INFO, Erklärung der Marschenkonferenz der BUU, beschlossen am 13. Februar 1977.

107 Landesarchiv Schleswig-Holstein Abteilung 621 Nr. 585, Die Bürgerinitiativen Umweltschutz Unterelbe rufen auf, Demonstration und Kundgebung am 19. 2. 1977 in Itzehoe.

108 Staatsarchiv Hamburg 136–3 Nr. 890, ASTA INFO, Erklärung der Marschenkonferenz der BUU, beschlossen am 13. Februar 1977.

109 Donald Anthony Low, Britain and Indian Nationalism. The Imprint of Ambiguity 1929–1942, Cambridge 1997, S. 31.

110 Michael L. Hughes, *Rechtsstaat* and *Recht* in West Germany's Nuclear Power Debate, 1975–1983, in: Law and History Review 33 (2015), S. 411–434; S. 429.

111 Staatsarchiv Hamburg 136–1 Nr. 3940, Schutzpolizeiamt Kiel, Erfahrungsbericht vom 7. Oktober 1977, S. 18.

112 Bayerisches Hauptstaatsarchiv München SDW 944, Flugblatt zur Auftaktkundgebung, Herbst 1985.

113 Eckart Conze, Die Suche nach Sicherheit. Eine Geschichte der Bundesrepublik Deutschland von 1949 bis in die Gegenwart, München 2009, S. 379.

114 Zu diesen zählte mein akademischer Lehrer Klaus Tenfelde (†), der in seiner Bielefelder Zeit eine Vorlesung über die Geschichte des Widerstandsrechts hielt. Diese Bemerkungen sind seinem Andenken gewidmet.

115 So zum Beispiel in Bundesarchiv Koblenz B 106/146517, Aktionsgemeinschaft »Kein Schneller Brüter in Kalkar!« an Bundesinnenminister Werner Maihofer, 1. März 1977.

116 Günter Zint, Gegen den Atomstaat. 300 Fotodokumente von Günter Zint. Mit Texten von Wolf Biermann, Otto Köhler, Klaus Traube und Günter Wallraff, Frankfurt am Main 1979, S. 6.

117 Staatsarchiv Hamburg 136–1 Nr. 3939, Übersicht über den voraussichtlichen Kräftebedarf anläßlich der für den 19. Febr. 1977 zu erwartenden Großdemonstration in Brokdorf.

118 Niedersächsisches Landesarchiv Hannover Nds. 100 Acc. 149/97 Nr. 117, Vermerk der Kriminalpolizeiinspektion Hameln vom 26. April 1977, S. 4.

119 Staatsarchiv Hamburg 136–1 Nr. 3940, Bericht über den Ablauf der Demonstration am 19. 2. 1977 in Schleswig-Holstein, Kiel, 25. Februar 1977, S. 9.

120 Stricker, Grohnde.

121 Kühn, Kalkar, S. 269; Frank Kawelovski, Sabine Mecking, Polizei im Wandel. 70 Jahre Polizeiarbeit in Nordrhein-Westfalen, Köln 2019, S. 61.

122 Staatsarchiv Hamburg 136–3 Nr. 1174, Arbeitskreis Politische Ökologie, BUU Hamburg, Bilanz und Perspektiven zum Widerstand gegen Atomanlagen, September 1978, S. 49.

123 Staatsarchiv Hamburg 136–1 Nr. 3938, Landespolizei Schleswig-Holstein, Polizeidirektion West, Mitteilungsblatt für die Polizeivollzugsbeamten im Sondereinsatz »KKW Brokdorf«, 12. November 1976, S. 4.

124 Landesarchiv Schleswig-Holstein Abteilung 621 Nr. 474, Karlheinz Müller, Polizeieinsatz im Rahmen des Baubeginns des Kernenergiekraftwerks Brokdorf, S. 21.

125 Ebd., S. 22.

126 Niedersächsisches Landesarchiv Hannover Nds. 100, Acc. 186/94 Nr. 20 Bl. 23, 24.

127 Niedersächsisches Landesarchiv Hannover Nds. 100 Acc. 2004/144 Nr. 79, Bezirksregierung Lüneburg an den Niedersächsischen Minister des Innern, 10. April 1980, S. 2.

128 Dazu ausführlich Günter Zint (Hg.), Republik Freies Wendland. Eine Dokumentation, Frankfurt am Main 1980.

129 Niedersächsisches Landesarchiv Hannover Nds. 100 Acc. 2004/144 Nr. 79, Bezirksregierung Lüneburg an den Niedersächsischen Minister des Innern, 10. April 1980, S. 2, 3.

130 Niedersächsisches Landesarchiv Hannover Nds. 147, Acc. 153/95 Nr. 42, Vortragsveranstaltung für Regierungs-/Verwaltungspräsidenten, Polizeipräsidenten und Vertreter, Abteilungsleiter 2 und Dezernenten 201, 202, 203 und 205 der Regierungsbehörden, Direktor des LKPA, Abteilungsleiter der Polizeidirektionen, Leiter der Polizeieinrichtungen, leitende Wirtschaftsverwaltungsbeamte, Beamte des höheren Dienstes der Schutz- und Kriminalpolizei am 16. Juni 1976 in Hannover, S. 26.

131 Staatsarchiv Hamburg 136–1 Nr. 3940, Bericht über den Ablauf der Demonstration am 19. 2. 1977 in Schleswig-Holstein, 25. Februar 1977, S. 13.

132 Landesarchiv Schleswig-Holstein Abteilung 621 Nr. 451, Landespolizei Schleswig-Holstein, Polizeidirektion West, Erstanalyse des Polizeieinsatzes anläßlich der Großdemonstration gegen den Weiterbau des Kernkraftwerkes Brokdorf am 28. Februar 1981, 13. März 1981, S. 23.

133 Janine Gaumer, Wackersdorf. Atomkraft und Demokratie in der Bundesrepublik 1980–1989, München 2018, S. 225.

134 Bundesarchiv Koblenz B 106/107010, Vermerk über Militante AKW-Gegner vom 25. September 1979, S. 2, 7, 4.

135 Bundesarchiv Koblenz B 106/107011, Vermerk vom 15. Oktober 1986, S. 2; ebd., Vermerk vom 10. Juni 1987, S. 1.

136 Axel Hindemith, Wenn der Mast stürzt … Anschläge auf Hochspannungsmasten durch militante »AKW-Gegner« halten an, in: Unsere Sicherheit. Eine Zeitschrift des Niedersächsischen Innenministers Heft 35 (April 1987), S. 4–7; S. 6. Als stolzen Erinnerungsbericht vgl. Konrad Sägezahn, 380 000

Volt – perdu, in: Tresantis (Hg.), Die Anti-Atom-Bewegung. Geschichte und Perspektiven, Berlin 2015, S. 177–179.

137 Bundesarchiv Koblenz B 106/107010, Vermerk vom 25. Mai 1982, S. 1.

138 Stricker, Grohnde, S. 239, 250.

139 Vgl. die Vorgänge in B 106/146517.

140 Staatsarchiv Hamburg 136–3 Nr. 1174, Adressbuch gegen Kernenergie, 2. Aufl. 1977, S. 115.

141 Katja Fiedler, Karolin Quambusch, Vom Wendland nach Hannover. Eine illustrierte Chronologie des Protestzuges, in: Detlef Schmiechen-Ackermann u. a. (Hg.), Der Gorleben-Treck 1979. Anti-Atom-Protest als soziale Bewegung und demokratischer Lernprozess. Göttingen 2020, S. 25–42; S. 30, 35 f.

142 Paul und Ehmke, Lieber heute aktiv, S. 33.

143 Vgl. Staatsarchiv Hamburg 136–3 Nr. 1174, Dr. P. Marwan, Sanitäter-Gruppe, Selbstschutz und Erste Hilfe bei Demonstrationen, undatiert (ca. Dezember 1977).

144 Landesarchiv Schleswig-Holstein Abteilung 611 Nr. 8784, Polizeidirektion Schleswig-Holstein West, Verlaufs- und Erfahrungsbericht, Polizeieinsatz Brokdorf, 28. Februar 1981, S. 23.

5. Krisenmanagement

1 Weinberg, Social Institutions, S. 34.

2 Radkau, Das RWE 1968–1988, S. 236.

3 Elke Seefried, Zukünfte. Aufstieg und Krise der Zukunftsforschung 1945–1980, Berlin 2015, S. 483–485; Zitat S. 483.

4 Bundesarchiv Koblenz B 136/10874, Vermerk vom 11. Februar 1977, S. 2.

5 Oliver Geden, Rechte Ökologie. Umweltschutz zwischen Emanzipation und Faschismus, 2. Aufl. Berlin 1999, S. 114.

6 Archiv des Liberalismus Gummersbach A1–593 Bl. 12.

7 Archiv des Liberalismus Gummersbach A1–595 Bl. 31.

8 Landesarchiv Schleswig-Holstein Abteilung 611 Nr. 8782, Ministerpräsident Dr. Gerhard Stoltenberg, Kernenergie und Arbeitsplätze. Rede vor dem Schleswig-Holsteinischen Landtag am 23. November 1976, S. 15.

9 Bundesarchiv Koblenz B 136/10870, CDU/CSU-Fraktion im Deutschen Bundestag, Pressedienst vom 13. Mai 1977.

10 Bundesarchiv Koblenz B 136/31612, Der Ministerpräsident des Landes Schleswig-Holstein an den Bundeskanzler der Bundesrepublik Deutschland, 25. Januar 1977, S. 3.

11 Bundesarchiv Koblenz B 136/10868, undatierter Vermerk von Referent MR Obenhaus, ca. November 1976, S. 5.

12 Stefan Aust, Brokdorf. Symbol einer politischen Wende, Hamburg 1981, S. 27.

13 Bundesarchiv Koblenz B 136/10868, Der Bundesminister des Innern an den Ministerpräsidenten des Landes Schleswig-Holstein, 15. November 1976, S. 1.

14 Staatsarchiv Hamburg 136–1 Nr. 3938, Landespolizei Schleswig-Holstein, Polizeidirektion West, Mitteilungsblatt für die Polizeivollzugsbeamten im Sondereinsatz »KKW Brokdorf«, 12. November 1976, S. 3.
15 Bundesarchiv Koblenz B 136/10858, Vermerk vom 8. November 1976, S. 5.
16 Herbert, Geschichte Deutschlands, S. 931.
17 Bundesarchiv Koblenz B 136/10868, Vermerk vom 9. November 1976, S. 3.
18 Vgl. S. 102 f.
19 Ehrhardt, Stromkonflikte, S. 88 f., 268 f. Zitat S. 268.
20 Bundesarchiv Koblenz B 136/10870, Vermerk vom 29. Juni 1977, S. 2.
21 Markus Mohr, Die Gewerkschaften im Atomkonflikt, Münster 2001, S. 82–88.
22 Dazu Frank Uekötter, Kenneth Anders, The Sum of All German Fears. Forest Death, Environmental Activism, and the Media in 1980s Germany, in: Frank Uekötter (Hg.), Exploring Apocalyptica. Coming to Terms with Environmental Alarmism, Pittsburgh 2018, S. 75–106.
23 Bundesarchiv Koblenz B 136/10870, Vermerk vom 29. Juni 1977, S. 3.
24 Bundesarchiv Koblenz B 136/25614, Heinz Kluncker, Referat: Die Primärenergiesituation aus der Sicht der Gewerkschaft ÖTV. 8. Workshop »energie« des RWE, 2.–5. November 1981, S. 2, 10.
25 Vorstand der SPD (Hg.), Protokoll vom Parteitag der SPD in Nürnberg. 25.–29. 8. 1986, Nürnberg 1986, S. 328.
26 Rainer Karlsch, Das Erz des Kalten Krieges. Uranbergbau in West und Ost, in: ders., Rudolf Boch (Hg.), Uranbergbau im Kalten Krieg. Die Wismut im sowjetischen Atomkomplex. Band 1: Studien, Berlin 2011, S. 99–157; S. 156.
27 Staatsarchiv Hamburg 131–21 Nr. 4507, Landgrebe, Probleme der Kernenergie, S. 17.
28 Romberg, Atomgeschäfte, S. 183, 192, 248.
29 William M. Alley, Rosemarie Alley, Too Hot to Touch. The Problem of High-Level Nuclear Waste, New York 2013, S. 102.
30 Bundesarchiv Koblenz B 136/10881, Heinrich Mandel an den Bundeskanzler der Bundesrepublik Deutschland, 9. Mai 1977, S. 3.
31 Radkau, Das RWE 1968–1988, S. 222.
32 Romberg, Atomgeschäfte, S. 325.
33 Müller, Geschichte der Kernenergie Bd. 2, S. 401.
34 Bundesarchiv Koblenz B 136/10858, Vermerk vom 8. November 1976, S. 1.
35 Müller, Geschichte der Kernenergie Bd. 2, S. 372 f., 376, 379.
36 Bundesarchiv Koblenz B 136/33213, Ansprache des Bundeskanzlers auf der Weltenergiekonferenz am 8. September 1980 in München, S. 20.
37 Dazu neuerdings Benjamin Herzog, »Menschliches Versagen« in der Kernenergie. Der Rollenwandel des Menschen in den Präventionskonzepten einer Risikotechnologie, in: Nicolai Hannig, Malte Thießen (Hg.), Vorsorgen in der Moderne. Akteure, Räume und Praktiken, Berlin 2017, S. 105–126.
38 Okrent, Nuclear Reactor Safety, S. 296.
39 Bundesarchiv Koblenz B 136/10870, Vermerk vom 29. Juni 1977, S. 6.
40 Radkau, Das RWE 1968–1988, S. 225.

41 Archiv des Liberalismus Gummersbach N60–639 Bl. 9; Historisches Konzernarchiv RWE HKR 4935, Situationsbericht Kernkraftwerke, Essen, 29. Oktober 1982, S. 4.
42 Dazu insbes. Geier, Schwellenmacht.
43 Historisches Konzernarchiv RWE HKR 43000, RWE Hauptverwaltung Abt. KA an Prof. Mandel, 27. Januar 1978, S. 1; ebd. HKR 4935, Vermerk vom 25. November 1983, S. 2.
44 Vgl. Astrid M. Eckert, West Germany and the Iron Curtain. Environment, Economy, and Culture in the Borderlands, New York 2019, S. 209; Romberg, Atomgeschäfte, S. 52.
45 Zur korporativen Selbstdarstellung vgl. Sascha Brünig, Performing Diligence. Nuclear Labour, Reactor Safety, and Public Relations in the West German Nuclear Industry in the 1980s, in: Mark Jakob, Nina Kleinöder, Christian Kleinschmidt (Hg.), Security and Insecurity in Business History. Case Studies in the Perception and Negotiation of Threats, Baden-Baden 2021, S. 229–252. Als Selbstdarstellung des Konzerns vgl. Hans-Heinrich Krug, Siemens und Kernenergie. Über 40 Jahre innovative Technologie-Entwicklung für eine zukunftssichere Energieversorgung, Duisburg 1998.
46 Romberg, Atomgeschäfte, S. 326–341, 348.
47 Wolfgang Zängl, Deutschlands Strom. Die Politik der Elektrifizierung von 1866 bis heute, Frankfurt am Main 1989, S. 325.
48 Sandra Tauer, Störfall für die gute Nachbarschaft? Deutsche und Franzosen auf der Suche nach einer gemeinsamen Energiepolitik (1973–1980), Göttingen 2012, S. 337.
49 Staatsarchiv Hamburg 131–21 Nr. 5271, Vermerk vom 14. April 1980, S. 7.
50 Bundesarchiv Koblenz B 134/24295, Stromverbrauchsentwicklung und Kraftwerksplanung. Vortrag von Gerhard Hecker, Vorsitzender der Vereinigung Deutscher Elektrizitätswerke, 27. Oktober 1982, S. 12.
51 Klaus Traube, Otto Ulrich, Billiger Atomstrom? Wie die Interessen der Elektrizitätswirtschaft die Energiepolitik bestimmen, Reinbek 1982; Jürgen Franke, Dieter Viefhues, Das Ende des billigen Atomstroms. Projekt am Öko-Institut Freiburg, Köln 1984.
52 Bundesarchiv Koblenz B 136/10858, Vermerk vom 8. November 1976, S. 1.
53 Staatsarchiv Hamburg 131–21 Nr. 4507, Landgrebe, Probleme der Kernenergie, S. 19.
54 Bundesarchiv Koblenz B 136/10858, Der Bundesminister des Innern, Verzögerungen bei atomrechtlichen Genehmigungsverfahren: Analyse der Ursachen und Konsequenzen. Anlage 1 zur Kabinettvorlage des BMI vom 26. Mai 1976, S. 18.
55 Vgl. S. 37.
56 Vgl. Eckert, West Germany and the Iron Curtain, S. 201–243. Unbefriedigend zum Thema Anselm Tiggemann, Die »Achillesferse« der Kernenergie in der Bundesrepublik Deutschland. Zur Kernenergiekontroverse und Geschichte der nuklearen Entsorgung von den Anfängen bis Gorleben 1955 bis 1985, Lauf an der Pegnitz 2010.

57 Archiv des Liberalismus Gummersbach N60–639 Bl. 10.
58 Ebd. Bl. 11.
59 Archiv des Liberalismus Gummersbach A1–675 Bl. 27.
60 Archiv des Liberalismus Gummersbach N60–639 Bl. 16.
61 R. Guck, Hauptprobleme: Brüterfinanzierung und Konvoi-Auflagen, in: atomwirtschaft 27 (1982), S. 312–314; S. 313.
62 H.-J. Beuerle, Erfahrungen mit den Konvoi-Kernkraftwerken, in: atw 34 (1989), S. 435–439; S. 435.
63 Historisches Konzernarchiv RWE HKR 4935, Vermerk vom 25. November 1983, S. 2.
64 Hans-Joachim Noack, »Blanker Haß schlägt mir entgegen«, in: Der Spiegel 15 (6. April 1986), S. 40–41; S. 40.
65 Rüdiger Hossner, Auf dem Boden der Tatsachen, in: atw 34 (1989), S. 393.
66 Bundesarchiv Koblenz B 136/10868, Vermerk vom 9. November 1976, S. 3.
67 Bayerisches Hauptstaatsarchiv München SDW 930, Presseerklärung des Bayerischen Staatsministeriums für Landesentwicklung und Umweltfragen vom 19. August 1974.
68 Bayerisches Hauptstaatsarchiv München SDW 932, Presseerklärung des Bayerischen Staatsministeriums für Landesentwicklung und Umweltfragen vom 1. August 1978.
69 Ebd., Presseerklärung vom 3. März 1978.
70 Radkau, Aufstieg und Krise, S. 145.
71 T. Roser, Totgesagte leben länger, in: atw 36 (1991), S. 453.
72 T. Roser, Auch der zweite Versuch ungültig, in: atw 36 (1991), S. 332.
73 Wolfgang Heller, Mülheim-Kärlich – Eine endlose Geschichte ohne gutes Ende, in: atw 43 (1998), S. 179.
74 Hartmut Albers, Gerichtsentscheidungen zu Kernkraftwerken, Villingen 1980, S.v.
75 Staatsarchiv Hamburg 131–21 Nr. 4507, Vereinigung Deutscher Elektrizitätswerke an den Bundesminister für Wirtschaft, den Bundesminister des Innern und den Bundesminister für Forschung und Technologie, 2. Dezember 1976, S. 6.
76 Bundesarchiv Koblenz B 136/10868, Vermerk vom 15. November 1976, S. 11.
77 Radkau, Aufstieg und Krise, S. 448.
78 Vgl. S. 37.
79 Vgl. S. 113.
80 Paul und Ehmke, Lieber heute aktiv, S. 57.
81 Eberhard Ziegler, Das Atomenergierecht der Bundesrepublik Deutschland, in: Armin Hermann, Rolf Schumacher (Hg.), Das Ende des Atomzeitalters? Eine sachlich-kritische Dokumentation, München 1987, S. 159–166; S. 164.
82 Vgl. S. 142.
83 Ernst Kutscheidt, Behandlung technischer Sachverhalte in Gerichtsverfahren, in: Adolf Birkhofer, Rudolf Lukes (Hg.), Normalisierung der friedlichen Nutzung der Kernenergie – Konsequenzen für die rechtliche Regelung. Vorträge anläßlich eines Kolloquiums Recht und Technik – Nor-

malisierung der friedlichen Nutzung der Kernenergie – Konsequenzen für die rechtliche Regelung in der Tagungsstätte der Max-Planck-Gesellschaft »Schloß Ringberg« am 14./15. März 1985, Köln 1985, S. 81–94; S. 89.

84 Ebd., S. 90.

85 Jörg Schmidt, Behandlung technischer Sachverhalte in Gerichtsverfahren, in: Adolf Birkhofer, Rudolf Lukes (Hg.), Normalisierung der friedlichen Nutzung der Kernenergie – Konsequenzen für die rechtliche Regelung. Vorträge anläßlich eines Kolloquiums Recht und Technik – Normalisierung der friedlichen Nutzung der Kernenergie – Konsequenzen für die rechtliche Regelung in der Tagungsstätte der Max-Planck-Gesellschaft »Schloß Ringberg« am 14./15. März 1985, Köln 1985, S. 67–79; S. 71.

86 Staatsarchiv Hamburg 136–3 Nr. 1174, Arbeitskreis Politische Ökologie, BUU Hamburg, Bilanz und Perspektiven zum Widerstand gegen Atomanlagen, September 1978, S. 18.

87 Bundesarchiv Koblenz B 106/107010, Bundeskriminalamt ST 31, Personenbezüge linksextremistischer Aktivisten der Anti-AKW-Szene (Zeitraum: 01. 01. 1983 bis 01. 03. 1985), 29. März 1985, S. 18. Vgl. auch Niedersächsisches Landesarchiv Hannover V.V.P. 57, Acc. 92/92 Nr. 60, Arbeitskreis Leben, Gewerkschafter gegen Atom, Brokdorf-Prozeßnachrichten Nr. 13/14.

88 Bundesarchiv Koblenz B 106/107011, Lageauszug vom 10. März 1987, S. 7.

89 Paul und Ehmke, Lieber heute aktiv, S. 99.

90 Vgl. S. 130.

91 Ökologiegruppe Frankfurt, Kleines Handbuch für Atomkraftwerksgegner. Ein Leitfaden für den Widerstand, München 1977, S. 7.

92 Historisches Konzernarchiv RWE HKR 4935, Vermerk über ein Informationsgespräch mit Landrat Stöckle in Germersheim vom 17. April 1985, S. 2.

93 Overbeck, Der Schnelle Brüter, S. 124, 130.

94 Roth, Mülheim-Kärlich, S. 166.

95 Kühn, Kalkar, S. 275.

96 Ulrich Morgenstern, Ritual – Epos – Tanz. Die deutsche Anti-AKW-Bewegung aus ethnomusikologischer Sicht, in: Lied und populäre Kultur 54 (2009), S. 273–310; S. 288, 293–299.

97 Vgl. S. 127f.

98 Radkau, Die Kernkraft-Kontroverse, S. 307.

99 Klaus Traube, Müssen wir umschalten? Von den politischen Grenzen der Technik, Reinbek 1978.

100 Alexander von Cube, Auf einem Tiger reiten. Für und wider die Atomenergie, Köln 1977; Helga Nowotny, Kernenergie: Gefahr oder Notwendigkeit. Anatomie eines Konflikts, Frankfurt am Main 1979.

101 Zu den Details Klaus Michael Meyer-Abich, Bertram Schefold, Die Grenzen der Atomwirtschaft. Die Zukunft von Energie, Wirtschaft und Gesellschaft, München 1986, S. 200f.

102 Rolf Peter Sieferle, Der unterirdische Wald. Energiekrise und industrielle Revolution, München 1982; ders., Fortschrittsfeinde? Opposition gegen Technik und Industrie von der Romantik bis zur Gegenwart, München 1984.

103 Charles Perrow, Normale Katastrophen. Die unvermeidbaren Risiken der Großtechnik, Frankfurt am Main 1987; Ulrich Beck, Risikogesellschaft. Auf dem Weg in eine andere Moderne, Frankfurt am Main 1986.

104 Roland Kollert, Richard Donderer, Bernd Franke (Hg.), Der Kalkar-Report. Der Schnelle Brüter: Unwägbares Risiko mit militärischen Gefahren?, Frankfurt am Main 1983; Klaus M. Meyer-Abich, Reinhard Ueberhorst (Hg.), AUSgebrütet – Argumente zur Brutreaktorpolitik, Basel 1985; Deutscher Bundestag (Hg.), Der »Schnelle Brüter« in Kalkar. Beschluss des Bundestages zur Inbetriebnahme, Bonn 1983.

105 Deutscher Bundestag, Plenarprotokoll, Stenographischer Bericht der 134. Sitzung der 9. Wahlperiode vom 3. Dezember 1982, S. 8307.

106 Bayerisches Hauptstaatsarchiv München SDW 944, Presseerklärung des Bayerischen Staatsministeriums für Landesentwicklung und Umweltfragen vom 12. Oktober 1985, PM-Nr. 661/85.

107 Vorwort des Verlags, in: Holger Strohm, Friedlich in die Katastrophe. Eine Dokumentation über Atomkraftwerke, Hamburg 1973, S. 4–6; Zitate S. 4, 6.

108 Jens Scheer, Nachwort, in: Holger Strohm, Friedlich in die Katastrophe. Eine Dokumentation über Atomkraftwerke, Hamburg 1973, S. 464–471; Zitate 468, 471.

109 Staatsarchiv Hamburg 136–3 Nr. 890, Nachrichten-Dienst gegen Atomenergie und Umweltverschmutzung Nr. 1 (14. Januar 1977), S. 3.

110 Bayerisches Hauptstaatsarchiv München SDW 931, Bund Naturschutz in Bayern, Kernenergie – eine Gefahr für die Demokratie. Rede vom Juli 1976, S. 1.

111 Dieser Satz steht hier mit ausdrücklicher Billigung von Dipl.-Ing. Simona Grothues.

112 Bundesarchiv Koblenz B 136/10870, Arbeitnehmerschaft der Arge Kernkraftwerk Grohnde/Weserbergland an den Bundeskanzler, 26. Juli 1977, S. 1.

113 Stadtarchiv München Presseamt Nr. 16, Augsburger Allgemeine vom 30. Oktober 1975.

114 Archiv für Christlich-Soziale Politik München, Nachlass Franz Josef Strauß PV 7933, Schreiben vom 25. April 1975.

115 Zu dieser Kategorie Albrecht Weisker, Expertenvertrauen gegen Zukunftsangst. Zur Risikowahrnehmung der Kernenergie, in: Ute Frevert (Hg.), Vertrauen. Historische Annäherungen. Göttingen 2003, S. 394–421, und ders., Powered by Emotion? Affektive Aspekte in der westdeutschen Kernenergiegeschichte zwischen Technikvertrauen und Apokalypseangst, in: Franz-Josef Brüggemeier, Jens Ivo Engels (Hg.), Natur- und Umweltschutz nach 1945. Konzepte, Konflikte, Kompetenzen, Frankfurt am Main 2005, S. 203–221.

116 Spennemann, Keeping it out of the Open, S. 189.

117 Michael Bess, The Light-Green Society. Ecology and Technological Modernity in France, 1960–2000, Chicago 2003, S. 94f.

118 Schnelle Brüter Pro und Contra. Protokoll des Expertengesprächs vom 19. 5. 1977 im Bundesministerium für Forschung und Technologie (Argumente in der Energiediskussion Bd. 1), Villingen-Schwenningen 1977, S. 84.

119 Helmut Lackner, Von Seibersdorf bis Zwentendorf. Die »friedliche Nutzung der Atomenergie« als Leitbild der Energiepolitik in Österreich, in: Blätter für Technikgeschichte 62 (2000), S. 201–226; S. 223f.
120 Astrid Mignon Kirchhof, Pathways into and out of Nuclear Power in Western Europe: An Introduction, in: dies. (Hg.), Pathways into and out of Nuclear Power in Western Europe. Austria, Denmark, Federal Republic of Germany, Italy, and Sweden, München 2020, S. 7–35, S. 8.
121 Bundesarchiv Koblenz B 136/10868, Vermerk vom 19. November 1976, S. 11.
122 Bundesministerium für Wirtschaft, Energieprogramm der Bundesregierung. Zweite Fortschreibung vom 14. 12. 1977, Bonn-Duisdorf 1977, S. 34.
123 Betriebsergebnisse der deutschen Kernkraftwerke 1988, in: atw 34 (1989), S. 336–350; S. 336.
124 Bundesministerium für Wirtschaft, Energieprogramm der Bundesregierung, S. 38.
125 Michael Schüring, »Bekennen gegen den Atomstaat«. Die evangelischen Kirchen in der Bundesrepublik Deutschland und die Konflikte um die Atomenergie 1970–1990, Göttingen 2015.
126 Archiv für Christlich-Soziale Politik München, Nachlass Franz Josef Strauß PV 11346, Aktennotiz für Herrn PV, 19. Oktober 1977.
127 Staatsarchiv Hamburg 136–1 Nr. 3939, Erklärung der Kirchenleitung der Nordelbischen Evangelisch-Lutherischen Kirche aus Anlaß der Auseinandersetzung um die Errichtung eines Kernkraftwerkes in Brokdorf. Übersandt mit Schreiben vom 2. Februar 1977.
128 Siebenmorgen, Strauß, S. 648f.
129 Norbert F. Pötzl, Dreizehn Jahre geliehene Macht. Umweltpolitik, in: Der Spiegel Nr. 45 (8. November 1982), S. 80–81, 84, 87, 90–91, 94, 96–97, 100, 103, 106–107; S. 94.
130 Archiv des Liberalismus Gummersbach A1–671 Bl. 86.
131 Ebd. Bl. 90; A1–675 Bl. 50.
132 Archiv des Liberalismus Gummersbach A1–671 Bl. 70.
133 Archiv des Liberalismus Gummersbach A1–675 Bl. 13.
134 Bundesarchiv Koblenz B 136/33241, Chef BK an den Vorsitzenden der CSU-Landesgruppe im Deutschen Bundestag Friedrich Zimmermann, 16. Juli 1982.
135 Vgl. Kernenergie: »Das war schon professionell«, in: Der Spiegel Nr. 21 (20. Mai 1979), S. 17–19.
136 Bundesarchiv Koblenz B 136/10875, Vermerk vom 10. Mai 1979, S. 2.
137 Radkau, Die Kernkraft-Kontroverse, S. 319. Als Dokumentation vgl. Hermann Graf Hatzfeldt, Helmut Hirsch, Roland Kollert (Hg.), Der Gorleben-Report. Ungewißheit und Gefahren der nuklearen Entsorgung. Auszüge aus den Gutachten und dem Hearing der niedersächsischen Landesregierung, Frankfurt am Main 1979.
138 Altenburg, Kernenergie, S. 294.
139 Bundesarchiv Koblenz B 136/10870, Vermerk vom 29. Juni 1977, S. 3.

140 Archiv Grünes Gedächtnis Berlin E. 11 Nr. 1, Aktionskreis Leben, Gewerkschafter gegen Atom – für menschenwürdige Arbeits- und Lebensbedingungen, S. 1.
141 Stadtarchiv München Presseamt Nr. 240, Nürnberger Nachrichten vom 28. Februar 1977.
142 Stadtarchiv München Presseamt Nr. 16, Franz J. Schmid, Kraftakte und Kraftwerke, in: Stuttgarter Zeitung vom 15. November 1976.
143 Amory B. Lovins, Energy Strategy: The Road Not Taken?, in: Foreign Affairs Bd. 55 Nr. 1 (Oktober 1976), S. 65–96.
144 Jan-Henrik Meyer, Kleine Geschichte der Atomkraft-Kontroverse in Deutschland, in: Aus Politik und Zeitgeschichte 71:21 (25. Mai 2021), S. 10–16; S. 13.

6. Eine Art Parallelversuch. Die Atomgeschichte der DDR

1 Christoph Kleßmann, Spaltung und Verflechtung – Ein Konzept zur integrierten Nachkriegsgeschichte 1945 bis 1990, in: ders., Peter Lautzas (Hg.), Teilung und Integration. Die doppelte deutsche Nachkriegsgeschichte als wissenschaftliches und didaktisches Problem, Bonn 2005, S. 20–37; S. 34.
2 Wolfgang D. Müller, Geschichte der Kernenergie in der DDR. Kernforschung und Kerntechnik im Schatten des Sozialismus, Stuttgart 2001, S. 74f.
3 Eckert, West Germany and the Iron Curtain, S. 219 (Zitat), 221; Astrid Mignon Kirchhof, East-West German Transborder Entanglements through the Nuclear Waste Sites in Gorleben and Morsleben, in: Journal for the History of Environment and Society 3 (2018), S. 145–173; S. 159.
4 Gorleben-Archiv Lüchow 01-BI Bürgerinitiative Protokolle 1977–1992, BI-EV Schreyahn 10. 11. 89, S. 1.
5 Gorleben-Archiv Lüchow 01-BI Bürgerinitiative Protokolle 1993–2003, Protokoll des EV vom 2. 4. 1993, S. 1.
6 Ebd., Protokoll der E.-V.-Sitzung vom 3. 7. 98, S. 1.
7 Radkau und Hahn, Aufstieg und Fall, S. 374f.
8 Vgl. Tom Zoellner, Uranium. War, Energy and the Rock that shaped the World, New York 2010, S. 169–171.
9 Manuel Schramm, Uranium Mining and the Environment in East and West Germany, in: Frank Uekoetter (Hg.), Mining in Central Europe. Perspectives from Environmental History (RCC Perspectives 10), München 2012, S. 71–87; S. 74.
10 Ralf Engeln, Uransklaven oder Sonnensucher? Die Sowjetische AG Wismut in der SBZ/DDR 1946–1953, Essen 2001, S. 57, 144.
11 Karlsch, Das Erz des Kalten Krieges, S. 100.
12 Rainer Karlsch, Zbynek Zeman, Urangeheimnisse. Das Erzgebirge im Brennpunkt der Weltpolitik 1933–1960, Berlin 2002, S. 258–260.
13 Rainer Karlsch, Rudolf Boch, Die Geschichte des Uranbergbaus der Wismut. Forschungsstand und neue Erkenntnisse, in: dies. (Hg.), Uranbergbau im Kalten Krieg. Die Wismut im sowjetischen Atomkomplex. Band 1: Studien,

Berlin 2011, S. 9–32; S. 13. Zum Kontext vgl. David Holloway, Stalin and the Bomb. The Soviet Union and Atomic Energy, 1939–1956, New Haven 1994.

14 Juliane Schütterle, Kumpel, Kader und Genossen. Arbeiten und Leben im Uranbergbau der DDR. Die Wismut AG, Paderborn 2010, S. 254; Karlsch und Boch, Geschichte, S. 11 (Zitat).

15 Engeln, Uransklaven, S. 144.

16 Karlsch und Boch, Geschichte, S. 27.

17 Engeln, Uransklaven, S. 9.

18 Karlsch und Boch, Geschichte, S. 20 (Zitat).

19 André Steiner, Von Plan zu Plan. Eine Wirtschaftsgeschichte der DDR, Berlin 2007, S. 33, 35.

20 Karlsch und Zeman, Urangeheimnisse, S. 262.

21 Rainer Karlsch, Uran für Moskau. Die Wismut – Eine populäre Geschichte, 4. Aufl. Berlin 2011, S. 108f., 234.

22 Engeln, Uransklaven, S. 255.

23 Paul Werner Wagner, Vom Kampfgeist der Kumpel-Sportler. Die Wismut und der Fußballsport, in: Rudolf Boch, Rainer Karlsch (Hg.), Uranbergbau im Kalten Krieg. Die Wismut im sowjetischen Atomkomplex. Band 1: Studien, Berlin 2011, S. 632–658; S. 645, 649.

24 Karlsch, Uran für Moskau, S. 96, 100.

25 Schütterle, Kumpel, S. 254–258. Zitate S. 258, 255. Zur rückblickenden Bewertung von Wismut-Arbeitern siehe Astrid Mignon Kirchhof, Yaroslav Koshelev u.a., Uranbergbau der DDR als Erbmasse der Bundesrepublik Deutschland – Sanierung der Wismut im Zeitzeug:innengespräch – ein Werkstattbericht, in: Helmut Meyer (Hg.), Schriften des Montanhistorischen Dokumentationszentrums (im Erscheinen).

26 Karlsch, Uran für Moskau, S. 104.

27 Manuel Schramm, Strahlenschutz im Uranbergbau. DDR und Bundesrepublik Deutschland im Vergleich (1945–1990), in: Rudolf Boch, Rainer Karlsch (Hg.), Uranbergbau im Kalten Krieg. Die Wismut im sowjetischen Atomkomplex. Band 1: Studien, Berlin 2011, S. 271–328; S. 327.

28 Karlsch, Uran für Moskau, S. 75.

29 Engeln, Uransklaven, S. 267.

30 Michael F. Scholz, Die DDR 1949–1990, in: Gebhardt. Handbuch der Deutschen Geschichte Bd. 22, Stuttgart 2009, S. 223–554; S. 461.

31 Gerhard Barkleit, Sonderzonen. Das Sicherheitsregime bei der Wismut, in: Rudolf Boch, Rainer Karlsch (Hg.), Uranbergbau im Kalten Krieg. Die Wismut im sowjetischen Atomkomplex. Band 1: Studien, Berlin 2011, S. 158–227; S. 193.

32 Schramm, Strahlenschutz, S. 327.

33 Karlsch und Boch, Geschichte, S. 23.

34 Müller, Geschichte der Kernenergie in der DDR, S. 221.

35 Mike Reichert, Kernenergiewirtschaft in der DDR. Entwicklungsbedingungen, konzeptioneller Anspruch und Realisierungsgrad (1955–1990), St. Katharinen 1999, S. 244.

36 Müller, Geschichte der Kernenergie in der DDR, S. 124.

37 Ebd., S. 9f.
38 Reichert, Kernenergiewirtschaft, S. 246.
39 Peter Liewers, Johannes Abele, Gerhard Barkleit, Einleitung, in: Verein für Kernverfahrenstechnik und Analytik Rossendorf e.V. (Hg.), Zur Geschichte der Kernenergie in der DDR, Frankfurt am Main 2000, S. 9–17; S. 12; Historisches Konzernarchiv RWE HKR 43286, RWE Biblis, Aktivitäten der Kernkraftwerke Biblis und Greifswald (DDR) auf dem Gebiet der partnerschaftlichen Zusammenarbeit zum Austausch von Betriebserfahrungen, 15. Juni 1990, S. 2 (Zitat).
40 Radkau, Aufstieg und Krise, S. 209–217.
41 Radkau, Das RWE 1945–1968, S. 176.
42 Joseph A. Schumpeter, Der Marsch in den Sozialismus, in: ders., Kapitalismus, Sozialismus und Demokratie, 1. Aufl. Tübingen 2018, S. 431–444.
43 Müller, Geschichte der Kernenergie in der DDR, S. 159.
44 Reichert, Kernenergiewirtschaft, S. 178, 199, 205f., 240, 246. Dazu auch detailliert Günter Hentschel, Kernkraftwerk Rheinsberg – Rückblick auf Errichtung, Betriebsergebnisse und Aufgaben, in: Verein für Kernverfahrenstechnik und Analytik Rossendorf e.V. (Hg.), Zur Geschichte der Kernenergie in der DDR, Frankfurt am Main 2000, S. 163–220.
45 Vgl. S. 79–81.
46 Reichert, Kernenergiewirtschaft, S. 62, 64, 106.
47 Ebd., S. 244.
48 Johannes Abele, Eckhard Hampe, Kernenergiepolitik der DDR, in: Verein für Kernverfahrenstechnik und Analytik Rossendorf e.V. (Hg.), Zur Geschichte der Kernenergie in der DDR, Frankfurt am Main 2000, S. 29–89; S. 51.
49 Reichert, Kernenergiewirtschaft, S. 241f.
50 Liewers u.a., Einleitung, S. 12.
51 Abele und Hampe, Kernenergiepolitik, S. 53f.
52 Schmid, Producing Power, S. 117.
53 Müller, Geschichte der Kernenergie in der DDR, S. 6, 199, 202 (Zitat).
54 Peter Liewers, Einige Besonderheiten der Kernenergieentwicklung in der DDR, in: Johannes Abele, Gerhard Barkleit, Thomas Hänseroth (Hg.), Innovationskulturen und Fortschrittserwartungen im geteilten Deutschland, Köln 2001, S. 193–211; S. 202f. Zitat S. 203.
55 Sebastian Stude, Strom für die Republik. Die Stasi und das Kernkraftwerk Greifswald, Göttingen 2018.
56 Henning Türk, Treibstoff der Systeme. Kohle, Erdöl und Atomkraft im geteilten Deutschland, Berlin 2021, S. 50f., 140f.
57 Vgl. Christian Möller, Umwelt und Herrschaft in der DDR. Politik, Protest und die Grenzen der Partizipation in der Diktatur, Göttingen 2020.
58 Per Högselius, Red Gas. Russia and the Origins of European Energy Dependence, New York 2013.
59 Abele und Hampe, Kernenergiepolitik, S. 56.
60 Peter Z. Grossmann, U.S. Energy Policy and the Pursuit of Failure, New York 2013, S. 141.

61 Reichert, Kernenergiewirtschaft, S. 347, 353.
62 Ebd., S. 341, 351 (Zitat).
63 Ebd., S. 324, 329–338. Zitat S. 338.
64 Harald Gatzke, Kernkraftwerk Stendal – ein gescheitertes Projekt mit positiven Folgen für die Region Arneburg, in: Werner Brückner (Hg.), Das Wissen der Region. Band 1: Arneburg – Goldbeck – Werben und Umland, Hohenberg-Krusemark 2005, S. 53–76; S. 61f, 65. Zitat S. 61.
65 Abele und Hampe, Kernenergiepolitik, S. 67.
66 Reichert, Kernenergiewirtschaft, S. 356.
67 Abele und Hampe, Kernenergiepolitik, S. 68.
68 Ebd., S. 59.
69 Herbert, Geschichte Deutschlands, S. 730f.
70 Möller, Umwelt, S. 299, 316.
71 Michael Beleites, Altlast Wismut. Ausnahmezustand, Umweltkatastrophe und das Sanierungsproblem im deutschen Uranbergbau, Frankfurt am Main 1992, S. 14–17.
72 Karlsch und Zeman, Urangeheimnisse, S. 262.
73 Karlsch und Boch, Geschichte, S. 22f.
74 Ebd., S. 26; Michael Meißner, Schichtende. Kontroversen um Rückbau und Sanierung, in: Rudolf Boch, Rainer Karlsch (Hg.), Uranbergbau im Kalten Krieg. Die Wismut im sowjetischen Atomkomplex. Band 1: Studien, Berlin 2011, S. 355–395; S. 356.
75 Meißner, Schichtende, S. 392.
76 Müller, Geschichte der Kernenergie in der DDR, S. 228; Meißner, Schichtende, S. 357.
77 Karlsch und Boch, Geschichte, S. 27.
78 Melanie Arndt, Tschernobyl. Auswirkungen des Reaktorunfalls auf die Bundesrepublik Deutschland und die DDR, Erfurt 2011, S. 83, 88.
79 Reichert, Kernenergiewirtschaft, S. 342, 396, 399, 423, 488.
80 K. Rambusch, Eine Abschätzung über den Einsatz von Druckwasserreaktoren in den Jahren von 1990 bis 2040 in der Deutschen Demokratischen Republik, in: Kernenergie 32 (1989), S. 403–405; S. 404.
81 D. Ziegenbein, Anwendung der Kernspaltung zur Energiegewinnung, in: Kernenergie 32 (1989), S. 408–411; S. 409.
82 Eckert, West Germany and the Iron Curtain, S. 221.
83 Rüdiger Hossner, Reaktorsicherheit in Greifswald, in: atw 35 (1990), S. 173; Th. Roser, Rechtssicherheit für die Zusammenarbeit mit der DDR, in: atw 35 (1990), S. 128.
84 Walter Weinländer, Mehr Optimismus für die Zukunft der Kernenergie in der Bundesrepublik Deutschland, in: atw 35 (1990), S. 279–280; S. 280.
85 Alles tot, in: Der Spiegel Nr. 4 (22. Januar 1990), S. 85–87; Der Spiegel Nr. 5 (29. Januar 1990).
86 Müller, Geschichte der Kernenergie in der DDR, S. 142f.; Alexander Schönherr, Die ersten vier Blöcke des KKW Greifswald von der Vorbereitung bis zur Abschaltung, in: Verein für Kernverfahrenstechnik und Analytik Ros-

sendorf e.V. (Hg.), Zur Geschichte der Kernenergie in der DDR, Frankfurt am Main 2000, S. 221–308; S. 252f.

87 Reichert, Kernenergiewirtschaft, S. 451.

88 Paul und Ehmke, Lieber heute aktiv, S. 81.

89 Reichert, Kernenergiewirtschaft, S. 468, 473.

90 Ebd., S. 467. Vgl. auch Per Högselius, Die deutsch-deutsche Geschichte des Kernkraftwerkes Greifswald. Atomenergie zwischen Ost und West, Berlin 2005.

91 Müller, Geschichte der Kernenergie in der DDR, S. 202f., 208.

92 Bundesarchiv Koblenz B 295/35826, Vermerk vom 10. August 1990, S. 1.

93 Hentschel, Kernkraftwerk Rheinsberg, S. 217.

94 Karlsch und Boch, Geschichte, S. 10.

95 Karlsch und Zeman, Urangeheimnisse, S. 264.

96 Meißner, Schichtende, S. 379, 382; Angaben der Wismut GmbH, im Internet verfügbar unter https://www.wismut.de/de/haeufige_fragen.php (zuletzt aufgerufen am 22. Oktober 2021).

97 Wagner, Kampfgeist, S. 654.

98 Werner Runge, Johannes Böttcher, Stillegung und Sanierung des ostdeutschen Uranerzbergbaus, in: atw 39 (1994), S. 194–199; S. 198.

99 Beleites, Altlast Wismut, S. 164.

100 Für den Hinweis auf diesen Ausdruck danke ich Klaus Tenfelde (†) – und für vieles mehr.

101 Beleites, Altlast Wismut, S. 164.

7. Von Freunden verlassen, von Feinden umzingelt

1 Karl Heinz Beckurts, Kernenergie in Deutschland. Bilanz und Ausblick, in: atw 30 (1985), S. 20–24.

2 W. Hlubek, H. Hoffmann, J. Auer, H.-P. Sistenich, Zuverlässigkeit und Verfügbarkeit von Kernkraftwerken, in: atomwirtschaft 29 (1984), S. 260–265; S. 262.

3 Historisches Konzernarchiv RWE HKR 1984, Niederschrift über die Sitzung des Aufsichtsrates des RWE am Freitag, dem 8. Juli 1983, S. 6.

4 Zur Debatte über das Waldsterben auch Birgit Metzger, »Erst stirbt der Wald, dann du!« Das Waldsterben als deutsches Politikum (1978–1986), Frankfurt am Main 2015.

5 Bundesarchiv Koblenz B 136/33238, Vermerk vom 29. November 1985, S. 3.

6 P. Banz, K. Lange-Stalinski, A. Zimmermann, Das Kernkraftwerk Krümmel geht in Betrieb, in: atomwirtschaft 29 (1984), S. 19–28; S. 19.

7 Bundesarchiv Koblenz B 134/24295, Energieversorgung muß sicher und kostengünstig sein. Vortrag von Gerhard Hecker, Vorsitzender der Vereinigung Deutscher Elektrizitätswerke, 25. Januar 1982, S. 3.

8 Ebd., S. 2.

9 Beckurts, Kernenergie, S. 23.

10 Nils Kleine, Die Energiepolitik der CDU zwischen 1972 und 2011. Konzepte, Programme, Debatten, Baden-Baden 2018, S. 13.

11 Ebd., S. 118.
12 Bundesarchiv Koblenz B 136/25614, Der Bundesminister des Innern an den Chef des Bundeskanzleramtes, 25. Juli 1983.
13 Siebenmorgen, Strauß, S. 651.
14 Franz Josef Strauss, Auftrag für die Zukunft. Beiträge zur deutschen und internationalen Politik 1985–1987. Ausgewählt, eingeleitet und herausgegeben von Wilfried Scharnagl, Percha am Starnberger See 1987, S. 315–363. Zitat S. 341.
15 Möller, Strauß, S. 672.
16 Bundesarchiv Koblenz B 136/33308, Vermerk vom 7. November 1984, S. 3.
17 Siebenmorgen, Strauß, S. 627.
18 Ebd., S. 652.
19 Gaumer, Wackersdorf, S. 286f.
20 J. Holzer, Die Zukunft der Kernenergie, in: atw 34 (1989), S. 402–406; S. 406.
21 Kirchner, Der Hochtemperaturreaktor, S. 160f., 189.
22 E. Baust, I. Weisbrodt, Zukunft der HTR-Entwicklung und Marktchancen, in: atw 34 (1989), S. 440–444; S. 444.
23 R. Carle, Wie ist eine erfolgreiche Technologie zu retten?, in: atw 34 (1989), S. 214–217; S. 214.
24 Rüdiger Hossner, Knowhow und Renommee bewahren, in: atw 34 (1989), S. 565.
25 Bundesarchiv Koblenz B 136/10870, Vermerk vom 29. Juni 1977, S. 5.
26 Vgl. Overbeck, Der Schnelle Brüter, S. 98–134.
27 Rolf Theenhaus, Werner von Lensa, Stand und Perspektiven der deutschen Kernenergieforschung, in: atw 39 (1994), S. 189–193; S. 191.
28 H. Krämer, Zur derzeitigen Situation und zukünftigen Rolle der Kernenergie. Positionspapier der kernkraftwerksbetreibenden Unternehmen der öffentlichen Stromversorgung, in: atw 35 (1990), S. 378–384; S. 380.
29 Willy Marth, Die zweite nukleare Ära. Gedanken zu einer »Neuen Welle in den USA«, in: atw 30 (1985), S. 135–136; S. 136.
30 Krämer, Zur derzeitigen Situation, S. 380.
31 Bundesarchiv Koblenz B 136/28199, Klaus Barthelt, Entwicklungsperspektiven in der Nuklearindustrie. Plenarvortrag, gehalten auf der Jahrestagung Kerntechnik des Deutschen Atomforums und der Kerntechnischen Gesellschaft vom 2.–4. Juni 1987 in Karlsruhe, S. 5.
32 Vgl. Perrow, Normale Katastrophen.
33 »Wir haben sagenhaftes Glück gehabt«, in: Der Spiegel Nr. 50 (12. Dezember 1988), S. 87–95.
34 Tamara Duve, Michael Sontheimer, Der Atomskandal oder Das Atom probt den Selbstmord, in: Klaus Traube u.a., Der Atom-Skandal. Alkem, Nukem und die Konsequenzen, Reinbek 1988, S. 13–41.
35 Bundesarchiv Koblenz B 122/35730, Vermerk vom 11. Februar 1987, S. 2.
36 Wolfgang D. Müller, Wird die Kernenergie unwirtschaftlich?, in: atomwirtschaft 29 (1984), S. 17–18; S. 18.

37 Radkau, Das RWE 1968–1988, S. 225.

38 Ebd., S. 241f.

39 Rüdiger Hossner, Service als Lückenbüßer, in: atomwirtschaft 29 (1984), S. 121.

40 Historisches Konzernarchiv RWE HKR 43008, Programmpunkte für KWU-Gespräch am 11. Oktober 1988.

41 Noack, Blanker Haß.

42 Rüdiger Hossner, Die Kernenergieakzeptanz steht auf schwachen Füßen, in: atw 34 (1989), S. 21.

43 Bundesarchiv Koblenz B 136/28200, Vermerk vom 3. Juni 1988, S. 2.

44 Christian Möller, Auf der Suche nach neuen Wegen der Partizipation, in: Geschichte im Westen 35 (2020), S. 149–176; S. 171; Paul und Ehmke, Lieber heute aktiv, S. 28.

45 Mohr, Gewerkschaften, S. 137–142. Vgl. S. 146f.

46 Staatsarchiv Hamburg 136–3 Nr. 1210, Flugblatt der Aktionskreis Leben, ca. Oktober 1978. Zitat S. 1.

47 Stefan Zach, Kernkraftwerk Zwentendorf. Die sanfte Vermarktung eines ungewöhnlichen Ortes. Ein österreichischer Sonderweg, in: Sigrid Brandt, Thorsten Dame (Hg.), Kernkraftwerke. Denkmalwerte und Erhaltungschancen (ICOMOS. Hefte des Deutschen Nationalkomitees 68), Berlin 2019, S. 110–117; S. 112.

48 Vgl. S. 217f.

49 Vgl. S. 216.

50 Bernd Müllender, Bauer Maas gibt auf, in: Die Zeit Nr. 48 (22. November 1985).

51 Gorleben-Archiv Lüchow 01-BI Bürgerinitiative Protokolle 1977–1992, BI-EV Schreyahn 15. 9. 89, S. 1.

52 Gorleben-Archiv Lüchow 01-BI Bürgerinitiative Protokolle 1993–2003, Protokoll der Sitzung des EV am 5. 3. 93, S. 2, 1.

53 Gorleben-Archiv, »Mein lieber Herr Albrecht …!«, S. 137.

54 Ebd., S. 75.

55 Archiv Grünes Gedächtnis Berlin E. 11 Nr. 14, AK gegen Atomanlagen Frankfurt, Anti-Atom-Demos, Stand: 25. März 1997, S. 13.

56 Paul und Ehmke, Lieber heute aktiv, S. 54–59.

57 Bernd Weidmann, Die Machtprobe riskieren, in: Detlef Witt, Verena Lorenz-Meyer (Hg.), Atomkraft – Atombombe. Technische, Wirtschaftliche und Personelle Verknüpfung der Atommafia – Anti-AKW-Bewegte kritisieren die Friedensbewegung, Berlin 1983, S. 76–81; S. 77.

58 Archiv Grünes Gedächtnis Berlin E. 11 Nr. 1, Erstaufruf zur Demonstration am 17. September 83 in Hamm/Westf., Ökologische Kohletechnologie statt Atomkraft in NRW.

59 Bayerisches Hauptstaatsarchiv München LKA 420, Vorbereitungsinitiative Hanau des Anti-AKW-Plenums Hamburg, Einladung zu einem Vorbereitungs- und Arbeitstreffen zur Großdemo in Hanau am 8. November 1986. Zum Uranabbau in Afrika vgl. Gabrielle Hecht, Being Nuclear. Africans and the Global Uranium Trade, Cambridge, Mass. 2012.

60 Archiv Grünes Gedächtnis Berlin E. 11 Nr. 9, Bundeskonferenz 1984 der Anti-AKW-Bewegung. Aufruf zur BuKo '84 Braunschweig 23.–25. November, S. 1.
61 Ebd., Franz Jakob, Anti-Atom Büro Diemelstadt/Wethen, 6. Juli 1983.
62 Vgl. Niedersächsisches Landesarchiv Hannover Nds. 148, Acc. 2000/072 Nr. 15, Polizeiplanungs- und Führungsstab Niedersachsen, Lagebild über die im Jahre 1984 zu erwartenden Aktionen der »Protestbewegung«, Stand: 22. Juni 1984, 25. Juni 1984, S. 18.
63 Wette, Anti-Atombewegung, S. 183, 185 (Zitat). Ähnlich Eckart Conze, Martin Klimke, Jeremy Varon, Introduction. Between Accidental Armageddons and Winnable Wars. Nuclear Threats and Nuclear Fears in the 1980s, in: Eckart Conze, Martin Klimke, Jeremy Varon (Hg.), Nuclear Threats, Nuclear Fear, and the Cold War of the 1980s, New York 2017, S. 1–23; S. 6.
64 Weidmann, Machtprobe, S. 78f.
65 Bayerisches Hauptstaatsarchiv München SDW 944, Presseinformation von LBV-Jugend und der Jugendorganisation Bund Naturschutz, Hilpoltstein, 23. Oktober 1985, S. 2.
66 Bundesarchiv Koblenz B 136/31612, Vermerk vom 4. Februar 1981, S. 2.
67 Ebd., S. 5.
68 Bundesarchiv Koblenz B 106/107010, Bundeskriminalamt ST 31, Personenbezüge linksextremistischer Aktivisten der Anti-AKW-Szene (Zeitraum: 01. 01. 1983 bis 01. 03. 1985), 29. März 1985, S. 22.
69 Bayerisches Hauptstaatsarchiv München LKA 420, Polizeidirektion SH West, Polizeieinsatz am 7. Juni 1986, S. 17.
70 Gorleben-Archiv Lüchow 01-BI Bürgerinitiative Protokolle 1993–2003, EV-Protokoll vom 11. 6. 1993, S. 1.
71 Bürgerinitiative Lüchow-Dannenberg (Hg.), 10 Jahre – 22. 2. 1977–22. 2. 1987 – GORLEBEN geht weiter!, Hitzacker o.J., unpaginierte Vorbemerkung.
72 Und nochmal in eigener Sache, in: atom Nr. 17 (Oktober/November 1987), S. 4.
73 Staatsarchiv Hamburg 136–3 Nr. 1174, Arbeitskreis Politische Ökologie, BUU Hamburg, Bilanz und Perspektiven zum Widerstand gegen Atomanlagen, September 1978, S. 50; Sternstein, Atomkraft, S. 112f.
74 Rucht, Wyhl, S. 213.
75 Willi Baer, Jens Renner, Vorwort, in: Lieber heute aktiv als morgen radioaktiv. Die AKW-Protestbewegung von Wyhl bis Brokdorf. Bd. 1, Hamburg 2011, S. 15–18; S. 17.
76 Silke Mende, »Nicht rechts, nicht links, sondern vorn«. Eine Geschichte der Gründungsgrünen, München 2011, S. 331.
77 Landesarchiv Schleswig-Holstein Abteilung 621 Nr. 614, Vermerk vom 1. Juni 1986, S. 1.
78 Historisches Konzernarchiv RWE HKR 4935, RWE Hauptabteilung Abt. KA/RE an Direktor Spalthoff und Direktor Rinke, 14. Dezember 1982. Zitat S. 1.

79 Gaumer, Wackersdorf, S. 175.
80 Paul und Ehmke, Lieber heute aktiv, S. 66.
81 Dazu Karl Stankiewitz, Babylon in Bayern. Wie aus einem Agrarland der modernste Staat Europas werden sollte, Regensburg 2004.
82 Rüdiger Hossner, Brauchen wir Wackersdorf?, in: atw 34 (1989), S. 213.
83 Niedersächsisches Landesarchiv Hannover V.V.P. 57, Acc. 92/92 Nr. 61, Rundbrief der Grünen, Landesverband Hannover, vom 16. August 1985.
84 Niedersächsisches Landesarchiv Hannover Nds. 148 Acc. 2000/072 Nr. 17, Taktische Öffentlichkeitsarbeit der Polizei bei Versammlungen unter freiem Himmel, 23. Dezember 1988, S. 5.
85 BI Umweltschutz Lüchow-Dannenberg, Autokino im Wendland, in: atom Nr. 21 (Mai/Juni 1988), S. 50–51; S. 50.
86 Gorleben-Archiv Lüchow 01-BI Bürgerinitiative Protokolle 1977–1992, Protokoll der ordentlichen Mitgliederversammlung der Bürgerinitiative Umweltschutz Lüchow-Dannenberg e.V. am 11. März 1989, S. 1.
87 Archiv Grünes Gedächtnis Berlin E. 11 Nr. 1, Behindert die Castor-Transporte ins Wendland! Undatiertes Flugblatt aus den späten achtziger Jahren.
88 Vgl. etwa Karl F. Kassel, Ilona Wagner, Briefe aus einer belagerten Provinz. Leserbriefe und Beiträge aus der Elbe-Jeetzel-Zeitung vom November 1976 bis September 1979. Eine Dokumentation, Frankfurt am Main 1979; Zint, Gegen den Atomstaat; ders., Republik Freies Wendland; Wolfgang Ehmke (Hg.), Zwischenschritte. Die Anti-Atomkraft-Bewegung zwischen Gorleben und Wackersdorf, Köln 1987; Redaktion des Atom Express (Hg.), … und auch nicht anderswo! Die Geschichte der Anti-AKW-Bewegung. Mit Fotos von Günter Zint, Göttingen 1997.
89 Bernward Janzing, Vision für die Tonne. Wie die Atomkraft scheitert – an sich selbst – am Widerstand – an besseren Alternativen, Freiburg 2016, S. 175.
90 Gorleben-Forum '87, in: Atom Sonderausgabe Nr. 18/19 (Januar 1988), S. 82–83; S. 82.
91 Archiv Grünes Gedächtnis Berlin E. 11 Nr. 2, X-tausendmal quer. Gewaltfreie Blockade des nächsten Castor-Transports nach Gorleben, Dezember 1996, S. 3.
92 Ebd., S. 2.
93 Kamien und Rheinländer, ÜberMacht, S. 156, 169–173. Zitat S. 172. Dazu auch die Darstellung in der Gorleben-Chronik des Gorleben-Archivs unter https://www.gorleben-archiv.de/chronik/1997 (zuletzt aufgerufen am 22. Oktober 2021).
94 Bayerisches Hauptstaatsarchiv München SDW 944, Flugblatt für Veranstaltungen im Schwabingerbräu am 5. und 6. Oktober.
95 Bayerisches Hauptstaatsarchiv München LKA 420, Bürgerinitiative Umweltschutz Unterelbe, Flugblatt Arbeitsgemeinschaft Festival »Pro Natur«, September 1986.
96 Archiv Grünes Gedächtnis Berlin E. 11 Nr. 1, Sonne, Wind und Wasser, Grüner Energiewendekongress mit Fachmesse, Europahalle Castrop-Rauxel, 21.–23. April 1989.
97 Gaumer, Wackersdorf, S. 194–200.

98 Schmiechen-Ackerman, Der Gorleben-Treck 1979; dazu demnächst meine Rezension in der Historischen Zeitschrift.
99 Swetlana Alexijewitsch, Tschernobyl. Eine Chronik der Zukunft, Berlin 1997.
100 Kate Brown, Manual for Survival. A Chernobyl Guide to the Future, London 2019.
101 Nuklearkatastrophe von Tschernobyl, online verfügbar unter https://de.wikipedia.org/wiki/Nuklearkatastrophe_von_Tschernobyl (zuletzt aufgerufen am 22. Oktober 2021).
102 Josephson, Red Atom, S. 264.
103 Melanie Arndt, Einleitung: Ökologie und Zivilgesellschaft, in: dies. (Hg.), Politik und Gesellschaft nach Tschernobyl. (Ost-)Europäische Perspektiven, Berlin 2016, S. 10–24; S. 15.
104 Karena Kalmbach, Tschernobyl und Frankreich. Die Debatte um die Auswirkungen des Reaktorunfalls im Kontext der französischen Atompolitik und Elitenkultur, Frankfurt am Main 2011, S. 179. Ähnlich Tauer, Störfall, und Jordan, Ausgestrahlt.
105 Karena Kalmbach, The Meanings of a Disaster. Chernobyl and Its Afterlives in Britain and France, New York 2021, S. 202.
106 Bundesarchiv Koblenz B 136/28199, Vermerk vom 4. Mai 1987, S. 1.
107 Siebenmorgen, Strauß, S. 650.
108 Niedersächsisches Landesarchiv Hannover Nds. 148, Acc. 2000/072 Nr. 15, Polizeiplanungs- und Führungsstab Niedersachsen, Rückblick auf das Protestgeschehen seit 1. 5. 1986 und Überblick über die 1986 noch zu erwartenden Aktionen, Stand: September 1986, 22. September 1986, S. 2.
109 Archiv Grünes Gedächtnis Berlin E. 11 Nr. 9, Grünes Bulletin. Sondernummer Juni 1986, S. 3.
110 Ebd., Helga Lukoschat, »Der Gebärstreik steckt noch in den Kinderschuhen«, taz vom 2. Juni 1986.
111 Bayerisches Hauptstaatsarchiv München SDW 965, Pressedienst Junge Union München vom 15. Mai 1986.
112 Ulrich Beck, Risikogesellschaft. Auf dem Weg in eine andere Moderne, Frankfurt am Main 1986.
113 Gudrun Pausewang, Die Wolke. Jetzt werden wir nicht mehr sagen können, wir hätten von nichts gewusst, Ravensburg 1987.
114 Bundesarchiv Koblenz B 136/37625, Ludwig Gerstein, Folgen des Reaktorunglücks Tschernobyl auf die Energiepolitik, 6. Juni 1986, S. 1.
115 Ebd., Informationszentrale der Elektrizitätswirtschaft, Stromthemen Jg. 3 Nr. 6 (Juni 1986), S. 1.
116 Rüdiger Hossner, Hat Tschernobyl die Welt verändert?, in: atw 36 (1991), S. 169.
117 Mättes, Tschernobyl und die Krise der Bewegung, in: atom Nr. 17 (Oktober/November 1987), S. 9–13; S. 9.
118 Niedersächsisches Landesarchiv Hannover Nds. 148, Acc. 2000/072 Nr. 15, Polizeiplanungs- und Führungsstab Niedersachsen, Rückblick auf das Protestgeschehen seit Oktober 1986 und Ausblick auf das Jahr 1988, Stand: 30. 12. 1987, 2. Februar 1988, S. 2.

119 Melanie Arndt, Tschernobylkinder. Die transnationale Geschichte einer nuklearen Katastrophe, Göttingen 2020, S. 426.
120 Beck, Risikogesellschaft, S. 48.
121 Deutscher Bundestag, Plenarprotokoll, Stenographischer Bericht der 215. Sitzung der 10. Wahlperiode vom 14. Mai 1986, S. 16522.
122 Walter Wallmann, Das erste Jahr. Umweltpolitik nach Tschernobyl, in: Sabine Rosenbladt (Red.), Die Umweltmacher. 20 Jahre BMU – Geschichte und Zukunft der Umweltpolitik, Hamburg 2006, S. 16–21.
123 Bundesarchiv Koblenz B 136/37625, Presse- und Informationsamt der Bundesregierung, Pressemitteilung Nr. 236/86 vom 3. Juni 1986, S. 9.
124 Ebd., Telegramm vom 26. Mai 1986, S. 2.
125 Ebd., Presse- und Informationsamt der Bundesregierung, Pressemitteilung Nr. 229/86 vom 28. Mai 1986, S. 2.
126 Bundesarchiv Koblenz B 136/28199, Vermerk vom 2. Juli 1986, S. 1.
127 Bundesarchiv Koblenz B 136/37625, Pressemitteilung der CDU vom 27. Mai 1986, S. 1.
128 Gaumer, Wackersdorf, S. 232.
129 Staatsarchiv Hamburg 131–21 Nr. 5272, Klaus von Dohnanyi, Erster Bürgermeister der Freien und Hansestadt Hamburg, an den Ministerpräsidenten des Landes Schleswig-Holstein Uwe Barschel, 21. August 1986.
130 Vgl. S. 217 f.
131 Wilko Graf von Hardenberg, Nuclear Power, No Thanks! The Aftermath of Chernobyl in Italy and the Nuclear Power Referendum of 1987, in: Environment & Society Portal, *Arcadia* (2011), no. 3, im Internet verfügbar unter https://doi.org/10.5282/rcc/2649 (zuletzt aufgerufen am 22. Oktober 2021); Möller, Auf der Suche, S. 171–175.
132 Alexander W. Schneehain, Der Atomausstieg. Eine Analyse aus verfassungs- und verwaltungsrechtlicher Sicht, Göttingen 2005, S. 11.
133 Deutscher Bundestag, 11. Wahlperiode, Drucksache 11/958 vom 14. Oktober 1987, S. 2.
134 Schüring, Bekennen, S. 11.
135 Für die entsprechenden Stellungnahmen vgl. Bundesarchiv Koblenz B 196/94955.
136 Bundesarchiv Koblenz B 136/37626, Vermerk vom 21. Juli 1986, S. 1.
137 Bundesarchiv Koblenz B 136/37625, Elektrizitätswirtschaftliche Folgen eines Ausstiegs aus der Kernenergie, 23. Mai 1986, S. 6.
138 Bundesarchiv Koblenz B 136/28199, Vermerk vom 8. Oktober 1986. Zitate S. 1, 2.
139 Ebd., Institut für ökologische Wirtschaftsforschung Berlin und Institut für angewandte Ökologie Freiburg, Qualitative und soweit möglich quantitative Abschätzung der kurz- und langfristigen Wirkungen eines Ausstiegs aus der Kernenergie. Gutachten im Auftrage des Bundesministeriums für Wirtschaft. Berlin, Freiburg, August 1986, S. 1.
140 Historisches Konzernarchiv RWE HKR 1985, Niederschrift über die Sitzung des Aufsichtsrates des RWE am Montag, dem 7. Juli 1986, S. 4.

141 Bundesarchiv Koblenz B 136/37629, Der Hessische Minister für Umwelt und Energie, Energieversorgung ohne Atomkraft. Möglichkeiten für den sofortigen Verzicht auf Atomenergie bei der Stromversorgung der Bundesrepublik Deutschland und des Landes Hessen aus energiewirtschaftlicher Sicht (Ausstiegsszenario), 22. Mai 1986, S. 6.

142 Bundesarchiv Koblenz B 136/37625, Ludwig Gerstein, Folgen des Reaktorunglücks Tschernobyl auf die Energiepolitik, 6. Juni 1986, S. 10.

143 Ebd., Auszug aus der Rede des BDI-Präsidenten Dr. Hans Joachim Langmann anläßlich der BDI-Jahrestagung am 3. Juni 1986, S. 17.

144 W. Fischer, Kernenergie im Umfeld der 90er Jahre, in: atw 35 (1990), S. 201–202; S. 202.

145 Vgl. etwa John R. McNeill, Peter Engelke, The Great Acceleration. An Environmental History of the Anthropocene since 1945, Cambridge, Mass. 2014, S. 28–32; Frank Bösch, Taming Nuclear Power. The Accident near Harrisburg and the Change in West German and International Nuclear Policy in the 1970s and early 1980s, in: German History 35 (2017), S. 71–95; Ortwin Renn, Jonathan Paul Marshall, Coal, Nuclear and Renewable Energy Policies in Germany. From the 1950s to the »Energiewende«, in: Energy Policy 99 (2016), S. 224–232; S. 225.

146 Wolfgang D. Müller, Nüchtern ohne Ernüchterung, in: atomwirtschaft 29 (1984), S. 285.

147 Niedersächsisches Landesarchiv Hannover V.V.P. 57, Acc. 92/92 Nr. 61, Schreiben des Regionalbüros Braunschweig der Grünen im Bundestag vom 25. Mai 1984.

148 Archiv Grünes Gedächtnis Berlin E. 11 Nr. 2, Flugblatt für Demonstration am 23. Februar 1997 in Kirchheim/Neckar.

149 Ebd., Flugblatt »Rot-Grün macht sich fit für den Castor … WIR AUCH!« vom 6. März 1999.

150 Jung, Öffentlichkeit und Sprachwandel, S. 135.

151 Gero von Randow, Wider das starre Nein zur Atomkraft, in: Die Zeit Nr. 17 (21. April 1995); Joschka Fischer, Atomkraft – nein danke!, in: Die Zeit Nr. 18 (28. April 1995); Ernst machen mit der Energiewende, in: Die Zeit Nr. 21 (19. Mai 1995).

152 Archiv Grünes Gedächtnis Berlin E. 11 Nr. 9, Hamburger Rundbrief, Thema Anti-Akw-Bewegung. Selbstverlag 1988, S. 4.

153 Wolf-M. Liebholz und Eckart Pasche, In eigener Sache, in: atw 43 (1998), S. 809.

154 Joachim Radkau, Der atomare Ursprung der Forschungspolitik des Bundes, in: Peter Weingart, Niels C. Taubert (Hg.), Das Wissensministerium. Ein halbes Jahrhundert Forschungs- und Bildungspolitik in Deutschland, Weilerswist 2006, S. 33–63; S. 61.

155 Bundesarchiv Koblenz B 136/28200, Vermerk vom 12. April 1989, S. 1.

156 Numerius Negidius, Kernenergie und Medien, in: atw 34 (1989), S. 566.

157 Charles Moore, Margaret Thatcher. The Authorized Biography. Herself Alone, New York 2019, S. 26.

158 Rosanvallon, Die Gegen-Demokratie, S. 277.

159 Dazu ausführlich Frank Uekötter, Proxy Wars: The Deutsches Museum and the Peaceful Atom, in: Technikgeschichte 89 (2022), S. 63–86.

8. Der lange Abschied

1 Vgl. World Nuclear Association, Nuclear Power in France, im Internet verfügbar unter https://www.world-nuclear.org/information-library/country-profiles/countries-a-f/france.aspx (zuletzt aufgerufen am 6. März 2022); Macron kündigt Bau von bis zu 14 neuen Atomkraftwerken an, in: Der Spiegel vom 10. Februar 2022, im Internet verfügbar unter https://www.spiegel.de/wirtschaft/atomkraft-frankreich-will-bis-zu-14-atomreaktoren-bauen-und-50-offshore-windparks-a-07757d4f-3100-48ff-b200-ea014085e56f (zuletzt aufgerufen am 6. März 2022).

2 Norbert Blüm, Politik mit Vernunft und Güterabwägung betreiben, in: atw 34 (1989), S. 284–285; S. 285.

3 Siebenmorgen, Strauß, S. 651f.

4 Peter Junker und Bolke Behrens, Übergänge gesucht, in: Wirtschaftswoche Nr. 17 (22. April 1988), S. 40–44, 47, 50, 53, 56. Zitate S. 40, 56.

5 Ehrhardt, Stromkonflikte, S. 258.

6 Historisches Konzernarchiv RWE HKR 43008, undatiertes Rundschreiben des Christlich-Demokratischen Arbeitskreises Kernenergie (ca. Februar 1988) und Schreiben an Direktor Hlubek vom 3. September 1988.

7 Rüdiger Hossner, Kernenergie für Ostdeutschland, in: atw 36 (1991), S. 17.

8 Kernenergie 1991: Im Wechselbad zwischen Hoffnung und Ernüchterung, in: atw 36 (1991), S. 274.

9 Bundesarchiv Koblenz B 295/35826, Siemens an Karl-Hermann Steinberg, 16. August 1990, S. 2.

10 Ebd., Vermerk vom 6. September 1990, S. 4, 3.

11 Historisches Konzernarchiv RWE HKR 43286, RWE-Hauptverwaltung KK-BS, Konzeption für die Kernenergie in der DDR, 27. September 1990, S. 4.

12 Ebd.

13 Illing, Energiepolitik, S. 185f.

14 Heinz Jürgen Schürmann, Stromanbieter unter Spannung. Wandel in der Energieversorgung, in: atw 43 (1998), S. 278.

15 Hans Frewer, Michael Meliß, Stromerzeugung: Perspektiven der Kraftwerkstechnik, in: Alfred Voß (Hg.), Die Zukunft der Energieversorgung, Frankfurt am Main 1992, S. 47–120; S. 75.

16 Paul Laufs, Reaktorsicherheit für Leistungskraftwerke 2. Die Entwicklung im politischen und technischen Umfeld der Bundesrepublik Deutschland, 2. Aufl. Berlin 2018, S. 317.

17 Archiv der sozialen Demokratie Bonn SPD-PV-Bestand 2/PVAS Präs. 25. 10. 93, Protokoll über die Sitzung des Präsidiums mit den Regierungschefs und stv. Regierungschefs am Montag, dem 25. Oktober 1993, S. 6.

18 Gregor Schöllgen, Gerhard Schröder. Die Biographie, München 2015, S. 243.
19 Archiv der sozialen Demokratie Bonn SPD-PV-Bestand 2/PVAS Präs. 25. 10. 93, Bericht von Ministerpräsident Gerhard Schröder zu den Energiekonsensgesprächen für die Präsidiumssitzung der SPD am 25. 10. 1993. Zitate S. 1, 2.
20 Ebd., S. 12.
21 Ebd., Protokoll über die Sitzung des Präsidiums mit den Regierungschefs und stv. Regierungschefs am Montag, dem 25. Oktober 1993, S. 5.
22 Schöllgen, Schröder, S. 214f.
23 Radkau und Hahn, Aufstieg und Fall, S. 343f.
24 Otto Majewski, Politische Rahmenbedingungen für eine gesicherte Energieversorgung, in: atw 39 (1994), S. 263–266; S. 264.
25 Markus Bredow u.a., Wo landet Deutschland mit dem totalen Ausstieg?, in: atw 39 (1994), S. 64–67.
26 Wolf-M. Liebholz, Aufschub, in: atw 39 (1994), S. 737.
27 Konsens gleich Nonsens, in: Der Spiegel Nr. 18 (30. April 1995), S. 18–21; S. 18, 20. Ähnlich Ralph Bollmann, Angela Merkel. Die Kanzlerin und ihre Zeit. Biografie, München 2021, S. 173.
28 Laufs, Reaktorsicherheit, S. 318.
29 Hans-Olaf Henkel, Perspektiven für die Kernenergie in Deutschland, in: atw 43 (1998), S. 219–222.
30 Krämer, Zur derzeitigen Situation, S. 384.
31 Wolf-M. Liebholz, Fristenlösung, in: atw 43 (1998), S. 667.
32 Der Spiegel Nr. 33 (10. August 1986).
33 Peter Weingart, Anita Engels und Petra Pansegrau, Von der Hypothese zur Katastrophe. Der anthropogene Klimawandel im Diskurs zwischen Wissenschaft, Politik und Massenmedien, 2. Aufl. Opladen 2008, S. 49.
34 Weinländer, Mehr Optimismus, S. 279.
35 Strauss, Auftrag für die Zukunft, S. 321.
36 Deutscher Bundestag, Plenarprotokoll, Stenographischer Bericht der 168. Sitzung der 11. Wahlperiode vom 20. Oktober 1989, S. 12725.
37 Wolf Häfele, Nukleare und Nicht-Nukleare Stoffströme, in: atw 34 (1989), S. 330–335; S. 333.
38 Ebd., S. 334.
39 World Nuclear Association, Nuclear Power in the World Today, im Internet verfügbar unter https://www.world-nuclear.org/information-library/current-and-future-generation/nuclear-power-in-the-world-today.aspx; International Energy Agency, Nuclear Power, im Internet verfügbar unter https://www.iea.org/reports/nuclear-power (zuletzt aufgerufen am 22. Oktober 2021).
40 Taylor, Fall and Rise, S. 67, 163 (Zitat).
41 Dave Harvey, Hinkley C: Hundreds more needed to finish nuclear power station, in: BBC News vom 25. Mai 2021, im Internet verfügbar unter https://www.bbc.co.uk/news/uk-england-somerset-57227918 (zuletzt aufgerufen am 22. Oktober 2021).

42 Archiv Grünes Gedächtnis Berlin E. 11 Nr. 1, Werner G. Haverbeck, Wende – oder Ende! Die eigentliche Alternative zur Atomenergie-Politik ist der Mensch (WSL-Info III), S. 3.
43 Klaus-Dieter Maubach, Energiewende. Wege zu einer bezahlbaren Energieversorgung, 2. Aufl. Wiesbaden 2014, S. 47.
44 Illing, Energiepolitik, S. 173f.
45 Maubach, Energiewende, S. 63.
46 Archiv Grünes Gedächtnis Berlin E. 11 Nr. 10, CDU-Dokumentation 2/1991, Koalitionsvereinbarung für die 12. Legislaturperiode des Deutschen Bundestages, S. 8.
47 Vereinbarung zwischen der Bundesregierung und den Energieversorgungsunternehmen vom 14. Juni 2000, S. 7, im Internet verfügbar unter https://www.bmu.de/fileadmin/Daten_BMU/Download_PDF/Nukleare_Sicherheit/atomkonsens.pdf (zuletzt aufgerufen am 22. Oktober 2021).
48 Schöllgen, Schröder, S. 213.
49 Gerd Rosenkranz, Der Konsens spaltet, in: Der Spiegel Nr. 25 (19. Juni 2000), S. 34.
50 Frank-Walter Steinmeier, Mein Deutschland. Wofür ich stehe, 2. Aufl. München 2009, S. 92.
51 Edgar Wolfrum, Rot-Grün an der Macht. Deutschland 1998–2005, München 2013, S. 233.
52 Steinmeier, Mein Deutschland, S. 93.
53 Interview mit Rainer Baake am 1. März 2022.
54 Archiv Grünes Gedächtnis Berlin B.II.3 Nr. 668, Rainer Baake, Vorschläge für eine GRÜNE Strategie zum Ausstieg aus der Atomkraft, März 1998. Zitate S. 1, 5.
55 Ebd., Rainer Baake, Staatssekretär, Hessisches Ministerium für Umwelt, Energie, Jugend, Familie und Gesundheit, 4. Juni 1998, Erläuterungen zum vorliegenden Entwurf eines Atomausstiegsgesetzes, S. 2.
56 Interview mit Rainer Baake am 1. März 2022.
57 Gorleben-Archiv Lüchow 01-BI Bürgerinitiative Protokolle 1993–2003, Protokoll der Sitzung des E.V. am 5. 2. 93 in Schreyahn, S. 3.
58 Archiv Grünes Gedächtnis Berlin E. 11 Nr. 2, 1 Jahr Rot Grün. »Der Trog bleibt der gleiche, nur die Ferkel wechseln.« Gerhard, wir kommen!
59 Vgl. S. 233.
60 Radkau und Hahn, Aufstieg und Fall, S. 335 (Zitat), 352, 370f.
61 Wolfrum, Rot-Grün, S. 234.
62 Deutscher Bundestag, Plenarprotokoll, Stenographischer Bericht der 111. Sitzung der 14. Wahlperiode vom 29. Juni 2000, S. 10427f., 10429.
63 Leistung und Sicherheit. Zeit für Taten. Regierungsprogramm 2002/2006 von CDU und CSU, S. 56, verfügbar im Internet unter https://archiv.cdu.de/system/tdf/media/dokumente/regierungsprogramm-02-06-b.pdf?file=1 (zuletzt aufgerufen am 22. Oktober 2021).
64 Kerntechnische Gesellschaft, Deutschland braucht die Kernenergie – auch in Zukunft. Positionspapier der Kerntechnischen Gesellschaft e.V., in: atw 47 (2002), S. 529–531; S. 531.

65 David Knollmann, Gescheiterte Kernenergiepolitik. Politische Veränderungsprozesse in Deutschland und den USA, Baden-Baden 2018, S. 296.
66 Radkau und Hahn, Aufstieg und Fall, S. 356.
67 Wachstum. Bildung. Zusammenhalt. Der Koalitionsvertrag zwischen CDU, CSU und FDP, 26. Oktober 2009, S. 29, im Internet verfügbar unter https://www.kas.de/c/document_library/get_file?uuid=83dbb842-b2f7-bf99-6180-e65b2de7b4d4&groupId=252038 (zuletzt aufgerufen am 22. Oktober 2021).
68 Edgar Wolfrum, Die Bundesrepublik Deutschland 1949–1990 (Gebhardt, Handbuch der deutschen Geschichte Bd. 23), Stuttgart 2005, S. 138.
69 Marc Borst, Petra Pinzler, Fritz Vorholz, Kanzlerin der Konzerne, in: Die Zeit Nr. 38 (16. September 2010).
70 Atomkonzerne siegen vor Gericht, in: Spiegel Online vom 7. Juni 2017, im Internet verfügbar unter https://www.spiegel.de/wirtschaft/unternehmen/bundesverfassungsgericht-brennelementesteuer-ist-verfassungswidrig-a-1150972.html (zuletzt aufgerufen am 22. Oktober 2021).
71 Radkau und Hahn, Aufstieg und Fall, S. 358.
72 Illing, Energiepolitik, S. 241.
73 Interview mit Rainer Baake am 1. März 2022.
74 120 Kilometer Widerstand, in: Spiegel Online vom 24. April 2010, im Internet verfügbar unter https://www.spiegel.de/politik/deutschland/menschenkette-gegen-atomkraft-120-kilometer-widerstand-a-691054.html (zuletzt aufgerufen am 22. Oktober 2021).
75 Deutscher Bundestag, Plenarprotokoll, Stenographischer Bericht der 114. Sitzung der 17. Wahlperiode vom 9. Juni 2011, S. 12960.
76 Vgl. Bollmann, Angela Merkel, S. 387, 453f.
77 Matthias Jung, Modernisierung und asymmetrische Demobilisierung. Zur Strategie der Union seit 2005, in: Karl-Rudolf Korte, Jan Schoofs (Hg.), Die Bundestagswahl 2017. Analysen der Wahl-, Parteien-, Kommunikations- und Regierungsforschung, Wiesbaden 2019, S. 323–340.
78 Interview mit Peter Altmaier am 28. Februar 2022.
79 Ebd.
80 Ebd.
81 Bund und Betreiber einigen sich auf Milliardenentschädigung, in: Tagesschau vom 5. März 2021, im Internet verfügbar unter https://www.tagesschau.de/wirtschaft/unternehmen/atomausstieg-entschaedigung-101.html (zuletzt aufgerufen am 22. Oktober 2021).
82 Durch den Krieg in der Ukraine stand der Fahrplan für den Atomausstieg im März 2022 erneut zur Debatte. Das Ergebnis war zum Zeitpunkt der Drucklegung offen.
83 Die Bundesregierung, Deutschlands Energiewende – Ein Gemeinschaftswerk für die Zukunft. Vorgelegt von der Ethik-Kommission Sichere Energieversorgung, Berlin, 30. Mai 2011. Herausgegeben vom Presse- und Informationsamt der Bundesregierung, S. 10.
84 Michael Maria Bastgen, Unbequeme Altlasten. Zum Denkmalwert von Kernkraftwerken, in: Sigrid Brandt, Thorsten Dame (Hg.), Kernkraftwerke.

Denkmalwerte und Erhaltungschancen (ICOMOS. Hefte des Deutschen Nationalkomitees 68), Berlin 2019, S. 58–68; S. 58, 60.

85 Dominik Geppert, Die Route der Industriekultur als Chance zur Bewahrung, in: Sigrid Brandt, Thorsten Dame (Hg.), Kernkraftwerke. Denkmalwerte und Erhaltungschancen (ICOMOS. Hefte des Deutschen Nationalkomitees 68), Berlin 2019, S. 69–76; S. 74f.

86 Ralf Borchardt, Stilllegung und Rückbau von Kernkraftwerken in Deutschland, in: Sigrid Brandt, Thorsten Dame (Hg.), Kernkraftwerke. Denkmalwerte und Erhaltungschancen (ICOMOS. Hefte des Deutschen Nationalkomitees 68), Berlin 2019, S. 45–54; S. 53.

87 Hossner, Knowhow.

88 Laufs, Reaktorsicherheit, S. 481.

89 So etwa von Jan Fleischhauer, Der Moment, als mir Angela Merkel ihre Angst gestand, in: Focus Online vom 13. Januar 2020, im Internet verfügbar unter https://www.focus.de/politik/deutschland/schwarzer-kanal/die-focus-kolumne-von-jan-fleischhauer-kann-unsnur-noch-die-kernenergie-retten_id_11537991.html, und Nikolaus Blome, Redet endlich über Atomstrom!, in: Spiegel vom 10. Mai 2021, im Internet verfügbar unter https://www.spiegel.de/politik/deutschland/atomkraft-nutzenzur-rettung-des-klimas-kolumne-a-16ceb5e9-cc8a-405c-8585-f20c4cb91e93 (zuletzt aufgerufen am 22. Oktober 2021).

90 Lovins, Energy Strategy. Vgl. S. 178.

Zusammenfassung: Aus dem Leben einer Verhandlungsdemokratie

1 Spennemann, Keeping it out of the Open, S. 161–201; Jens Balzer, Das entfesselte Jahrzehnt. Sound und Geist der 70er Jahre, Berlin 2019, S. 393.

2 Ebd., S. 183.

3 Zu diesen Themen aus politikwissenschaftlicher Sicht Martin Greiffenhagen, Kulturen des Kompromisses, Opladen 1999; Gerhard Lehmbruch, Verhandlungsdemokratie. Beiträge zur vergleichenden Regierungslehre, Wiesbaden 2003; Everhard Holtmann, Helmut Voelzkow (Hg.), Zwischen Wettbewerbs- und Verhandlungsdemokratie. Analyse zum Regierungssystem der Bundesrepublik Deutschland, Wiesbaden 2000.

4 Max Weber, Politik als Beruf, in: Wolfgang J. Mommsen, Wolfgang Schluchter (Hg.), Wissenschaft als Beruf 1917/1919; Politik als Beruf 1919 (Max Weber Gesamtausgabe Bd. 17 Abt. I), Tübingen 1992, S. 157–252; S. 227.

5 Ernst-Wolfgang Böckenförde, Die Entstehung des Staates als Vorgang der Säkularisation, in: ders., Recht, Staat, Freiheit. Studien zur Rechtsphilosophie, Staatstheorie und Verfassungsgeschichte, Frankfurt am Main 1991, S. 92–114; S. 112. Im Original kursiv.

6 Ebd., S. 113.

7 Vgl. Schmiechen-Ackerman, Der Gorleben-Treck 1979 sowie S. 240.

8 Gorleben-Archiv, »Mein lieber Herr Albrecht …!« Zitat S. 150.

Historiographisches Nachwort: Atome für die Zeitgeschichte

1 Milder, Greening Democracy; Gaumer, Wackersdorf; Wehner, Versicherung; Jordan, Ausgestrahlt.

2 Brian Balogh, Chain Reaction. Expert Debate and Public Participation in American Commercial Nuclear Power, 1945–1975, New York 1991, S. 303.

3 Jens Brinkmann, Heimat einmal anders. Oliver Haffners Film *Wackersdorf* über den Widerstand gegen den »Atomstaat«, in: Zeitgeschichte-online, September 2018, verfügbar unter https://zeitgeschichte-online.de/film/heimat-einmal-anders (zuletzt aufgerufen am 22. Oktober 2021).

4 Jung, Öffentlichkeit und Sprachwandel, S. 99.

5 Birgit Huneke, Dagmar Schulz, Das Gorleben Archiv – Gedächtnis des Widerstands, in: Gorleben-Archiv e.V. (Hg.), »Mein lieber Herr Albrecht …!« Wie der Gorleben-Konflikt eine Region veränderte. 34 Gespräche mit Zeitzeugen, Lüchow 2019, S. 182–183; S. 182.

6 Rick Perlstein, Before the Storm. Barry Goldwater and the Unmaking of the American Consensus, New York 2001; ders., Nixonland. The Rise of a President and the Fracturing of America, New York 2008; ders., The Invisible Bridge. The Fall of Nixon and the Rise of Reagan, New York 2014; ders., Reaganland. America's Right Turn 1976–1980, New York 2020.

Liste der erwähnten Kernkraftwerke

Nicht realisierte Kraftwerksprojekte werden als „geplant“ aufgeführt.

Register